大连理工大学长江学者讲座教授创新团队专题项目
教育部“985”三期哲学社会科学创新基地和　　　资助出版
辽宁省高校人文社会科学重点研究基地项目

Mapping Scientific Frontiers

The Quest for Knowledge Visualization

科学前沿图谱

知识可视化探索

（第二版）

〔美〕陈超美◎著　　陈　悦　王贤文　胡志刚　侯海燕◎译

科学出版社
北　京

图字：01-2013-8288号

图书在版编目（CIP）数据

科学前沿图谱：知识可视化探索 /（美）陈超美著；陈悦等译. —2版. —北京：科学出版社，2014.7

书名原文：Mapping scientific frontiers:the quest for knowledge visualization

ISBN 978-7-03-041007-8

Ⅰ. ①科… Ⅱ. ①陈… ②陈… Ⅲ. ①科学知识-图集 Ⅳ. ①G302-64

中国版本图书馆 CIP 数据核字（2014）第 124430号

责任编辑：邹　聪　王酉艳 / 责任校对：胡小洁
责任印制：李　彤 / 封面设计：无极书装

编辑部电话：010-64035853
E-mail:houjunlin@mail.sciencep.com

科学出版社出版
北京东黄城根北街 16 号
邮政编码：100717
http://www.sciencep.com
北京虎彩文化传播有限公司 印刷
科学出版社发行　各地新华书店经销
*
2014 年 7 月第　一　版　开本：720 × 1000　1/16
2023 年12月第十次印刷　印张：23 1/4
字数：425 000
定价：128.00 元
（如有印装质量问题，我社负责调换）

译 序

高度抽象的科学前沿，通过知识可视化技术，以直观形象的图谱形式展现出来，正是《科学前沿图谱：知识可视化探索》(简称《科学前沿图谱》)一书的魅力所在。作者陈超美博士系信息可视化的最早开拓者之一，现任美国德雷塞尔大学计算与情报学学院教授，大连理工大学长江学者讲座教授。

《科学前沿图谱》一书，作为世界上首部知识图谱专著，其突出特点在于作者引用大量实例对抽象知识给予形象表征进行了基础性分析，阐明了形象语言在知识创造、传播与交流中的必要性和普适性。从远古原始人的洞穴壁画到海上漂流的“瓶中信”的隐喻，从传说登上天堂的巴别塔绘画到飞向外太空航天器上供宇宙交流的形象语言，从奠基于魏格纳大陆漂移说的全球板块构造拟合到凯库勒梦中咬尾蛇隐喻的苯环结构，作者把这些古往今来的动人事例，同当代呈爆炸式增长的科学文献数据，以及日益远离直观观察的科学前沿领域联系起来，表明其实现可视化的重要性，然而，这些抽象信息如何实现可视化呢？

绘制科学前沿图谱，关键在于信息可视化和可视化分析，实现“抽象—可视化—形象”的转化。作者是国际信息可视化的开拓者和领军者，1999年率先发表了该领域的第一部专著《信息可视化》(2004年再版)，创办了国际期刊《信息可视化》(*Information Visualization*)并任主编，开发了CiteSpace信息可视化软件，使其成为科学知识图谱的主要工具之一。如果读者是知识图谱和知识可视化的爱好者，比较一下不同可视化软件制作的知识图谱，你一定会同意我对CiteSpace知识图谱形态的概括：

一图展春秋，一览无余；一图胜万言，一目了然。

CiteSpace知识图谱之所以能达到如此神奇的效果，就在于作者把视觉思维、数学思维和哲学思维三种思维方式紧密结合起来，融合于CiteSpace操作的运行过程。在该书第一章题头处，作者引用了英国杰出的哲学家、数学家罗素的经典名言：

科学是那些我们已经知道的东西，哲学是那些我们还不知道的东西。

如何理解这句话的含义？当读完该书，你就会懂得：哲学就是从科学已经知道的东西中找到我们还不知道的东西。这里不妨再引用法国数学家波尔达斯·德莫林斯（Bordas-Demoulins）的一句名言来加以补充和深化①：

没有哲学，固然难以得知数学的深度，然而没有数学，也同样无法探知哲学的深度，两者互相依存。还应特别指出，如果既无哲学也无数学，则就不能认识任何事物。

视觉思维乃是 CiteSpace 不言而喻的主要思维方式。视觉在人类感知外部信息中起绝对主导的作用，图像又是视觉信息的第一要素，但是不能把视觉误解为仅是一种感性认识。视觉思维是从感性视觉，到抽象思维，再到理性直观的螺旋式上升过程；它可以跨越感性视觉，直接把抽象信息与数据变换为可视化的空间结构与知识图谱。

CiteSpace 知识图谱是科学计量学的发展，离不开各种数学方法和计算方法。它洋溢着数学思维方式，实际上除了数量分析，还包括空间分析（space analysis）的几何方法。这意味着数学思维渗透着直观形象的视觉思维。CiteSpace 知识图谱是运用空间思维把非物理空间的抽象信息，映射为便于人们观察和理解的可视化形式。

哲学思维和知识图谱是什么关系？知识图谱似乎与哲学搭不上界。可 CiteSpace 的开发者陈超美告诉我："CiteSpace 的背后需要有对库恩或类似宏观哲学思想体系的了解，才能明白 CiteSpace 到底在帮用户找什么。"这部著作吸收了库恩《科学革命的结构》中的核心概念范式（paradigm），在知识图谱中开创了竞争范式的案例分析。可以进一步说，库恩的历史主义科学哲学思维帮助作者找到了在第一代静态可视化中不知道的东西，开发了新一代多元、历时、动态的信息可视化技术，在以色带表征引文年代、以时间线显现聚类的动态知识图谱中，实现了"一图展春秋"的意境。

《科学前沿图谱》一书可谓集视觉思维、数学思维和哲学思维三种思维方式于一体，把科学学理论基础、科学计量学最新前沿、计算机科学、信息科学、科学史、科学哲学和科学社会学诸学科交叉渗透结合起来。从这部著作中，我第一次知道了陈超美把科学知识图谱起源，认可为科学学奠基人贝尔纳手工制

① 莫里兹. 1990. 数学家言行录. 朱剑英编译. 南京：江苏教育出版社：80.

作的科学技术史图（historiographs）[①]。

2008年，陈超美博士受聘为大连理工大学长江学者讲座教授到校履职时，把《科学前沿图谱》英文版赠送给我。打开书本，从色彩斑斓的巴别塔油画，到CiteSpace展示的地质年代恐龙灭绝古生物史图、物理学超弦理论来龙去脉聚于一图，一幅幅知识图谱，令人目不暇接。我意识到《科学前沿图谱》理论厚实、方法独创、国际领先，不仅对于我国深入研究和运用知识图谱理论与方法有重要的学术价值，而且对于我国追踪和选择国际科技研究前沿、探索和制定科技发展战略及政策具有重大而深远的实际意义。

当时，我向陈超美提议，由我们WISELab团队翻译这部书，同时倡议团队成员认真学习这本书，掌握和运用CiteSpace技术与方法。在《科学前沿图谱》的引领下，我们著述的国内第一部《科学知识图谱：方法与应用》和《技术科学前沿图谱与强国战略》，以及“知识计量与知识图谱丛书”10本，于2008年和2011年先后问世。可以说这12部知识图谱著作，就是《科学前沿图谱》在中国播种所开的一簇知识图谱之花。如今《科学前沿图谱》（2003年第一版）历经10年之后，经作者增补了自己最新成果的第二版，由WISELab以陈悦博士率领的团队翻译并经作者校对同意，交由科学出版社出版。

“科学图谱将改变你看世界的方式”，这是陈超美教授为我们的《科学知识图谱：方法与应用》一书所作序中的最后一句话。我把它作为箴言赠与《科学前沿图谱》的读者，不妨在你阅览此书并自己动手绘制科学前沿图谱的实践中，去领略知识图谱是如何改变观察世界的方式的。

大连理工大学（中国）—德雷塞尔大学（美国）
知识可视化与科学发现联合研究所
刘则渊
2013年6月

---

① 见贝尔纳《历史上的科学》中文版（北京：科学出版社，1981）书末第727页“表八”。这张大表实际上是一幅描绘从人类起源到20世纪中叶技术和科学中心在地域、各国与城市中扩展的历史图谱：左侧分别为时间、时代、社会性质、技术与科学中心4个栏目，由上到下做了文字说明。右侧通栏从上到下用连线描绘了不同时代及社会背景下技术与科学中心的变迁，以及科学和技术的相互作用，构成复杂的因果链，引领时代的进步、社会的发展。有关此图表的内容见该书开头的序。

序

绘制科学图谱听着也许有些自相矛盾：科学这么抽象的东西能像地图一样画出来么？科学知识所代表的境界也许只有最有经验的科学家们才能捕捉到它的奥妙。然而，这本书所展现在我们面前的是：科学知识图谱的研究不仅已经生根、发芽，而且正在开花、结果。不错，也许这只是一个漫长发展历程的开始，就像当年探险家们刚刚能画出第一张粗糙的世界地图一样。但是，从逻辑上来看，绘制科学知识图谱其实不过是把绘制普通地图时的对象变成了知识本身。

科学在当今世界中的重要地位不言而喻，科学为此所付出的努力也毋庸置疑。虽然我们的社会有时候小看了科学的作用，没有给它提供充足的资金支持，甚至试图阻碍科学教育计划的实施。但是，在当今人类智慧产物中，还有什么比科学更值得我们关注的呢？当然，科学本身既可用来行善，也能用于破坏。不管是谁掌握了科学原理，科学都会给其带来巨大的力量。有时候，个别科学家可能会滥用我们对他们的信任而争夺名利，超美在书中所研究的“撤稿”现象就反映了这种情况。尽管会存在这样或那样的例外，但科学仍然是我们了解宇宙的必由之路，也是人类社会和经济福祉的源泉和根基。

尽管我们用来描述科学的语言中，不乏类似于研究“领域”（field）、研究“范围”（area）这样带有空间色彩的隐喻。但当我们一旦开始绘制一幅科学图谱的时候，就会发现那些绘制地图所用的方法全都不再适用。我们所面对的，是“研究论点”“研究方向”“研究领域”或“研究学科”之间的抽象的关系和联系，而这些关联本身的存在与否也许还是个问题。库恩在一次采访中意味深长地说：“注意，现在的概念已经不再适用于过去的领域了。不单是其中的观点变了，学科的结构也变了。”[①] 我们认识到，不论是在过去还是现在，科学都还有待探索。我们是否有足够理由把这些抽象的，甚至都不一定存在的关联表现为空间形式

① Kuhn, T.S.（2000）. The Road since Structure. Chicago: University of Chicago Press.

呢？我们是否在本能地把知识间的相互关联映射到实际空间？

科学知识图谱之所以难以绘制，也许是因为要想绘制出一幅有意义的图谱，需经历三个基本步骤，而其中两步都涉及一定程度的数学变换。第一步，我们需要选择一个合适的分析单元，它应该包括构成我们科学宇宙的基本粒子；第二步，需要定义如何度量这些单元之间的关联；第三步，需要找到一种方式把这些分析单元及它们之间的关联在低维空间（通常是二维）里显示出来。一旦能够实现这三个步骤的跨越，绘制科学知识图谱就变得水到渠成、自然而然了。

早先创立的科学史、科学社会学和科学哲学等学科，已经为我们了解科学思想的创生和演化，以及科学的社会建制和科学的哲学基础，提供了必要的方法和工具。但是，除了科学社会学的一些早期研究，这些学科所采用的方法一般都是定性的。科学史研究主要是利用史学的通用方法进行建构叙事，科学哲学则以逻辑基础和认识论作为研究特色。科学社会学，秉承创始人之一的默顿所用的研究范式，既重视理论基础，又鼓励使用定量证据。这一思路也被早期的社会网络研究者们所借鉴，进行无形学院的研究。然而到了 20 世纪 70 年代，科学社会学却背离了它早先的研究传统，转而信奉更为激进的科学社会学理论，如科学知识的社会建构，从而基本抛弃了早期科学社会学家所采用的定量研究方法。

此后，随着大型的科学文献数据库和引文数据库的出现，同时也为了反对建构主义的科学社会学，一个利用新的方法研究科学演化的学科诞生了。这个学科被称为科学计量学，或者信息计量学、文献计量学。这些称谓，一方面反映了其注重定量和计量的方法特征，另一方面也反映了其起源于图书馆学的历史渊源。不过，现在还不能说这个新兴的学科已经得到了学术界的认可，尤其是那些已经发展成熟的学科的学者的认可；对科学计量学而言，制度化的大学学科建设和学术地位也才刚刚开始建立。科学计量学的批评者们认为，单纯地将科学文献作为其主要数据来源，限制了对其他在科学研究中出现的数据的研究和分析。幸运的是，机器可自动识别的科学论文的全文格式的获取正变得越来越容易，为我们开辟了很多新的可供分析的数据来源，使我们有条件做一些用索引数据库不可能做到的研究。与科学计量学相关的软件包也开始出现，在这方面超美已经做出了榜样。种种证据表明，尽管在如何更好地与传统的方法，如科学史、科学社会学、科学哲学等研究方法，建立联系并进行融合方面，还有很长的路要走，但这一新兴研究领域已经站稳脚跟，并越来越多地在科技政策层面发挥作用。

这本书的难得之处正在于，它构建在科学史、科学哲学的概念和发现的基础之上，而同时加入了新维度。在该书的第八章给出了一个关于诱导多能干细胞的案例，展现了科学知识图谱不仅可以帮助医药学的研究者了解自身研究领域的全貌，而且也为科学的史学研究提供了有益的参考资料。对科学知识图谱这一新兴研究领域的作用仍持怀疑态度的读者，可以读一下这一章。从中，我们可以看出新方法在探究和追踪当今科学重要进展的内部结构方面的巨大潜能。

该书还构建了一个宏大的学科框架，从计算机科学到信息科学，尤其是信息可视化技术。在第一版中，超美曾如此评价那些催生了科学知识图谱的学科："最近几年，不同的科学知识图谱绘制方法，犹如百川入海，殊途同归……如何把知识的可视化变成一个统一的、跨学科的研究领域，还有很多的工作要做。"①今天，这句话依然正确。科学计量学、计算机科学、网络分析方法仍然在围绕着相同的数据和问题各自为战。也许，作为学科壁垒的副作用之一，这一点无法避免。但是，我们希望该书能够有助于建立起这些不同的学科之间的联系。

绘制科学知识图谱与科学史息息相关。其例证之一是，超美以库恩的著作作为绘制科学知识图谱的一个重要依据，因为库恩所谓的科学革命可以视作一系列的时点截面图，科学在这些时点上发生着根本性的结构变革。截面分析也是科学史学家非常认可的一种方法，因为史学家深知要想理解一个历史时期的思想，就要进入那个时期的心理状态，"想他们之所想"②，而不是用现在的理解去解释过去的科学。这个要求其实很难，因为一旦我们知道了已经出现的新发现和新结论是什么，就很难不被它们影响，我们常常迫不及待地要去找到这个新发现的先驱和肇端。作为研究者，我们需要尽量避免这种"让现在影响过去"的态度。

绘制科学知识图谱是由不同的学科知识汇聚形成的，尤其是心理因素和社会因素之间的相互影响，前者如库恩的格式塔转换理论（一种看待概念转换的方式），后者如学院关系网和无形学院。社会关系是否决定了认知关系呢？或是认知关系决定了社会关系？在米尔格拉姆（Stanley Milgram）早期有关社会网络的研究中③，受试者需要考虑如何通过熟人的熟人与陌生人建立联系。在斯旺森

① Chen, C.（2003）. Mapping Scientific Frontiers. London: Springer.
② Kuhn, T.S.（1977）. The Essential Tension. Chicago: University of Chicago Press.
③ Milgram, S.（1967）. The small world problem. Psychology Today, 2, 60-67.

（Don Swanson）关于隐藏的公开知识的研究中[1]，科学发现依赖于寻找那些不相关概念之间的间接联系。可见，在社会结构和认知结构的研究中，使用的其实是同一种思路。如果我们以词语和引文作为我们绘制科学知识图谱的基本单元，那么心理学就会起作用，因为这其中涉及作者的记忆和回忆。但是记忆和回忆也受其他作者和同事的话语影响。如果我们绘制科学家的合作关系，那么社会因素显然会起作用，但是心理因素同样也会影响我们对合作者的选择。因此，社会和心理学因素在科学的社会结构和知识结构中，不可避免地缠绕在一起。

在绘制科学知识图谱时，存在不同的分析单元可供选择，如词语、引文、作者、期刊等，每一个还有对应的共现分析，如共词、共被引、共作者，以及期刊引用等。而所有这些分析方法，归根到底是我们想要看到的结构类型和关系程度。比如，若要更好地理解科学发现在某个专题发展中的作用，我们可以应用共被引分析，因为很多发现都是与具体的文章和作者联系在一起的。而如果我们想关注更广泛的社会性，即非学术性因素时，便可以应用共词分析，因为这样我们可以更容易地获知公众或者政府对科学的态度。期刊，作为一种更宽泛的分析单元，或许更适合用来表示整个研究领域或学科。分析单元的选择还受限于其所处的历史阶段。文献共被引对于分析 1900 年之前的文献可能就无能为力，因为那时候还没有关于引文的规范。但是，对于这些早期文献，可以进行基于全文的共词分析。试想，如果我们可以对科学早期的文献，如 18 世纪的科学文献，进行共现分析或者其他图谱绘制，我们是否就可以识别出那个时期的主要思想派别和重要范式转移呢？这种设想是有意义的。

另一个重要的问题是怎样解读科学知识图谱。我们知道，科学知识图谱隐含的关系网络是高维度的，其在二维空间上的投射只是原始结构的一种近似，有可能会造成其实不那么相关的节点在图谱上的位置非常靠近。这意味着我们需要更加重视连线本身。连线是生成二维图谱的第一步，就像构成大脑世界的神经元一样。只有知道连线的含义，我们才能更好地理解科学知识图谱的内涵。这就要求我们充分了解连线发生的语境，用新的方法来表达并分类这些联系，比如通过功能或类型进行分类，分为逻辑相关、因果相关、社会相关、假设相关、隐喻相关等。在这方面，一个重要的进展是在该书最后一章描述的“可视化分析”系统，它的出现可以让我们对以支持决策为最终目的的图谱的绘制原

① Swanson, D. R.（1987）. Two medical literatures that are logically but not bibliographically connected. Journal of the American Society for Information Science, 38, 228-233.

则进行深入的探索。

绘制科学知识图谱中令人兴奋的一个原因是这个领域的不断变化：每年都有一些新论文发表，随着新兴研究领域的出现或现有研究领域的消亡，科学知识图谱的结构也会发生改变。这种状态也许会让有些人产生不安稳的感觉，而他们所愿意看到的科学知识应该是稳定的和可预测的。但是正如默顿所说的那样，机遇是科学所特有的[①]。所以，对科学知识图谱也一样。我们目前还无从知道，科学发现究竟是否可以预测，是否具有可以识别的前兆，以及是否可以通过某种机制来促进新发现和新发明的快速出现。不过，由于在科学知识图谱上标识出已有的科学发现并非难事，所以我们还是有可能通过研究科学发现之前的图谱，从结构上寻找科学发现的端倪。

这是一本关于信息可视化的著作，涉及许多方面，尤其侧重于科学知识图谱绘制。绘制科学图谱作为一个新兴领域，还处在其婴儿阶段，还要面对许多理论和实践上的挑战。该书的最后一章列出了这些挑战。另外，新的修订版中添加了很多精辟的内容。该书不仅可以作为入门者的初级读本，也可以帮助资深专家学者全面了解这一领域的最新进展。

美国科学技术策略公司（SciTech Strategies,Inc.）

亨利·斯莫尔（Henry Small）

① Merton, R. K. & Barber, E.（2004）. The Travels and Adventures of Serendipity. Princeton: Princetonix University Press.

自序

从 2003 年《科学前沿图谱》第一版出版至今已有十多年了，这期间发生了许许多多的变化。社交媒体蓬勃发展的程度远远超出我们的想象。从 FaceBook（2004）、YouTube（2005）到 Twitter（2006），新闻、争论、恶作剧和学术博客等在新舞台上各显神通。iPhone（2007）、iPad（2010）等移动设备使得这些社交媒体真正达到了无孔不入、无处不在的境地。

科学在过去的十年发展中有所突破。2002 年，格里戈里·佩雷尔曼（Grigori Perelman）证明了困扰数学界一个多世纪的“庞加莱猜想”；2006 年，山中伸弥（Shinya Yamanaka）和他的同事开启了诱导性多能干细胞（iPSCs）的研究并获得诺贝尔生理学 / 医学奖；2012 年，欧洲核子研究中心发现了“上帝粒子”，等等。

大科学正在变得更“大”。海量数据采集正致力于科学研究，如始于 2000 年的斯隆数字巡天（Sloan Digital Sky Survey, SDSS，2000 ～ 2014）计划预计获取超过一百万个天体的多色测光资料和光谱数据而形成一种大数据源。随着已有科学领域的变革，新的研究领域不断兴起。2005 年，可视化研究作为新生事物进入我们的视野，极大地促进了将科学技术应用于解决现实问题，尤其当我们要处理的数据是复杂的、不确定的、不完整的并具有潜在冲突时，它的优势就越发显现出来。关于科学文献自身良好品质的维护是一个很好的例子。出版物种类与数量的增多掩盖了撤销论文在数量上的实际增长。要维护一个值得信赖的科学知识团体，我们需要如何作为？

《科学前沿图谱》这本书发挥着什么作用呢？通过谷歌学术搜索，该书在互联网上被引频次已达 235 次，而其施引文献又被更多的文献所引用。我们可以通过这些施引文献来窥见科学知识图谱研究的发展状况。有趣的是，从被引的情况看，科学知识图谱的发展经历了两个阶段。第一阶段从 2002 年至 2008 年，第二阶段从 2009 年至今（图 1）。在第一阶段中，2007 年的被引频次达到峰值，而第二阶段头三年的被引情况相对平稳。在 Web of Science 中检索分析结果也是类似的。

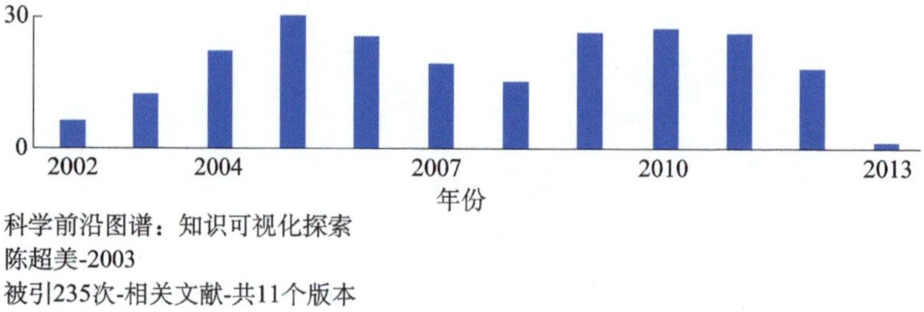

图 1　引用《科学前沿图谱》的文献数量年度分布
资料来源：Google Scholar

这种引用状况说明了什么？我们将《科学前沿图谱》的一系列施引文献作为一个整体来研究它们是如何反过来被随后发表的文章所引用的，尤其是当我们关注那些在 2002 ～ 2013 年被引率突增的文献时，情况就更加明朗了。图 2 列出了这种被引率突增的 25 篇文章。前一阶段的文献主题全部聚焦在“信息可视化”和“引文分析”上。在《科学前沿图谱》写作之初，确实就是出于这样的想法：将这两个不同学科的研究领域联系起来。

高被引突现的前 25 篇文献

文献	年	突现度	突现起始时间	突现终结时间	2002~2013
CHEN C, 2003, MAPPING SCI FRONTIER, V, P	2003	7.2508	**2002**	2006	
CARD SK, 1999, READINGS INFORMATION, V, P	1999	4.5742	**2002**	2006	
CHEN CM, 2002, J AM SOC INF SCI TEC, V53, P678, DOI	2002	4.1649	**2002**	2008	
CHEN CM, 2001, J AM SOC INF SCI TEC, V52, P315, DOI	2001	4.0433	**2002**	2004	
CHEN CM, 2001, IEEE T SYST MAN CY C, V31, P518, DOI	2001	4.0072	**2002**	2004	
CHEN CM, 2001, COMPUTER, V34, P65	2001	3.5648	**2002**	2005	
WHITE HD, 1997, ANNU REV INFORM SCI, V32, P99	1997	3.988	**2003**	2008	
GARFIELD E., 1964, USE CITATION DATA WR, V, P	1964	3.5679	**2003**	2008	
BATAGELJ V, 1998, CONNECTIONS, V21, P47	1998	3.6708	**2004**	2006	
CHEN CM, 2003, J AM SOC INF SCI TEC, V54, P435, DOI	2003	3.5478	**2004**	2006	
SUI DZ, 2004, PROF GEOGR, V56, P62	2004	3.7103	**2005**	2007	
KLAVANS R, 2006, J AM SOC INF SCI TEC, V57, P251, DOI	2006	5.0919	**2009**	2009	
KLAVANS R, 2006, SCIENTOMETRICS, V68, P475, DOI	2006	4.213	**2009**	2010	
SHIFFRIN RM, 2004, P NATL ACAD SCI USA, V101, P5183, DOI	2004	3.4738	**2009**	2009	
KLAVANS R, 2009, J AM SOC INF SCI TEC, V60, P455, DOI	2009	5.0572	**2010**	2013	
PORTER AL, 2009, SCIENTOMETRICS, V81, P719, DOI	2009	12.7909	**2011**	2013	
LEYDESDORFF L,2009,J AM SOC INF SCI TEC, V60, P348, DOI	2009	7.3836	**2011**	2013	
VAN ECK NJ, 2010, SCIENTOMETRICS, V84, P523, DOI	2010	6.4516	**2011**	2013	
LEYDESDORFF L, 2010, J AM SOC INF SCI TEC, V61, P1622, DOI	2010	6.4334	**2011**	2013	
RAFOLS I, 2010, SCIENTOMETRICS, V82, P263, DOI	2010	4.6479	**2011**	2013	
PORTER AL, 2009, J NANOPART RES, V11, P1023, DOI	2009	4.1749	**2011**	2013	
CHEN CM, 2010, J AM SOC INF SCI TEC, V61, P1386, DOI	2010	3.9242	**2011**	2013	
VAN RAAN A. F. J., 2005, MEASUREMENT, V3, P1	2005	3.5074	**2011**	2011	
RAFOLS I, 2010, J AM SOC INF SCI TEC, V61, P1871, DOI	2010	8.1778	**2012**	2013	
WAGNER CS, 2011, J INFORMETR, V5, P14, DOI	2011	4.0553	**2012**	2013	

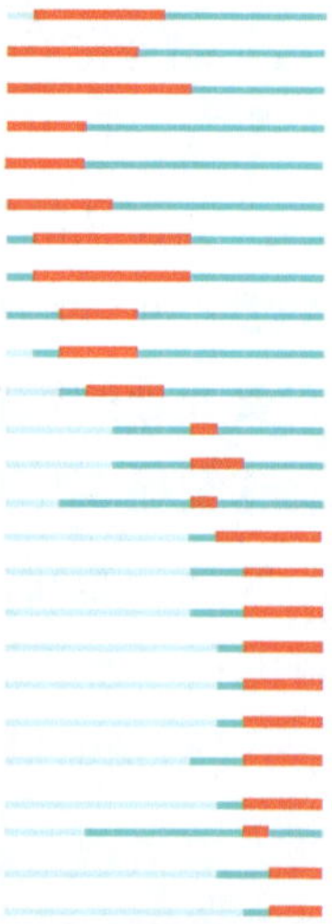

图 2《科学前沿图谱》的施引文献的引文分析显示出两阶段，红条表示被引率突增

第二阶段的文献主题不同于前一阶段，主要是一系列在学科层面上绘制科学知识图谱的文献。从被引率突增的角度来看，这个阶段最具有影响力

的研究工作是2009年波特（Alan L. Porter）和拉法斯（Ismael Rafols）发表在*SCIENTOMETRICS*上关于“科学的跨学科”研究。其次，是2010年拉法斯、波特和雷德斯道夫（LoetLeydesdorff）发表在*The American Society for Information Science and Technology*上的《科学图谱叠加》一文。目前，我们仍然处在第二阶段。从分析的单元和规模来看，跨学科互动研究是一种有助于更好理解科学前沿动态发展的成效方式。

除了概念和理论方面的发展，在分析、可视化和探索科学文献发展模式和趋势等计算工具的选择方面，研究人员相对过去而言有更加广泛的选择空间。值得关注的工具包括CiteSpace、HistCite、VOSViewer、Sci2、GeoTime、Jigsaw、Tableau、Gephi、Alluvial Maps、D3, 以及更通用的WebGL信息可视化软件等。今天，随着可视化分析工具，数据源以及研究范例越来越容易获得且兼容，有一种力量正在积聚。科学前沿图谱已经迎来了新的起点，存在前所未有的机遇，它将跨越多种学科领域，从而对科学研究活动产生更为广泛的影响。

《科学前沿图谱》第二版将会让您了解科学知识及其动态演化研究中一些最有意义的发现和进展。补充的内容如下：

第二章，介绍了斯隆数字巡天计划，以展示宇宙图谱的绘制。

第三章，介绍了一系列主题演化图谱，包括众所周知的ThemeRiver, 使用简单的TextFlow, 以及用途广泛的Alluvial Maps。

第八章的内容是全新的。介绍了预测的分析框架，并将其应用于再生医学研究领域，其中诱导性多能干细胞（iPSCs）的研究因其突出的贡献而被授予2012年诺贝尔生理学 / 医学奖。在这一章中，我们也讨论了论文撤销的现实意义。这一章的后半部分主要介绍科学全域图谱的设计、构建和分析，包括我们新设计的“双图叠加”。

第九章的内容也是全新的。该章列出了一些最具代表性的可视化分析工具，如GeoTime和Jigsaw等，同时还描述了CiteSpace的主要分析功能。

在第一版结论中我们提出了10个挑战。我们有必要再重新审视10年前提出的这些问题，看看有哪些变化，还有什么新情况的出现。

在第二版的最后，将提出科学前沿图谱面临的一些新的挑战和重要事件。

陈超美
于美国宾夕法尼亚州维拉诺瓦
2013年4月15日

CONTENTS 目录

第一章

科学知识的动态特征

Science is what you know,Philosophy is what you don't know.

科学是那些我们已经知道的东西，哲学是那些我们还不知道的东西。

——Bertrand Russell（1872~1970）

科学知识总是在不断更新，大多数的变化是逐渐的，但有些则是革命性的、根本性的。这就促成了两种类型的科学知识，一种是稳固持久的，另一种是转瞬即逝的。新理论和新解释可能取代曾经广为人知的旧理论和旧解释。科学前沿既包括目前人类对世界的认识，也包括科学界提出的一系列难题。科学前沿不仅存在于人类知识和技术预期的边界，还包含着许多未解之谜、学术争论及科学革命。正如双月刊《科学前沿》[①]（*Scientific Frontiers*）所报道的科学反常现象那样，在科学前沿处会发现与现有主流科学理论不符的现象和事实。未知往往是通过各种方式存在着的。

在本书中，我们将关注科学知识的结构及其动态特征，以及信息方法和计算方法如何帮助我们更好地认识复杂的演化系统。我们还将回顾一些最基本假设的根源，这些基本假设预示了当前科学图谱、交互式可视化分析和科学定量研究的发展状态。本书不是技术指南，其重点是视觉思维的基本原理和可视化方法，它们能够实现在各种抽象层面上生动地展示科学前沿的动态变化。

1.1 科学前沿

1972 年，戴安娜•克兰（Diana Crane）指出科学知识是通过“无形学院”而得到传播的。科学传播的一个难题是，研究前沿的复杂多变与传统科学传播体系的呆板不灵活之间存在矛盾。研究前沿推动着新知识的产生；传统的传播体系评估新的知识，并将其传播到产生该知识的领域之外。研究前沿不断地演化并更新着自己的方向，这种动态变化使得人们单靠正式传播体系中的学术论文来把握一个研究领域当前的发展状态变得非常困难。信息科学与学术传播的有关研究指出，科学家们通过传统传播渠道很难搜集到有价值的科学信息，通常是由于他们不熟悉相关领域的背景知识。

很早就已经创立的科学哲学和科学社会学，为科学和科学前沿的动态提供了高层次的理论阐释。相较而言，科学计量学是对科学的定量研究，旨在识别和理解可以阐释科学功能的经验模式。科学计量学研究通常需要依靠科学文献，另外，汤森路透（Thomson Reuters）的 Web of Science 数据库、爱思唯尔（Elsevier）的 Scopus 数据库、谷歌学术、专利、联邦政府机构的资助，以及最

---

① http://www.science-frontiers.com

近兴起的社交媒体（如 Twitter 等），都可作为重要的计量数据来源。

科学前沿图谱旨在使科学图景形象化。我们很容易地将其起源追溯到尤金·加菲尔德（Eugene Garfield）的引用历史图谱（historgraphics of citation），毕弗·格里菲斯（Belver Griffith）和亨利·斯莫尔（Henry Small）的文献共引分析（document co-citation analysis），以及霍华德·怀特（Howard White）的作者共引分析（author co-citation analysis）这些开创性的研究。比起五年前，如今的研究者们在科学图谱绘制软件上有了更多的选择，许多重要的科学图谱绘制软件都可以免费应用，其中值得关注的有我们自己开发的 CiteSpace（2003），印第安纳大学开发的 Science of Science 软件，即 Sci2（2009），荷兰的 VOSViewer（2010）和西班牙的 SciMAT（2012）。如果要选择一个对网络可视化贡献最大的软件，我会选 Pajak，这或许是第一个可以免费获取的用于大规模网络可视化的软件。Pajak 鼓舞了许多后来在科学图谱绘制软件的开发和维护方面的研究工作。尽管新一代的系统（如 Gephi）已经出现，但是 Pajek 让研究者们初次领略到了大规模网络的可视化，这为它赢得了独一无二的地位。

科学前沿图谱的绘制不只是要呈现出一幅凭直觉设计和描绘的科学图景，更关键的是要能够识别出那些不仅有意义，更有可操作性的信息。成熟的可视化分析研究领域提供了一个有前途的研究方向。可视化分析可以看做是第二代信息可视化。第一代信息可视化旨在理解那些不适合直接视觉和空间表征的数据。第二代可视化分析的目标很明确，就是要支持基于证据的推理和决策活动。

正由于其自身的特性，科学图谱涉及大量不同层面的分析单元。尽管对于宏观、中观和微观的精确界定仍存在分歧，但这几个层次的概念有助于理清分析单元。例如，在宏观层面上，我们关注一门学科及科学界整体的结构和动态，我们甚至想要研究多个学科间的互动，如跨学科研究。许多研究表明，跨学科活动在科学的发展中可能发挥着重要作用。跨界活动可能确实是保持科学创造力的关键所在。

作为较低的聚合层次，中观尺度通常指的是群组系统。也就是说，中观层面的分析单元是群组。中观层面的存在意味着宏观层面和社会层面的分布是不同类的，是不均匀分布。这一层面上的科学图谱对应于范式研究，包括随着时间，一个个主题的兴起和衰落。在更低水平的微观层面上，分析的单元包括科学家个体、特定主题的具体方法，以及具体问题的解决办法。

科学文献给研究人员选择分析单元提供了多样的选择。例如，Web of Science

中的学科分类（subject category）可用于表示从属学科；参考文献可用于概念表征；词出现模式可以用于建立基于主题的模型；词频模式已经被用来模拟基础的主题。新一代科学图谱的特别之处在于，它实现了具有重大意义的大规模和异质数据流的处理，这使得人们能够从更宽广的视角去探索科学知识发展的复杂性。这种技术的实现又突出了对不同研究视角如何相互作用，以及如何在反省、洞察和前瞻方面提高对科学的理解的研究意义。

科学图谱近几年的显著进步是 20 世纪 60 ～ 70 年代研究先驱思想的复兴。在信息科学领域作出最具奠基性贡献的应属普赖斯（Derek de Solla Price, 1922 ～ 1983），他的著作有《科学文献网络》（Price, 1965）、《小科学、大科学》（Price, 1963）、《巴比伦以来的科学》。在《小科学、大科学》一书里，普赖斯提出了一系列的问题，这些问题激励着一代代科学学领域的研究者：为什么我们不以科学作为工具来研究科学本身呢？为什么不对科学本身进行测量、总结、假设并提出结论呢？他用气体的热力学性质做隐喻来阐明科学学能够提高我们对科学的认识。热力学研究不同温度和压力条件下气体的表现，重点不是单个分子的运动轨迹，而是一个复杂适应系统作为整体的结构和动力学特征。普赖斯认为，我们应该采用同样严谨的科学探索和数据调查方法来研究科学本身：关注科学的整体表现、科学的“分子”轨道，以及科学“分子”间的相互作用和科学“气体”的政治社会属性。

现在，人们熟知的“科学文献指数增长”规律，就是普赖斯发现的。此外，他还发现了科学的另一些特殊性质，得出了一系列重要的结论。伴随着科学知识的快速增长，这些结论在漫长的时间里经历了各种验证。普赖斯对其他事物也进行了预测，国际间电话通信量每五年翻一番，科学期刊数量每十五年增长一倍，大学数量每二十年增长一倍。他的预测得到了事实的验证，人们因此信服他的分析方法。在“气体”科学理论之后，他又提出了“无形学院”的概念，描述科学“分子”间的作用方式。下面是《小科学、大科学》中关于“无形学院”的摘录：

> 我们现在更倾向于人与人之间的交流而非文献与文献之间的交流。在最活跃的领域，我们通过合作来传播知识；通过选择合作团体，来获得合作伙伴间的认可与赏识。我们作为小团体共同发表文章，克服困难，跟进越来越快的发展。同时，由于组织的惯性，我们的发表也能满足世界的需要。

科学图谱已经普遍采用的设计隐喻是一个抽象的景观图，即用合理的轮廓显示出虚拟的山谷和山峰。类似的景观隐喻也出现在许多早期的信息可视化设计中。这种隐喻自然是来源于探险和导航的意图，如山峰的地标是用来吸引探险家的注意。如果景观的外形与隐含景观系统的显著特征相符，那么就可以通过这些易于找到的路标来研究这个系统，使这一探索过程变成直观、有趣的航行。许多早期的信息可视化系统充分利用这样一个假设，即一个事件发生的概率越大，让用户易于找到这一事件就越发重要。相比之下，用户很少主动游览山谷，或注意那些小概率的事件。例如，主流系统常常强调高频主题，突出卓越作者，而不是那些低频者。

另一个同样引人深思的例子来自进化生物学。现在家喻户晓的达尔文自然选择论反映出适应和生存之间的深刻关系。适应度景观（fitness landscape）的概念为广泛的有关态势感知（situational awareness）、缺口分析（gap analysis）、组合分析（portfolio analysis）、发现过程（discovery processes）和战略规划（strategic planning）研究提供了直观且适应可持续的研究框架。穿越适应度景观图体现为最优化处理过程。旅行者的最终目的是移动到适应度总体最大化的一点上。适应度景观范式的巨大潜力不仅体现在生物学中，也体现在许多其他学科中。它可能帮助我们处理许多共性问题，如在某个学科背景下，我们究竟位于何处？为达到目的，要做哪些必要的移动？能否找到一条持续向前的道路？我们需要承担何种程度的短期损失才能最大限度地获得最终收益？可视化分析为解决这些问题提供了有前途的平台。

曼弗雷德·科肯（Manfred Kochen）建议每个信息科学家都阅读《巴比伦以来的科学》这本书，因为它建立了信息科学的范式基础（Kochen, 1984）。社会学家罗伯特·默顿（Robert Merton）和信息科学家加菲尔德认为《科学文献网络》一书是普赖斯对信息科学的最大贡献，此书中首次提出的科学出版物的引文使用法，为后来关于科学内容与研究前沿周期的研究奠定了基础。普赖斯首先提出引文分析可以获取科学文献发展的概念图，尤为重要的是，它还可以绘制科学前沿的主题图谱。这种科学文献的拓扑图可以在显示图形位置的同时综合提供相关的期刊、作者及文献信息。

一代又一代的信息科学家和大部分的科学工作者都深受哲学和科学史的影响，尤其是库恩（Thomas Kuhn，1922 ～ 1996）的科学革命结构理论（Kuhn，1962）、保罗·萨加德（Paul Thagard）的概念革命（conceptual revolution）理论

（Thagard，1992），以及克兰的无形学院理论（Crane,1972）。追踪科学范式的研究也不例外。美国科学信息研究所（Institute for Scientific Information, ISI）的加菲尔德和斯莫尔通过引文分析绘制了科学图谱。米歇尔·卡隆（Michel Callow）和他的同事用共词分析追踪科学文献的变化。实际上，共词分析应用非常广泛，可以应用于包括技术报告、演讲笔录、资助申请等科学记录，以及学术期刊论文和会议论文。关于这些记录的具体分析将在后面的章节中提及。当前，新的研究趋势更倾向于科学前沿的动态研究：长时间内科学争论的焦点到底是什么？主流理论都涉及什么知识？究竟如何将范式转移可视化？竞争范式是如何在科学前沿的内容中兴起和衰落的？科学前沿动态可视化的最佳方式是什么？

在以科学整体作为研究对象的复兴研究趋势中，科学前沿的可视化领域经历着前所未有的变革。用科学来研究科学，我们需要了解科学活动的本质、科学的哲学属性和社会属性。本书将从科学界所谓的视觉主义（Visualism）开始讲起，视觉主义认为，当代科学家每天所做的工作，实际上就是绘图、解读和说明（Ihde, 1998）。我们可以使用什么样的隐喻来描述科学前沿可视化呢？我们从自然界中的天体和地理现象入手，到概念图的绘制和科学文献的知识结构分析，再到科学前沿的静态“快照”和历时性动态特征图来探讨知识域可视化的问题。

科学知识增长有三种简单的模式。第一种是最常见的累积性增长模式，即指新知识是按旧知识逻辑递进的方式增长。第二种模式是指新的理论假设，经过与传统理论的较量，或被接受或被证伪，不存在模棱两可的证明，因此结果会被科学家们接受。大部分科学本质模型的讨论都基于这种模式。第三种模式是指新的科学理论不是源于近期的科学发展，而是得到科学历史进程中某一阶段理论的启发。这种模式，是整个文化历史领域的随机性选择。普赖斯指出，这种非结构性的增长具有人文科学的特点。

三种模式进行比较，第一种模式强调了持续性累积增长；第二种不具备这种累积性；第三种模式既包含阶段性的累积增长又包含阶段性的跳跃增长。最著名的代表就是库恩的科学革命结构理论。在该理论中，阶段性累积模式是常规科学，而累积增长的间断则被视为是科学危机或革命。

1.1.1　竞争范式

库恩的《科学革命的结构》（1962）是20世纪最有影响力的著作之一。在这个理论之前，科学哲学领域的主流是逻辑实证方法。逻辑实证理论使用当时的常规逻辑来研究科学知识如何与感知经验相结合。它强调科学的逻辑结构，而不是科学的哲学性和历史性发展。

库恩指出，逻辑实证主义的不足在于它不能充分解释科学的历史性。他指出科学知识的增长具有科学理论革命性变化的特点。根据库恩的理论，大多数情况下，科学家们的研究都陷入常规科学的自我循环过程中。常规科学时期的典型特点是有一个占统治地位的既定框架体系或范式。在质疑现存范式理论基础的新发现出现前，科学家的大部分科研假设都是以现有的科学范式为基础提出的。当违背范式基础的质疑、反常现象越来越多地出现时，科学家开始检验那些被广为接受的基本假设，这就标志着一个时期的学术危机到来了。很快，具有实践性并且有说服力的新理论取代了旧的危机理论。这种类型的取代通常是本质性的和革命性的变革。随着新的范式被科学界所接受，科学就进入了另一个常规科学时代。库恩指出，科学革命，是科学不可分割的一部分，科学就是通过这样的革命式变革向前发展的。尽管对范式转移理论最普遍的感知暗示了这种变革的稀有性和严重性，但这种观念变革在几乎所有的科学层面上（从主题、研究领域到学科）都能普遍地找到。

库恩认为，科学革命的结构表现在竞争的科学范式的动态变化上。他的理论为宏观层面上的作用机制提供了深刻的见解，同时依据根本性变革和渐进性扩张之间的张力为科学历史发展提供了一种解释方式。科学从一种范式到另一种范式的革命性变革，即“范式转移”概念，不仅被科学界广泛接受，也被普通社会大众广为熟知。范式转移的一个经典例子就是哥白尼革命，它标志着我们对太阳系的认知从“地心说”变成了“日心说”；另一经典例子是爱因斯坦的广义相对论，它取代了牛顿力学理论的权威地位，并成为物理学的新主导范式。

英裔美国科学哲学家斯蒂芬•图尔敏（Stephen Toulmin）提出了科学学科的“达尔文进化”模型：一种理论应用的学科越广泛，它存活的时间越久。最近一项关于不同学科背景的重要观点的价值研究中提出了类似的观点，即一种思想涉及越多不同的主题，它越有价值。① 与库恩旧模型废弃的理论不同，他认为随着新事实的发现，旧理论在新领域中仍然适用或者被重新引入一个领域。

虽然库恩的理论被广泛认可，但哲学家们对它仍有几项质疑，尤其是库恩

① Kornish L J，Ulrich K T. 2011. Opportunity spaces in innovation: empirical analysis of large samples of ideas. Management Science, 57（1）:170-128

的竞争范式之间的不可通约性观点最受质疑。不可通约性指的是不同范式之间的沟通壁垒，这可以被看做是用外部标准评估竞争范式的一个挑战。如果是这样的话，这就导致了科学的非理性。

马斯特曼（Masterman，1970）系统地研究了库恩有关范式的论述，将库恩的范式概括为三种类型：

（1）形而上学的范式，主要指看问题的方式、信念、思辨，它是哲学范式或元范式；

（2）社会学范式，主要指被普遍承认的科学成就；

（3）人工范式或构造范式，人工智能范式，指依靠本身成功示范的工具、仪器、解决疑难的方法。

她强调第三种范式定义最符合库恩的科学发展观。库恩认为，在“常规科学”中，一组难题的解决需要有新解决方法的不断出现，这促成了科学知识的增长。

本书将重点关注这类疑难问题。例如，学界提出了许多理论来解释 6500 万年前大规模恐龙灭绝的原因，而对于这些理论，科学家们仍在不停地争辩。同样，科学家仍对解释导致羊、牛、人大脑疾病的理论持怀疑态度。这些例子具有相同的特点：

（1）用来论证的有效证据存在争议；

（2）缺乏确凿的证据；

（3）受限于目前使用的工具。

竞争范式的动态图谱是我们绘制科学前沿图谱的一个重要工作，我们将展示出库恩的范式转移与从学术出版物中识别出来的模式之间的有趣关系。

信息科学家关注科学传播的模式和学科的知识结构。自 20 世纪 70 年代，信息科学家就开始在科学文献中找寻范式转移的迹象，例如，在较短时期内，研究主题的快速转变。1974 年，斯莫尔和格里菲斯通过把共引模式看做是组群机制，最早提出从科学文献结构，尤其是引文模式中识别和图示学科的相关问题（Small and Griffith, 1974）。1977 年，斯莫尔对胶原蛋白研究进行了历时态研究，在宏观层面上演示了胶原蛋白研究经历的一些快速变化（Small, 1977）。他从 SCI 下载文献记录，根据它们被随后发表的文献共同引用的强度，生成文献聚类，这种共引文献聚类就被用来识别主导学科或主导范式。他还对高被引文献进行了多维尺度分析，在二维平面生成聚类图。重要文献在某一年突然从某一聚类中消失，以及在接下来的几年中某一聚类中的文献数量急剧增加，都表明学科发展的重大变化，即研究重点的变化，这预示着学科变革的发生。

从包含几何信息的主题图谱中我们可以得出一些有价值的启发。例如，如果人们先研究一个几何图，然后阅读相关的文本说明，这样就会记住文本中较多的信息（Rittschof et al., 1994）。一般来说，几何图展现两种重要的信息：结构信息和特征信息。结构信息有助于人们在地图上查找每个路标的位置，并确定它们的空间关系。特征信息是关于细节、形状、尺寸、颜色和其他用于图示描述图中特定对象特征的信息。人们在研究一幅地图时，首先会给地图的整体空间框架建构一个心智映像，然后再在其中添加地标（Rittschof et al., 1994）。精神意向使得个体将路标整合在一个相对完整的图像中，使嵌入路标快速容易地接入图像。结构信息和特征信息整合得越好，图像信息就越完整。图像信息越完整，路标信息就越容易定位。路标信息的发现有助于进一步对细节的搜索。如果我们能将范式可视化为高被引论文聚类，并将引文和共引文献整合进同一个可视化模型，那么用户就可能针对某一学科领域的代表性论文建构出一个完整的网络图。

萨加德在 1992 年提出用计算方法研究概念革命，其主要目的是阐明概念系统在概念革命之前、革命之中以及革命之后所呈现出的结构特征。他认为他的方法介于传统的逻辑经验主义与库恩的历史主义之间。

追踪范式转移的动态过程需要我们关注作为范式的分析单元。文献中个体出版物之间关系的图示需要在宽泛的科学知识背景下解读。我们需要考虑单个出版物是如何推进理论争议的发展的，也需要考虑如何区分不同的范式。在本书中，我们将特别关注信息可视化和可视化分析如何帮助我们追踪竞争范式的发展。

库恩在解释范式转移发生时提到了格式塔转换。格式塔心理学家认为，人的意识具有整体性：在关注到某个事物的各个部分之前，我们先看到的是事物的整体；整体大于部分之和。依据信息论，部分形成整体的这种方式为我们了解系统整体提供了额外的信息。库恩引用了一个实验，在这个实验中，心理学家在被试面前短暂地展示扑克牌，结果证明期望值会影响人的感知。例如，被试要花较长的时间认出那些不是预期的扑克牌（如黑桃和红方片）。库恩引用了其中一个被试的一句评论："无论扑克是什么样子的，我都匹配不好。在当时那根本就不像一张扑克。我不知道它是什么颜色的，方片的还是心形的。我甚至都不确定方片到底是什么样子，我的天哪！”

对库恩来说，感知中的显著变化也可以解释科学界中发生的科学革命。当开普勒（Kepler, 1571 ～ 1630 年）抛弃了宇宙的完美圆形理论的时候，必然也经历了类似的整体变革。经验性证据是库恩观点的核心。在一个范式转移发生前，反常现象逐步积累并加强。但是为什么反常现象只在开普勒、爱因斯坦那里引发了格式塔转换，而没有在其他人那里引发呢？其他人又是如何信服并采纳新范式的呢？

1.1.2　无形学院

科学界是如何接受新的科学贡献作为科学知识的一部分呢？克兰在 1972 年写的《无形学院：科学界知识的传播》（Crane，1972）一书中论述了这个问题。她强调了无形学院的作用。无形学院是指一群高产的科学家构成的小网络。他们共享同一领域的研究、互相交流，从而密切关注该研究领域迅速变化的知识结构。克兰认为“无形学院”是科学知识增长的原因。

克兰指出，基础科学的研究往往有着类似的增长模式：开始时缓慢增长，然后是指数增长，接下来是线性增长，最后是逐步下降。这些阶段同科学界的一系列变化相符。无形学院的活动引发了一段时期内的出版物和科学界新研究成员的指数增长。

无形学院的运行方式是很难把握的。无形学院中每个成员可以接触到大量的科学家个体。更有趣的是，我们观察到无形学院的成员们似乎发挥着凝聚的作用，以至于许多无形学院之外的研究者能够通过这样的无形学院集聚起来。

多项研究表明，无形学院是存在的，或是说在某一研究领域，由核心的高产科学家联结起原本孤立的研究小组而建立起来的网络是存在的。对于科学家个体而言，确保高产的一个方法是应用“同样的步骤、研究目的或反复使用同样的设备，引入新的变量或对原变量稍作修改”（McGrath and Altman, 1966）。

数据和信息数量的持续膨胀使得科学家为其研究找到合适的信息越来越具有挑战性。科学家绝不可能获得所有潜在的相关信息，这或许也不必要。但问题是他应该向哪个方向努力。他应该在自己的研究领域内寻找，还是需要在另一个研究领域甚至另一个学科内搜寻呢？一方面，在自己的研究领域内搜索信息要比在另一个不熟悉的领域内搜索要简单得多，就好比如果知道主要的路标，我们就可以快速地从环境中找到各种路线；另一方面，如果我们在同一个地区停留了太久，我们可能也无法找到大量未知信息。在我们熟知领域范围之外的区域搜寻信息的确更具挑战性和冒险性，但对于我们来说，这也是一个能够找到未知信息的好机会。从概念上说，在我们熟知的领域内搜寻可以看做是局部搜寻，而远离熟知领域的搜寻可以看做是一次跳远。人们可能会想知道，我们应该在某个研究领域内呆多久，以及何时是我们向新领域转移的最佳时机。面对这一问题，决策的办法是根据可能的预期回报，估计一下是否值得冒险，最优信息觅食理论和进化生物学上的研究是给出了好的启发。

1.1.3　概念革命

库恩的范式竞争理论注重社会学和历史上的解释，而萨加德的概念革命的计算方法更注重逻辑（Thagard, 1992）。概念革命是用一个新的体系替代整个原有体系的概念和准则。萨加德指出，尽管历史学家和科学哲学家已经注意到科学革命的重要性，但他们当中很少有人对上述变化做过详细的解释。萨加德关注的问题是概念革命究竟是如何发生的。他指出，一个科学理论最终被接受取决于理论的一致性解释（explanation coherence）。好的理论是能以较少的假说解释更多的现象，即遵循理论的简单性原则。萨加德通过最新地质革命中的板块构造理论的发展和达尔文的自然选择理论来解释这种观点。概念革命可能会包括结构性和非结构性的变革。萨加德以大陆漂移说的发展为例说明了结构性革命，用进化论如何从达尔文的物种起源演变而来为例说明了非结构性革命。

对科学变革的解释可大致地分为吸积理论和格式塔理论。根据吸积理论的观点，一个新概念体系是通过增加新的节点和连线来发展的。库恩批判了科学增长的吸积理论，他的格式塔转换理论是与之完全不同的。如果吸积理论类似于通过单一基因突变链进行生物进化，那么库恩的格式塔转换理论就像是同时有多重突变的进化。不同的理论往往影响不同，所能解释的现象也存在差异。例如，吸积理论很难解释为什么科学家遇到暂时的挫败是值得的。在问题空间范围内搜索时，我们是采取贪婪搜索（greedy search）策略，还是应该容忍局部损失以使最终目标最大化？吸积理论更适用于描述初级增长阶段而不是后期下降阶段。格式塔理论更适于描述一个拥有多种范式的体系动态特征。在这两种情况下，我们都需要更细致地解释构建一个新的理论体系以及新的理论体系替代原有体系的机制。

萨加德通过一个问题，即“什么让一个理论体系更为先进突出？”提出了这种机制。他认为，我们应该着眼于决定概念联结方式的规律或机制。例如，我们应该考虑概念是如何依据不随时间变化的连接强度而连接在一起的。两个概念之间增加一个连接可被视为是强化现有的关系，但也有可能是弱化两者之间的关系。删除一个连接可以看做是强度减弱的结果，它在体系中的存在就不再受到足够的关注。图 1-1 说明了新的概念体系 2 是如何用这种方式取代原有概念体系 1 的。萨加德利用这个框架确定了概念变革的 9 个步骤：

（1）加入一个新的实例，如远处模糊不清的一团是鲸；

（2）加入一个新的弱规则，如在北冰洋可以找到鲸；

（3）加入一个在解决和解释问题中频繁发挥作用的强规则，如鲸吃沙丁鱼；

（4）加入一个新的部分关系，也称为分解；

（5）加入一个新的类关系，如海豚属于一种鲸类；

（6）加入一个新的概念，如独角鲸；

（7）去掉某一层次的部分，放弃以前的区别；

（8）通过分支跳跃认识到层次，即从分层树的一个分支的概念转换到另一个分支的概念；

（9）分层树的转换，即改变分层树的组织规则。

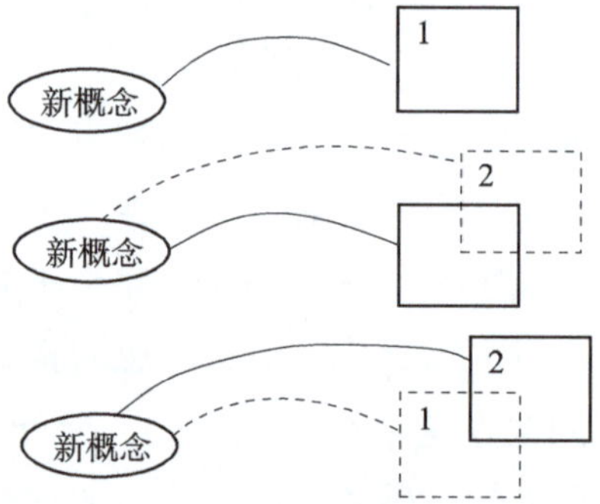

图 1-1　概念变化：新的概念体系 2 取代原有的概念体系 1

分支跳跃和分层树转换的发生很少与概念革命相关。萨加德研究了 7 次科学革命：

（1）哥白尼的“日心说”取代了托勒密的“地心说”；

（2）牛顿综合了天体物理学和地理物理学而形成的力学取代了笛卡儿的宇宙观；

（3）拉瓦锡的氧气理论取代了斯塔尔的燃素说；

（4）达尔文的自然选择进化论取代了当时占主导地位的物种创造论；

（5）爱因斯坦的相对论吸收并取代了牛顿的经典物理学体系；

（6）量子理论吸收并取代了牛顿物理学；

（7）奠定了大陆漂移存在的板块构造地质理论。

就解释的一致性而言，萨加德的观点最好地揭示了科学知识的增长。一个新范式的强大是依据其与现存范式在解释现象一致性程度方面的比较而得出的，他阐释了大陆漂移理论在解释一致性方面的强大性。

在各个层面上，一个概念体系代表了概念组件之间的部分关系或一种关系。大陆漂移学说是一种涉及结构性变革的概念革命。德国气象学家和地球物理学家魏格纳（Alfred Lothar Wegener，1980～1930）明确地陈述了第一个完整的大陆漂移假说。绘制南大西洋地图的早期地理学家可能最先注意到南美洲和非洲之间海岸线的相似性。解释这种相似性最令人信服的说法是什么？这两个大陆是否过去曾经彼此连接在一起？南美洲西部和非洲东部海岸线的相似性给魏格纳留下了深刻的印象。他推测，这些陆地曾经是连接在一起的。然而，直到20世纪初，魏格纳运用了大西洋沿岸的地理学、地质学和古生物学的资料，才证明了在晚古生代，所有的大陆都曾经是连接在一起的。为此，魏格纳搜集地质和古生物学证据以支撑他的理论。搜集的文献说明确实有许多密切相关的生物化石和类似的岩石地层分布于彼此分离的大陆，尤其是在美洲大陆和非洲大陆之间。在随后的10年中，魏格纳的大陆漂移理论赢得了一些追随者，但是，他对大陆漂移背后动因的解释似乎很难令人信服。

1912年，魏格纳在法兰克福地质学会首次发表大陆漂移说。1915年，魏格纳的代表作《大陆与大洋的起源》出版，这一理论得以完整阐释。他推测，在2.86亿～3.2亿年前，地球表面存在着一个连成一体的泛古陆（pangaea），随后分解形成了我们今天看到的大陆板块。也有科学家曾提出这样一个超级大陆，并将孤立大陆的存在解释为超级大陆大部分下沉导致了大西洋和印度洋的形成。魏格纳的解释与之不同，他认为泛古陆分裂成几部分，这几部分在地质期的很长一段时间内缓慢地移动，导致了它们现在的相隔数千英里（1英里≈1609.344米）。他将这种移动描述为大陆的位移，这就是大陆漂移理论的核心。

大西洋周围大陆契合的海岸线在电脑拟合地图上显示得异常清晰。计算机在1000米海底等深线处发现了大陆的最佳电脑拟合处。这种电脑拟合是通过在不同深度寻找大陆与大陆之间最小的重叠面积和最小缺口等高线处产生的最佳结果，见图 1-2。

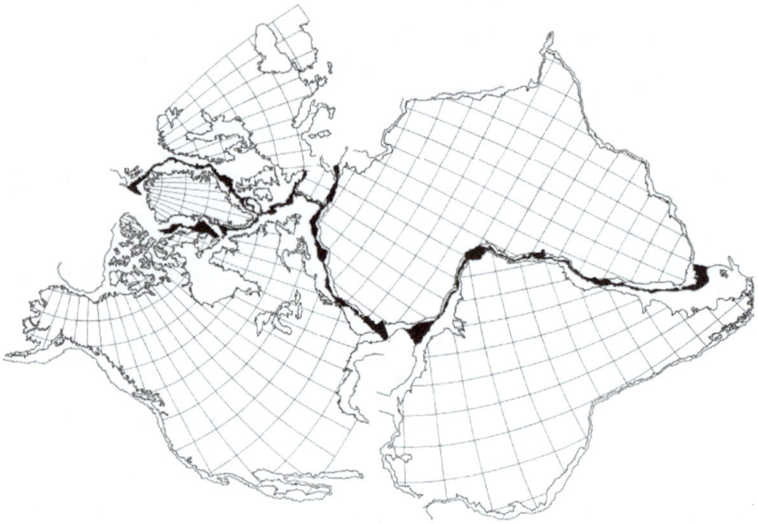

图 1-2　计算机生成的最佳拟合大陆

魏格纳的理论被许多欧洲地质学家们所接受。英国地质学家亚瑟•福尔摩斯（Arthur Holmes，1890 ～ 1965）指出，不能因为缺乏大陆漂移驱动力的解释就抛弃整个观点。大约在 1930 年，福尔摩斯提出解释魏格纳的大陆漂移动力机制的“地幔对流”（power of convection）概念。他指出，在地球的地幔处，热气流和热膨胀可能迫使大陆彼此靠近或远离，进而生成新的海底和山脉。遗憾的是，魏格纳于 1930 年不幸去世。福尔摩斯的这一理论对魏格纳来说来得有点儿晚。此外，当时 30 岁的福尔摩斯还太年轻，以至于还无法找到确凿的证据来支持自己的观点。但事后来看，福尔摩斯的理论已经非常接近人们现在对地球板块和它们之间动态演变的理解。

图 1-3 突出显示出魏格纳理论和同时期其他理论之间的不同。萨加德引导我们关注魏格纳的大陆漂移理论的概念体系（图 1-4）和反对他的理论的概念系统（图 1-5）之间的不同，他以明确的概念结构帮助我们了解有关范式之间如何相互竞争的核心问题。

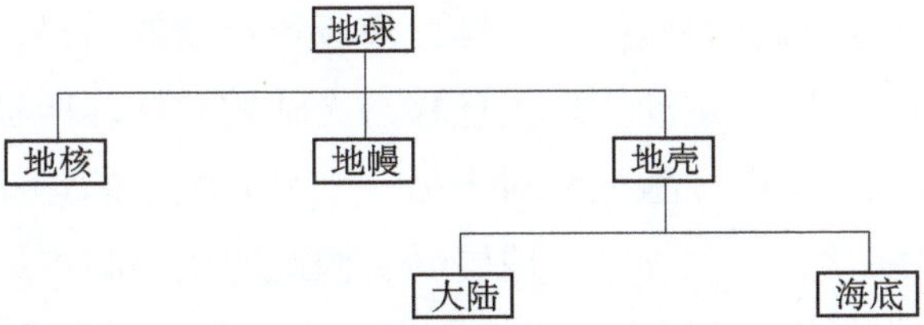

(a) 魏格纳理论的概念体系

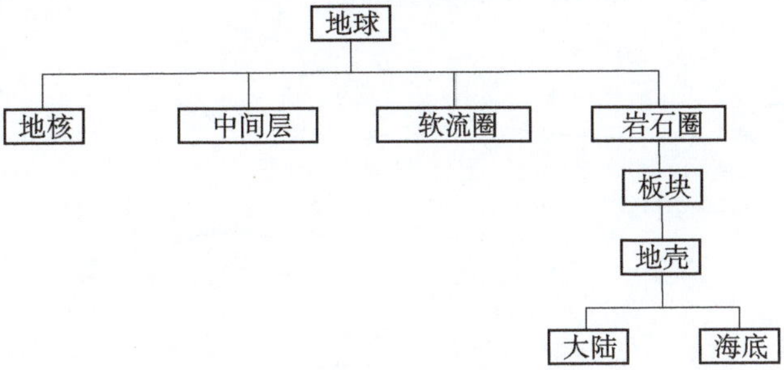

(b) 同时期其他理论的概念体系

图 1-3　魏格纳理论与同时期其他理论的比较

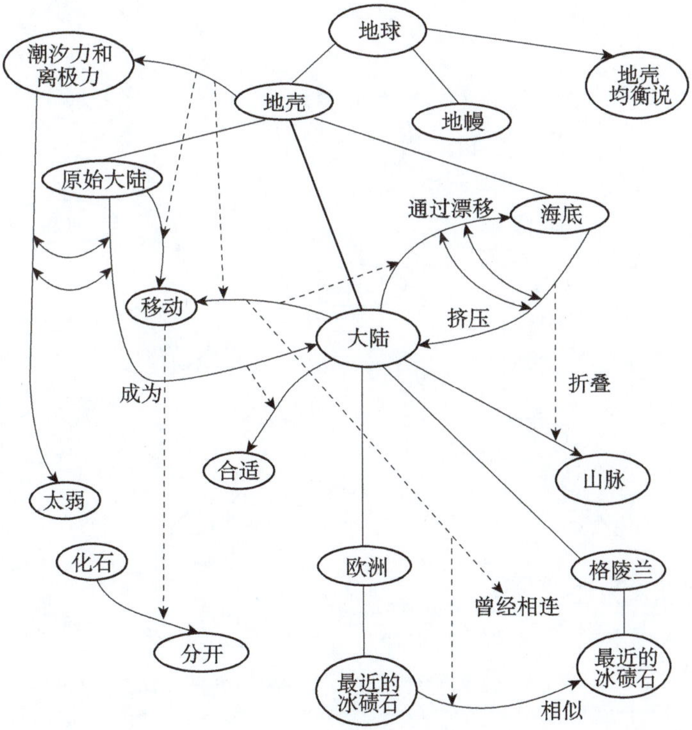

图 1-4　魏格纳大陆漂移理论的概念体系

大陆漂移和地极迁移、海底扩张一样，是板块运动的结果。大陆漂移是一个大陆相对于另一个大陆的运动。地极迁移是大陆相对旋转两极或地球轴心的运动。而海底扩张是一个海底板块相对于另一个海底板块的运动。大陆海岸线的拟合，以及古气候学、古生物学、地层学、构造地质学和古地磁学都证明了地极迁移和大陆漂移现象。而来自火山岛时代和最早的海底沉积物时代的证据，以及海底磁性的发现，则证明了海底的扩张。

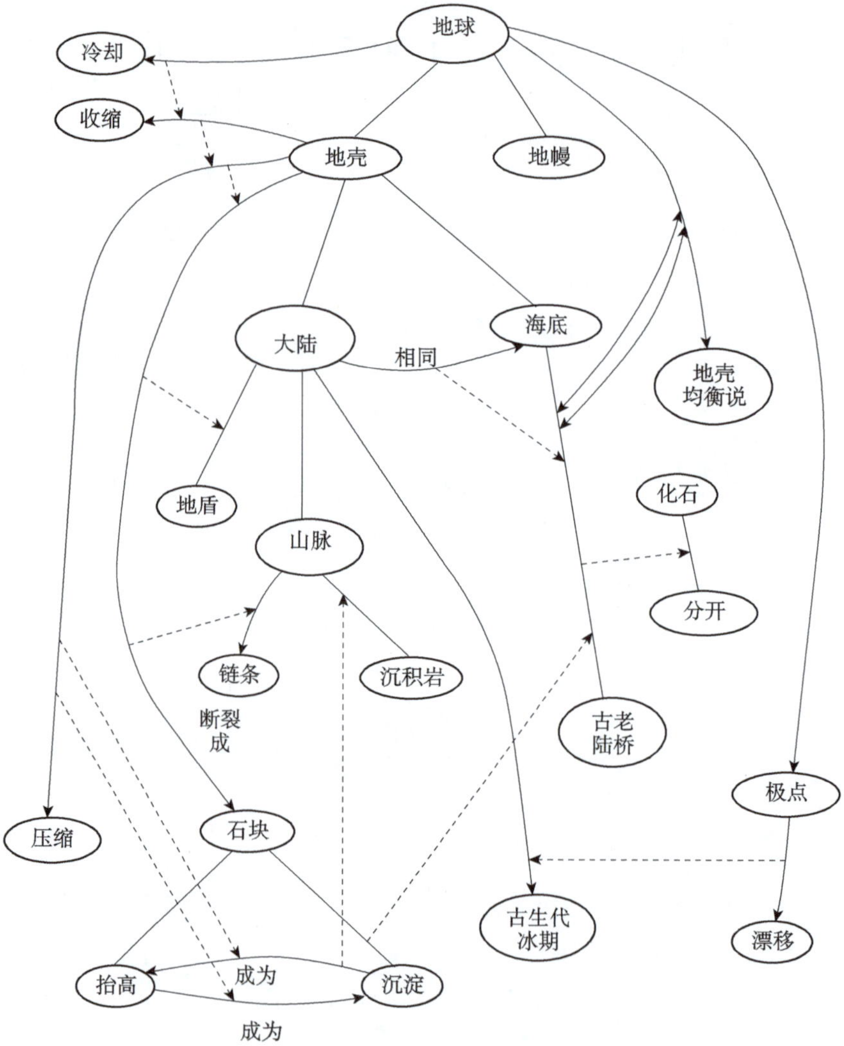

图 1-5　不同于魏格纳大陆漂移说的概念体系

能够提取和概括科学理论的概念结构是一项了不起的工作。如此高清晰地展示概念结构一方面可以使我们集中注意力于概念结构的区别，明确它们各自的优势和潜力。另一方面，提取概念的过程无疑需要高水平的知识分析和推理。这需要我们能够从庞大的并日益增长的相关科学知识中梳理出重要信息。这种将一堆科学知识转变成清晰概念结构的信息技术与计算技术，在当今还有很大的发展空间。萨加德的例子给我们很好的启示，我们要考虑和反思新一代的科学图谱和可视化分析工具给我们带来了什么样的机遇，以及还有哪些难题需要我们去解决。

1.1.4　追溯

社会需要多长时间才能充分认识到科学突破或技术创新的价值？在 20 世纪 60 年代，美国国防部（Department of Defense，DoD）委托一项研究以解决这个问题。这项研究称为 Hindsight 项目，旨在从一些最具革命性的武器系统的发展中寻找经验教训。该项研究的初步报告于 1966 年发布。一个由科学家和工程师组成的研究小组回顾分析了 20 项重要军事武器的由来，包括“北极星”导弹、“民兵”导弹、核武器、C-141 飞机、Mark-46 型鱼雷及 M102 榴弹炮。该小组的专家明确了 686 个在武器发展过程中必不可少的“研究或开发的大事件”。研究表明，“科学研究”只占 9%，基础研究仅占 0.3%；只有 9% 的研究是在大学进行的。该研究项目的一个初步结论是，大学中普遍的基础研究似乎与这些高度创造性的发展没有太大关系。相反，具有特定目标的研究项目成果似乎更为丰硕。

Hindsight 项目研究结果表明，具有特定防御目标资助项目的研究效率要比那些具有同等资助却没有特定研究目标的项目大约高出一个数量级。研究进一步表明：

（1）大学研究的贡献微不足道；

（2）以任务为导向的科学家研究是最有效的；

（3）当科学家在受资助的领域内工作时，其最初发现和最终应用之间的时间差最短。

Hindsight 研究项目强调以任务为导向的研究、委托研究和由美国国家科学基金会（National Science Foundation，NSF）发起的研究。尽管这些结论是从武器发展的研究中得出的，但是这些结论也成为科学评估的依据，如应用于生物医学领域。

源于 Hindsight 项目的研究结果，美国国家科学基金会资助了一项名为“回溯——技术回顾及科学关键事件”（TRACES——technology in retrospect and critical events in science）的研究项目。Hindsight 项目回顾了重要军事武器方面 20 年的发展，而 TRACES 项目追溯到 19 世纪 50 年代的 5 项发明，即避孕药、基质隔离、磁带摄像机、铁氧体和电子显微镜的起源及其演变历程。

TRACES 项目研究确定了与这些发明相关的 340 项重要研究事件，并把它们分成三大类：非任务研究、任务导向研究及开发应用研究。重要研究事件中的 70% 属于非任务研究，即基础研究；20% 属于任务导向研究；10% 属于开发应用研究。大学负责了 70% 的基础研究和三分之一的任务导向研究。对大多数发明而言，75% 的重要研究事件发生在最终发明产生之前。

重要的研究事件随时间推移分布并不均匀。前期的事件分布时间间隔要比后期的长。例如，在 20 世纪 50 年代中期发明的磁带摄像机，用了近 100 年的时间完成它 75% 的重要研究事件，这些都是一些重要的相关技术，随后只用了 10 年时间完成了剩下 25% 的重要研究事件，即将前期的相关技术快速会聚，而创新则是在最后 5 年中完成构思的。

磁带摄像机的发明涉及 6 个领域：控制理论、磁性记录材料、磁石点理论、磁记录、电子学和调频（图 1-6）。最早的基础研究事件当数磁石点理论，即韦伯（Weber）在 1952 年提出的早期铁磁理论。最早的任务导向研究事件发生在 1898 年，即包尔森（Valdemar Poulsen）首次用钢丝录音。根据 TRACES 研究，这项技术是“易实现的，但受许多条件制约，包括扭转和单轨限制”。在包尔森的研究之后，Mix & Genest 实验室大约在 1900 年开发出多轨道钢带，但缺乏灵活性，并且重量也有所增加。

随后，自德国电器公司于 1935 年首次推出了磁带摄像机上使用的均匀塑料带后，这项发明就一直沿着这条路径发展。20 世纪 40 年代开发出双层磁带。而可靠的宽频磁带的开发集中于 20 世纪 50 年代早期。第一代商业磁带摄像机于 20 世纪 50 年代末期出现。

电子显微镜的发明经历了类似的过程。在发明从概念向创新转变之前，前期 75% 的研究活动已经完成。电子显微镜的发明有赖于五大领域，即阴极射线管的发展、电子光学、电子源、电子波的性质及光波的性质。每个领域都可以追溯到几十年前的早期基础研究。例如，1864 年的麦克斯韦的光的电磁波理论，1893 年伦琴发现 X 射线辐射，以及薛定谔 1926 年发现的波动力学都属于基础

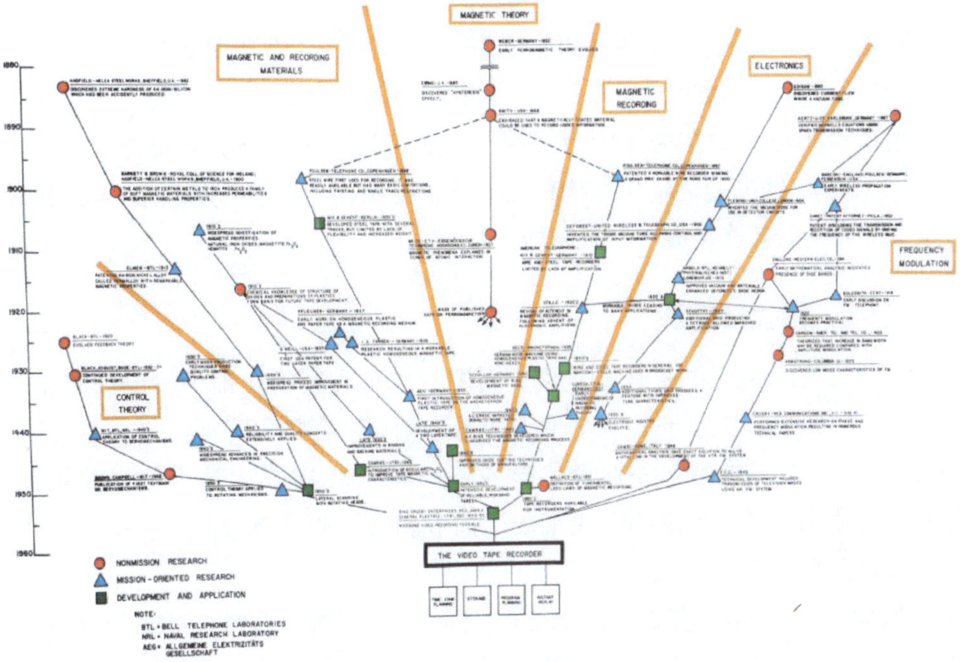

图 1-6　磁带摄像机发明所涉及的领域

资料来源：美国国家科学基金会 TRACES 研究

研究，这些研究最终促成了电子显微镜的发明。正如 TRACES 项目的研究图示（图 1-6）的那样，1860 ～ 1900 年，这些领域的基础研究间没有任何联系。而电子显微镜的发明却受控于这些研究领域中许多早期的基础研究活动。磁带摄像机的发明则显示出基础研究、任务导向研究和开发应用研究间的多重交互作用。

TRACES 研究项目揭示出来的许多深刻见解影响了当今有关同行评议和转化型研究的讨论和政策。或许最重要的经验是认识到基础研究的重要性。正如 TRACES 研究项目给出的时间轴图表显示的那样，一项最终发明，至少是在该项目中研究的发明，显现为多条研究线索的会聚。每一研究线索往往是由几年甚至几十年的基础研究引领着的，然后才依次是任务导向研究和开发应用研究。

换句话说，很明显，基础研究无法预见人们的研究工作将如何演进，更难的是，我们也无法认识一个子领域的基础研究与其他子领域重要发展之间的潜在联系。综合考虑这些因素，我们开始重视在概念鸿沟上架起转换型研究桥梁的重要性。

1.2 视觉思维

视觉（vision）是一种独特的思维来源。我们经常谈论后见力（hindsight）、洞察力（insight）、预见力（foresight）和监察力（oversight），都与视觉有关。格式塔理论指出我们在关注细节之前，往往首先关注一幅图的整体（McKim，1980）。视觉思维高速运转于结构信息，不仅能给出内部事物的信息，也能指出各组成部分是如何连接成一个整体的。

1.2.1 格式塔理论

科学和技术的历史充满了发现，而视觉思维在其中发挥了关键性的作用。从抽象到具体视觉思维都是一个强大的思维策略。在抽象方面，思考者可以很容易地重构，甚至改变一个概念。于是，一个具体的形式和现实的考验能够代表抽象的结果。当以图表的形式来表达抽象和具体的思想时，将会见到由抽象到具体的思维策略。

当不同人在看达·芬奇（Lenard de Vinci）的蒙娜丽莎时，可能会看到一个完全不同于其他人所看到的"蒙娜丽莎"。个人感知能力在科学中至关重要，因为它常常不仅体现了专家与新手的区别，也意味着人们是否可以捕捉到发现的偶然机会。英国小说家和散文家赫胥黎（Aldus Huxley, 1894～1963）写道："有经验的显微镜工作人员透过镜片可以观察到某些细节，但新手就看不到这些细节。一名城市居民经过一堆木材时将会视而不见，而一个训练有素的自然学家却会自然而然地注意到这些。在海上，有经验的水手们会习惯性地检测目标的距离，而对于一个新水手来说，这一活动根本就不存在。"知识渊博的观察者要比知识缺乏的同伴看到得更多，因为他拥有更富有的储存式记忆和经验，可以更清楚地感知所观察的事物。

在科学史中，通过细致的观察得到的发现屡见不鲜。例如，当亚历山大•弗莱明（Alexander Fleming，1881～1955）通过一次意外的观察注意到在葡萄球菌菌群中有一个菌群已死亡，他抓住了这一机遇，于是有了青霉素的发现。许多细菌学家之所以没有意识到这一重大的发现，其实是因为他们早已经认识到一些细菌会抑制其他细菌的生长。图 1-7 是弗莱明的青霉素培养皿的照片。

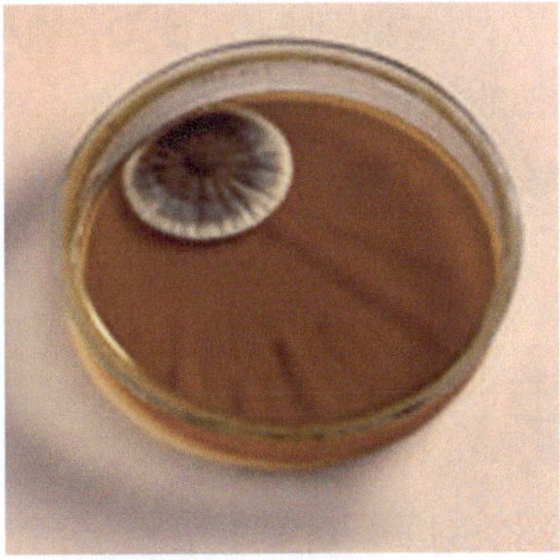

图 1-7　弗莱明的青霉素培养皿（1935 年）
资料来源：http://www.sciencemuseum.org.uk/on-line/mmw/penicillin.asp

德国化学家凯库勒·冯·斯特拉多尼茨（Kekule von Stradonitz，1829 ～ 1896）发现了苯环结构，这是有机化学中最重要的发现之一。有好多次，他在思考这一问题时，坐在面向火炉的椅子上睡着了："原子再次跳跃在我的眼前……我的心灵眼睛……现在可以区分大型结构……所有的成分像蛇一般缠绕……但是，看呀！那是什么？一条蛇咬住自己的尾巴，以调侃的形式急转在我的眼前。仿佛一道闪电，然后我醒了过来。"蛇咬自己尾巴的自发的内在想象使得凯库勒认为有机化合物的结构不是开放的，而是封闭的环，如苯。

复杂的思维活动，往往需要的是抽象和类模式的意象。这并不是说抽象的意象比具体的更重要，而是指抽象的意象和具体的意象是相辅相成的，一位灵活的视觉思考者能够轻松地在抽象和具体之间游走。如 64 格国际象棋的游戏，游戏者需要复杂的思维操控能力。研究发现，象棋大师很少会对棋盘有一个真实和详尽的记忆映像，而他们一般会看到一个由战略群组构成的类格式塔映像。专业的国际象棋棋手能够把他们的思维集中在更高水平的模式上，避免让他们的思维受到不相关模式的琐碎干扰而分心，他们所思考的是关于抽象的感觉映像而不是具体的映像（McKim，1980）。

信息可视化的目的是对复杂、抽象信息的深刻洞察，这一目的通过勾画出人类的感知和认知能力来实现。信息可视化，不仅可以帮助我们寻找到特定的信息，而且还提供了模式和关系识别的各种方法，从而极大地帮助我们优化搜索策略。绘制科学前沿领域则更进了一步。重点不再是孤立的信息本身，我们感兴趣的是知识在不同层次上所传达的整体模式。

视觉思维中的关键因素是隐喻，它可以容纳个体视觉空间属性的意义，并能形成一个整体的映像；这种隐喻有时是隐含的，有时则是显而易见的。正如那个古老的瓶中信故事，神的使者赫尔墨斯（Hermes），从一个无言的国度带来了语言。瓶中信是一种古老的通信方式，人类将各种信息存放在各式各样的瓶子里，既有漂流在海洋中的瓶子，也有飞行在太空中的地球名片（“先驱者”宇宙飞船上携带的）。

1.2.2　著名的地图

一图胜千言。一个典型的例子是由查尔斯・约瑟夫・米勒德（Charles Joseph Minard，1781 ～ 1870）画的一幅引人注目并能讲故事的地图。这个著名的地图通过显示有限空间里的一系列信息，描绘了 1812 年拿破仑军队的撤退情况，如图 1-8 所示。这幅图向观看者传递了大量信息。例如，带子的宽度描述法国军队的规模。军队的位置在一个二维表平面中展现出来，包括前进（上面的带子）的移动方向和撤退（下面的带子）的移动方向。撤退期间一些特定日期的温度也显示在地图下方的表格中。

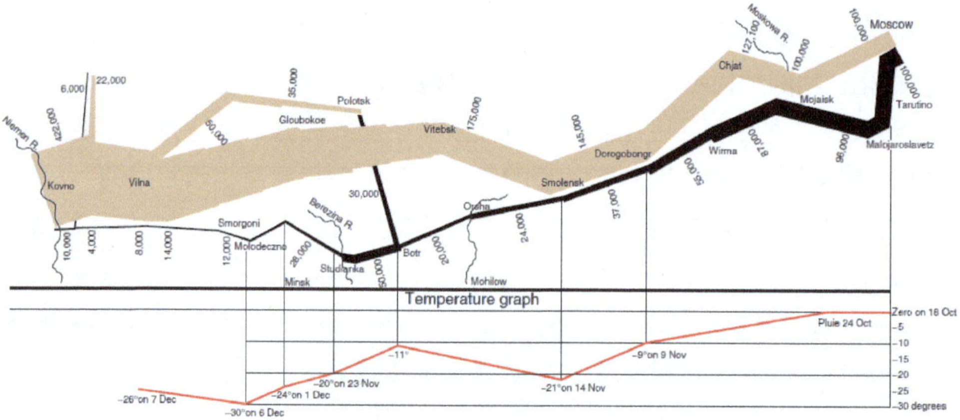

图 1-8　米勒德的地图

资料来源：http://www.napoleonic-literature.com/1812/1812.htm

由图 1-8 可以看出，带子的宽度代表了拿破仑军队的规模，一开始是在俄罗斯与波兰边境处共 42.2 万人。当他们 9 月份到达莫斯科时，军队的规模下降到 10 万人。最终拿破仑军队只有一小部分人得以幸存。一般情况下，信息可视化是一个输送复杂信息的强大而有效的工具，但是，正如上述例子所示，人们可能经常需要使用一些互补的可视化方法来揭示各种各样的关系。

爱德华·图弗特（Tufte，1983，1990，1997）给出了几个详细的案例研究，用以说明视觉解释在决策过程中的作用。图弗特令人信服地说明，仅用不同的呈现方式，视觉证据如何可能挽救挑战者号航天飞机，以及约翰·斯诺（John Snow，1813～1858）的地图如何结束1854年发生在伦敦的霍乱疫情（Tufte，1997）。在挑战者号的例子中，爆炸是由一个密封组件（又称O型圈）的泄漏引发的。发射前的测试资料给出了模糊的视觉表象，但是，工程师们未能说服美国航空航天局（the National Aeronautics and Space Administration，NASA）官员中止发射。事后看来，图弗特重新设计了相同资料的表现形式，O型圈的故障就显而易见了。在图弗特的另一个例子中，公共卫生、流行病学和麻醉学史上传奇人物——约翰·斯诺令人信服地依据死亡现象分布的空间格局将死亡范围缩小到一个特定的水泵周围，见图1-9。

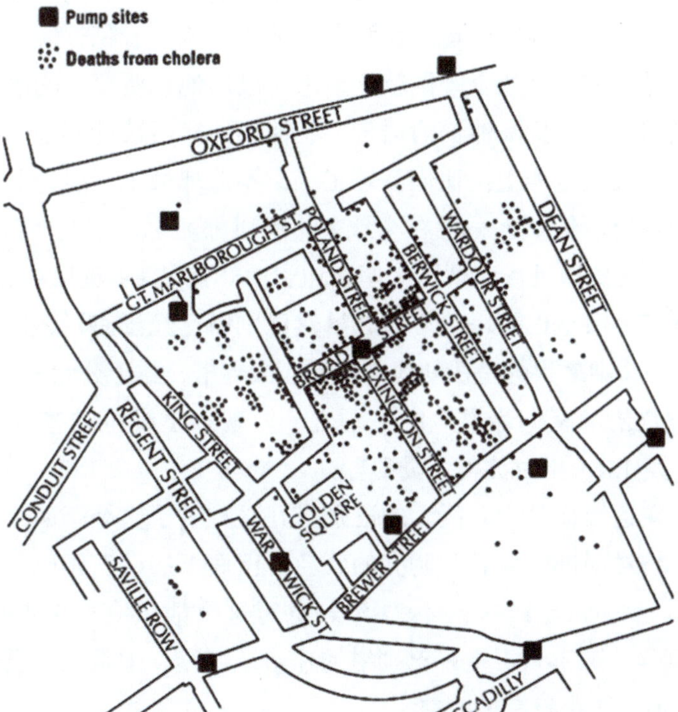

图1-9　霍乱死亡人数和水泵位置的地图

资料来源：http://www.nationalgeographic.com/resources/ngo/education/ideas912/912choleraho3.html

1.2.3 巴别塔

很多人都熟悉圣经中巴别塔的故事[①]。古美索不达米亚人认为，山是圣地，众神居住在山顶，因此山连接了天和地。例如，宙斯住在奥林匹斯山上，太阳神住在沙番山上，耶和华住在西奈山上。但是在美索不达米亚平原上没有天然的山脉，所以人们就想建造一座神塔（ziggurats），一座可以通天的塔。这种塔呈金字形，塔顶有神庙。在古美索不达米亚人居住的地方，如乌尔和巴比伦，人们已经发现了这种塔的遗迹。

巴别塔的故事记载在《圣经》“创世纪”第 11 章 1 ～ 9 节。它描述的是人们想用砖石建造一座通天神塔的故事。根据圣经的记载，古时候，天下人都说一种语言，只有少量的词汇。人们往东边迁徙的时候，发现一片平原，于是就住在了那里。他们彼此商量说，来吧，我们要建造一座城和一座通天神塔，以传扬我们的名，免得我们分散在全地上。他们就拿砖当石头，又拿石漆当灰泥。耶和华降临要看看世人所建造的城和塔。耶和华说，看哪，他们成为一样的人民，都是一样的言语，如今既做起这事来，以后他们所要做的事，就没有不成就的了。我们下去，扰乱他们的语言，使他们的言语彼此不通。于是耶和华使他们从那里分散在全地上。他们就停工了，不造那城了。因为耶和华在那里变乱天下人的言语，使众人分散在全地上，所以那城名叫巴比（Babel）。考古学家们考察了巴比伦遗址，发现了一座每边长 300 英尺（1 英尺 =0.3048 米）的巨大土堤，看起来像是巴别塔的塔基，虽然巴别塔已经没有了，但是其他一些塔保留了下来。其中最大的是伊朗西部的神庙大寺塔，建于公元前 1250 年。

巴别塔是艺术家们最喜欢的主题之一。现存于维也纳艺术博物馆的作品《巴别塔》，是 1563 年由彼得 • 勃鲁盖尔（Pieter Bruegel, 1525 ～ 1569）绘制的（图 1-10）。在这幅作品中，巨大的巴别塔几乎充满了整个画面，而细节部分又堪称完美，塔楼顶部的砖石是明亮的红色，但底下的砖石则已经开始风化。埃舍尔（Maurits Escher, 1898 ～ 1972 年）也对这个故事有着浓厚的兴趣。在他 1928 年的画作（图 1-11）中，巴别塔的建造还继续，但是人们已经开始因为语言上的障碍而无法进行有效的交流。

---

① http://www.christiananswers.net/godstory/babell.html

图 1-10　勃鲁盖尔绘制的巴别塔（1563）

图 1-11　埃舍尔绘制的巴别塔（1928）

1.2.4 外层空间的信息

1.2.3 中提到的巴别塔的故事说明了语言的重要性。下面这些例子将引发我们重新考虑那些我们习以为常的交流基础。先驱者号和旅行者号太空探测器在外层太空飞行，并且携带着为几百万年后的智能生命体设计的信息。如果外星人确实存在并在航天器上找到了那些信息，他们真的能够理解我们的意思吗？当我们把自己的想法传递给他人时，我们做的假设是怎样的呢？

先驱者 10 号和 11 号探测器都带有可以识别它们时间和起源地点的小金属牌，使任何智能生命体可以在遥远的未来发现它们。美国航空航天局在旅行者 1 号探测器和 2 号探测器上放置了一个更加强大的信息装置——一种时间胶囊，旨在向外星人讲述我们这个星球的故事。

先驱者 10 号是在 1972 年发射的，是迄今为止最遥远的人造飞行物之一。2003 年 1 月 23 日探测器通信信号丢失，此时它距离太阳 80AU ①，离地球 12 亿千米或 74.56 亿英里。先驱者 10 号仍朝着金牛座的方向继续运行着，它还将需要 200 万年的时间才能到达金牛座星群中的某个星体。先驱者 11 号是在 1973 年发射的，向着天鹰座的星座群方向运行，在人马座星座群的西北方位。先驱者 11 号可能将在 400 万年后到达这个星座群。

Pioneer, First to Jupiter, Saturn, and Beyond（Fimmel et al., 1980）一书指出，一批来自美国国家出版社的科学记者在被运送到肯尼迪航天中心之前就已经被邀请去观看了飞船。记者埃里克•伯格斯（Eric Burgess）看到了人类第一个飞出太阳系的使者——先锋者 10 号，这个飞船携带有来自人类的特殊信息，它将告诉一百万年甚至十亿年后的飞船发现者，地球已经演化出一种可以超越他们所在时空进行思考的智能物种。伯格斯和另一位记者理查德•霍格兰（Richard Hoagland）还找到康奈尔大学行星研究实验室的主任卡尔•萨根（Carl Sagan）博士，前不久，萨根参加了在克里米亚半岛举办的关于“外星智能交流问题”的会议。萨根和康奈尔大学国家天文和电离层中心主任弗兰克•德拉克（Frank Drake）一起设计出了一种用于与外星智能生命交流的信息。

萨根对先驱者飞行器上的信息非常感兴趣，他和德拉克设计了那块金属牌，然后和琳达•萨尔兹曼（Linda Salzman）制作了这件艺术品。他们将这个设计提供给了美国航空航天局，它被允许放在飞行器上。这个金属牌被镌刻在一个

---

① 天文单位：1AU 等于太阳与地球之间的距离，约 1.5 亿千米（930 亿英里）

长 22.8 厘米（9 英寸），宽 15.25 厘米（6 英寸），厚 0.127 厘米（0.05 英寸）的氧化金铝板上，见图 1-12。

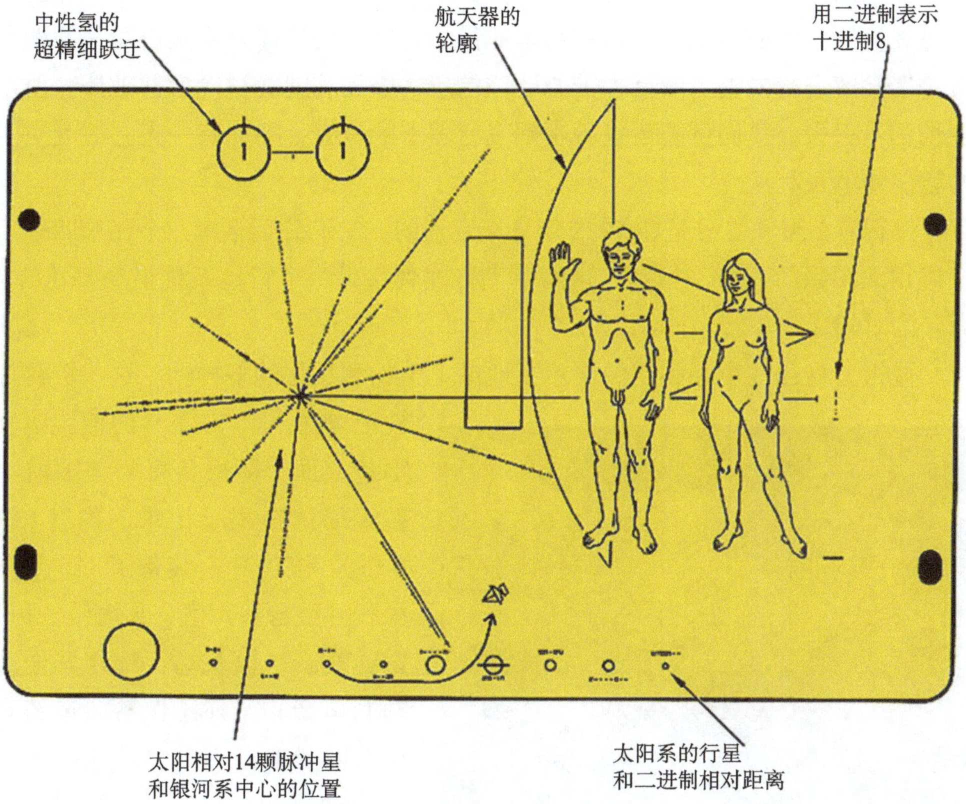

图 1-12　先驱者号上的金属牌

金属牌被固定在航天器天线支柱的位置，以避免被星际尘埃侵蚀。在金属上面，飞行器的轮廓线旁边有等比例男性和女性的图片。在最右边括号中的条形码用二进制 1000 表示十进制 8，而上面的 1 表示氢原子的自旋辐射跃迁，即电子从高速自旋到低速自旋，辐射出波长为 21 厘米的射线。因此，图片中女性的身高是 $8\times21=168$（厘米）。金属牌底部的图示显示了先驱者 10 号和 11 号逃出太阳系的运行路径，首先从太阳系的第三行星出发，然后在木星的重力助推下冲出太阳系。此外，还可以用来识别飞船来源地的是蚀刻在金属牌上的放射状图案，表示太阳相对 14 颗脉冲星（如旋转中子星）和银河系中心的位置。金属牌在宇宙中可以看做是一片大海中装了信息的瓶子。

先驱者10号飞行器离开地球并将在宇宙空间飞行数十亿年。有一天，它可能穿过距离我们遥远的临近行星系，其中的一颗行星上可能也已进化出智慧生命。如果这种生命拥有足够的能力（需要比当今人类拥有更高的技术）探测先驱号飞行器，他们可能会好奇地利用他们的技术能力拾起这个飞行器，并把它带进实验室进行检查。然后携带着地球信息的金属牌就会被发现并破译。由于通信信号丢失，我们可能再也听不到飞行器上的声音，除非有一天它被太空中的智能外星人发现。

旅行者1号和2号是在1977年夏天发射的。它们分别是第三个和第四个用于逃出太阳系的人造飞行器。这两个飞行器到达另一个行星系统至少要花费4万年的时间。

旅行者号通过声音和图像展示了地球上生物和文化的多样性。这些资料都被记录在一个12英寸的镀金铜质唱片上面。萨根负责为美国航空航天局选择用于记录的内容（图1-13）。该唱片上装备了115个图像和种种自然声音，如海浪、风、雷的声音，以及鸟、鲸和其他动物的声音。另外还包括精选的音乐，以及来自不同文化和时代的55种语言的问候语，并录有美国卡特总统和联合国秘书长瓦尔德海姆（Waldheim）签署的电文。这张镀金铜质唱片被装在一个铝制保护盒里，并配有瓷唱头和钻石唱针。通过象征性的语言，说明了宇宙飞船的来源，以及如何使用那些信息。115个图像以模拟的形式被编码，其余的记录在音频里，设计播放速度为每秒$16\frac{2}{3}$转。它包括的问候语，从大约6000年前在苏美尔的阿尔德语开始，到现代中国的吴语方言。接下来是地球的部分声音，折中到90分钟里，包括东方和西方的经典民族音乐的品种选择。旅行者1号和2号到达其他的星系前需要4万年的时间，萨根提到："如果在星际空间中有先进的文明，航空飞船一定能够遇到它们并做下记录，飞船自身也一定会被查看。"

图1-13　旅行者号上的信息

记录了能够反映人类文明和地球生活的声音和影像的 12 英寸镀金唱片，被置放在每个旅行者号飞行器上，就像扔进宇宙大海里的漂流瓶。这些唱片就像留声机。配有唱头和唱针，以及简单的使用说明，表明如何进行播放。图 1-14 展示了旅行者号飞行器上金属牌的说明。现在看看如果你是外星人的话，你是否能理解它们。

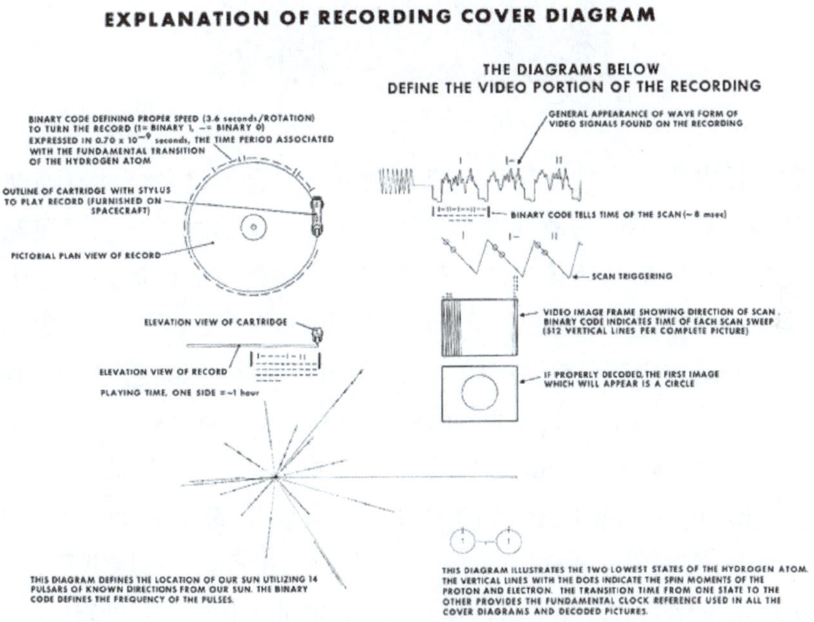

图 1-14　旅行者号飞行器上金属牌的说明

这就是旅行者号上的记录生成背后的故事，并且包括记录上所有东西的名单。华纳新闻媒体在 1992 年再版了《地球之音》(*Murmurs of Earth*)，其中包括一张复制了旅行者号上携带记录的 CD-ROM，这张 CD-ROM 是可以买到的。[①]

1.2.5　“这不是一个烟斗”

这不是一个烟斗（“Ceci n’est pas une pipe”）是比利时的现实主义者雷尼·马格利特（Rene’ Magritte, 1898 ～ 1967）在他的油画《形象的叛逆》中的一个著名的声明。该画作因其发人深省的法语标题“这不是一个烟斗”而引人注目，见图 1-15。

① http://math.cd-rom-directory.com/cdrom-2.cdprod1/007/419.Murmurs.of.Earth.-.The.Voyager. Interstellar. Record.shtml

图 1-15 雷尼 • 马格利特的《形象的叛逆》

显然，画中的烟斗并不是一个真正的烟斗，它不具备任何真的烟斗所具有的物理属性和功能。与此同时，这幅超现实主义油画让我们更深刻地思考语言的作用。画中烟斗所传达的信息和文字声明的明显矛盾强调了语言的性质，以及我们看到的、想到的和我们所说的之间的相互关系。哲学家们在诠释学（hermeneutics）中研究这些问题。诠释学可以追溯到古希腊哲学。赫尔墨斯（Hermes）是神的信使，他从无言的国度带来了语言，同时从圣人那里带来了文字。古希腊动词 "hermeneuein" 是诠释学的词根，是 "解释" 的意思。

唐 • 伊德（Don Ihde）《扩展的解释学：科学中的视觉主义》（*Expanding Hermeneutics - Visualism in Science*）一书，从科学技术史中提炼出了一系列的案例，试图确认视觉主义解释学对科技来说是必需的。伊德称："解释学没有什么不同的写作形式，它在技术上植根于当代科学仪器，特别是视觉机器或成像技术的发展上。"

伊德认为，我们看到什么取决于观察设备这一媒介。我们通过利用各种工具进行观察。科学已经找到能够提高、强化和完善感知的方法。因此，库恩的理论实质上强调科学是一种 "看" 的方式。我们后面会以范式发展可视化为目标回归到库恩的范式理论。伊德称这种方法为知觉诠释学（perceptual hermeneutics）。知觉诠释学的主要特点是可以重复的格式塔构型，它们是可视的、同构的。

伊德指出，达 • 芬奇的人体解剖图中对肌肉、器官等的展示，以及在笔记中对其构想的运行机理的描绘实际上都是同一种风格，即无论是外部还是内部都是可视的。伊德在天文学和医学上也发现了类似的案例，如伽利略的望远镜，以及德国物理学家伦琴在 1895 年发现的 X 射线（图 1-16）。那些看不见摸不到的东西已经变成可以观察的了。这些成像技术和达·芬奇的解构图（exploded diagram style）都可以将不可见的信息转换成视觉表征。两种成像技术意义重大，这是一种将不可视信息转化为可视的同构信息的转换技术。成像技术正日益主导着当代的科学诠释学。

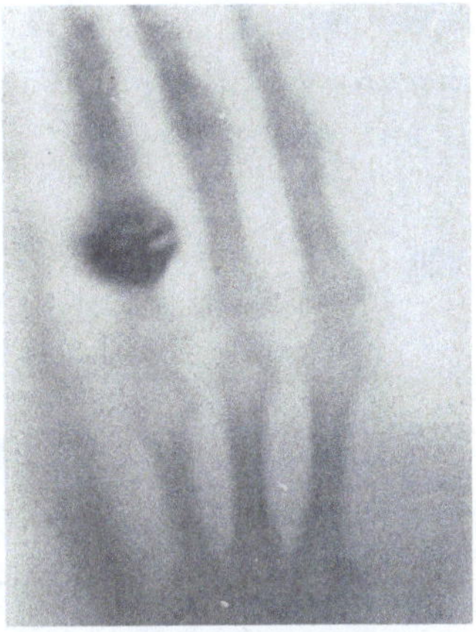

图 1-16 第一张 X 射线照片

1985 年由伦琴拍摄，显示出他妻子的手骨与戒指

在认识论上，可视化的优势在于其格式塔特征是可以重复的。最简单的格式塔完形特征是基于某个背景显现出的一幅图，或在背景中出现前景图。通常情况下，我们能够毫不费力地从背景中找出特征物，尽管我们在确定前景是什么、背景是什么之前，有时需要很长的感知和认知过程。例如，格式塔模式通常伴随着“啊哈”（Aha！）现象，即当我们突然意识到特征物和背景之间存在的预期关系时发出感叹。图片本身并不反映客体，而是突出了客体的兴趣、注意、文化和宏观感知特征。

在图 1-17 中你看到一个花瓶还是两张人脸？这取决于你把哪个当做特征物。如果你把图中的白色花瓶作为特征物，那么两张黑色的脸就会成为背景。图片中的特征物—背景转换就是一种典型的格式塔转换。更神奇的是，相同的一组像素点可以在更高层次上被视为完全不同形式的组成部分。

图 1-17 特征物—背景的格式塔转换

视觉同构论中的朴素实在论认为，即使以前没有看过这种图像的观察者也可以轻易地识别出对象。同构意味着二者具有相同的形状，使其可以很容易地

联系起来。用伊德的话来说，“伦琴从来就没有看到过那只透明的带着戒指的手，但当他看到的时候，一眼就认出了它。”不过，越来越多的可视化技术已经开始偏离了视觉同构。例如，我们很难看出上面那只半透明的手的真实颜色。在科学可视化解释学范畴内，虚假着色的显微成像技术已经成为一种标准技术。

可视化解释学教给了我们怎样去解读。信息可视化的目的是让观察者看到抽象的信息，特别是那些不容易用几何方法和空间方法表示的信息。本书的主题就是要阐释如何直观地展现出可视化的科学前沿和真实的科学前沿之间的相互关系，以描绘和解释科学前沿。

正如大陆漂移理论的发展过程中，研究前沿的一个共同特征是竞争理论间无休止的争论，同样的证据可以从不同的角度进行解读。这些学科层面上的争论可以被用来说明本书的中心主题——绘制科学前沿。我们如何能在科学文献中拍下一张科学发展“战场”的照片？我们如何才能追踪相互竞争的几派观点随时间推移的发展情况？从诠释学的角度看，科学图像和科学本身之间存在什么关系呢？我们如何区分科学发展足迹和科学前沿呢？雷尼·马格利特能指着可视化的科学前沿说“这不是科学前沿”吗？

在本章以下部分，我们将给出一些实例，用以探讨语言、知觉和认识的深刻联系。有些实例说明，语言障碍不仅存在于自然语言中，也存在于整个科学技术交流中。有些实例说明了人类历史上视觉语言的力量，还有一些则强调了可视化语言的限制性。我们可以通过这些实例对有关科学和技术前沿动态的最基本问题有个大致了解。

1.2.6　格式塔心理学

我们只能看到我们想看到的东西，换句话说，我们眼睛是带有偏见性和选择性的。马格利特的烟斗看起来是如此的真实，当人们看到标题“这不是一个烟斗”时，人们会感到困惑。直到 19 世纪末的时候，一群澳大利亚和德国的心理学家才发现人类习惯于对连贯图像模式的认知。格式塔（gestalt）是一个德文词汇，原本的意思是认知模式的一种倾向，即离开个体部分的整体形象，尽管有时整体形象是一种错觉。

搜索行为模式（pattern-seeking behavior）是格式塔心理学的一个分支研究（Koffka, 1935）。人类的感知有一种倾向，即寻找我们能够看到的或我们期望看到的模式。一个广为人知的例子就是火星表面，它提醒我们，我们的感知系统有时会欺骗我们。

格式塔心理学家强调认识、学习和问题解决组织过程的重要性。他们认为个体倾向于以特别的方式来组织信息。下面是格式塔心理学的基本观点：

（1）认识与现实经常是不同的，其中包括幻觉的假象。

（2）整体大于各部分的总和。人类无法解释单独的个体，除非已了解整体状况。

（3）组织结构和组织经验。在德语里，gestalt 指的是全结构（structed whole），它意味着一种有机结构，虽然未必是天然的。

（4）生物体倾向于以特定的方式组织经验。例如，根据接近律，在一个空间内，人们倾向于把相邻的东西看做一个单元。另外，也往往把彼此相似的事物看做是一个单元。

（5）问题求解可通过结构重组和刨根问底。问题求解包括合并和重组某个问题的各种要素知识，直到获得一个能解决问题的结构。

人类倾向于将一切都模式化。格式塔心理学家认为感知发挥着重要的作用。我们能够认知一个整体图景，这个整体要大于部分之和。我们首先感知整体，然后再分析细节。细节分析受个人需要和兴趣驱使。如同一个磁场，认知吸引着感官意向会聚成一个整体图像。根据格式塔的理论，认知天生遵循简单性原则，它将复杂的感官刺激分解成较简单的群组。距离接近、相似性、连续性及方向性都影响着分组的效果。格式塔心理学强调人类的观察模式是不同的。图 1-18 是埃舍尔的名作，你是否能同时看到两个人物呢？

图 1-18　少女和老妇

1.2.7　信息可视化与可视化分析

信息可视化涉及计算机生成交互式信息图示的设计、开发和应用。这往往意味着信息可视化首先要处理那些抽象的、非空间的数据。因此，把非空间的数据转换成直观的、有意义的图像对该领域而言是极为重要的。这个转换的过程是一个创造性的过程，设计者可以赋予图像新的意义。就像艺术一样，信息可视化旨在向读者传达复杂的思想，启发他们发现隐含的关联信息。就像科学一样，信息可视化必须严格、准确、如实地呈现信息和相关模式（Chen，2010）。

有大量有关信息可视化的回顾综述与调查研究（Card, 1996; Hearst, 1999; Herman et al,. 2000; Hollan et al,. 1997; Mukherjea, 1999），也有一些关于信息可视化的书籍，具有代表性的有（Card et al., 1999; Chen, 1999a; Spence, 2000; Ware, 2000）。还有一本有关这一主题的同行评审的国际期刊即 SAGE 出版公司出版的《信息可视化》。作者于 2010 年对此曾作过综述（Chen，2010）。

信息可视化的目标是将模式、趋势及其他的新观点通过信息丰富的图像显示出来。信息可视化的主要目标是了解一些抽象的信息。它的一个主要难点在于将非空间、非数量的信息进行直观和有意义的视觉再现，这样用户可以从不同角度对相同的数据集进行交互探讨。信息可视化的任务被卡德（Card）很好地总结为："信息可视化是通过运用电脑、人机互动，以及视觉展示来加强对抽象数据的认知。"（Card et al.，1999）

经常有人讨论信息可视化和科学可视化之间关系。一个简单的回答是，它们在各自的研究群体中都是唯一的存在。它们确实有重叠，但又有很大的不同。以下几个问题可能会有助于进一步阐明信息可视化的范畴。第一，原始数据是用定量的吗？用图像描述定量信息在数据可视化、统计图表和地图制图学领域也是常见的。那么，一个城市近两年的日均气温图可以视为信息可视化吗？这个问题的答案取决于另一个问题，即绘制该图表是否足够简单方便？正如迈克尔•弗兰德里（Michael Friendly）和丹尼尔•丹尼斯（Daniel J. Denis）所说的那样，不了解历史的话，一切事物看起来都是新奇的。同样地，今天新奇的、复杂的东西未来可能会变得微不足道。把信息可视化从数据可视化和科学可视化中区分出来关键要看是否存在定量数据，以及将数据转化成定量的形式是否容易。这就是为什么信息可视化的研究者们强调将看起来无法可视化的数据进行可视化的能力。

第二，如果数据无法空间化或定量化，那我们需要借助什么将其空间化和可视化呢？这一步涉及视觉设计和计算机算法的开发。正是这一步把信息可视化同它的近邻（如定量数据可视化）区分开来。更确切地讲，这一步出现在早期的信息可视化分类中，它模拟了数据转换、可视化转换和可视图谱转换的过程。数据转换将原始数据转换成数学形式的数据。可视化转换建立起了一个视觉空间的数据模型。可视图谱转换确定了视觉空间模型展现给用户的形式。另外，如果数据是定量的，研究者和设计者们会更容易找出其中的有用信息和联系给定关联。

人们往往从信息可视化功能和信息可视化美学方面探讨信息可视化的科学性和艺术性之间的关系。信息可视化的主要功用是向用户传递信息，而信息可视化的美学目标是通过用户的本能反应和情绪化反应，使数据集为其呈现主观的印象。

对于用户而言，信息可视化最重要的是获取洞察力。在一般情况下，洞察力是一个广义的定义，包括意外的发现、深化的见解、新的思维方式、“尤里卡式”体验和其他一些知识上的突破。

在信息可视化的早期，一目了然地观察数据集整体的能力对于发现那些值得关注的、隐藏的联系，以及其他模式是很重要的。最近，随着可视化分析的崛起，信息可视化的可实践性是不可或缺的，它强调获取见解的过程而不是见解本身。

研究者已经明确了信息可视化过程的一些阶段，即将数据绘制成可视模式、设计可视化结构和视图转换。将数据绘制成可视模式涉及数据表的转换、变量类型和元数据。可视化结构可以分成空间基地（spatial substrate）、标记（marks）、视网膜性能（retinal properties）、时间编码（temporal coding），以及联系和外壳（connection and enclosure）。视图转换涉及位置探测（location probes）、视点控制（viewpoint controls）和失真（distortion）。

信息可视化源于很多技术领域，包括电脑图形图像、科学可视化、信息检索、超文本、地理信息系统、软件可视化、多元分析、引文分析，以及其他领域如社会网络分析等。运用可视化技术的目的是满足人们将海量数据抽象和转化为容易管理和容易解读的形式的需求。多维数据分析是信息可视化最早运用的领域之一。例如，因赛尔伯格（Alfred Inselberg）用一个称为平行坐标（parallel coordinates）的可视化图表，阐释了信息可视化如何将多元分析转化为二维的认知问题（Inselberg，1997）。

信息可视化的发展极大地得益于可视信息检索研究。美国马里兰大学的施奈德曼（Shneiderman）提出一套广为人知的准则来描述用户是如何与大量的信息的视化进行交互作用的。

（1）全景，观察总体模式及发展趋势。

（2）变焦，观察数据的一个较小的子集。

（3）过滤，基于检索词观察子集。

（4）细节，交互时观察所选对象的值。

（5）关联，观察关系并比较观测值。

（6）历史，追踪行动和见解。

（7）提取，标记和捕获数据。

用户从信息空间的全景开始，放大他感兴趣的部分，然后找到更多细节信息。通常涉及的问题是什么选项可以被用来有效地吸引用户的注意。已知的是，我们的感知会被一些移动的东西吸引，这或许是因为我们的祖先在猎食动物时的生存需要。然而，满是闪光信号灯的仪表盘也是没有信息的。系统环境所在的环境文化强烈地影响了特定的颜色所传达的具体含义。例如，在金融领域，绿色填充的趋势线是正面的意思；而在地理信息系统中，深蓝色填充的轮廓线可能指的是海平面以下的东西。

绘制科学前沿可以从许多信息可视化的经典范例中吸取宝贵的经验。在后面的章节中我们将看到超文本的范式结构。地理图的构造提供了主题地图的基础图，事实上，信息地形图（information landscape）就是完全参照了主题图的形式。著名的例子有 ThemeView（Wise et al. 1995）和 Bead（Chalmers，1992）。

ManyEyes 是个较新的案例。原 IBM 视觉通信实验室的设计者认为它是一款“社交数据分析”工具。ManyEyes 使许多人能够有机会尝试创建自己的信息可视化。这款面向公众的设计大大简化了信息可视化的整个过程。此外，ManyEyes 实际上形成了一个社区环境，在这个环境中人们可以查看其他用户创建的可视化，发表评论和制作自己的可视化。单单是这些原因就足以为 ManyEyes 在信息可视化发展进程中赢得独立无二的位置。ManyEyes 和维基百科的共同特征是，二者都直击社会结构，都表现出了底层自组织的涌现性质。

科学文献中知识结构的建模和可视化依靠大量有效的计算机应用、大量研究人员积极从事相关领域的研究，以及大量相关出版物的发表达到了一个新水平。传统上，积极解决有关科学图谱和知识结构图谱的学科是信息科学。信息科学本身包括两个子领域：信息检索和引文分析。信息检索和引文分析都把科学文献作为它们的输入信息。然而，信息检索和引文分析关注文献的不同部分，信息检索的重点是文献的题录信息，如标题、关键词列表或全文；而引文分析关注的则是嵌入在文档中对应的参考文献，或那些附在文档后面的参考文献。开发强大的视觉空间隐喻使其能传达潜在的语意对信息可视化而言是最具有挑战性的。

信息检索给信息可视化研究带来了许多重要的启发和挑战。我们的目标是要说明科学图谱超越了信息检索、信息可视化和科学计量学。它形成了一个独具特色的研究领域，也具有应用于其他广泛科学领域的潜力。我们关注的是科学知识的增长，那么什么是我们要解决的关键问题，以及什么是我们要支持的工作呢？我们开始致力于更高层次——科学范式及科学前沿的移动，而不是关注科学文献中的具体条目。

可视化分析被视作第二代信息可视化。它不仅改造了我们在新信息时代将复杂和动态的现象可视化的方式，还改变了我们利用不完全、不确定的信息做出正确决策的优化分析推理方式（Keim et al., 2008）。如果没有吉姆•托马斯（Jim Thomas）和他在太平洋西北岸国家实验室（Pacific Northwest National Laboratory, PNNL）国家可视化和分析中心（Nattional Visualization and Analytic Center，NVAC）的同事，以及日益壮大的科技可视化分析共同体的独特的眼界和不懈努力，视觉分析领域的宝贵价值就不可能获得今天如此广泛的认可，一个生机勃勃的交叉科学领域的快速发展也是不可能的。

2004 年，托马斯建立了国家可视化和分析中心（NVAC）并开启了一个新的研究领域——可视化分析。可视化分析是由视觉交互界面促进分析推理的一门科学（Thomas and Cook, 2005; Wong and Thomas, 2004）。可视化分析属于一个多学科研究领域。它将计算机科学、信息可视化、认知和感知科学、交互式设计、平面设计和社会科学领域的许多科研团体汇聚在一起。它解决的难题包括分析推理，数据表征和转换，视觉表征和交互技术，以及支持研究成果生成、展示和传播的技术。尽管可视化分析与信息可视化和科学可视化有一些重叠的目标和技术，但是它尤其关注释义和推理，是由问题解决和做出正确决策而强力驱动的。

可视化分析把新的计算和理论工具与新的交互技术和视觉表征在认知、设计、感知基础上整合起来。掌握这门分析推理科学对运用主观判断、综合经验和假设得出结论的分析专家是极其重要的（Thomas and Cook, 2005）。目前，一些国家，如加拿大、德国、英国、美国等都已经建立了可视化分析中心；一些大学把可视化分析整合到信息科学的核心课程中，这使得这个新领域成为信息可视化和科学可视化领域的一个公认的、有前途的分支。

可视化分析的主要贡献是能够满足对高不确定性的数据进行分析推理并做出决策的需求。可视化分析强调在分析推理和制定明智决策上证据的作用。这正是绘制科学前沿所需要的，即基于证据的推理。在本书的第二版中，我们介绍了关于支持科学前沿图谱的相关视觉分析。

1.3 绘制科学前沿

本书适用于不同领域的读者，如信息科学、计算机科学、科学史学、科学哲学和科学社会学领域的研究者，同时也适于那些对科学计量学、信息可视化、可视化分析、科学政策学及科学评价研究感兴趣的读者。

“盲人摸象”是一个广为传播的中国民间故事。这个故事起源于汉朝（公元前 202 ～ 220）（Kou L and Kou Y H, 1976）。在印度，这个故事则变成了六个盲人摸象——六个盲人想去弄清大象是什么样子。第一个盲人靠近大象，摸到了大象的身体。他大呼道：“大象像一堵墙！”第二个人摸到了象牙，然后说：“大象像矛。”第三个人摸到了象鼻，说：“大象像一条蛇。”第四个人摸到了象腿，叫道：“它像一棵树。”第五个人摸到了大象的耳朵，认为大象像一把扇子。第六个人抓住大象的尾巴，认为大象肯定像一条绳子。到底大象像什么呢，他们无法达成一致意见。

这个民间故事的寓意在于，类似于盲人摸象中盲人摸到大象的不同部位，科学家们获得各种不同的有关科学前沿的信息。行动者网络理论（actor network theory, ANT）最初是作为科学的一个社会模型提出来的（Latour，2005; Callon et al.，1986）。根据这个模型，科学家的工作是由不同要素参与并组合而成的，如实验老鼠、试管、同行、期刊文章、资助、会议论文等，这些都需要进行持续的管理。科学家一边构建社会工作环境（即实验室），一边建立社会工作环境与自然工作环境（即研究对象）之间的联系。考察记录是行动者网络理论的主要方法。另一种方法是通过访谈和民族志研究的“跟随行动者”（follow the actor）。文献记录包括期刊论文、会议论文、演示文稿、资助申请书及专利。文献记录是科学工作的主要成果（Latour, 2005; Callon et al., 1986）。在第三章中，我们介绍了共词分析法，共词分析最初是用来分析记录的。不同类型的记录可能会给科学家传递不同的信息。一方面，来自各种类型记录的信息形成了一个科学前沿的“快照”。例如，期刊出版物可能为大象的头提供了一个“快照”，会议论文可能会提供象腿的“快照”，教科书可能提供象鼻的“快照”。另一方面，不同“瓶子”里的信息在高层次上整合，即在“大象”水平上整合，这对科学家和工程师具有很好的指导作用。

绘制科学前沿涉及多门学科，从科学哲学、科学社会学到信息科学、科学计量学及信息可视化。每个单独的学科都有其自身的研究纲领和实际应用，都有它自己的理论和方法。换句话说，绘制科学前沿的一个重要的特性就是学科交叉。研究者必须跨越学科边界，使得每种方法适合所研究的问题。否则，巴别塔的故事就不仅是圣经里的一个传说了，而是会真实地发生在科学家们一层层地站在巨人的肩膀上向上攀登与上帝对话的科学发展事业中。

1.3.1　科学图谱

科学图谱描述了科学前沿的空间关系，这些科学前沿是重要的研究领域。科学图谱也可以被简单地用作为描述研究领域分布和转达研究领域之间关系含义的便利工具。

即使是用最新更新的数据，我们也只能生成曾经的研究前沿图谱。因为出版周期的原因，当期刊出版的时候，研究重心可能已经转移了。除非从专业知识角度，这些图无法预见到还未成真的重大研究事件或者暗示未来可能的走向。然而，当我们将数据从一年前扩展到十年前或更早时，基于引文分析的图谱为我们了解正研究的领域提供了一个历史的，甚至是历史学的视角。

从整体来看，这些图谱显示了研究领域或学科之间的关系。图中嵌入的标签揭示了它们的语意联系，或许暗示着互相联系的原因。此外，这些图谱还可揭示出当今学术界研究的科学领域，以及在各领域中具有代表性的人物、出版物、机构、地区或国家。

知识的演化可以通过一系列时间序列图展示出来。尽管只依据当前的数据所绘制的图谱不能预测其研究进路，但它们在掌握丰富信息的分析人士那里是非常有用的。通过观察年复一年的变化，趋势就被探测出来。这些图谱由此变成了预测工具。另外，一些共引图谱中包含核心文献，因此即使是一个新手也能立即识别出那些被“无形学院”的成员经常参考的著作和文章。

绘制共引聚类图谱主要在于算法过程，它与 30 多年前绘制 DNA 研究历史图谱时所使用的相对简单却繁琐的手工方法是不同的。

布拉福德（Samuel Bradford）指出，当我们把研究领域视为整体图时，我们观察到的或思考的东西是散布在其上的，它们处于混杂、交互而又分离的状态。贝尔纳（John Bernal，1901 ～ 1971）设计了一种费力的手工方法，这种方法现被称作历史图（historiographs）。然而，动态历时态图谱伴随着ISI数据库的发展而有了实现的可能。事实上，正是它促成了科学计量学的创生，以及文献计量学的新生。

贝尔纳是国际上杰出的X射线结晶学科学家，他是科学社会学或者科学学研究的先驱者。他的著作《科学的社会功能》被认为是该领域的经典之作（Bernal，1939）。对于贝尔纳而言，科学是哲学的基础。他认为，自然科学与社会科学没有严格的界限，而且社会科学分析是对自然科学分析的延续。贝尔纳认为不存在独立于科学的哲学、社会学的理论和知识，科学是一切的基础。

1.3.2 竞争范式的案例

科学中的新理论往往会面临阻力。新生理论或者随着时间逐渐变得强大并成为主流，或者被扼杀在摇篮里。那么究竟是什么因素决定了一个新生理论的命运呢？有没有决定性的证据？在科学技术领域是否存在能让人类更智慧的模式？带着这些疑惑，让我们看看一些在科学史上广为人知而且持续长久的争论。

我们都记得库恩的范式理论主要关注于解决疑难问题。在本书中，我们将给出一系列的理论、方法和案例，这些知识有助于我们更好地抓住科学知识的创造和演化过程。我们将详细说明基于引文的知识域可视化研究，并列举几个疑难问题进行深入分析，包括恐龙灭绝原因的争论、活动星系核能量来源的分歧，以及关于疯牛病与人脑疾病新变种之间关联的争辩。

1.3.2.1 恐龙灭绝

地球在过去的5.7亿年中共发生过5次大灭绝，包括2.48亿年前的二叠纪大灭绝，6500万年前使得恐龙消失的白垩纪大灭绝。白垩纪大灭绝，也被称为KT灭绝，在过去20年里一直是研究者激烈争论的话题，有80余种涉及恐龙大灭绝原因的理论。古生物学家、地质学家、物理学家、天文学家、核化学家等各领域的专家都参与到其中。我们将用可视化手段来揭示对于这一问题的争论过程。

1.3.2.2 超大黑洞

爱因斯坦预言了黑洞在宇宙中的存在。黑洞的特性使得人们无法直接观测到它们，即使它们真的被天文望远镜捕获到。因而，天文学家对这一来自银河系中心的引力感到困惑。如果我们的理论是正确的，超大黑洞就应该存在。这是不多的几个证据之一。天文学家已经在通过日益先进的天文望远镜来搜集证据。在这个案例中，我们将分析这些证据对于接受爱因斯坦的理论有何影响。

1.3.2.3　牛海绵状脑病和克雅氏病

1997年的诺贝尔生理学/医学奖授予了神经病学、滤过性微生物学和生物化学方面的专家普鲁西纳（Stanley Prusiner），以奖励其在感染性蛋白质方面的发现。感染性蛋白质是一种蛋白质的变异形态，这种变异可能是由疾病引起的，如痒病（患在羊身上的病），牛海绵状脑病（BSE）也称疯牛病（患在牛身上）和克雅氏病（CJD）（患在人身上的），CJD的患者的年龄通常在55岁以上，而变异的CJD（vCJD）的患者平均年龄则在27岁。在英国中部疯牛病肆虐的地方，人们担心吃牛肉是否安全。这种担心引出了这样一个问题，即吃被污染的食物是否会染上vCJD。

1.4　本书的结构

本书主要写给那些热衷于交叉学科研究的读者，特别是对科学知识增长可视化感兴趣的信息科学家，对运用可视化技术和动画技术来描述科学范式动态特征感兴趣的计算机科学家，以及那些对各种可视化案例研究及其可能的解释有着浓厚兴趣的科学社会学研究领域的哲学家和研究者。本书也为那些开始从事科学研究的新人提供了解自己研究领域的前沿、无形学院以及竞争范式的知识基础。

第一章，“科学知识的动态特征”，引用了大量实例来阐述基础性问题——一般意义上的视觉传播与视觉分析推理，以及特定意义上的科学前沿图谱。我们强调直觉与认知之间密切的联系。我们通过“瓶中信”的隐喻强调可视化表现形式在日常生活和交流中的作用。我们也借助盲人摸象的故事推导出科学图谱必须要解决的难题。通过本章中的许多例子，我们明确了基于感知的、清晰有效交流的重要条件。从古时的壁画到现代先锋者号和旅行者号飞行器上携带的信息，我们追溯了形象语言的作用。这些发送到外层空间的信息也给人们提出了一个问题，即理解可视化需要我们具备什么样的先验知识？格式塔心理学家解释了形象语言的局限性。宏观层面范式转移的格式塔理论和在更为精细层面的概念结构替换机制是本书进一步探讨的基础。

第二章，“宇宙图谱”，探究了绘图学的起源和它映射物质世界（从地形图到天体图，再到生物图）的作用。我们突出主题图谱在随后更抽象现象可视化中的重要作用。在本书中多次提到的地理基础图与主题覆盖模型既简单又强大。我们也强调整体隐喻或者说完整图像的作用。星座图的故事很好地说明了这种类型的隐喻。本书的再版还加入了新的例子，包括科学整体图谱及交互覆盖图。

第三章，“关联映射”，将第二章提到的空间隐喻扩展到捕获概念体系的本质。一方面，我们突出了概念体系图的独特性。另一方面，我们想要把那些贯穿在这新领域中的设计策略和形象表示整合起来。本章介绍了几个最常用的概念及其关系的视觉空间模型方法。本章的例子不仅用到了传统的多变量分析方法，如多维尺度（MDS）和主成分分析（PCA），也用到了非线性多维尺度中先进的路线图方法。在此，我们介绍了一些网络建模和分析的方法。

第四章，“探寻轨迹”，描述了科学图谱的三个相关方面：结构模型，视觉语义性显示，和行为语义。结构图谱关注如何从信息资源中提取有意义的关系。视觉语义显示关注有效交流的有效渠道设计。从传统意义上讲，结构图谱和视觉语义展示被认为是信息可视化的核心。行为语义强调从行为方式的意义上来帮助我们理解信息空间的结构。它也为我们创建有效虚拟环境提供了一个有前途的方法。我们希望这些技术手段能在科学前沿图谱中发挥越来越重要的作用。

第五章，“科学知识的结构和动态”，阐述了科学图谱理论和定量方法的历史脉络。用实例说明了共词分析和共被引分析这两条研究主线，强调了信息可视化的影响。

第六章，“跟踪竞争范式”，主要是利用前几章提到的理论和技术手段来实现竞争范式的可视化。本章通过两个详细的案例说明了探知竞争范式的过程。一个是地质学家和古生物学家在大灭绝问题上的长期争论，另一个是天文学家和天体物理学家所关注的寻找超大黑洞和活动星系核范式。

第七章，“寻迹潜在知识领域”，用三个以上的主题研究案例来演示科学前沿动态可视化。不同于第六章，本章的案例研究强调引文网络在发现低被引文献中的作用。本章的目的在于推进发现范式的研究。

第八章，“绘制科学图谱”，通过将科学知识发展概念化成一个复杂适应系统，介绍了一种用于测度新近信息价值的结构变量模型。本章也有案例研究，包括再生医学领域新兴趋势识别的研究，以及撤回论文及其对文献影响的研究。全景科学图谱和交互叠加图谱在本章也有提及。

第九章，“可视化分析”，概述了几个通常用来分析推理和任务决策的应用程序，尽管其中有些是专门针对理解科学文献的。本章回顾了 2003 年第一版中提出的挑战及未来面临的新挑战。

第二章

宇宙图谱

A picture is worth a thousand words.

一图胜千言。

——中国谚语

《10的威力》（*The Power of 10*）是由雷·埃姆斯（Ray Eames）和她的丈夫编导的一个短纪录片，1977年再次发行。影片镜头从1米的高度开始，每10秒钟将高度提高10倍。当镜头移动到第7次时，我们已经可以看到整个地球（图2-1）。1998年，美国国会图书馆将该影片收藏到国家影片登记部，理由是该影片具有“文化、历史或审美学意义”。在本章中，我们将回顾三个完全不同的领域，即地图、宇宙图谱和蛋白质序列组合图谱的绘制原理和技术。

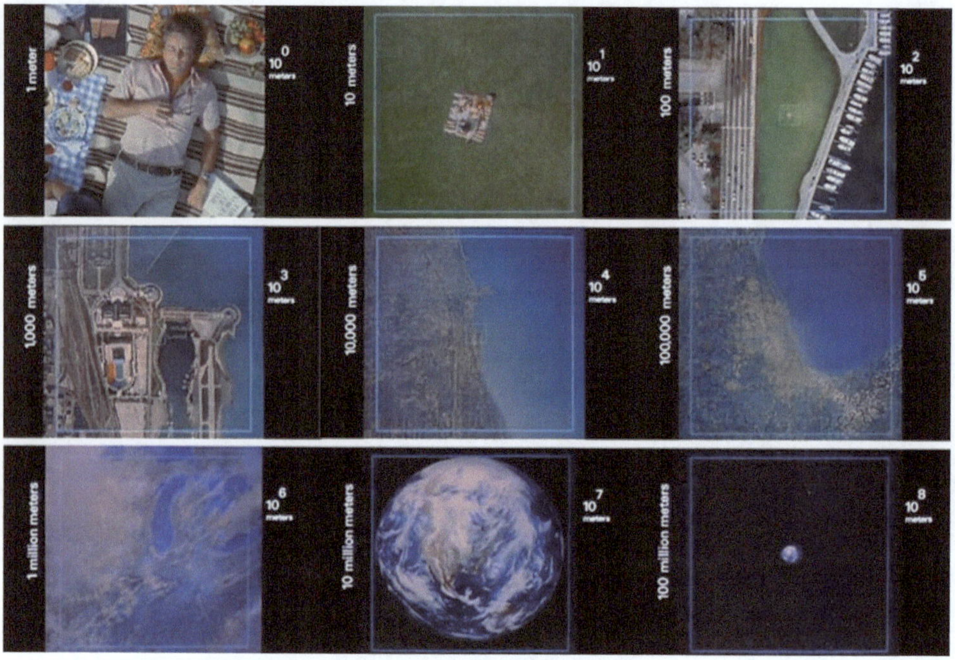

图2-1 《10的威力》中的剧照

资料来源：http://www.powersof10.com/film

本章的焦点是探讨隐含于各类图谱之中的模型，尤其是这些模型在人们进行有效的视觉思维和视觉交流中所起的作用。这些模型就是隐喻。隐喻的基本价值在于它的自解释性。本章的中心议题就是主题图谱的设计，这些主题图谱通过地面测绘和天体图表征了物质世界中的现象。那么，关键问题就是，各种不同的隐喻在绘制宏观现象图谱和微观现象图谱中发挥什么样的作用？

2.1 绘图学

地图是文化环境与物质环境的图形表示。地图最早出现于公元前 15 或 16 世纪。绘图学是一门制图的艺术、科学和技术。目前，有两类图：通用图和主题图。通用图也称为参考图，如地形图（topographic maps）和地图册（atlas maps）。这些图侧重于展示地理位置，其目的是表现世界或某一区域的不同特征，如海岸线、湖泊、河流和道路。18 世纪中叶以前，参考图一直很盛行，随着关于世界的知识快速增长，绘图师们开始致力于绘制尽可能完整的世界地图。于是，主题图被人们越来越多地应用，它们主要展示特殊地理现象的空间分布。人们也称它们为具有特定目的、单一主题的统计学图。当科学家关注的内容转向譬如气候、植被、地质和贸易之类的社会及科学数据的空间属性时，主题图就显现出来了。主题图用来说明具体的特征或概念。绘制主题图的目的是，说明一些具体地理分布的结构特征。通常来讲，一个主题图只能用于一个单一的主题。

主题图出现在绘图学的发展后期。主题图使得地理学家、规划者和其他的科学家及学者能够更容易地观察各种现象的空间分布。直到 19 世纪早期，主题图才得到广泛应用。过去的 30 年被认为是“主题图时代”，这种趋势有望在未来相当长的一段时间内持续下去。

每一个主题图都有两个重要的部分：底图和主题覆盖图，见图 2-2。底图提供与主题覆盖图相关的位置信息。主题图必须要精心设计，只涵盖必要信息。主题覆盖图的重要设计特点则是简单、清楚。

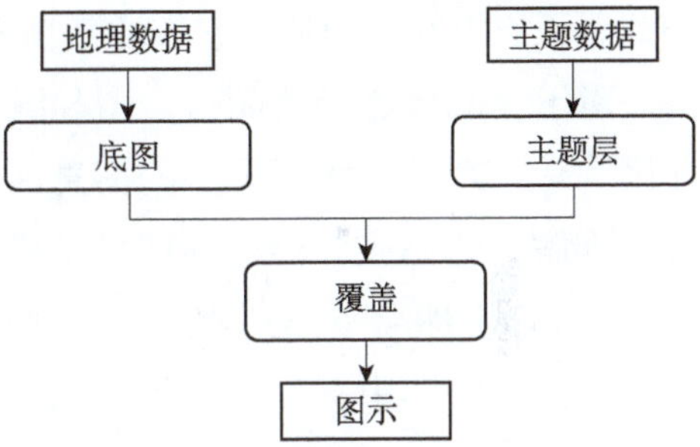

图 2-2 建立主题图的步骤

在现代绘图学中，研究者依旧对交流和视觉的作用存有争论。大卫·迪比亚兹（David DiBiase）的科学研究可视化观点将视觉交流视为模型的公共部分。在他的模型中，经过私有领域的探索和确认，以及公共领域的合成与呈现，最终得到可视化结果。私有领域由视觉思维组成，公共领域由视觉交流组成。传统的图示交流观点合并了更复杂的制图描述，这些描述实际上是重要的内容。

地图传输和地图可视化的区别是，前者更适用于传递特定信息；而后者则关注未知信息。两者之间并不存在谁更优秀的问题（Hearnshaw and Unwin,

1994）。该观点区分了决定论思维和概率论思维，是20世纪的主要科学思维特点。绘图学和交流可视化的最新发展认识到了交流过程中地图使用者的重要性，而在传统观念中他们常常被忽视。

绘图者已经认识到读图的人是不同的，他们在交流过程中并不是机械呆板、没有思维的，而是把自身的经验和认知都带了进来。图示交流是主题图谱的关键，其目的是展示地理调查的多种可能结果。图是研究人员寻找模型以及映射数据之间关系的工具，而不只是简单地传播思想。尽管绘图者从来都不能确定预期的信息是否能精确地传达给读图者，但绘图者必须知道读图者的需求，以便能向读图者传递正确的信息。

绘图是一个抽象的过程，包括选择、分类、简化和符号化。每次抽象都简化了图谱中的具体细节，这就需要读图者有足够的信息来理解图谱。符号化是图谱抽象中最复杂的环节。主题图中主要使用两类符号：重复符号和抽象符号。重复符号的设计看上去像是现实世界中的对应物，用来表示有形的物体，如海岸线、树木、房屋及汽车。本质上讲，底图符号就是重复符号，而主题覆盖图符号可以是复制符号，也可以是抽象符号。抽象符号通常采用几何形状来表示，如圆、正方形和三角形。它们通常用来代表变化的量。

对于空间概念交流而言，图和数量符号是一种独特的表达机制。设计者往往因为让一个符号承载太多的信息而无法做出好的设计。信息超载的符号令人难以理解，它们或许传达的信息是错误的或令人费解的。例如，比例圆常被滥用，人们试图将不同大小的、被切割、不同颜色的，或分成扇形的各种比例圆绘制在同一张图中。不幸的是，如果读图者不能清晰、容易地看出它们的空间分布，那么这张图谱就无法与人交流。当一张主题图中包含3个或更多不同数据集的比例圆时，它将无法传达任何有用的信息。一份好的设计方案要将比例符号化变量的数目限制在1～2个，绝不能超过3个。

等值线图（也称等量线图），是表征三维实体的平面图。等值线图是一个数量线符号系统，该系统用来描绘三维实体的波动表面。等高线图就是一个常见的例子。等值线图技术常常暗示了三维的存在。这种等值技术要求实体的表面是连续的，不能是不连续或间断的。

等值线图由来已久。1584年，最早用来表示海底深度的等距线称为等深线。1777年，梅尼埃（Meusnier）提出了等高线的概念，他用这种轮廓线来描绘三维实体的表面特征。1782年，卡拉杜培崔尔（du Carla-Dupain-Triel）在绘制地图时首次采用了这一概念。等高线就是一种等值线。

对读图者及绘图者而言，最重要的感觉倾向是特征物和背景配置。我们潜在的倾向是把视觉领域组建成两种类型：主要对象，形成特征物；次要对象，形成背景。格式塔心理学家在 20 世纪早期就提出了这对概念。特征物是从背景中清晰显示出的对象。与背景相比，特征物更容易被记住。背景是虚渺的，并经常被忽视。

在三维世界中，我们看到了以天空为背景的建筑物，以道路为背景的汽车。特征和特征的差异使我们产生直觉的图像。在图形的发展中，特征要素的方向比其位置更重要。绘图学文献也说明表面特征和及其区分导致了特征物的呈现。

在特征物之间划上清楚的边界线可以在二维视觉体验中产生一个鲜明的图像，相反，去掉边界线会削减图形的强度。许多方法可以形成边界，如使用明暗对比、映像及纹理。如果绘图者忽视特征物和背景的作用，由此产生的图谱很可能非常混乱。

如果图示的区域既包含陆地又包含水，那么区分二者就是一个重要的环节。这种区分对于读懂主题图来讲尤为重要。充斥着混乱的陆地 - 水流形状的图阻碍了清晰有效的思想交流。通常情况下，人们将包含有陆地 - 水流的图示中的陆地作为特征物，而将水流作为背景。而在某些特殊情况下，水流是图的焦点，那我们就需要做相应的视觉处理，将水流表现为特征物。

关于绘图中字母的使用，绘图者给出了指南，即四条黄金定律：

（1）易读性；

（2）协调性；

（3）再生匹配性；

（4）经济和便利性。

通过字母大小写的对比来实现图中字母的设计。单一形式的图谱不仅令人感觉乏味，还表明绘图者对图缺乏规划。字母大写通常用来标记大的特征物，如国家、海洋和大陆，以及重要标识物，如大城市、国家首都或者山脉。小城镇和不太重要的特征物则采用小写（首字母大写）。

精心的字母布局能够提升图的表现力。实验研究表明，绘图过程中存在一些绘图惯例，最专业的绘图者认为点符号要贴上字母标识（没有字母空间），并建议将字母标识放置在点符号的右上方。

视觉层次，也称作组织分层，是对图的知识规划和实现规划的最终的图形解决方案。绘图者整理组成图的各构件并确定其对知识的重要性，然后寻找一种能将各构件匹配在知识图谱中相应位置的方法。依照这一方法，表达重要知识的标识物得以在图的框架中显现出来。如图 2-3 所示，通过与周边环境形成强烈的对比，图中突出了最重要的标识物。通过降低边缘反差可以将次要的元素置于较低的层次中。侧视图更好地说明了这种层级概念。

（a）正视图　　（b）侧视图

图 2-3　视觉层次

视觉层次的规划必须满足图谱的目的。例如，水通常位于陆地之下。二维空间视觉领域的基本知觉是基于图形和背景的。图形—背景现象通常被看做是知觉组织的原型。知觉中的图形是指背景映衬下突出的物体，背景是指无形的映衬。图形和背景的分离是一种自动感知机制。通过对图像细节仔细观察，所有的要素都可以被组织在图中，不断的图形和背景分离生成了完全和谐的设计。本书后面章节中的一些案例将说明图形—背景知觉在描绘科学范式中发挥的作用。

绘图者已经开发出一些显示地球表面的技术。这些技术被称为地图投影。地图投影通常使用三种几何表面，即柱面、圆锥面和水平面。或者这三种几何表面的组合。这三种几何表面广泛地应用于各种投影中，包括一些非几何投影。

2.1.1　主题图

所有的主题图都是由底图和描绘具体现象分布模式的主题覆盖图组成的。面对不同的现象或数据，需要使用不同的绘图技术。定性图和定量图区分如下：定性图显示出不同区域的各种不同特征。例如，维多利亚地区的农业图显示烟草是南部的主要经济作物，牛是维多利亚谷的主导商品。相反，定量图关注具体的现象，并显示与这种现象相联系的量化数据。

最好的绘图方法取决于现象的性质，无论它是连续的还是离散的。例如，通常使用等值线绘制像降雨量这样具有连续性的事物，人口总数则使用点或者等级符号，国家的平均收入则使用面积符号。

2.1.2　地形图和照相绘图法

地形图用来表示三维实体（如小山丘、山谷）的表面和其他地理特征。轮廓线、描影法和浮雕着色等方法广泛用于地形图的绘制中。在三维空间中进行推理需要技巧。许多人发现，地形特征要比图上的其他信息更难说明。有十几种不同的方法可用于显示地貌，因此，绘图者可以有很多选择，图 2-4 给出了几种常见的地形图。

（a）轮廓图

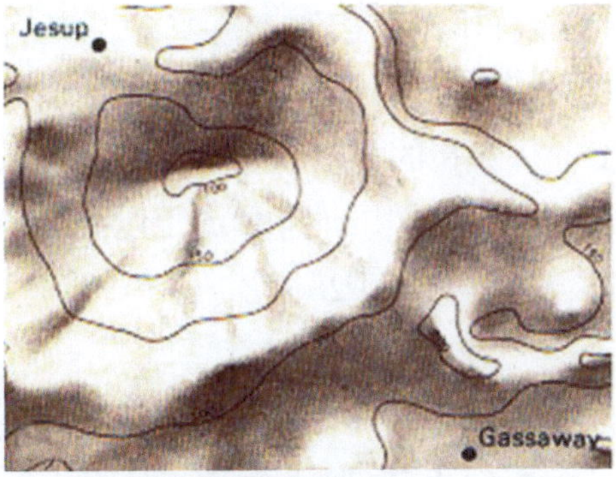

（b）有坡面阴影的轮廓图

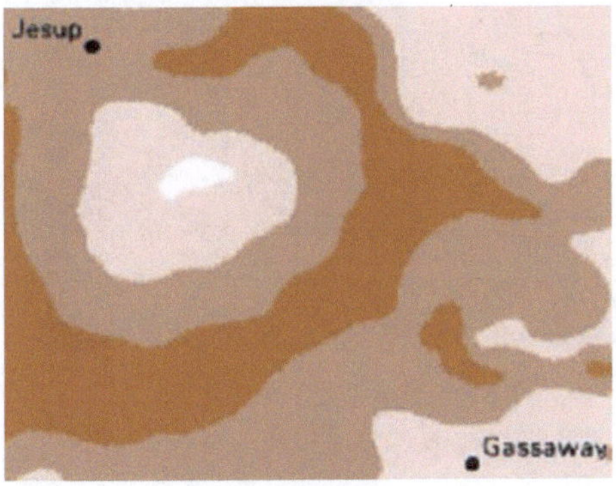

（c）分层着色图

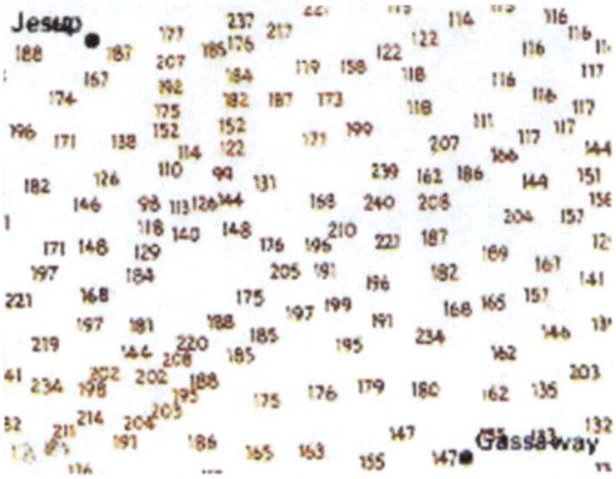

（d）数字图

图 2-4　几种常见地形图

资料来源：http://www.nottingham.ac.uk/education/Maps/relief.html#rm

信息可视化改造了许多地形图绘制技术，使其能表征抽象的结构和短暂现象。其中，值得关注的有自组织映射图（SOMs）（Lin,1997）和 ThemeScape 模型（Wise et al.，1995）。第三章将进行更详细的阐述。

我们在第一章提出了科学的可视化观点，强调了技术在科学发现中的工具性作用。早期的制图依赖测量和画图技巧，现在的照相制图有赖于新的技术。例如，强大的哈勃望远镜（Hubble space telescope，HST）可以为绘制天体图摄制高质量的星体和星系照片。

卫星在绘制主题图中扮演越来越重要的角色。例如，1999 年发射的美国地球资源 7 号探测卫星（LANDSAT 7）装载了增强型专题制图仪，该仪器是八谱段检索辐射仪，能够提供地球表面高分辨率的图像信息。它能够探测到来自地球的可见的、近红外线的、短波的和热红外线频段的光辐射。在全色波段内的背景样本距离或像素是 15m，在可见的、近短波红外线波段内像素为 30m，在热红外线波段是 60m。增强型专题制图仪（enhanced the matic mapper plus，ETM+）拍摄的每幅照片的数据大约 3.8GB，与 430 卷百科全书的信息量相当。图 2-5 显示了美国地球资源卫星（LANDSAT）于 2001 年 5 月 23 日拍摄的英国和伦敦市中心的卫星照片。

（a）英国陆地卫星照片　　（b）伦敦市中心卫星照片

图 2-5　LANDSAT 拍摄的英国及伦敦市中心卫星照片

资料来源：http://GloVis.usgs.gov/ImgViewer.jsp?path=201&row=24&pixelSize=1000

2.2　陆地地图

古希腊天文学家克劳狄乌斯·托勒密（Claudius Ptolemy, 公元 85 ～ 163 年）于大约公元 150 年绘制了一幅地图，该地图是世界最有名的地图之一。不幸的是，他的地图并没有被保存下来。15 世纪文艺复兴时期的学者们依据他的说明复原了他的地图，见图 2-6。

图 2-6 依据托勒密的《地理学》重新绘制的世界地图

资料来源：大英图书馆，1997. http://www.bl.uk

托勒密的地图反映了他对世界的认识。因为他住在亚历山大港，所以这幅地图对地中海附件描绘得最为细致。图上只有欧洲、亚洲和非洲三个大陆；棕色表示海洋，蓝色表示河流，深棕色表示山脉，环绕的箭头表示气流。

19 世纪早期，矿物学、地层学、古生物学的发展促成了第一幅地质学地图的出版，在这幅地图中，岩石和土壤的分布用不同的颜色来表示。现代世界地图，因为配备了卫星和遥感技术装备，其精确度与信息功能都远远优于古老的世界地图。当今的计算机技术使得人们可以使用最新的地理信息数据库，在因特网上自己制作地图。制图学推动了已知与未知的边界。图 2-7 展示了三幅图，分别是伦敦威斯敏斯特桥（Westminster Bridge）的路线图、它的航拍照片，以及伦敦标志性建筑大笨钟的一个观光图。

（a） （b） （c）

图 2-7 伦敦威斯敏斯特桥的交通图和航拍照片

众所周知，制图是一个抽象的过程。最著名的例子是伦敦地铁图的绘制。图 2-8 展示了伦敦地铁图的一个早期版本，车站和路线的位置非常精确。因为伦敦市中心有太多需要表达的信息，所以该版本中附加了一幅伦敦市中心的放大地图。图 2-9 是现代版本的伦敦地铁图，其最大特点是简单明了，地铁线被拉直了。地理精确性让位于简单性和清晰性。信息可视化技术的应用增加了地图的可读性，伦敦中心地铁线的拓扑结构被清晰地显示了出来，但没有完全按照地理位置设计的地图肯定与现实的地理结构存有差异。

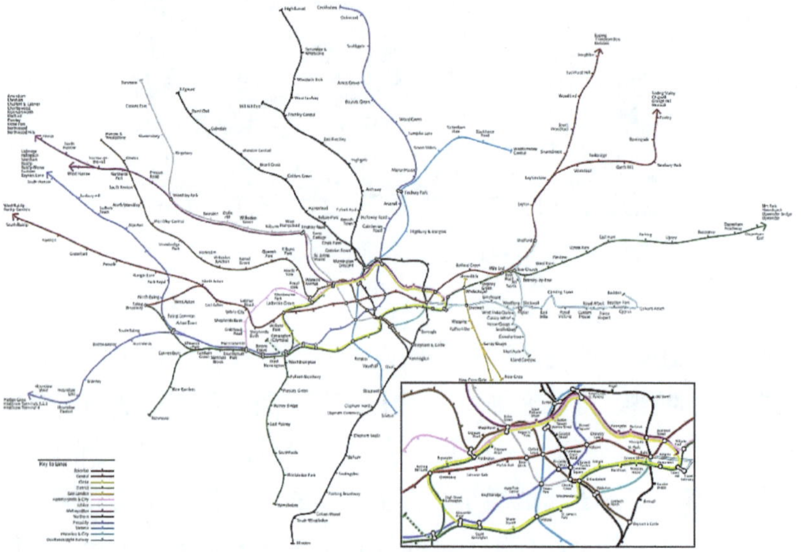

图 2-8　与地理结构相符的伦敦地铁路线图

图 2-9　与地理结构不相符的伦敦地铁路线图

2.3　天体图

星座是由早先的人们想象出来的，他们通过将星空划分为便于记忆管理的区域，而更好地观察星体的位置。

历史学家认为，很多星座神话是为了便于农民记住它们而产生的。当他们看到某些星座时，就知道是时候播种或者收割庄稼了。星座就像是一个可视化的日历。

古巴比伦人和古埃及人比古希腊人更早开始绘制星座图，他们所绘制的星座图与后来的古希腊星座图时而相符，时而不符；有时候，早些的星座图描绘的或许是星空中的不同部分。至今为止北半球的星座图已经有2000多年的历史。

惠特菲尔德（Peter Whitfield）在《空中拓扑学》（Whitfield,1999）一书中阐明了天体制图学的历史。古代天文学的特点是观测精确的同时伴随着神秘与超脱，特别是在古巴比伦，人们在相信天体是夜神的同时，还设计了强大的数学体系来预测天体的位置。早期文明的实践对星座图的发展非常重要。

早期天文学家根据星体聚群的形态来识别和记忆星空的不同区域。不同的文化理解不同的星座形态。公元前2000年，古埃及人和古巴比伦人都用动物或者神话人物标识出星座用于认识天空区域，实际上没有比动物和神话人物图形更适合人们记忆的了。

动物与神话人物图形在星座图中的使用提出了一个关于意义本质的深层问题。从洞穴壁画到星座图像，再到先驱者和旅行者航天器上的信息板，究竟什么才是我们传达信息的最佳载体呢？

2.3.1　天体模型

古巴比伦和古埃及人没有做出可以解释天体运动或者是揭示地球真正形状的宇宙模型。早在公元前5世纪，古希腊哲学家提出了推理假设的方法。人们相信，太阳、月亮、行星都嵌在几个以地球为中心的同轴球体的表面，并且这些球体一直围绕地球旋转。该球体模型成为古希腊天文学及其文明的基石。古希腊人还发明了测量和绘制星球位置的球体天文学技术。

我们知道，星体在太空中的位置并不固定，但古希腊天体球面模型能够很好地用于观测和制图。它使得天文学家和制图人可以构建地球仪和浑天仪来展现星球、两极、赤道、黄道和回归线。

图 2-10　将天体扛在肩上的阿特拉斯

资料来源：http://www.cosmopolis.com/star-myths/atlas-farnese.html

许多我们至今仍在使用的星座最早是由尼多斯（小亚细亚西南部古代城市）的欧多克索斯（Eudoxus）描述的。其中，双子座、狮子座、金牛座源于古巴比伦，还有些星座，如英仙座、仙女座和大力神座则源于古希腊的神话人物。天空由这些人物标记成不同的区域。最早的星座代表人物是阿特拉斯（Farnese Atlas）。那不勒斯博物馆存放着神话人物阿特拉斯的大理石雕像，这一“将天体扛在肩上的阿特拉斯”是现存最早的古典星座代表，见图 2-10。图 2-11 则展示了一些星象仪上的星座图，其中包括 48 个古典星座主体，但每个星座中没有标识星体，两侧则是阿特拉斯的手。

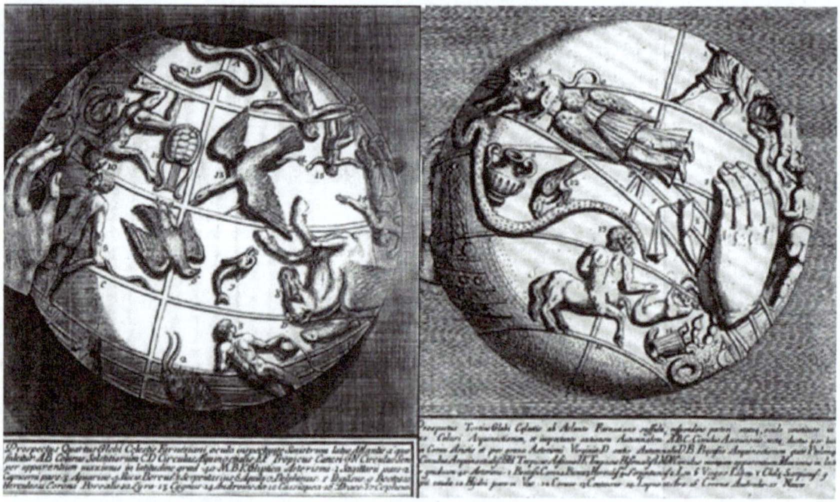

图 2-11　星象仪上的星座图

资料来源：Farnese Atla，公元前 200 年 . 收藏于伦敦国家海事博物馆

图 2-12 和图 2-13 分别是北半球和南半球的 48 古典星座星盘图，源于 1795 年出版的《埃拉托色尼的星座》（*The Constellations of Eratosthenes*）。

图 2-12 《埃拉托色尼的星座》(1795)中的北半球星座

图 2-13 《埃拉托色尼的星座》(1795)中的南半球星座

天体图有赖于古希腊天文学家的两项基本发明：天体的球状模型和星座。亚历山大港的托勒密是古希腊天文学的代表，他在公元 2 世纪编制了一个文本，该文本直到 16 世纪仍然是天文学的基础，以其阿拉伯书名闻名于世的《天文学大成》(*Almagest*)，它将 1022 颗最亮的星体及它们的天体坐标位置列成了目录，并分成 48 个星座。托勒密是用肉眼观测完成了这本目录，不过他借鉴了早期目录，像古希腊天文学家希帕克斯（Hipparchus，公元前 146 ～前 127 年）的。在

《天文学大成》一书中，托勒密详细阐述了如何在一个球体上绘制星体与星座，但是书中没有任何迹象表明他做的是二维星图（Whitfield，1999）。

为了绘制精确的二维星图，天文学家需要一种能使天空球体映射到一个平坦表面的方法，同时要保证星体的准确位置。星图并不是我们直接看到的天空，因为在夜晚的任何时刻，只有大约 40% 的天空是可见的。

托勒密凭借他在地面地理上的研究而熟悉地图投影学。在《平球论》（*Planisphaerium*）中，他阐释了适用于星图制作的极坐标立体投影法（polar stereographic projection）。这种投影法把天体分为北半球和南半球并让它们分别集中在天轴附近，并将黄纬从天极到赤道渐渐拉伸，然后所有在一个半球上的星体都能够得到准确定位。

8 ～ 12 世纪，伊斯兰教学者试图努力摆脱托勒密科学体系。基于托勒密的《天文学大成》，他们描述了那些最亮的星体，并且利用图表说明了每一个星座。伊斯兰天文学家还制作了精美绝伦的天球仪。伊斯兰天文学家完善了一种叫做星盘的复杂科学仪器，该星盘直到 17 世纪仍然是天文学家重要的工具。星盘被用于展示某一时刻某一未知的星空。

只有两种星图从经典天文学和中世纪天文学的几个世纪发展中被保存了下来：星盘图和单一星座图。直到 15 世纪，欧洲科学家和学者还没有绘制出用于研究和演示的完整的南半球和北半球天体图。从 1440 年开始，星图开始着重于 48 个古典星座。

欧洲文艺复兴又激发了人们对天体图绘制的需求，天体图被视作与地面探险者的世界地图相对应的另一部分。星座的艺术魅力影响了天文图像长达 4 个世纪。星座也因此成为欧洲文艺复兴时期绘画作品的主题，如图 2-14 即为 1575 年绘制在意大利卡普拉罗拉天花板上的匿名星座绘画。

图 2-14　1575 年，绘制在意大利卡普拉罗拉法尔内塞宫·世界地图厅天花板上的匿名星座绘画

资料来源：Sesti，1999

欧洲文艺复兴时期，天球仪从伊斯兰国家传入到欧洲。天球仪对宇宙制图意义重大。16 ～ 18 世纪绘制的大多数天体图都是反向的，如同映射到一个球体上显现出来的。天球仪是假想观测者站在天体外部看到的天体模型。许多制图者在绘制星图的时候延续了这种传统，但也有一些绘图是观测者站在地球上看星空。

刚开始的星图集出现在 16 世纪，一般都显示 48 个星座。其中最好的一幅是 1558 年乔凡尼•加卢奇（Giovanni Gallucci）的《寰宇概观》（*Theatrum Mundi*），它将主要的星体突出显示在星座图中。16 世纪，托勒密的星体目录仍然是完整的星图，没有人再进行新的天体观测。然而，16 世纪末出现了两项革命性的变化：第谷（Tycho Brahe）（丹麦）史无前例地精确测量了托勒密所有星体的位置；荷兰航海家凯泽（Pieter Keyser）把南部星体分组成 12 个新的星座，这是 2000 多年来对星空布局的第一次补充。这些新的南部星座具有外国动物的形状：巨嘴鸟、天堂鸟和飞鱼，同时还有一个印度人物。在约翰•拜耳（Johann Bayer）于 1603 年出版的制图集《测天图》（*Uranometria*）中，荷兰制图人威廉•布劳（Willem Blaeu）让星群首次出现在球体上。拜耳使用了第谷的星体目录，并根据星体的亮度对其划分等级。德国 & 波兰天文学家内斯•赫维留（Johannes Hevelius）在他 1690 年的图集 *Uranographia* 中增加了 7 个星座，他把现有的星座归纳为新星座。

大多数欧洲皇室的武器和徽章曾经被塑造成星座的模样，但是它们不被学术界认可，也没有流传下来。佛兰斯蒂德（John FlamSteed，1646 ～ 1719）记录了 1700 ～ 1720 年从格林尼治皇室天文台上观测到的大约 3000 颗星体。佛兰斯蒂德死后，他的制图集被詹姆斯•桑希尔（James Thornhill）雕刻得精美绝伦并出版。随着望远镜功能的日益强大，天文学家们在他们的目录中加入更多的星体，最后，科学家们统一确认共有 88 个星座。最后一本手绘星图是由阿格兰德（Friedrich Argelander）于 1863 年绘制的，其中包含了数量大得惊人的 324 189 个没有任何星座图像修饰的星体。

天空被划分成 88 个区域，即星座，这为在天空中对星体定位提供了便利。星座具有不同的形状和大小，一些星座是由易于识别的明亮星体组成，如狮子座；还有一些则很模糊，难以辨认。

把天空划分成不同星座的习俗开始于几千年前，那时的人类用神、英雄和神话动物的名字来命名星座。除个别例外，星座形状跟命名的人物或动物的形状很少完全相像，也就是说星座与被代表者之间的联系是符号象征性的，而不是文字意义上的。

古希腊人标识出 48 个星座，后来补充了各种其他的星座。早期的制图者可以很自由地加入他们自己发现的新星座。1930 年，国际天文学联盟和天文学理事机构收录了 88 个星座并明确了其各自边界。

2.3.2　星座图

星座图是最富有想象力的代表，它将一些彼此孤立的星星定位在一幅完整的图像中。这里，我们强调的是关于星座形状的隐喻内涵，如仙女座和猎户座的形状，是为了识别出隐喻物的本质。

法国天文学家查尔斯·梅西耶（Charles Messier，1730 ～ 1817）创建了星云和星团的分类目录。梅西耶的分类目录列出了以 M1 到 M110 为编号的 110 个深空天体编目。这些天体图片可从网站上获得，如梅西尔图片库①。德雷尔（John Louis Emil Dreyer）在 1888 年出版的新版通用目录（New General Catalogue，NGC）中试图完成一个完整的列表，能够涵盖现今所有的星云和星团。1895 ～ 1908 年，他出版了 NGC 的补充版本，命名为索引目录（Index Catalogues，IC）。以上三个目录几乎将所有明亮的、大的、周围深空天体都整合到一起。天文学家利用目录编号代表这些天体，并在前面加上目录缩写，NGC 或 IC。例如，仙女座星系在梅西尔目录中以 M31 表示，在 NGC 新版通用目录中以 NGC224 表示。

仙女座星系是距离银河系最近的大旋涡星系。第一位皇家天文学家佛兰斯蒂德在格林尼治编纂了星图 *Atlas Coelestis*，收录了他在格林尼治能看见的约 3000 个星体，这本目录在 1729 年出版并于 1753 年再版。图 2-15 的（a）图是哈勃空间望远镜观测到的仙女座星系的图片，（b）图是佛兰斯蒂德目录中的仙女座星系图片。

① http://www.astr.ua.edu/gallery2t.html

（a） （b）

图 2-15 仙女座星座

仙女座是个旋涡星系，拥有相当于两个银河系的星球。它是我们用肉眼所能看到的最远的天体。在古希腊神话中，安德洛墨达（Andromeda）（埃塞俄比亚公主）是国王克普斯（Cepheus）（仙王星座）的女儿，波塞冬（Poseidon）是海神。一天，安德洛墨达的母亲卡西欧佩亚（Cassiopeia）（仙后座）吹嘘她和女儿都比海神波塞冬的女儿们漂亮，波塞冬非常愤怒，向卡西欧佩亚和她丈夫管辖的领地发动了洪水，国王克普斯从一道神谕中发现只有牺牲自己的女儿才能安抚愤怒的海神波塞冬。于是他的女儿安德洛墨达被拴上一块石头，等待被祭祀给海怪，正在这个时候珀尔修斯（Perseus）（宙斯之子）（英仙座）出现了，杀死了海怪，救出了公主。因而，仙女座星系靠在英仙座和仙后座的旁边就很自然的了，见图 2-16。

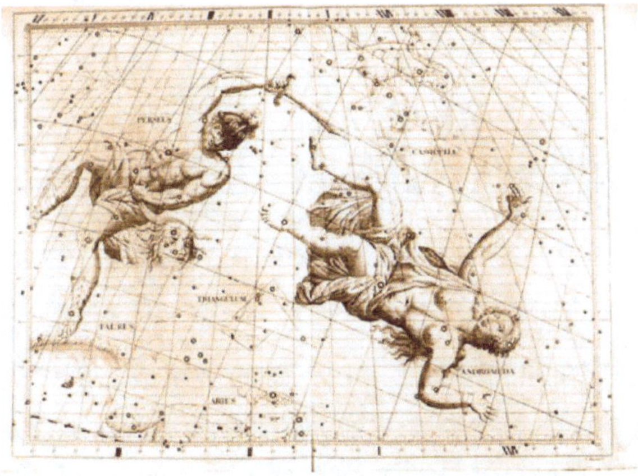

图 2-16 佛兰斯蒂德星图中的英仙座和仙女座（1729）

资料来源：http://mahler.brera.mi.astro.it/HEAVENS/ATLAS/flamsteed.html

猎户座星系是北半球公认的最大星系之一。猎户座旁有他忠实的狗陪伴着，即大犬星座和小犬星座。他们射猎许多天上的动物，包括天兔（座）和金牛（座）。根据古希腊神话，海神波塞冬的儿子俄里翁（Orion）曾经大言不惭地吹嘘他可以杀死所有的野兽。大地女神盖亚（Gaea）听到后想要惩罚他的傲慢，于是派出一只猛毒的蝎子去杀俄里翁。蝎子用毒针蛰了俄里翁的后脚跟。于是，只要天蝎座（蝎子）从东方升起，猎户座（俄里翁）就赶紧向西方地平线隐藏沉没。然而，来自蛇夫座的医药之神阿斯克勒庇俄斯治愈了俄里翁，并且抓住了天蝎。于是，猎户座从东方再一次升起，而蛇夫座压着天蝎座从西方沉入大地之下。对古希腊人来说，俄里翁在天空中挥舞着右手的棒子，左手抓着他的战利品狮子皮，见图 2-17。这个故事也有其他的若干版本。例如，蝎子确实杀死了俄里翁，上帝于是将蝎子和俄里翁安置到天空的两个相反位置，以免蝎子再次伤害俄里翁。

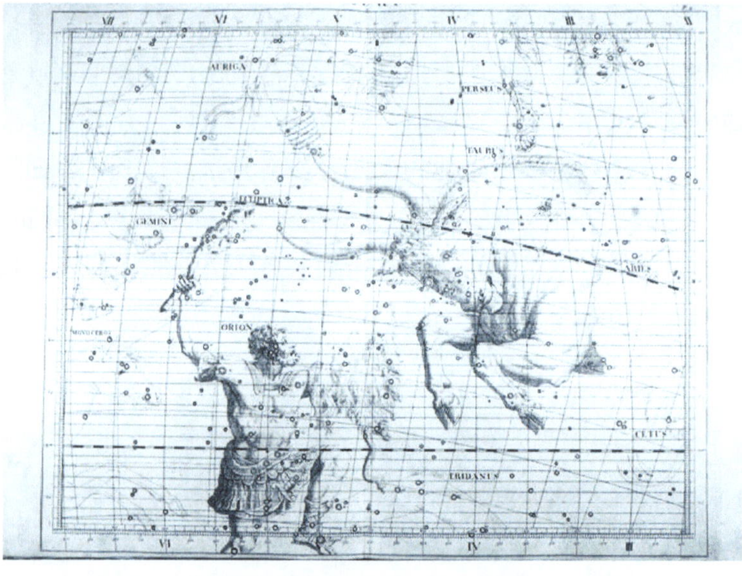

图 2-17　佛兰斯蒂德星图中的金牛座和猎户座（1729）

资料来源：http://mahler.brera.mi.astro.it/HEAVENS/ATLAS/flamsteed.html

俄里翁的剑悬挂在他的腰带上，由三颗暗星组成，剑中央的星是猎户座大星云（M-42），这是整个天空中被天文学家研究最多的区域之一。附近的马头星云（IC-434）是一个黑暗的尘埃漩涡，它位于一个明亮星云的前面。图 2-18 是猎户座俄里翁的另一图示。

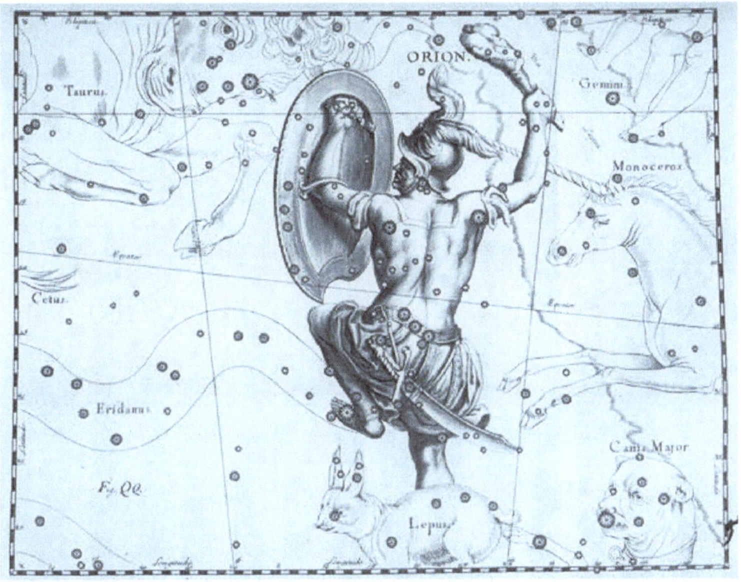

图 2-18 猎户座

资料来源：http://www.cwrl.utexas.edu/~syverson/worldsfair/exhibits/constellation/west2.html

古希腊神话为我们提供了记忆殿堂，让我们能够记得星体的整体布局。地面测绘对天体制图学的影响是明显的，例如，在使用双半球的极地投影、地球仪和天球仪时，地球图和天体图都代表世界上的宏观现象。出于映射微观现象的目的，相似的结构隐喻得到发展。在我们结束天体图这个话题前，让我们来看一下科学家是如何努力绘制宇宙图谱的。

2.3.3 宇宙图谱

科学家为什么要绘制宇宙图谱呢？斯蒂芬•兰迪（Stephen Landy）详细描述了绘制宇宙图谱的历史（Landy，1999）。天文学家研究星系。宇宙学家从最大尺度研究自然，在他们看来，星系是物质的基本单元。在可观测到的宇宙中有成千上万的星系，这些星系形成三百万光年或更大的星团。图 2-19 是 1999 年 6 月出版的《科学美国人》（*Scientific American*）中的一幅插图，展示的是宇宙中的大尺度结构。现代宇宙学有一个关于宇宙中物质分布的基本假设，即万物都是同质的。在大的尺度内，星系本身分布应接近一致。然而科学家面临的困境是，如何能让这种均质性在最大尺度内被接受，同时允许在较小范围内存在块状分布？对此，绘制宇宙图谱可能会提供重要的启示。

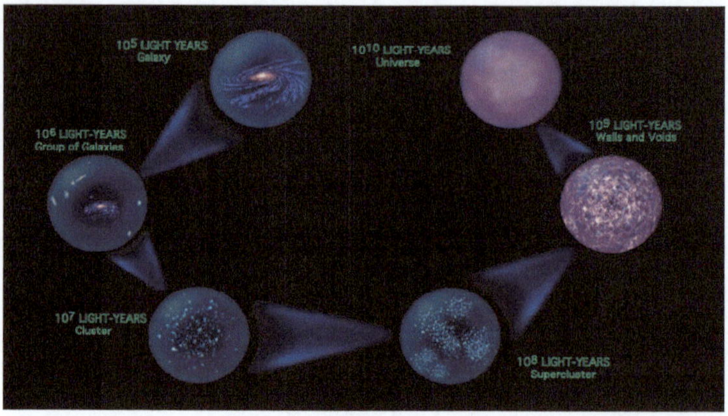

图 2-19　宇宙中的大尺度结构

资料来源：*Scientific American*，1999 年 6 月

在 20 世纪 70 年代末到 80 年代初，宇宙学家开始系统地绘制星系（Gregory and Thompson，1982）。他们发现，在一亿光年的范围内，星系是分布于一维和二维之间的分形体。物质分布的分形将是对宇宙学原理的一个严峻的考验，因为分形从来就不是同质和均匀的。然而，随后的调查显示在数亿光年的范围内，这种分形特点也不成立了。星系的分布在这一范围内呈现出随机性。宇宙学原理在下一次考验来到之前尚可成立。

哈佛史密森天文物理中心（Harrard-SmithSonian Center for AstrophySics，CFA）的天文学家约翰•修兹劳（John Huchra）因在绘制宇宙图谱方面的成就而闻名。1985 ～ 1995 年，约翰•修兹劳、玛格利特•盖勒（Margaret Geller）等通过红移分析测量北方天空中的 18 000 个明亮星系的相对距离，来绘制地球周围的星系分布图。CFA 利用红移分析作为银河球坐标系中极坐标的研究方法。最初得到的图非常令人吃惊：星系在空间上的分布并不是随机的，星系的实际分布是在平面内的，并呈现出类似泡沫状的形态，周围是广阔的空旷区域或空隙。大型空隙和细长结构清楚地显示了空间内的结构。任何宇宙学理论必须能够对这些结构是如何从几乎均匀的宇宙演化过来的做出解释。

CFA 的红移观测揭示出一座 75 亿光年长、2.5 亿光年厚、2000 万光年高的“长城”星系墙，见图 2-20。它现在被称为“CFA 长城”，以区别于 2003 年发现的斯隆长城（Sloan Great Wall），CFA 长城像一个巨大的星系被子穿过天空（Geller and Huchra, 1989）。随机分布很难解释这种凝聚结构，即使大型绘图和测绘工程也不能对此做出解释。兰迪（Landy, 1999）解释了智利拉斯坎培那斯

（Las Campanas Redshift Survey，天文台的一架望远镜）观测的 1988 ～ 1994 年的红移分析结果。绘制最远距离的星系还需要一段相当长的探索期，因为这些星系太模糊了。智利拉斯坎培那斯有选择性地观测宇宙的一个切片（图 2-21），它集中关注非常深、宽且薄的片层。

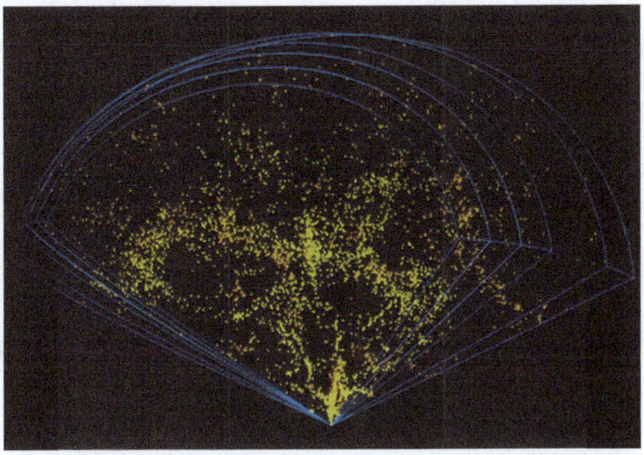

图 2-20 CFA 长城：一个横断结构，横跨 5 亿光年。哈佛史密森天文物理中心红移勘测宇宙北半球的星系揭露出线状结构、泡沫状结构和拱状结构横其中心

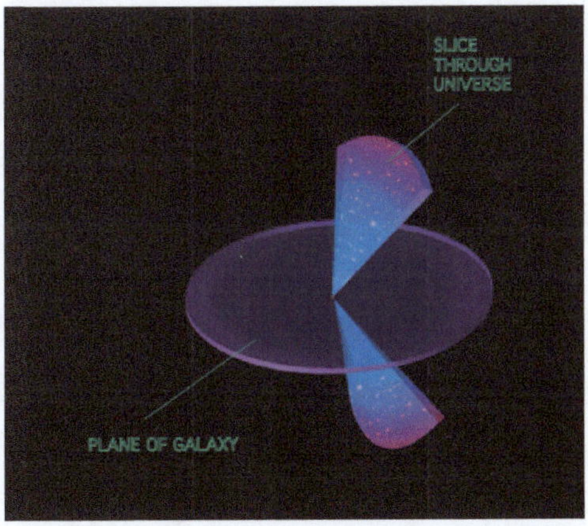

图 2-21 宇宙切面

资料来源：*Scientific American*，1999 年 6 月

天文学家已经开始利用一种称作二度视场光谱仪（two-degree field spectrograph，2dF）的仪器对最明亮的 100 万个星系和 10 万个星系爆炸中心的类星体进行分类编目，二度视场星系红移巡天是一项国际合作项目，有来自于 11 个机构的 30 多个科学家参与。该项目计划在 2006 年完成，旨在研究更多的

宇宙结构，以及星系是如何形成并形成更大结构的。

二度视场光谱仪是目前所发明出来的一种最复杂的天文相机。仪器利用了400根光导纤维，难以置信的是，这些光导纤维能够在一小时内精准地被安置在机器人手臂上。天文学家可以利用二度视场光谱仪一次性观测和分析400个物体，在晴朗的夜晚，它可以记录下2000多个星系的位置。该仪器用不到2年的时间测量了10万个星系的距离。如果没有该仪器，这项工程得要用几十年的时间。图2-22展示的是通过一个宇宙三维模型的飞行虚拟场景。

图 2-22　飞行通过三维宇宙地图

资料来源：http://msowww.anu.edu.au/2dFGRS/Public/Pics/flythru.html

2.3.3.1　斯隆数字巡天计划

斯隆数字巡天计划（Sloan Digital Sky Survey, SDSS）是天文学史上最有雄心、最有影响力的项目之一。[①] 这个项目旨在收集天文数据，用以研究宇宙起源和演化，以及研究类星体及其演化，同时绘制宇宙大尺度结构。根据SDSS的官方网站，第一次斯隆数字巡天SDSS-I（2000～2005）和第二次斯隆数字巡天SDSS-II（2005～2008）覆盖了超过四分之一的天空，生成了包含93万多个星系和超过12万个类星体的三维地图。目前，SDSS-III（2008～2014）正在进行。

最近的一些科学发现是通过SDSS项目收集的大规模数据得以实现的。例如，天文学家正是通过SDSS得到的1300万个星系和23万个类星体的观测值，发现了宇宙的放大倍率归因于宇宙中暗物质的重力效应。

SDSS生成了有关大尺度结构、星系、类星体和恒星的大规模天文数据。这一系列数据已经公布于众。公开发布数据的网站（skyserver.sdss.org）每个月有数百万的点击量。同时，天文学家在研究中运用SDSS数据，快速地产生了越来越多的科学文献。

绘制宇宙图谱是几代人的梦想。第一幅宇宙图谱是对数宇宙地图（logarithmic

---

① http://www.sdss.org

map of the universe）[①]，由天文学家理查德（Richard Gott）、马里奥·尤里奇（Mario Juric）、戴维·施莱格尔（David Schlegel）和迈克尔·福格莱（Michael Vogeley）制作而成。对数宇宙地图描述了整个可见宇宙，在一个长方形中，地球作为这幅图的底部，宇宙大爆炸作为这幅图的顶部。这幅矩形图既包括 SDSS 覆盖的星系和类星体，也包括我们在地球上能够观测到的天体，如太阳、月亮及主要星座里的星体。电脑打印出的地图足有一扇门那么长。图 2-23 展示了这幅图的一部分。截取的这部分图展示了与地球有 100 兆秒（mpc）距离的天体。100 兆秒距离的比例展示在图的左边。CFA2 长城在大约 100 兆秒的位置。后发座星系团大约距离地球同样远。斯隆长城位于大约 120 兆秒的地方。这幅图是经对数转换生成的，因而图的上部下部以更高的比率被压缩。SDSS 覆盖的星系大约从 100 兆秒开始，覆盖的类星体约从 2000 兆秒开始。几个高级红移 SDSS 类星体在图的右边用"+"号标示。左上角带状附近刚好超过 1000 兆秒，一条虚线标记出宇宙大爆炸后第一批恒星的诞生。虚线上方是一条宇宙微波背景辐射线。在它的右上方，一条实线标记出了宇宙大爆炸的时间。

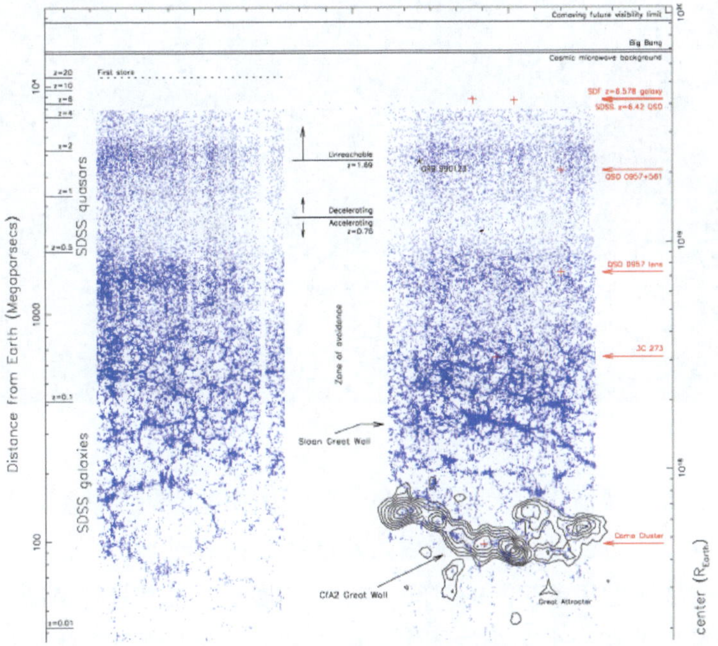

图 2-23　矩形对数宇宙地图的一部分[②]

① http://www.astro.princeton.edu/universe
② 完整的地图可以在 http://www.astro.princeton.edu/universe/all100.gif 获得

天体上的一个点可以通过它的赤经和偏度进行确认。矩形图谱包含 SDSS 覆盖的星系和类星体的位置，这些位置是根据它们的赤经以及它们与地球的距离来决定的。根据矩形图谱，观测者能够很容易地知道一个天体或天体结构距离我们多远。图 2-24 展示的是基于 SDSS 数据和 Web of Science 上相关文献绘制的一幅圆形宇宙图谱，该图描述了 618 223 个天体，它们中的大部分已经被 SDSS 项目确认，包括 4 个空间探测器。这一图谱在 2007 年被收入《地点与空间》（*Places & Spaces*）第三版中。其修改版入围美国国家科学基金会 2008 年度和“科学与工程可视化挑战奖”。

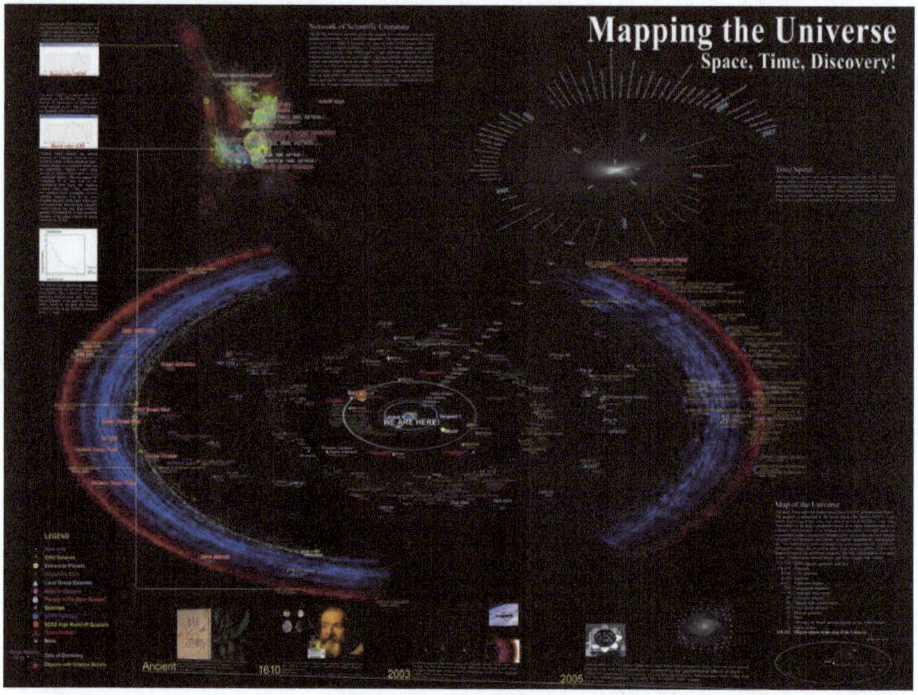

图 2-24　圆形宇宙[①]

圆形的宇宙图谱描述了天体以及与一些天体相关的科学活动。其半径代表的是回顾时间，或者说是宇宙起源后大致已经过去的时间。在该图中，天体离地球越远，就越接近宇宙起源的时间。图 2-25 展示的是其设计草图。大量的空隙用对数转换压缩在一个紧凑的图上。由于 SDSS 用于测量天体距离的望远镜安置在地球上，地球位于地图的中心位置。例如，类星体形成于宇宙初期阶段，

① 高分辨率版本的地图可以在 http://cluster.cis.drexel.edu/～cchen/projects/sdss/images/2007/poster.jpg 获得

位于圆形宇宙图谱的边缘位置。外部带上的每一个红点都描述了 SDSS 项目发现的一个类星体。

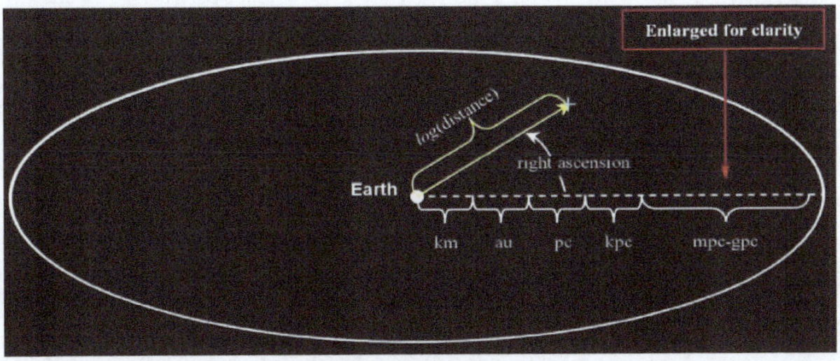

图 2-25 圆形宇宙图谱的设计

这幅图谱传达出 14 种不同类型的信息，包括各种各样的天体，如 SDSS 发现的高红移类星体、太阳系外行星及空间探测器。除了 SDSS 项目发现的天体之外，圆形宇宙图谱还包含了几个其他类型星体的位置，如 CFA2 项目发现的星系、Messier 星云星团表中的星系，以及天空中最亮的恒星。另外，一些天体的相关信息是有关发现时间，以及相关文献被频繁引用的时间段。图 2-26 展示出了图谱中的天体类型、天体类型汇总及其示例。

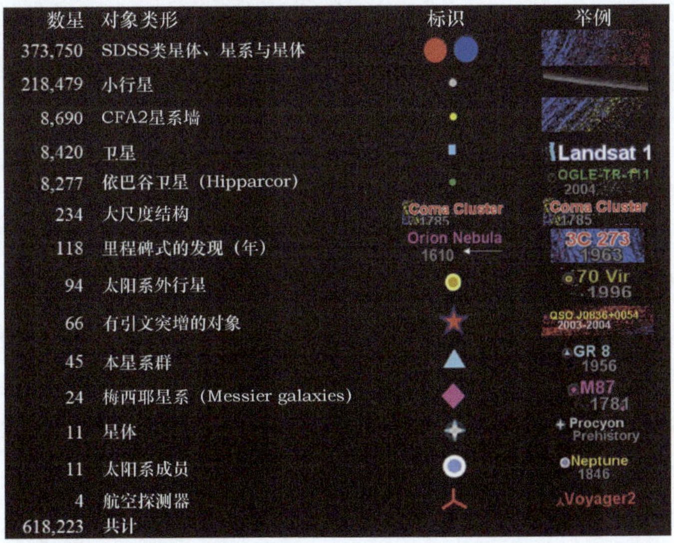

图 2-26 圆形宇宙图谱中展示的天体相关信息

图 2-27 展示的是圆形宇宙图谱的中心。地球位于该图谱所描述的宇宙的

中心，当然我们知道哥白尼革命的一切相关内容。沿着东北方向，图谱上的对数刻度粗略地告诉我们天体到地球的大致距离。例如，人造卫星在地球上方 10 000 ～ 10 0000 千米处的高空绕地飞行。太阳和地球间的距离是 1AU。先驱者 10 号航天探测器在 SDSS 项目进行的时候离地球的距离大约是 100AU。天空中最明亮的恒星是天狼星，它距离我们略超过 1 秒差距[①]；但是根据依巴谷（欧洲航天局发射的卫星）天体测量卫星的数据，这个距离应该是 2.4pc，或者是 8.48 光年。在大约距地球 100pc 远的地方，依巴谷卫星确认了 8000 多个星体。

图 2-27　圆形宇宙图谱的中心

图谱上还标识出了天文学上的重大发现。例如，1864 年海王星的发现，1963 年第一个类星体 3C 273 的发现，1989 年 CFA2 长城的发现，以及 2003 年斯隆长城的发现（图 2-28）。截至 2012 年，斯隆长城仍然是目前已知的宇宙中最大的宇宙结构，它是 2003 年由理查德和马里奥·尤里奇，以及他们的同事基于 SDSS 数据发现的。斯隆长城是十分庞大的，它长达 13.8 亿光年，这个长度大约是可观测到的宇宙直径的 1/60。它距离地球约 10 亿光年，其长度是 1989 年盖勒和修兹劳发现的 CFA2 长城长度的 2.74 倍。

理查德和马里奥·尤里奇大方地与我们分享了他们用以形成矩形对数宇宙

① 天体间距离单位，单位符号为 pc，$1pc=3.0857\times10^{16}m$

图谱的数据和源代码。这个矩形对数宇宙图谱是第一个科学的、精确的宇宙图谱，我们的圆形图谱是第二个。我们得到一条宝贵经验，即一种计算机编程语言在促进跨学科研究上发挥着宝贵作用。事实上，计算机编程语言给天文学家和信息学家提供了一个坚实的共同基础。

从图 2-28 中可以容易地看出，SDSS 项目的尺度比 CFA2 的尺度（黄色标记的星系）更接近宇宙的起源。红色的点是 SDSS 项目发现的高红移类星体。蓝色的点是 SDSS 项目发现的星系。黄色的点是 1989 年 CFA2 项目发现的星系。SDSS 项目探测的深度要比 1995 年哈勃深空（Hubble deep field, HDF）到达的区域更深。哈勃深空是一张在 1995 年 12 月 18 日至 12 月 28 日（巧合的是，我写下这段话的时间正是 7 年后的 2012 年 12 月 27 日）连续的 10 天内由 342 次曝光叠加而成的一张照片。哈勃深空影像揭示出了一些有史以来最年轻和最遥远的星系，因此它成为早期宇宙研究中的一幅具有里程碑意义的图像。

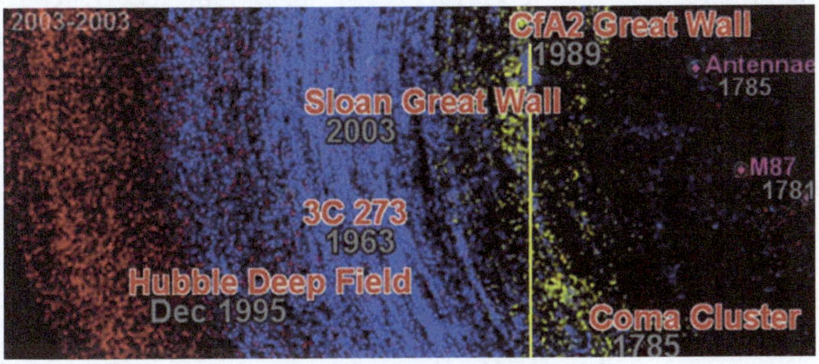

图 2-28　图谱西部地区的重大发现

图 2-29 展现的是圆形宇宙图谱东北部的 1/4 区域。哈勃超深空（Hubble vltra deep field, HUDF）靠近图像的左上角位置，比 1995 年的哈勃深空（HDF）拍摄的位置更深。换句话说，哈勃超深空揭示了宇宙更早的阶段。它追溯到超过 130 亿年前的情况，这个时间大约是宇宙大爆炸后 4 亿～ 8 亿年的时候。接近 10gpc[①] 记做一个距离刻度。哈勃超深空影像记录最近的一次更新是 2012 年 9 月 25 日发布的哈勃极端深空视场（eXtreme deep field，XDF）。哈勃极端深空视场揭示了距离宇宙大爆炸仅 4.5 亿年后形成的星系。

---

① gpc 指十亿秒差，为天体间距离单位。1gpc 为 3.0857×10^{25}m，或者 32.6 亿光年

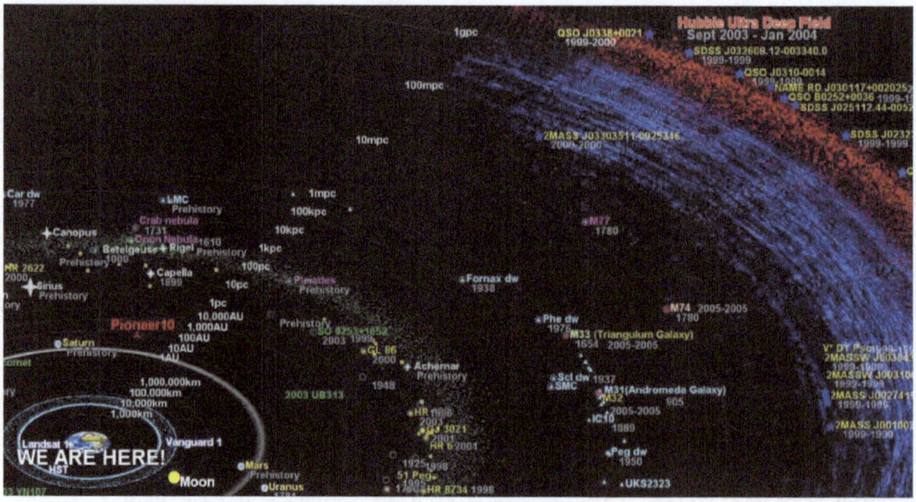

图 2-29　哈勃超深空

除了描述像星系、类星体这样的天体，圆形宇宙图谱还根据引用突现（citation burst）介绍了哪个天体已经引起了天文学家的注意。在本书后面的章节中，我们将详细解释引用突现这一概念。简单来说，一个科学出版物的一次引用突现测量的是该出版物被引用的加速度。高引用突现是相关出版物已经显著地引起了科学界兴趣的一个信号。在这种情况下，图 2-30 展示的是 2003 ～ 2004 年天体 QSO J1030+0524 出现的一次引用突现。事实证明，这一天体被发现后，它成为目前已知的最遥远的类星体。天文学家用红移测度（z-metric）测量了一个天体的红移，即天体波长的改变量除以光的剩余波长。在那个时候，被发现的类星体拥有 6.28 的 z 值是很高的。下一个贴有 QSO J1030+0524 标签的类星体是 QSO J1044-0125，它在 2000 ～ 2004 年出现了一次引用突现。它是一个高红移类星体（z = 5.73）。第三个标注的 QSO J1048+4637 也是一个高红移类星体（z = 6.23）。

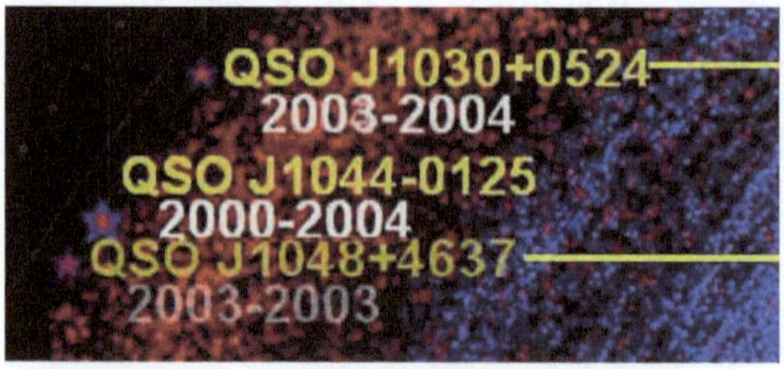

图 2-30　与引用突现相关的 SDSS 类星体

图 2-31 展示了 SDSS 项目产生的文献。每一个点代表一篇发表的文献。年轮的大小代表该文献得到相关文献引用次数的多少。黄色箭头指向的是 2003 年 Fan 等在 SDSS II（SDSS 计划的第二阶段）期间发表的一篇有关红移测量的文献。这篇文献出现了引用突现现象，表明这篇文献吸引了科学界的注意。本书后面的章节中，我们将更细致地探讨这种类型的文献可视化。

图 2-31 基于 SDSS 项目的文献共引网络

SDSS 项目对于科学图谱具有实践上的意义。第一，天文学为组织和陈列大量的天体提供了一个天然的框架。一个红移类星体与地球之间的距离是有意义的。我们可以用科学术语对其进行解释。由此来说，科学前沿的使命是去理解早期宇宙。研究前沿的注意力明显指向的是高红移类星体，因为它们是宇宙大爆炸不久后就形成的。前沿发展的一个直观指标是回溯期，例如，如何观察到宇宙大爆炸后形成的紧密的天体。在这种情况下，宇宙的结构为表示当前科学前沿在哪里，以及下一个科学前沿可能在哪里提供了一个直观的参考。试着想象一下，假使我们没有这样一个运转的组织结构将会怎么样？

第二，宇宙的结构给天文学家提供了一个智力的运动场。很明显，天文学家不会把他们的注意力均匀地分配给整个宇宙。一旦我们对局部环境有了很好的认识，我们探寻的范围就会扩展到宇宙的其他地区，也就是更遥远、更广阔的地区。天文学上的结构隐喻与宇宙的结构隐喻一致。同构关系提出了一个新问题：有没有这样的一种情况，漂亮直观的结构可能会限制我们的创造力？宇宙中局部地区证明是有价值的理论是否也适用于宇宙的其他地区，也具有潜在的价值？相关文献可视化展现出一个不同的结构。换句话说，物理世界和概念世界具有不同的结构。事物不仅是由于它们位置上相近而被连接起来。反过来讲，在宇宙中被巨大空隙远远隔开的事物可能在概念世界中彼此是紧挨着的。

我们从多角度处理同一现象时，每一个角度都可能会产生一个独特的图片，这似乎是普遍的而不是特殊的。我们该如何协调这些角度？需要我们去协调吗？从多重视图中我们得到了什么，又失去了什么？

2.4 生物图谱

最具有代表性的微观现象存在于生物世界。天文学家利用强大的望远镜去探索那些肉眼看不到的遥远星体。生物学家则利用精密的显微镜去观察那些肉眼看不到的微小结构。一个很好的例子是 string-db.org 网站提供的一项服务——人们可以通过一些有关蛋白质的广泛信息（包括证据、文献和其他形式的信息）进行检索和导航。

2.4.1 DNA 双螺旋结构

DNA 研究的历史起始于瑞士生物学家弗雷德里希•米歇尔（Friedrich Miescher）。他于 1868 年首次开始对细胞核进行化学研究，发现了一种称之为核素的物质，并说明核素包含一种酸性成分，这种酸性成分就包括了现在人们所熟知的 DNA 以及其他成分。后来，他在大马哈鱼精子细胞里发现了一种类似的物质。虽然他分离了核酸成分，但是直到 20 世纪 40 年代后期，人们才确切的认识到 DNA 的共价结构。米歇尔猜测核素或者核酸可能在细胞的遗传特征中起到了重要的作用。但是其他人排除了这一可能性。直到 1943 年，直接证明 DNA 为遗传信息载体的证据才出现。在这一年，洛克菲勒研究院的埃弗里（Oswald Avery）、麦克劳德（Colin MacLeod）和马克卡提（Maclyn McCarty）提供了早期的证据证明了在所有现存细胞中 DNA 是遗传信息的载体。但是在 20 世纪 50 年代，生物学家并不知道 DNA 是什么样子，也不知道它的原子们是如何排列的。

伦敦皇家学院的英国物理学家威尔金斯（Maurice Wilkins）和另一位英国科学家富兰克林（Rosalind Franklin）在 1951 年花费了将近一年的时间利用 X 射线摄影法计算出了 DNA 的结构形状和它的氮排列。富兰克林是一位用 X 射线结晶衍射研究不饱和结晶物质（如煤炭）的专家。她发现了 DNA 的两种不同形态。容易被拍照的 A 形态是干的，而 B 形态是湿的。尽管为其拍照非常困难，但是 B 形态还是呈现出了一种螺旋体状。因为脊骨中的磷酸盐会吸收水分，并且 DNA 既易融水，也易脱水，她猜测 DNA 脊骨应该在外侧，因此其主要部分应该在内侧。这在 DNA 结构研究中是一个很大的进步。

1952 年 5 月，富兰克林得到了第一个较好的 B 形态 DNA 照片，照片显示出一种双螺旋结构。这又是一个重大的突破，但是富兰克林忽略了继续研究 A 形态。1951 年剑桥大学的詹姆斯 • 沃森（James Watson）和弗朗西斯 • 克里克（Francis Crick）开始一起研究 DNA，到 1952 年年底，沃森通过威尔金斯获得了一张富兰克林的 X 射线照片。沃森开始建立一个 DNA 模型以解释 DNA 的双螺旋结构。1962 年，沃森和克里克因为发现了 DNA 结构，而同威尔金斯一起获得了诺贝尔生理学 / 医学奖。图 2-32 展示的是 DNA 的双螺旋原始结构。

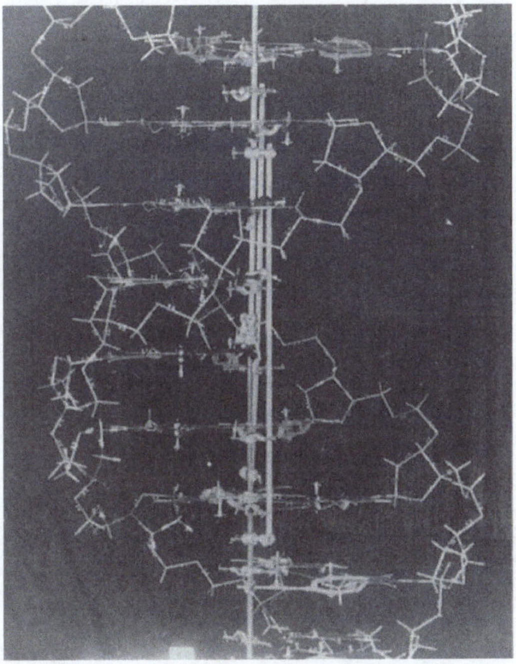

图 2-32　DNA 的双螺旋原始结构

资料来源：Watson J D. The Double Helix. New York: Atheneum, 1968

尽管证明了 DNA 携带了从一代传给下一代的遗传信息，但是直到 1953 年，DNA 的结构和遗传信息通过什么机制传递给下一代都一直是生物学界一个未被解答的重要问题。在这一年，在剑桥大学工作的美国遗传学家沃森和英国物理学家克里克提出了 DNA 的双螺旋结构（Watson and Crick，1953）。这是分子生物学和现代生物技术领域内的重要发现。利用从大量其他研究 DNA 化学成分和结构等各方面的科学家那儿得来的信息，沃森和克里克像组合七巧板那样聚合这些信息以制作他们的 DNA 结构模型。沃森在 1991 年给出了一个关于这一发现的个人报告（Watson, 1991）。

2.4.2 针灸图谱

针灸起源于中国古老的医书——《黄帝内经》。在该书中，六阳经被认为和耳郭直接相连，而六阴经是和耳朵间接相连。这些古老的中国耳部穴位被认为是在耳朵上的一系列分散的点。图 2-33 是一个耳部针灸穴位图。

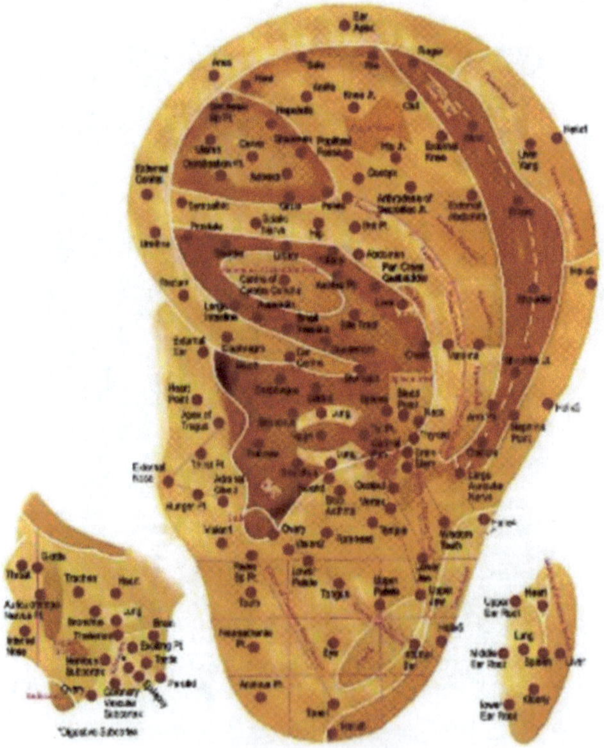

图 2-33　耳郭穴位图

资料来源：http://www.auriculotherapy-intl.com/ear.jpg

耳郭是人类身体的一个完整的缩略图，拥有 200 多个明确的针灸穴位。在耳针灸法中，外耳的耳郭被用来减轻身体各部位的疼痛、功能紊乱和疾病。耳朵上呈现了所有椎骨、交感神经和副交感神经系统神经以及脊骨神经和内在神经系统，包括所有的解剖穴位和许多功能穴位。基于古老的中国针灸实践，法国医学院的医生保罗·诺吉尔（Paul Nogier）于20世纪50年代末首次开发出耳朵具体部位对应身体具体部位的体细胞。依照诺吉尔的研究，耳郭映射出了倒置的胚胎的形状，耳郭的穴位可以画成一个倒置的胚胎。

基于倒置胚胎的观点，诺吉尔开发了一个耳朵的somatatopic映射图。他的研究著作最早出现在法国，后来被一个德国针灸社团发表，最后翻译成中文。在1958年，中国开始了大量的研究去验证他的模型的临床价值。1980年，加利福尼亚大学洛杉矶分校的理查德·克洛宁（Richard Kroeuning）和特里·欧尔森（Terry Oleson）证实了耳郭诊断的科学精确性。在对40个病人的肌骨疼痛问题的诊断中，统计显示出耳郭诊断具有75%显著水平的精确性。图2-34是一幅耳郭针灸穴位图。

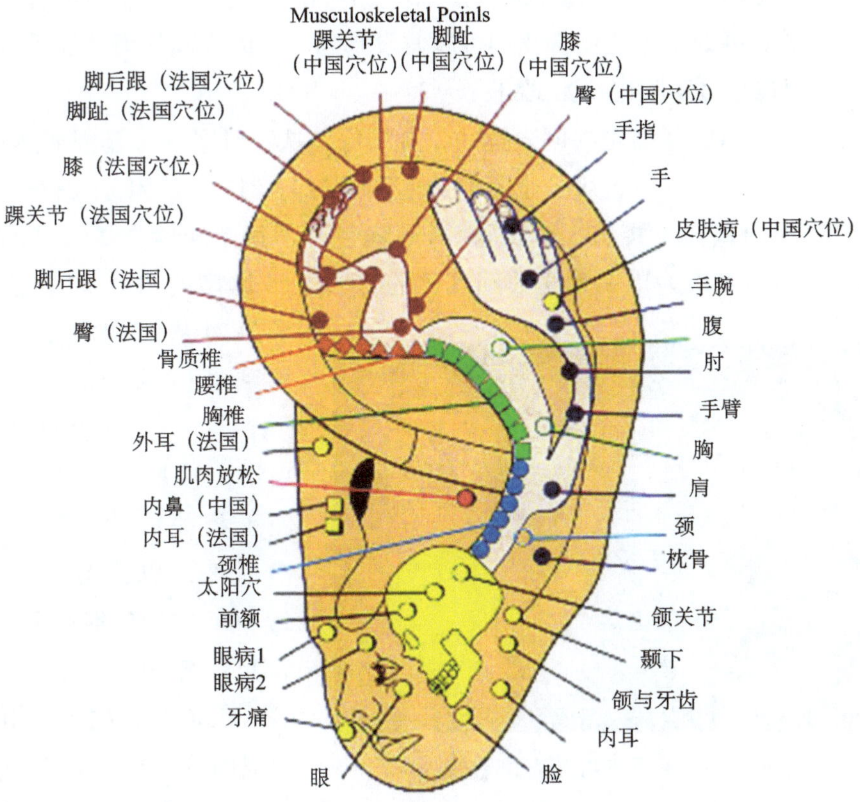

图 2-34 耳郭针灸穴位图

资料来源：http://www.americanwholehealth.com/images/earms.gif

针灸治疗已经被大量应用。除了验证诺吉尔的理论，科学家们已经做了很多的工作去在耳郭与整个身体之间建立起联系，比如针灸穴位点的位置和分布，以及耳郭学位点的功能和特征。

2.4.3　基因组图谱

由于人类基因工程的公众关注性，基因地图、基因表达可视化以及生物信息学已经在大众传媒中成为了流行词。传统的分析表达数据的一般方法是在一维空间上进行的。然而，一维分析把基因全序排放，限制了发现重要关系的可能性。

金姆（Kim）等于 2001 年在三维空间使蠕虫基因表达数据可视化。在三维方法中，相关的基因组像山峰一样显示出来，整个转录组则显示为一个山脉。合成图中的距离与基因的相似性相关，“山”的高度则与在同一位置的观测基因的密度相关。可视化表达使得我们可以假设基因与基因之间的潜在关系，而这种关系是可以通过实验进行测试的。

为了发现哪些基因是共同表达的，金姆等首次设计了一个基因表达矩阵，在这个矩阵中，每一行代表一个不同的基因（共 17 817 个基因），每一列代表不同的微阵列试验（共 553 个试验）。矩阵包含了每个实验中每一基因的相应表达标准（表达为以 2 为底的标准化的 Cy3/Cy5 比率的对数）。他们计算了每对基因间的皮尔逊相关系数（Pearson correlation coefficient）。对于每个基因来讲，按照它与 20 个有强烈正相关性的基因之间的相似性，以力导引（force-directed）方法确定其在一个二维散点图的（x，y）坐标值。在基因表达中，相似基因被放置在一起。图 2-35 展示了蠕虫基因表达的地形图，

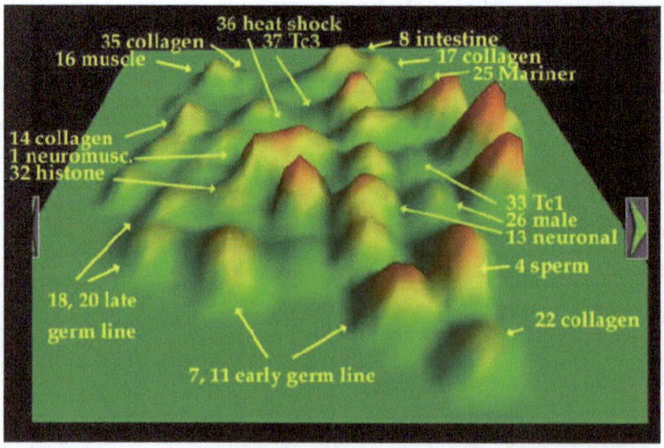

图 2-35　VxInsight 创建的蠕虫基因表达地形图

资料来源：Kim et al., 2001

该地形图展示了从 533 个微阵列杂交中获得的 44 座基因山脉的三维代表，其中包括了 17 661 个基因（代表了 DNA 微阵列中 96.8% 的基因）。

2.4.4 流感病毒蛋白质序列图

2009 年 5 月，随着甲型 H1N1 流感迅速在全球多个国家蔓延，文献中出现了大量有关流行性感冒大爆发的知识。图 2-36 展示了 114 996 种流感病毒蛋白质序列的相似图。每个点代表一个独立的流感病毒蛋白质序列。如果两个蛋白质结构是相似的，那么两个序列是连在一起的。结构上的相似性是组织蛋白质序列的一种方式。另外也有其他方式，如基于生物学特性的相似性，或者基于多维视角。问题在于，如何将多方观点提供的信息最好地组合起来，以解决当前面临的难题。

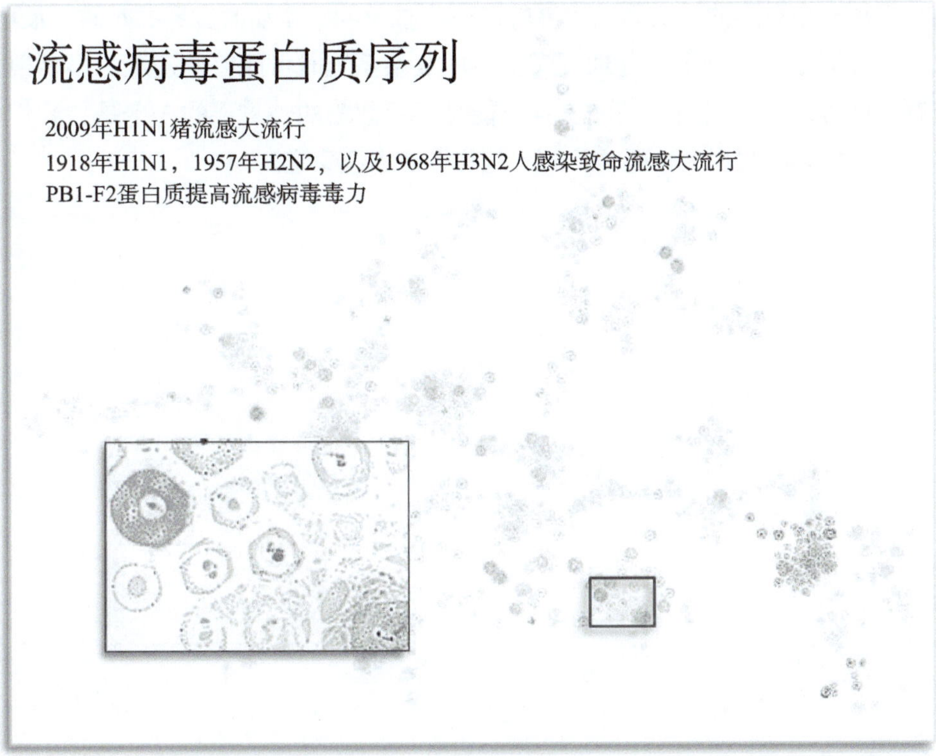

图 2-36 114 996 种流感病毒蛋白质序列

资料来源：Pellegrino and Chen，2011

在后面的章节中，我们将提出一个普适的计算方法，这个方法能够用来在一个复杂的自适应系统框架内确定出实现我们目标的最佳路径，科学前沿的动态发展可以具体描述成一个探索性的搜索问题。

总之，从可视交流制图的基本原则，即简洁性和清晰性开始，我们运用地理图谱、宇宙图谱、生物图谱的例子详尽地阐述了隐喻的作用，强调了有效的视觉传播是最基础性的需求。总的来说，聚集抽象概念的隐喻应该依靠许多类似的标准予以评定。例如，一个隐喻必须提供一个直观的图像，诸如古希腊神话这样的表达方式对于联系单个部分是有用的。一个隐喻必须在某种程度上反映主题，这样，具有最少专业知识的读者才可以理解。有时，制图者可能永远不知道潜在读者的知识水平，这就像设计先驱者号飞行器上的金属牌一样。制图者只能设想理解一个主题地图需要最少的先前的知识。选择一个大部分读者都能理解的合适的隐喻可能是整个制图设计过程中最具挑战性的任务，尤其是当我们从一个有形的、实体的世界转向一个抽象的、流动的世界的时候。最后，我们已经展示了当一个人处理真实世界的复杂系统时可能普遍遭遇的多种视角问题。此外，各种视角之间的差异可能是不可忽略的。重要的一条是，我们需要好好思考如何利用多种视角，而不是想办法去避免它。

第三章

关联映射

The eyes are not responsible when the mind dose the seeing.

眼睛看不到的东西，心灵可以看得到。

——Publilius Syrus（约公元前85～前43 年）

在第二章中我们介绍了一些案例，这些案例是关于绘图学如何提取和描述地理、天体和人类生理特征等物理现象的。地理地图和海洋地图有助于我们在陆地和海洋上找到方向；星相图能够帮助我们探索宇宙。本章中，我们转而探索思维图谱的生成，这类图谱呈现出我们的思想、经验和知识。在传统的绘图学中，主题图通常是由基础图和主题层叠加而成的。对于许多物理现象，地理地图或许是最好的基础图了，它直观、可靠且真实。现在我们要绘制思维图谱了，地理联系不再有效，地理地图也不再作为基础图。究竟怎样的隐喻能承载我们自由流动的思维？在建构那些能充分表达隐含的、无形的、难于掌控的事物本质的基础图时，应遵循的设计准则又是什么呢？

3.1　关联的作用

本章重点探索表征某种结构的抽象性与动态性的最基本的前提。这类结构的内容之间没有相互继承关系，通常表现为具体有形的形式。我们尤其注意寻找绘图学中可能出现的改良部分和新技术，如地形地貌图、景观图、星座图，但是地形图和星座图已经超越了几何学、拓扑学和它们本身的内容，具有了新的含义。几何特征、拓扑样式和时间节律需要通过更有效、更准确的语义来表示。如同埃舍尔（M. C. Escher）的《解放》(*Liberation*）中表现的那样，几何和拓扑构型的可视性将无形的知识转化成有形、具体和有意义的事物（图 3-1）。

图 3-1　埃舍尔的《解放》。僵硬的三角形变形为更加生动的图形

资料来源：http://www.worldofescher.com/gallery/Liberation.html

为了明确这一挑战的基本前提，我们将探索思维图谱领域中的大量案例，如概念图谱、语义图谱、思维图谱和知识图谱。检验这些案例的目的在于识别思维图谱形成过程中最基本的要素。我们首先介绍一些基本概念，随后通过一些更为具体的案例来说明用共词分析来创建和解读概念图谱的本质。

3.1.1 我们可以试想

在第二章中我们认识了星座在天体绘图学中的重要作用，即通过便于记忆的图像来把握孤星。星座极好地说明了如何利用隐喻构架式图像来构建关联。

构建关联是思维中的重要部分。我们时刻在构建关联。万尼瓦尔•布什（Vannevar Bush，1890 ~ 1974）曾构思了一个称为“Memex”的装置，用来模拟我们组织和搜索信息时的思维方式（Bush，1945），其中关联是最重要的。我们通过联系相似的概念来学习新概念。Memex 的思想就是构建上述关联，我们称之为“踪迹”。布什把构建“踪迹”的人称为开拓者，正是他们建立了日益增长的信息空间。Memex 本身从未被物化，但它有一个庞大的近亲——万维网。

我们知道，万维网成千上万的文档通过超文本联系在一起。研究表明，万维网具有小世界网络的很多特征。我们将在随后的章节中详细讨论小世界网络，在此我们给出一个有趣的信息，即万维网的直径为 16，也就是说网络中任意一对文献间的路径距离平均为 16 个超链接。

关于万维网的一个重要问题是，确保用户在万维网这个庞大结构中找到自己的路径。万维网的前身是一个超大文献检索信息系统，即超文本系统。对超文本的研究始于 20 世纪 80 年代末，以一些经典超文本系统为标志（如 Apple 的 HyperCard 和 Xerox RARC 的 NoteCard）。超文本导航是超文本研究中的一项核心内容。例如，坎特及其同事（Canter et al.，1985）识别出超空间的五种搜索类型：

- 扫描（scanning）。覆盖大部分区域，不进行深度研究。
- 浏览（bronsing）。沿某一路径前进直到获取目标。
- 搜索（searching）。努力寻找并发现明确的目标。
- 探究（exploring）。寻找给定信息的扩展内容。
- 漫游（wandering）。无目的、非正式、松散地“游逛”。

超空间给人们的印象一直不好，如杰夫•康克林（Jeff Conklin）早在 1987 年就提出了“进入即迷失”。概览图（鹰眼图）是研究超空间常用的方法。从 20 世纪 80 年代起，人们设计了大量算法来绘制鹰眼图。但万维网的整体规模太庞大了，这给人们带来很大挑战：在应用原有的算法研究和处理万维网时，先要将许多算法按比例扩大。为了防止粗暴处理，研究者已经开发出一些新的算法策略。

3.1.2 认知图的起源

认知图的起源可追溯到著名的爱德华·托尔曼（Edward Tolman）“迷宫中的老鼠”研究[①]（Tolman，1948）。在实验中，他研究了老鼠在迷宫中寻找食物时的行为，证实老鼠最终能成功记住迷宫的布局。在此实验之前，人们一直认为老鼠只能学会在特定的交叉点左转或右转。托尔曼把这种内在化的迷宫布局称为“认知图”。此后他又进一步提出，老鼠与其他生物一样都能在其生存环境中建构认知图。

认知图的另一个案例是人类关于城市布局的思维意象。即使住在同一个城市，每个人的认知图也可能不尽相同。许多学者研究人类内心的认知草图，例如，地理学家会要求人们画出方向草图以到达某个标志建筑物或其他地方，或者在短时间内尽可能多地标出一些地名。用这种方式，人们可以根据自己的认知图大致估算出某两地的关联强度。

地理地图和城市布局图为建构认知结构提供了丰富的隐喻资源。在20世纪60年代，凯文·林奇（Lynch，1960）试图恢复城市街道和其他公共场所的社会和符号功能，进而增加现代城市的“可读性”。在《环境映像》（*The Image of the Environment*）中，林奇强调人们需要知道自己在城市中的位置，并了解城市每个地区的概况。在这里，尤其要强调的是，“可读性”的概念依赖于人们的认知图。

可读性，指的是某地的布局是否容易被人们所理解。林奇认为可读性包含五要素，即路径、地区、边界、地标和节点。

（1）路径是指人们出行时较熟悉的路线。每个城市每一地点附近都有主要路线网络和次要路线网络。

（2）地区具有认知上的内部同质性，将具有某些相同特征的一些城市连接起来形成一个较大的区域。

（3）边界是分隔区域的路径。

（4）地标是城市中突出的参照点，如伦敦大笨钟与巴黎埃菲尔铁塔。人们借助地标能找到自己在城市中的位置。

（5）节点同地标类似，也是城市中引人注目的中心，如伦敦的特拉法尔加广场和北京故宫。不同的是，地标是独特的可视实物，而节点是显著的行为活

① http://psychclassics.yorku.ca/Tolman/Maps/maps.htm

动中心。

在《城市映像》(*The Image of the City*)中，林奇描述了三个美国城市。例如，曼哈顿是个网格状组织结构的城市，游客可以利用这种布局安排自己的行程。对于城市规划者而言，林奇创新性地将抽象的城市结构理论同人们的感知经验结合起来用以注释地图。

英国诺丁汉大学的罗伯•英格拉姆（Rob Ingram）与史蒂文•本福德（Steven Benford）在设计信息可视化系统时融入了“可读性”的概念。他们的研究思路如下：首先把一系列文献间的内部关系描绘成点和线的图表；然后应用桑（Zahn，1917）的最小生成树（minimum spanning tree, MST）算法生成一个最小生成树；穿过此生成树，去掉明显长的连线。结果，该生成树就被分割成几个子生成树。每个子生成树构成了此信息空间中的一个区域。

英格拉姆和本福德还将一些地标加入了图示中。只要信息空间中有三个相互毗邻的区域，就相应地添加一个地标。这三个毗邻区域的中心构成了一个三角形，地标就设置在这个三角形的中心位置。同时，他们还用边界标出了较大区域的轮廓。这个城市映像中同样考虑了路标、历史和还原机理等特色，但并没有完全实现。

城市的可读性有助于人们在城市中通行。对城市的空间知识了解得越多，我们越容易找到自己的路线。桑代克（Thorndyke）和海斯罗思（Hayes-Roth）把这类空间知识分为三个层级：地标知识、程序知识（路径知识）及调查知识。地标知识是寻找特定建筑物或导向时的最基本知识。但如果我们只知道大笨钟和特拉法尔加广场，那么我们所能游历的伦敦就相当有限了。程序知识能让一个游历者按照某条特定的路线从起点到达目的地。程序知识把孤立的地标知识与更大、更复杂的结构连接起来，所以我们才能知道从大笨钟至少有一条路能到特拉法尔加广场。调查知识具有全面关联的城市拓扑信息。当我们在寻找路线时，调查知识起着本质作用。一个极好的例子是每个申请伦敦计程车司机执照的人必须参加的伦敦知识考试。官方发布的《伦敦交通》告知每位申请者：“你必须完全了解伦敦的相关知识，包括各街道、广场、俱乐部、医院、旅馆、剧院、政府及社会公共机构、地铁站、警察局、法院、外交部、重要的礼拜堂、公墓、火葬场、公园和露天场所、运动和休闲中心、餐馆和历史悠久的建筑物；实际上你必须知道任何相关的事情，这样才能保证你能从最近的路线将乘客送达目的地。”

驾车者可以获取两种执照中的任意一种："全伦敦执照"，或是 16 个郊区中的个别地区执照。申请"全伦敦执照"要求司机具有丰富的细节知识，包括以市中心为中心点、半径在 6 英里内的 25 000 条街道和伦敦其余部分所有主干道的详细情况。如果你想成为伦敦中央区或是希思罗机场的一名计程车司机，你必须有一份"全伦敦"执照。

我们将在第四章中简单介绍著名的旅行销售员问题（traveling saleman problem, TSP）。在这个问题中，销售员要找出一条路线，沿着这条路线他能够拜访旅行所经的每座城市且仅拜访一次，同时该路线的总长度也必须是最短的。如果该销售员在伦敦，那么也许他最好的选择是乘计程车。图 3-2 展示了伦敦计程车司机需要了解的地理信息范围。

图 3-2　伦敦地理信息范围图，假定其中的伦敦出租车司机内心熟知（某两地）最直接路线，而无须借助各街区地图

通过实践获取一手经验是了解地区概貌的最有效方法，伦敦出租车司机们是绝佳的证明。另外，阅读地图也能了解地理概貌，但以这种方式来获取概貌知识往往是有特定方位的，往往具有更加具体的定位，这意味着探索者需要在脑海里反复思量，使其与实际环境相符合。莱文（Marchon Levine）认为地图设计者应该考虑这种现象（Levine et al.，1982，1984），他强调地图应该等同于实

际环境，这样我们才能在地图和实际环境中快速锁定当下的方位。他进而提出了地图设计的三条原则：

（1）两点定理。必须保证读者能将地图上的两点与实际环境中的两点对应起来。

（2）校准原则。地图必须用地形来校准。空间中任意两点间的连线应该与地图上对应点的连线平行。

（3）向前原则。地图上的上方向所展示的事物必须总处于观者的实际前方。

在虚拟环境中，研究者已经采用许多现实世界的方法寻找路线。例如，鲁道夫·达肯（Rudolph Darken）等在一篇关于虚拟环境中的寻路行为的论文中对此进行了详尽的概述（Darken et al.，1998）。

3.1.3 信息可视化

信息可视化研究兴起于 20 世纪 90 年代，受到研究机构和商业营销的广泛关注。信息可视化的应用范围广阔，从证券市场的动态示图到最近的专利分析。信息可视化是目前最为活跃的研究领域之一，其技术的进步将开启科学图谱研究的新时代。

信息可视化的目的在于揭开抽象数据的隐含规律。信息可视化不仅提供了精美的图片，还能使人们有新的深刻见解。其最大的挑战是要将抽象和无形的东西转化为具体的、有形的和具有视觉意义的东西。有效的信息可视化系统的设计是一门科学，更是一门艺术，其中，结构和展示是信息可视化设计的两个根本要素。

3.2 结构识别

结构模型的目的是要描绘潜在的关系和结构特性。常用的结构模型有列表、树形图和网络图。这些结构通常用来描述复杂的现象。施奈德曼提出“task-by-data-type”分类法来划分信息可视化。

概念世界和真实世界中的大量现象都可表征为网络。例如，万维网是由超文本链接的网页构成的网络；在期刊和会议中发表的论文网络是由科学文献形成的另一种网络，文章通过引用被连接在一起；一组图片可以被看做是基于如颜色、纹路、布局和形状等视觉属性的网络。对于基于内容的图像检索

（CBIR），强调提取特征的算法，这种算法能够测量基于某种特征的两个视图之间的相似性。

3.2.1　主题模型

在信息检索过程中，通常要研究一组文献（文献集），以及研究如何能使检索到的文献集满足特定的查询要求。一个检索条件与一篇文献的匹配，实际上就是一篇文献与另一篇文献的相似性，这种相似性可以通过信息检索模型来识别，如向量空间模型、潜在语义索引模型或概率模型。这些模型通常衍生出“词 - 文献”和“文献 - 文献”矩阵，这些矩阵又等同于网络表征。向量空间模型有一个词独立性假设，即一个词的出现与其他词的出现是相互独立的，但事实或许并非如此。

在处理文本文献时，词汇不匹配是一个常见问题。实际上，人们可能选择不同的词汇来描述同一事物。

词汇不匹配的问题有两个方面的原因。一方面，人们用来描述同一事物或概念的词汇是丰富多样的，这些词称为同义词。用户在不用的语境中，或许有着不同的需求，不同的信息背景或是不同的语言习惯，描述同样事物会使用不同的词汇。例如，已有研究表明，任意两个人描述同一个熟知事物所用的关键词相同的平均概率小于 20%。实际上，这种概率要比我们通常认为的概率大得多，这就要求词汇匹配系统要有限度地放低限制条件。

另一方面是关于一词多义，即一个词不止有一种意思。同样的词在不同语境中或被不同的人使用时会表达不同的含义，如“Bank”可以解释成河岸，也可以解释成储蓄银行。因此，使用一个检索词检索到的包含这个词汇的文本并不一定是你想要的。由于人类的词汇具有同义和一词多义的特征，所以，直接词汇匹配方案存在许多的不足，表现为不同人描述同一主题使用不同的词，从而造成相关文献被错过；或者同一个词有不同的含义，导致不相关的文献也被收录。问题的根本在于人们想获取具有某种含义的信息，但他们选择的词不足以充分表达其初衷。人们在改进标准词汇检索方法和克服人类词汇使用的多样化方面做了一些尝试，包括规范词汇表、生成索引和检索关键词、提供同义词的手工词表、构建相关域知识的显性模型。这些方法不仅费时费力，而且结果往往也不理想。

潜在语义索引（latent semantic indexing, LSI）旨在克服信息检索系统中词汇不匹配的问题。要获取 LSI 在线服务，可登陆 http：//lsa.colorado.edu。依靠自然语言中的单个词汇来表达文献的概念主题或含义并不可靠，LSI 认为数据中存在着潜在的语义结构，该结构主要隐藏于检索词选择的随机性中，LSI 借助统计技术能更准确地估计潜在的语义结构。

在 LSI 中，语义空间的构建基于大量的“词 - 文献”关系矩阵，LSI 利用的数学方法被称为奇异值分解法（singular value decomposition, SVD），它通常是将一个大规模的初始矩阵近似分解成一个“词 - 文献”矩阵和一个截断的 SVD 矩阵。一个适当的截断可以去除原始数据中的噪声数据，以便提高信息检索的精准性。

也许 LSI 最令人感兴趣的是，它能使信息检索系统将那些并没有检索词的文献检索出来（Deerwester et al., 1990；Dumais, 1995）。另外，潜在语义空间能够用几何图形表征出来。例如，我们可以把语义空间投射到欧氏二维或三维可视化空间中。但是，现实中的大型复杂的语义空间或许并不总是与低维空间适配。

3.2.2 寻径网络尺度

寻径网络尺度（pathfinder network scaling）最早是由认知心理学家为建模而开发出来的一种方法（Schvane-veldt et al., 1989），它依据三角不等式原则，在邻近数据中选取最显著关系。寻径网络图（pathfinder networks, PFNETs）中的点与初始图中的点是一样的，但边的数量却可以大大减少。

语义相似度的概念在表现语义结构特征方面由来已久，包括多维尺度分析（Kruskal, 1977）、寻径（Schvaneveldt et al., 1989）和潜在语义索引（Deerwester et al., 1990）。三角不等式是欧氏空间的重要属性，即两点间的距离小于或等于一条经第三点连接这两点的路径的距离。三角不等式是寻径网络尺度的核心概念之一。寻径网络尺度分析将重要的连接选取到最终的网络图示中。

与寻径网络相似，三角不等式被应用于所有连接给定两点的可能性路径中，路径最大长度是 N-1。运用旅行推销员的比喻，他要穿行所有的城市而不是直接到达目的地，如果考虑降低成本，那么推销员要沿着从起始城市到终点城市之间的直接连接路线旅行。如果我们要在语义的意义上来安排旅行路线，直接路径就显得很多余了，也没有必要在后面的分析中考虑这样的路径。这是寻径网络尺度的核心观点。

寻径网络尺度依据三角不等式原则选取临近数据中最为突出的关系。寻径网络尺度的结果被称为寻径网络图，它包含了初始图中所有的点。寻径网络图中边的数量取决于语义结构。一方面，具有最少边的寻径网络等同于一个最小生成树；另一方面，寻径网络中那些被小生成树忽略的边往往有着隐藏的关系。

PENETs 的拓扑结构取决于参数 q 和参数 r，相应的网络表示为 PFNETs（r, q）。参数 q 控制三角不等式成立的范围；参数 r 指的是用于计算路径距离的闵可夫斯基度规；W（P）表示拥有 k 条连接的路径 P 的权重，它取决于每条单独连接路径的权重，即 $w_1, w_2, \cdots, w_k$。

$$W(P)=\left(\sum_{i=1}^{k} W_i^r\right)^{\frac{1}{r}}$$

闵可夫斯基距离（测地学）取决于 r 矩阵的值。当 r=1 时，路径权重是沿着路径的连接线权重之和；当 r=2 时，路径权重计算成欧氏距离；当 r= ∞时，路径权重相当于沿着路径任一连接线的最大权重：

$$W(P)=\left(\sum_{i=1}^{k} w_i^r\right)^{\frac{1}{r}}=\begin{cases}\sum_{i=1}^{k} w_i, & r=1\\ \left(\sum_{i=1}^{k} w_i^2\right)^{\frac{1}{2}}, & r=2\\ \max_i w_i, & r=\infty\end{cases}$$

参数 q 指的是三角不等式必须满足 $k \leqslant q$ 连接的路径：

$$wn_e n_k=\left(\sum_{i=1}^{k-1} W_{n_i n_{i+1}}^r\right)^{\frac{1}{r}} \forall k \leqslant q$$

当寻径网络满足以下三个条件时，路径距离与路径权数相同。

（1）一个文献到自身的距离为零。

（2）文献的相似矩阵是对称的，因此，距离与方向无关。

（3）三角不等式满足所有 q 个连接路径。

如果 q 定义为节点总数减去 1，三角不等式满足整个网络。增加参数 r 或 q 的值可以减少网路中的连接数。两点间的测地距离是连接节点的最短路径的长度。最低成本网络（minimum-cost network, MCN），即寻径网络 PFNETs（r= ∞，q=n-1），连接数最少。图 3-3 说明了如何去除一个不符合三角不等式原则的连接（详细内容请见 Chen, 1999a, 1999b; Chen and Paul, 2001; Schvaneveldt et al., 1989）。

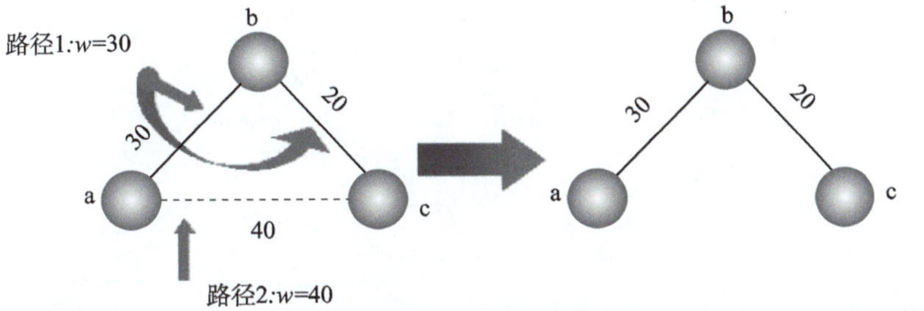

图 3-3 两条路径连接了 a 点和 c 点，如果 $r=\infty$，那么路径 2 比路径 1 要长，这违背了三角不等式定理，因此需要被剔除

寻径网络的空间分布取决于有向图绘制算法（Kamada and Kawai, 1989）。由于其简单直观的特点，有向图绘制在信息可视化中越来越受到欢迎。

典型的寻径网络的应用包括基于专家给定相似度的概念网络建模，针对诸如空中交通管理这类复杂活动的程序和协议分析模型，以及学习者在各个学习阶段的寻径网络比较。

寻径网络明确地显示概念之间的连接。结构化模型便于我们认知发现。另外，寻径网络尺度可以有效地减少连接，以免网络受到太多连接的扰乱。图 3-4 显示了美国 20 个城市的寻径网络，其中，点的颜色依据每个点的度数不同而区分：点度数为 3、2 和 1 的节点，图示分别为白色、蓝色和绿色。每个节点的大小表示点的中心性。在这个例子中，寻径网络就是最小生成树。图 3-5 显示的是依据每个节点的点度数而生成的寻径网络分区图，点越大，它就越靠近图的中心位置。

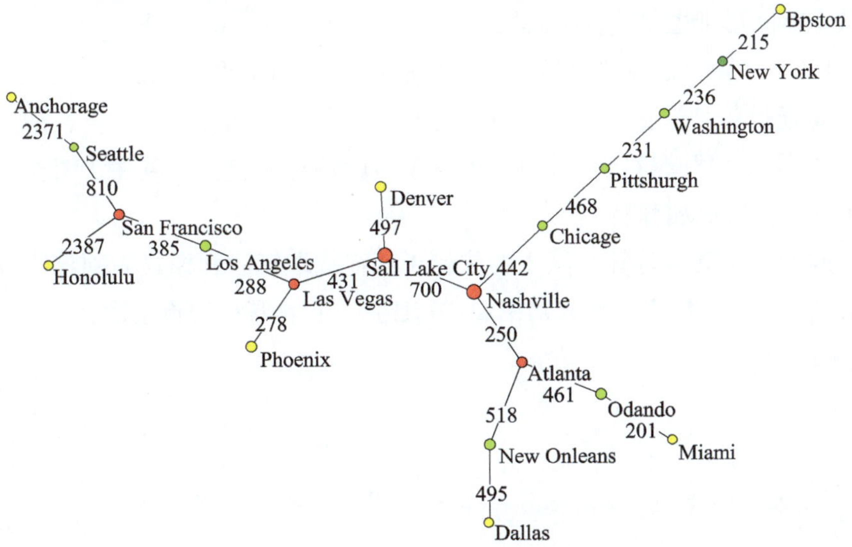

图 3-4 基于邻接距离的 20 个城市寻径网络图

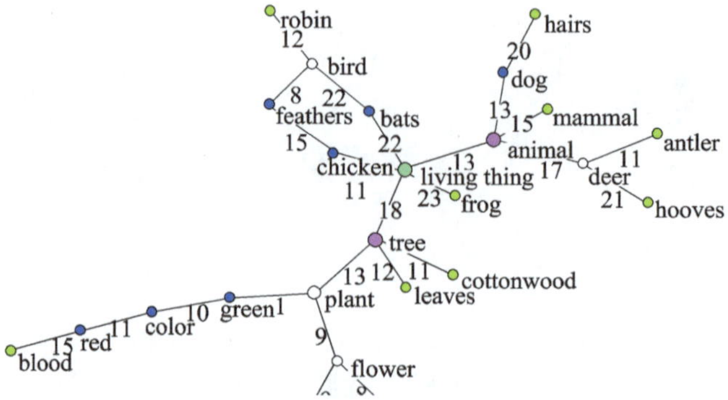

图 3-5 基于一组相关概念的寻径网络图

3.2.3 图像间相似性的测度

为了说明寻径网络和一般相似性分析（GSA）的使用，我们举一个基于内容的图像检索（content-based image retrieval, CBIR）的例子。GSA 具有通用性，它不仅适用于文本，也可以处理其他类型的文档。下面的例子就说明如何获取图像的结构。另外，图像结构为提高相似性测度的质量和了解各种不同特征提取算法的特征提供了新的见解。

两张图像的差异可以通过比照像素而得出。100 张 64×64 像素的图像，在高维空间中将表现出一种多层结构。更确切地说，空间中的维度就是一幅图像中像素的数量，即 $64 \times 64=4096$。在先前章节中介绍过的多维尺度分析和主成分分析技术都能用于生成这种图像集。

CBIR 的关键问题是如何通过计算提取特征匹配的两张图像。一幅图像的内容一般是通过各种视觉特性来表征。通常情况下，我们会通过颜色、结构和形状来对比图像，尽管这会使计算变得复杂。就计算而言，颜色柱状图要比基于形状的特征提取更加容易。

比照两张图像的计算方法主要依赖于特征提取算法和模式识别算法。特征提取算法通常根据以下属性来对图像进行比照，也被称作查询层次：

- 颜色（color）
- 结构（texture）
- 形状（shape）
- 空间限制条件（spatial constraints）

1991 年，斯韦恩（Swain）和巴拉德（Ballard）仅依据颜色来比照图像。颜色的分布表征为颜色柱状图，形成图像的特征向量。通过比照柱状图之间的相似性来计量一对图像的相似性，这些柱状图被称为标准化的柱状图交集。这种方法稳定、计算简便而且存储要求低，因此日趋流行。增加结构信息是颜色特征提取法的一种常见的扩展。有许多结构分析方法可以用来进行图像分割，或者用来从分段区域或整个图像中提取出结构属性。与基于颜色特征提取相似，He 和 Wang（1990）使用了一种结构柱状图，即结构频谱（texture spectrum）的结构算法。还有其他一些特征类型，包括布局和形状。

在下面的例子中，展示出一组由 279 张可视化图像组成的图像。这些图像大部分是由电脑制作的或由信息可视化系统“快照”生成的合成图像。这些图像的尺寸、分辨率和颜色深浅是变化的。使用者把图像归类组合，以为随后自动生成模型提供参考。我们要求使用者根据图像的全部视觉相似性来对这些图归类，但是关于怎样判断相似性却没有固定的方法。这些图像间的相似性可以由图像内容查询系统（QBIC）计算得出。这三种网络符合颜色、布局和结构的相似性。我们希望具有相似结构和外观的图像能在寻径网络中聚合在一起。

图 3-6 是一幅可视化截图，它依据颜色柱状图的相似性而生成的寻径网络。可视化显示具有视觉吸引力。聚类中的颜色是一致的。最大的聚类往往包括那些带图解的可视化显示。图 3-7 和图 3-8 分别展示了两张 InfoViz 图像数据库的布局和结构可视化截屏。布局和结构的相似性都由 QBIC 系统计算出来。

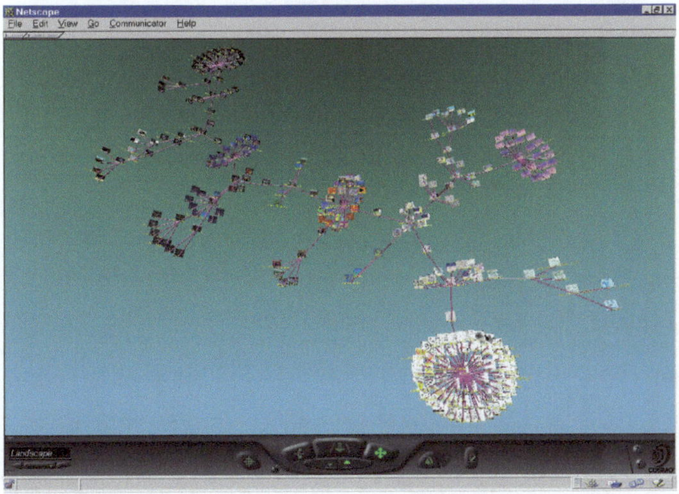

图 3-6　基于颜色生成的 279 张图像的可视化

图 3-7 基于布局生成的 279 张图像的可视化

图 3-8 基于结构生成的 279 张图像的可视化

基于布局的可视化整体结构和基于颜色的可视化整体结构并不相同。但两张可视化图像还是具有一些相同的局部结构，一些聚类在两张图像中都有所显示。这是由于涌现嵌入模型（spring-embedder model）的自组织属性造成的。涌现嵌入算法在不多于几百个节点的网络中的效果更好。

与布局可视化图像不同，基于结构的可视化图像则与基于颜色的可视化图像有着完全不同的视觉外观。这在一定程度上是由于颜色柱状图和颜色布局处理方案在对颜色处理方面是一样的。

现在我们对基于不同提取特征的寻径网络图进行比较。每一个网络中连线的数量和共有的连线数量作为网络对照的基础。两个网络的相似程度取决于共有连线数量占总连线数量的比例。人们也可以考虑使用个体差异分析（INDSCAL）方法来研究基于不同特征提取技术而获得的网络结构差异。

基于颜色和基于布局的可视化图像有着非常相近的结构（表 3-1），其结构相似值是 0.182。这一数据告诉我们，这两种可视化图像反映了图像数据库中的一些显著特征。

表 3-1　基于颜色的可视化图像与基于布局的可视化图像间的比较

图像的数量	279
基于颜色的寻径网络图中的连线数量	271
基于布局的寻径网络图中的连线数量	319
共有连线数量	91
预期共有连线数量	2.23
点概率	0.00
信息	406.94

基于颜色的路径搜索网络图像和基于结构的路径搜索网络图像是完全不同的，它们只有两个共同的连线（表 3-2）。这确证为我们的视觉感受，这一网络的相似度仅为 0.004。

表 3-2　基于颜色的可视化图像与基于结构的可视化图像间的比较

图像的数量	279
基于颜色的寻径网络图中的连线数量	271
基于结构的寻径网络图中的连线数量	284
共有连线数量	2
预期共有连线数量	1.98
点概率	0.27
信息	0.76

基于布局和基于结构的可视化图像也不相同，它们只有一个共同连接（表 3-3），其网络相似度是 0.002。基于颜色的可视化图像连线最少（271），而基于布局的可视化图像连线最多（319）。

表 3-3 基于布局的可视化图像与基于结构的可视化图像之间的比较

图像的数量	279
基于布局的寻径网络图中的连线数量	319
基于结构的寻径网络图中的连线数量	284
共有连线数量	1
预期共有连线数量	2.34
点概率	0.23
信息	0.14

3.2.4 抽象结构的可视化

在信息可视化中使用地形图和立体图（relief map）来表征抽象结构有着悠久的历史。基于词频和分布模式的，尤其是源于信息检索应用的，已成为一个独特的研究分支。

3.2.4.1 ThemeView

句法层面的变换规则已被应用于主题探测。在过去的几年里，人们已经开发出了一些有趣的可视化技术（Hetzler et al., 1998）。

其中，最广为人知的就是由西北太平洋国家实验室（PNNL）开发的ThemeView（Wise et al., 1995）。詹姆斯·怀斯（James Wise）描述了一种用于文本可视化的生态学方法，并说明如何使用立体图对某一主题空间建模（Wise, 1999）。ThemeView 能够让使用者很容易地建立起构造过程和最终可视化图像之间的联系。图 3-9 是由 PNNL 的 ThemeView 生成的屏幕截图，在虚拟图景中显示出了词频分布的山峰和山谷。

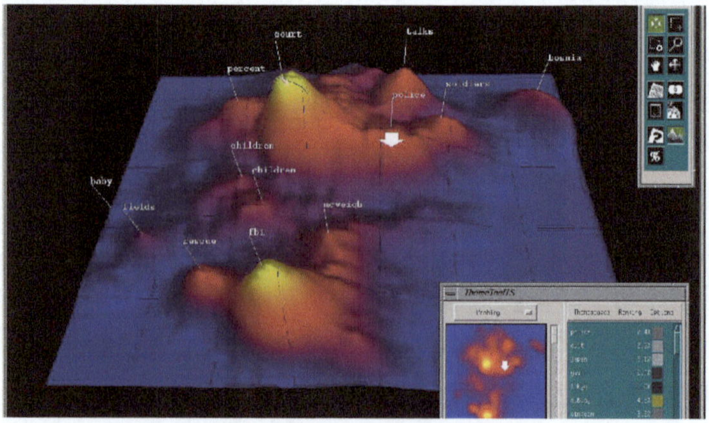

图 3-9 ThemeView 中的山峰和山谷

3.2.4.2 VxInsight

桑迪亚国家实验室为了以虚拟图景的形式来构建聚类信息模型，开发了名为 VxInsight 的可视化系统。该系统采用了流行的图景模式可视化数据。桑迪亚国家实验室的研究者还应用 VxInsight 将 SCI 中的聚类结构进行了可视化。VxInsight 系统允许使用者在虚拟图景中来回移动。图 3-10 展示了一个用 VxInsight 系统较早版本制作出来的虚拟图景。

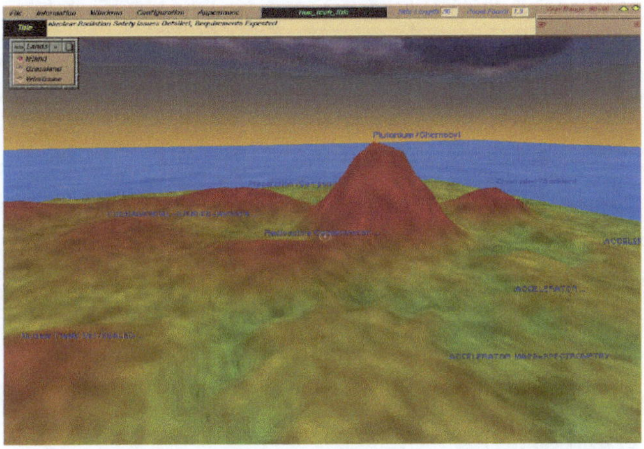

图 3-10 桑迪亚国家实验室制作的 VxInsight 可视化图景

VxInsight 系统也可应用于专利分析（Kevin et al., 2000）。在一段时期内形成的虚拟场景中，关键主题词标签和由不同颜色标识的专利公司显示出主题词和专利公司的交叉引用。图 3-11 展示了 1980 ～ 1984 年的 360 个专利形成的虚拟图景。专利分析和可视化的相关问题将在第五章中进一步讨论。

图 3-11 1980 ～ 1984 年 360 个专利的可视化图景。公司的名字是以颜色区分的：Seagate- 红色，Hitachi- 绿色，Olympus- 蓝色，Sony- 黄色，IBM- 蓝绿色，Philips- 洋红色。由凯文·博雅克（Kevin Boyack）制作

3.2.4.3　自组织特征图

信息可视化另外一个常用的隐喻，就是将信息组建在一个平面图的相邻区域中。自组织特征图（SOMs）用于信息检索领域（Kohonen, 1989）。ET 图是一个多级类别的 SOMs，这一信息空间是由雅虎公司罗列出的超过 100 000 个相关娱乐网页所构成的。美国亚利桑那大学的陈炘钧（Hsinchun Chen）和他的同事开发了这种地图（Chen et al., 1998）。

斯库平（Skupin）进一步发展了自组织地图，这种地图除了用熟悉的图表来表示抽象的空间而不是陆地，其余的看上去就像一张普通地图。图 3-12 是他制作的一张图，其基础图是由提交到美国地理学家协会年会的 22 000 多条摘要记录（1993 ～ 2002）生成的。每条摘要表示 2568 维向量空间中的一个文献，然后应用 SOMs 生成一个二维文献空间，最后 SOMs 构型在标准的 GIS 软件中可视化显示出来。

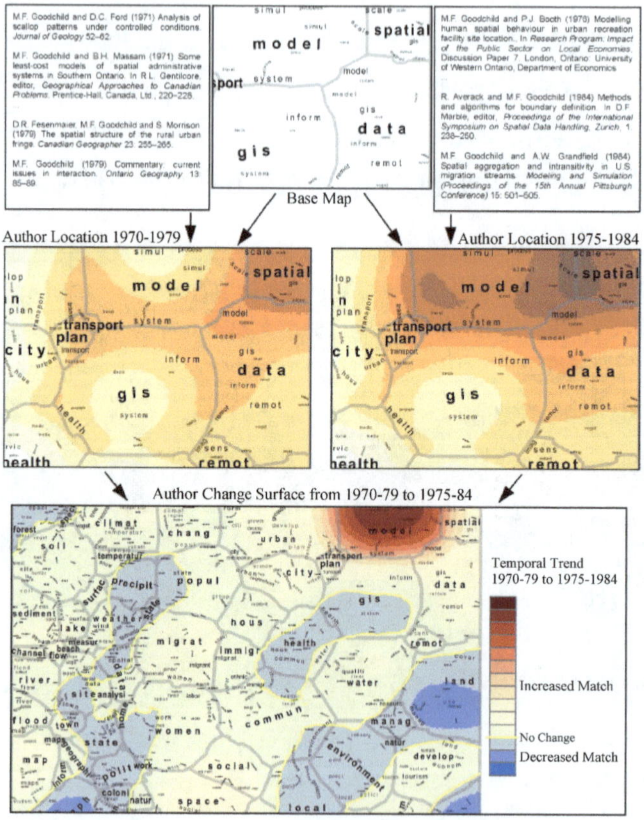

图 3-12　由地理文献基础图生成的自组织映射图

3.2.4.4 构建科学文献的虚拟世界

现在我们简单地介绍一下绘制图谱的技术。图 3-13 说明了在共引网络中引文影响的结构化和可视化过程。实际上，这个过程是普遍适用的，适用于多种现象的分析。

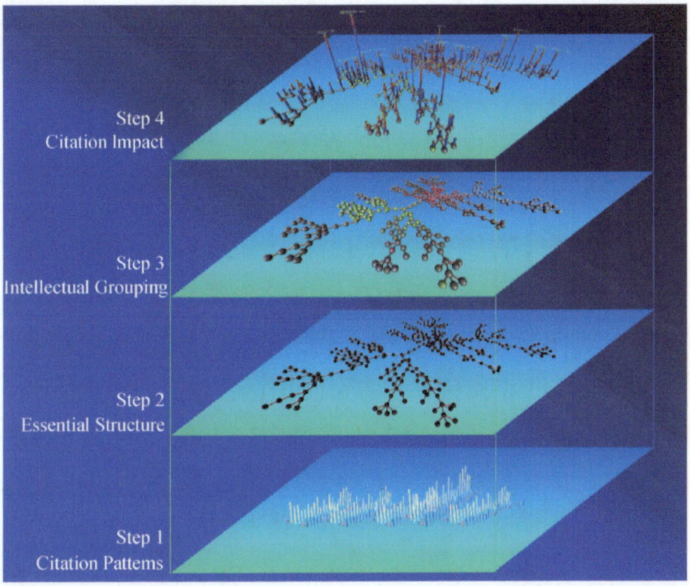

图 3-13 共引网络中引文影响可视化的过程（© 2001 IEEE）

首先，挑选出被引频次大于某一阈值的作者。这些作者的知识组群呈现出潜在知识域的“快照”。这些作者间的共引频率从引文数据库（如 ISI 的 SCI 和 SSCI）中计算得出。作者共被引分析（author co-citation analysis, ACA）采用一个共引频次矩阵来计算皮尔逊相关系数的相关矩阵。按照怀特（White）和麦肯恩（Mccain）的说法，皮尔逊相关系数效果最好。

皮尔逊相关系数的计算方法如下，X 和 Y 是 N 维空间中的点集。X_{mean} 和 Y_{mean} 分别是 X 和 Y 的平均值。

$$X=(x_1, x_2, \cdots, x_N)\text{；}\quad Y=(y_1, y_2, \cdots, y_N)$$

σ_x 是 X 的标准差，σ_y 是 Y 的标准差，定义如下：

$$\sigma_x=\sqrt{\frac{\left(\sum_{i=1}^{N} x_i-X_{mean}\right)^2}{N-1}}$$

$$\sigma_y=\sqrt{\frac{\left(\sum_{i=1}^{N} y_i-Y_{mean}\right)^2}{N-1}}$$

Z_x 和 Z_y 是标准化值，用来计算相关系数 r_{xy}，它们又形成了相关矩阵。

$$Z_x=\frac{x-X_{mean}}{\sigma_x};\ Z_y=\frac{y-Y_{mean}}{\sigma_y}$$

$$r_{xy}=\frac{\sum_{i=1}^{N} zx \cdot zy}{N-1}$$

其次，将寻径网络尺度方法应用到由相关矩阵定义的网络中。因子分析是作者共引分析的一项标准化操作。但在传统的作者共引分析中，多维尺度分析和因子分析很少出现在同一个图示中。为了让知识可视化更清晰以便于理解，我们进行第三步操作，即将由因子分析识别出来的知识群和由寻径网络尺度模拟出的关联结构进行覆盖。相同颜色的作者实际上属于同一个学科领域，他们在寻径网络中以紧密联系的群体出现。因此，在可视化过程中能够观察到两种观点的融合。

最后，将每个作者的引文影响显示在知识结构组群的上方。影响的强度由引用柱的高度来表示，引用柱显示出一系列以不同颜色表示的年度引用情况。图 3-14 展示了三维知识图谱的构建。

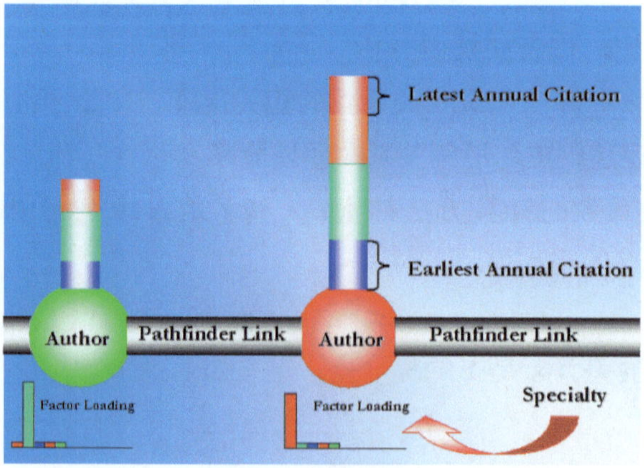

图 3-14　Paradigm View 的设计（© 2001 IEEE）

图 3-15 展示了三个不同的主题研究领域的虚拟景观视图，上方是“计算

机制图和应用”（Chen and Paul, 2001）；左下方的是“超文本”（Chen, 1999b; Chen and Carr, 1999）；右下方的是虚拟现实。以计算机制图为例，我们对1982～1999年在*CG&A*（IEEE的计算机制图与应用期刊）上发表论文的作者进行了文献共被引的可视化分析。*CG&A*引文数据包括1820名作者撰写的学术论文，这些作者共引用了由5312位作者（仅考虑第一作者）撰写的10 292篇论文。其中，在*CG&A*中被引用5次以上的作者有353位，我们以这353位作者为对象进行作者合著分析。这353位作者形成的知识组群为计算机制图领域的知识可视化提供了基础，尽管这是不全面的，因为计算机制图法的文献远比*CG&A*包含的要宽泛。最初的作者共被引网络中包括28 638条连线，占所有可能连线的（即任两点之间都有连线）46%，不包括自引情况。这么多的连接数目会干扰可视化效果，寻径网络尺度可以用来减少连线的数量，在这个案例中，寻径网络有335条连线。

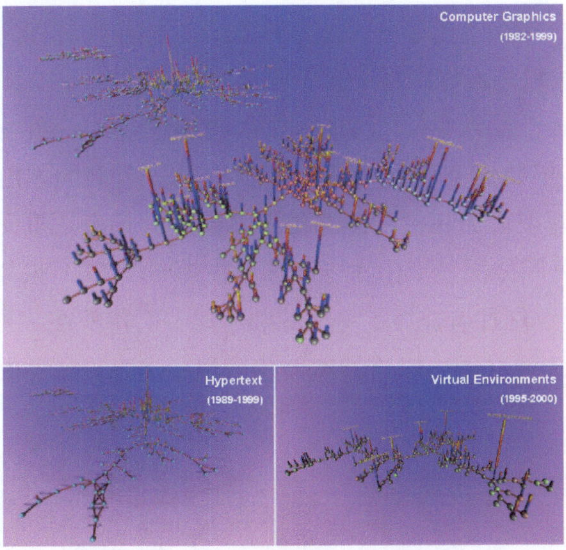

图 3-15　虚拟景观图示（© 2001 IEEE）

我们应用三维虚拟景象来呈现作者共被引结构。在计算机图形研究领域最具影响力的科学家常会出现在靠近知识结构图的中心位置。相对而言，那些拥有独特技能的研究者则可能位于边缘区域。这个虚拟图像也能让使用者获得其中某位作者的更详尽的信息。例如，列出该作者被引用频次最高的作品、摘要，甚至全文。在接下来的部分，我们将动画制作引入到引文分析中，20多年来相关学科的引用趋势变化将在数秒内被捕捉和重现。

3.2.5 知识演进模式和趋势的可视化

宇宙图谱同时表达了空间信息和时间信息。而空间信息说明了宇宙中星系之间的距离和天体如何相互关联，时间信息通过高类星体红移有效地解释了空间属性，这颗星体形成于100多亿年前的早期宇宙。在许多信息可视化应用中都采纳了时间线的概念。重大时间的演变沿着时间线清晰可见。尽管时间线的设计通常是将空间格局移动到背景中，甚至完全消失，但也有一些可视化设计是要在同一张视图中留存和表达空间和时间信息。例如，GeoTime可视化分析系统就同时表达了空间和时间格局。我们将在随后的几章中具体讨论可视化分析方法。

3.2.5.1 主题流

时间线可视化最流行的设计源于ThemeRiver，它基于简单而直观的“时光之河”的隐喻，研究主题沿着时间的维度呈现流动状态，通常是沿着水平轴从左边流向右边。时间线给出了一个组织框架，这样各种各样的信息可以根据其在特定时间点上的状态而组织在一起。图3-16是用ThemeRiver根据菲德尔·卡斯特罗（Fidel Castro）的讲演、访谈、文章和其他文本而做的主题可视化图谱，显示了从1960年年初到1961年中期主题的变化。著名的古巴导弹危机就发生在这段时期。主题表现为相关词汇在每个月出现的频次。重大事件用垂直的虚线注释。例如，时间线图显示出古巴和苏联在1960年5月恢复了外交关系，卡斯特罗在1960年6月月末查封了美国炼油厂。卡斯特罗在9月份提到苏联多达49次。主题的连续性在图中以连续流体状态展示出来，流体的宽度随时间而发生变化。

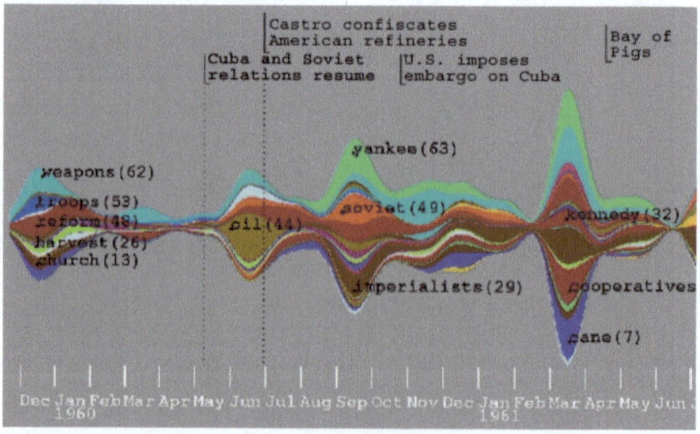

图3-16 Theme River制作的卡斯特罗的讲演及其他文件中的主题流

ThemeRiver 类型的时间线图应用领域广泛，如图 3-17 是依据热播电影的票房收入制作的图谱。电影流都很短，这很自然，因为人们对某个热播电影的关注不会持续太久，所以电影流看上去更像是山峰。我们可以将这些电影流视为冰山随时间的漂移，这样或许更符合时间线的隐喻。一个电影层的高度，或是电影流的宽度，表示该电影的周票房收入。颜色表示票房总收入（截止到 2008 年 2 月 21 日）的水平。该可视化图谱显示，在 2007 年最热播的电影有《变形金刚》《哈利波特与凤凰社》《我是传奇》和《国家宝藏：秘密之书》，其中,《国家宝藏：秘密之书》的票房收入最高，其次是《我是传奇》。

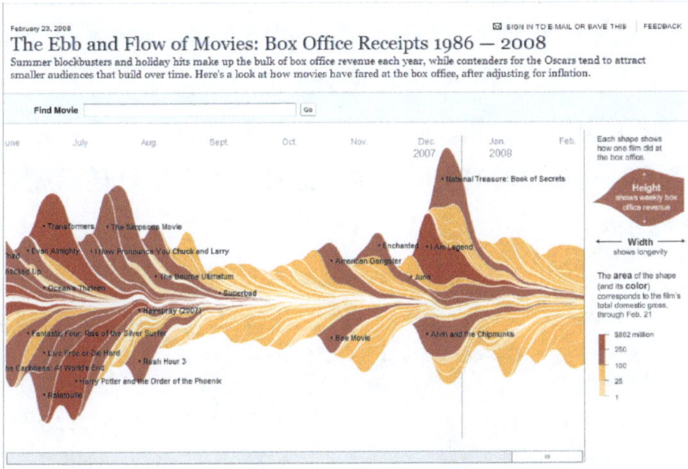

图 3-17 依据票房收入制作的热播电影图谱

资料来源：http://www.nytimes.com/interactive/2008/02/23/movies/20080223_REVENUE_GRAPHIC.html

用主题流变化来展示主题的演变是一种非常好的方法，它既直观又便于理解。但从非结构文本中计算识别出主题目前还是一个难题，更不用说要识别出主题的演变了。有关主题建模的研究在过去的十几年中有很大进展。TextFlow 是一个能将主题建模和信息可视化整合起来以更好地跟踪主题随时间变化的工具（图 3-18）。这个软件也是基于河流的隐喻，但使用了更多适合于主题演化的属性扩展了的原有隐喻。TextFlow 使用主题流的宽度表示强度，揭示出了主题流之间变化的动力机制，如一条主题流是如何分叉成多条主题流的，或者几条主题流是如何会聚成一条主题流的。这些动力学图示能够有效地分析某个主题领域的发展。TextFlow 的另一个重要特点是将复杂的问题用看似简单的图谱展示出来。

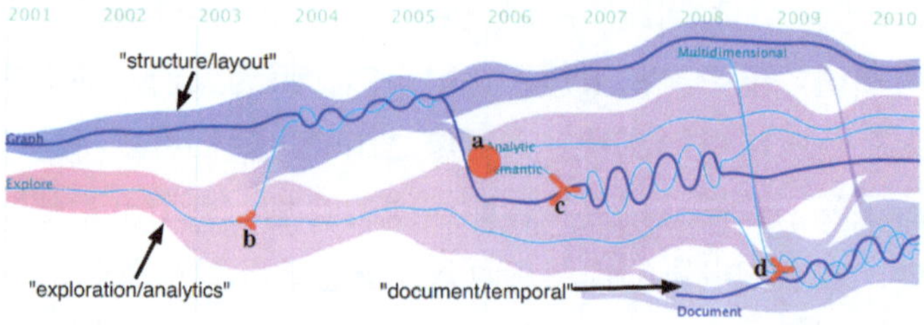

图 3-18　TextFlow 生成的主题演进可视化图谱（Cui et al., 2011）

3.2.5.2　冲积图

我最欣赏的时间线设计是由 Martin Rosvall 制作的冲积图。Martin Rosvall 维护着一个网站，这个网站允许人们用自己的网络数据生成冲积图①。冲积图的生成需要输入一系列网络。每个网络对应于演化网络在某个时点上的结构，每个网络被分解成若干聚类。在相邻网络中，对应聚类就形成了一系列视图，展示出某一个聚类随时间是如何演变的。主题的分裂和会聚就显示成多条随时间变化的流线（图 3-19）。

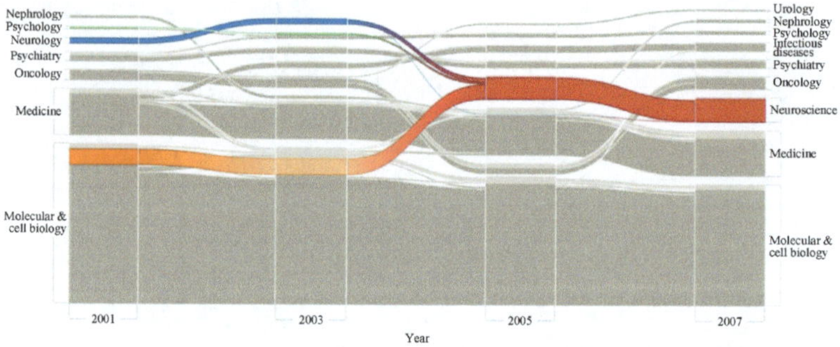

图 3-19　科学变化的冲积图（Rosvall and Bergstrom, 2010）

给定一系列的网络模型，就可以基于不同的数据生成冲积图。CiteSpace 提供了生成 *.net 文件的功能，以便在 Pajek 软件中成批输出一系列网络。输出的 *.net 文件可以载入冲积图生成系统中（图 3-20）。图 3-21 是基于再生医学领域文献的词共现网络而生成的冲积图。每年出现频率最高的前 300 个词用于构建当年的网络。图谱识别出最近的主题是诱导性多能干细胞（iPSCs），山中伸弥的这项成就获得了 2012 年诺贝尔生理学 / 医学奖。我们将在本章的最后简短地说明这项关于再生医学的科学计量发现。

---

① http://www.mapequation.org/alluvialgenerator/index.html

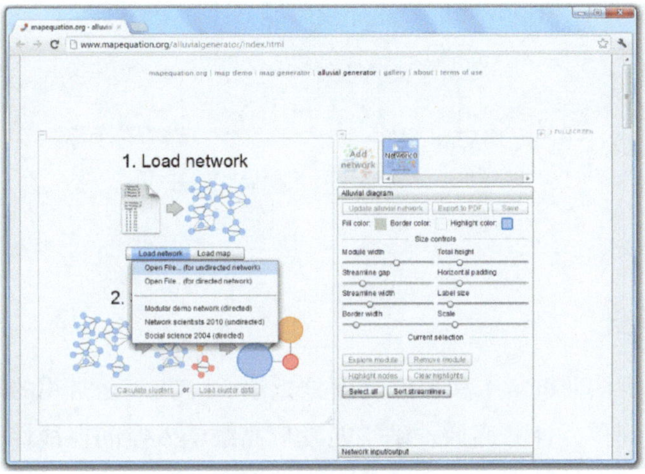

图 3-20　将 *.net 文件载入冲积图生成系统中

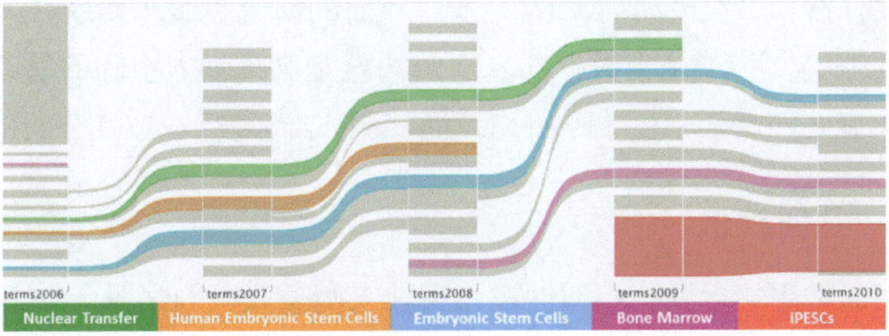

图 3-21　基于再生医学领域文献的词共现网络而生成的冲积图。每年选择当年出现频率最高的前 300 个词

我们再给出一个例子，图 3-22 显示出随着飓风“桑迪”沿着美国东海岸移动微博热议主题的变化。每条带状流表示每小时被微博识别出的一个主题。例如，关于飓风“桑迪”的粉色带贯穿了整个分析视窗。同样地，标识为“东海岸”的绿色带，随着飓风“桑迪”沿着东海岸从南向北移动也贯穿始终。图 3-23 显示出更复杂的过程，即一个先导化合物的优化。每一个流线都描述了化学领域中接连不断的组合研究。

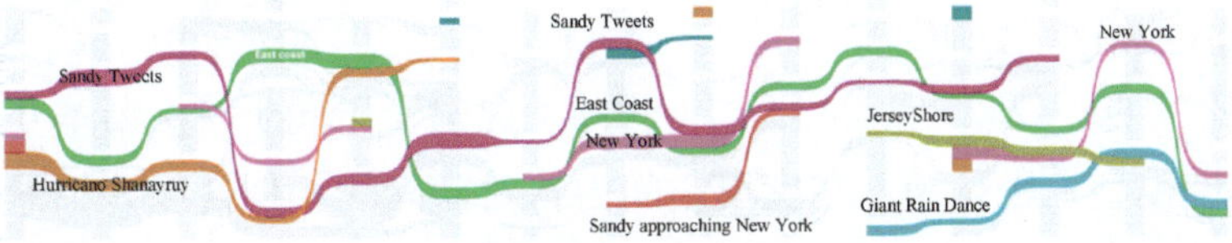

图 3-22　随着飓风“桑迪”的登陆，关于微博热门议题的冲积图

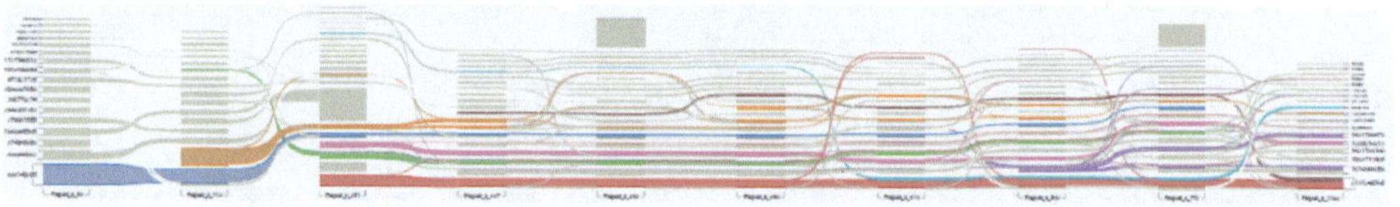

图 3-23　化合物片段共现模式的冲积图

3.3　降维

主成分分析法（PCA）和多维尺度分析法（MDS）是常用的降维方法。这两种方法操作简单，计算高效，确实能发现高维输入空间在线性子空间中或接近于线性子空间中的数据的真实结构。麦卡勒姆（McCallum，1974）探讨了因子分析和多维尺度分析之间的关系。约瑟夫·克鲁斯卡（Kruskal，1977）探讨了多维尺度分析和聚类分析之间的关系。随后的研究克服了传统技术在处理数据时的主要缺陷，特别是当数据的真实结构就是高维输入空间的非线性子空间时。格林埃克（Greenacre，1993）撰写了一本专门进行一致性分析的图书。

3.3.1　几何相似

学者们通常用接近性、相似性或相关性来衡量联系的强弱。MDS 是用于降维和在二维或三维空间构型中描述数据点的最常用方法。这种方法的基本假设是，相似数据可以通过线性函数或单调递减函数转换成度量空间中点间的距离。两数据点越相似，在度量空间中距离越近。生成的图谱能在多大程度上保留原始数据的结构是关键。应力值（stress value）通常用来测量拟合度。

尽管对称相似性测度已经司空见惯，但相似性测度的本质是非对称的。在 1977 年，阿摩司·特沃斯基（Amos Tversky）对相似数据的度量假设和维度假设同时提出质疑。他提出一个特征匹配模型，用以建立一种理论：两个概念间的共同特征能强化相似性，而不同特征则起削减作用。此外，他的这一模型表明我们对于相似性的判断是非对称的。共同特征比差异特征更具影响力，这颠覆了我们估量相似性的传统。

卡罗尔·克卢汉斯（Krumhansl，1978）提出了不同于特沃斯基几何模型的距离 - 密度模型。她认为，在度量空间中，对象间的相似性应该不只是点对间距离的函数，而更应该是点的空间密度的函数。简言之，度量空间的密度削减了认知相似性的强度。对于点对间距离相等的两个点，位于相对密集区中的相似度可能要比在较为稀疏地区中更小。

克卢汉斯研究了特征匹配模型的应用。她的研究结论是，当人们判断两个事物间的相似性时，人们通常寻找它们的共同点。她认为，当考虑相似数据的变化时，距离－密度模型的结果比特征匹配模型更准确。

在后面的内容中，我们将阐述寻径者网络在保留具有明显连接的突出结构中的作用。这就与格式塔理论相关了，格式塔理论能识别出那些让人着迷的模式特征，如接近性、相似性和连续性。然而，最初的格式塔理论忽略了显性连接有助于我们更容易地认识一种模式的作用。寻径网络则增强了模式识别。

3.3.2 多维尺度分析

主成分分析法（PCA）中有一种数据点低维嵌入法，这种方法能最大限度地保留原来高维输入空间的数据多样性特征。经典多维尺度分析法（MDS）中有一种嵌入法可保留两点间距离（Steyvers，2000）。当上述距离为欧式距离时，主成分分析法与多维尺度分析法是等价的。

我们举几个例子说明现实中 MDS 的应用，如城市间的距离，以及概念的相似性。一般而言，有两种类型的 MDS，即可度量型和不可度量型。可度量型 MDS 只能用来分析等比数据和等距数据；而不可度量型 MDS 对数据的要求较为简单，是序列形式即可。因此，不可度量型 MDS 不像可度量型 MDS 有那么多限制，相对也没那么严格。

度量空间由一个几何模型假设的三条基本公理所定义：

（1）度量最小性：对距离函数 d 和任一点 x，等式 $d(x,x)=0$ 成立。

（2）度量对称性：对任意两点 x 和 y，等式 $d(x,y)=d(y,x)$ 成立。

（3）度量三角不等式：对任意三点 x,y 与 z，不等式 $d(x,y)+d(y,z)\geqslant d(x,z)$ 成立。

MDS 是标准的多元数据统计方法，其中对象集 N 表示为 d 维向量，此向量具有 N 中对象之间的所有两两相似性或不相似性（距离）。此方法的目的是要用一个小于 d 维的 k 维向量重新表示 N，这样才能使得中间向量近似于原向量的相似性或不相似性。要想探究一个特殊的构型是否能够较准确地再现我们观察到的距离矩阵，最常用的测度指标是应力值。

如果给定来源于公路地图集标注或航线图的一些城市间的距离矩阵，我们

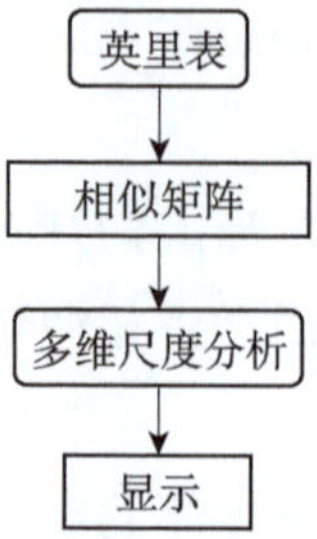

图 3-24 多维尺度分析图生成的简单步骤

就可以对这些距离数据进行多维尺度分析，流程图详见图 3-24。若将数据映射为二维图谱，其构型就非常近似于常规地图了，只需将生成的多维尺度分析图谱旋转一下，就能使南北和东西方向与常规地图相符了。要按上述方式再现一幅完整的地图，需要采集并输入充足的数据。

下面的例子采用美国 20 个城市间距离作为多维尺度分析的输入数据。图 3-25 是美国地图，主要突出显示了上述这 20 个城市。将生成的多维尺度分析图谱与常规相比较，就很容易理解多维尺度分析图谱的机理和特性了。

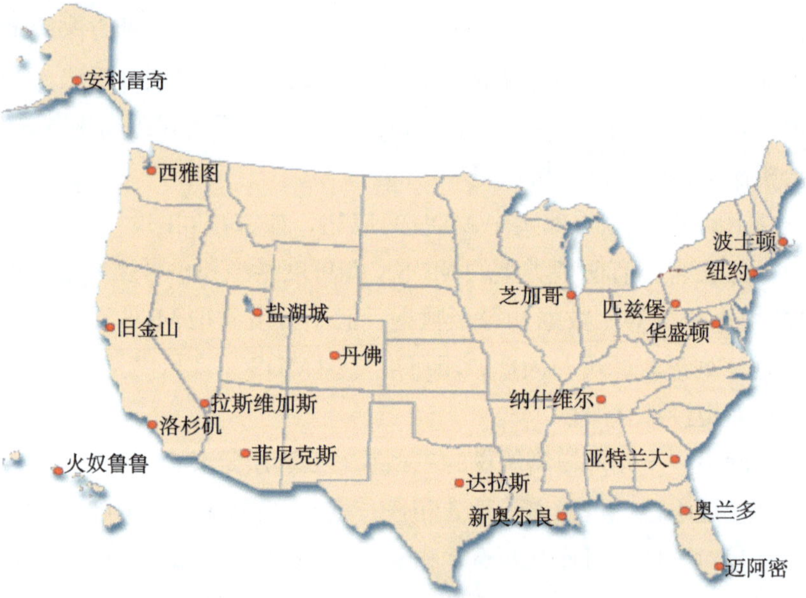

图 3-25 显示美国 20 座城市的地图

资料来源：http://www.usatourist.com/english/tips/distances/html

将城市距离数据输入 MDS，在此我们采用 SPSS 软件中的 ALSCAL 功能，利用欧式距离建模。图 3-26 显示了生成的多维尺度分析效果图，看起来像是镜子中的地图影像，例如，纽约本该在左侧，但 MDS 图上是在右侧，适当旋转后，得到的结果正好符合我们的假设。事实上，经镜面反射后的多维尺度分析图谱非常接近于美国地图（图 3-27）。

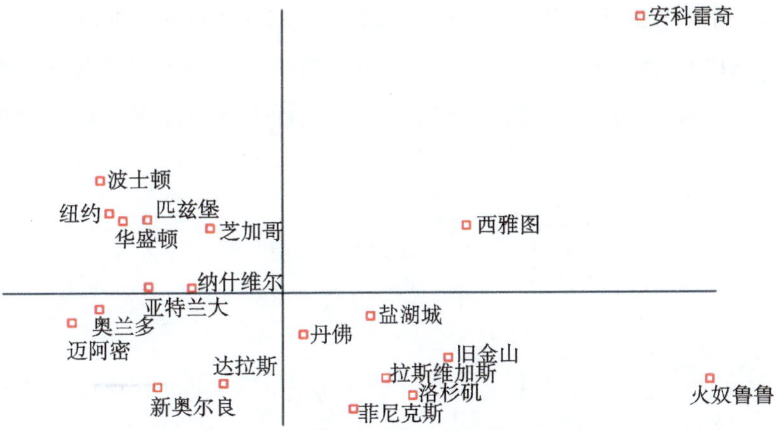

图 3-26　基于英里表的美国 20 个城市多维尺度图

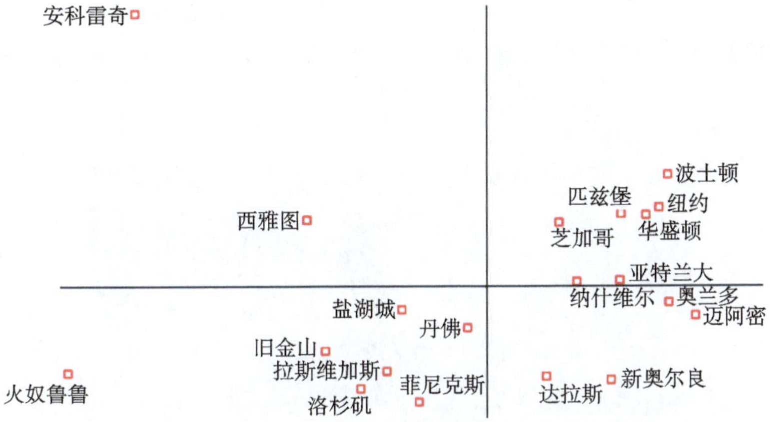

图 3-27　原始多维尺度布局图的镜面对称映像，其地理间距完全匹配，尽管奥兰多、迈阿密实际上应在更南的位置

让我们再看一个更抽象的案例。这个案例中，每个数据点代表一辆车，每两辆车间距离根据一些指标计量得到。这个案例的数据获取是基于被广泛应用的 CRCARS 数据集，它是由大卫 • 多诺霍（David Donoho）和埃内斯托 • 雷默（Ernesto Ramo）建立的多维数据集（Donoho and Ramos, 1982）。

CRCARS 数据集包括 406 例汽车样本（数据点）。每个样本包括八个变量：英里 / 加仑，汽缸数量，每立方英寸的发动机排量，马力，车重（以磅计），速度从 0 加速到每小时 60 英里的时间，车出产年的型号的末两位，以及车产地（美国为 1，欧洲为 2，日本为 3）。例如，一条“BMW 2002”的记录显示，该车于 1970

年出产于欧洲，耗油率为 26mpg，4 个汽缸，从 0 加速到每小时 60 英里的时间为 12.5s 等。利用一个程序将多维尺度分析法和最小生成树法结合起来，程序如图 3-28 所示（Basalaj，2001）。图 3-29 则呈现了上述 406 个样本生成的合成多维尺度分析图。

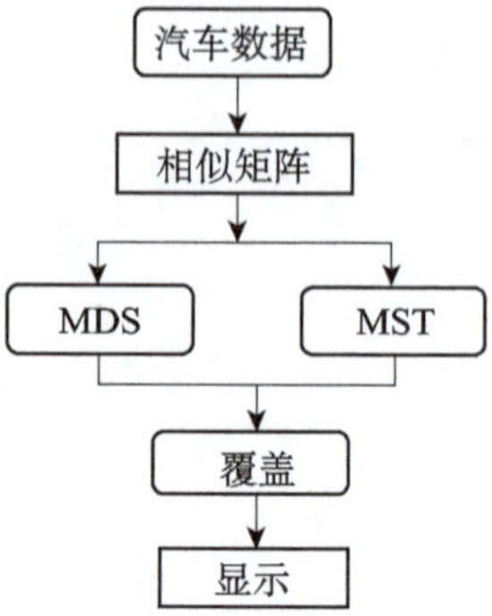

图 3-28　基于 CRCARS 数据的 MST 加强版 MDS 生成的步骤。点的位置取决于 MDS，连线取决于 MST

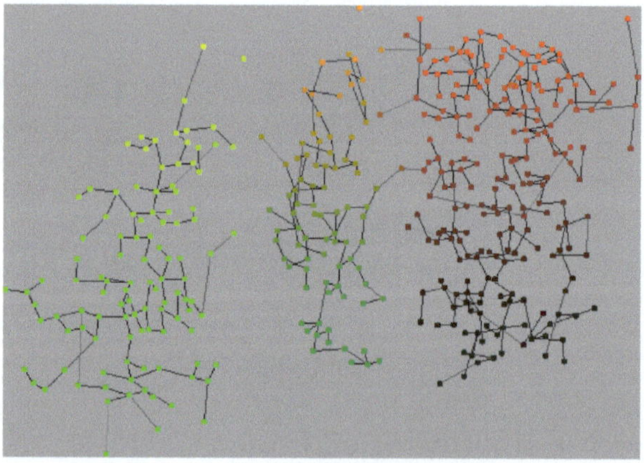

图 3-29　CRCARS 数据集中的 406 辆汽车的多维尺度布局图，含最小生成树覆盖层。两辆车之间的灰度连线代表相似性强度，颜色越深则相似性越高。最小生成树结构为评估多维尺度布局图的准确性提供了参考

资料来源：http://www.pavis.org/essay/case_studies.html.

图 3-30 是期刊共引分析的程序图（Morris and McCain, 1998）。第五章中将提到更多关于期刊共引分析的案例。上面的案例阐述了多维尺度分析法在抽象关系可视化方面的作用。这个案例还说明，聚类方法与多维尺度分析法可能生成不同的聚类。一旦发生这种情况，就需要进一步研究这种差异的本质。图 3-31 展示了

聚类方法的工作原理。每个数据点代表一种期刊。请注意，期刊 *Comput Biol Med* 隶属于聚类 BIOMEDICAL COMPUTING，而期刊 *Int J Clin Monit Comput* 属于聚类 COMPUTING IN BIOMEDICAL ENGINEERING。在图 3-32 中，多维尺度分析法的结果覆盖了聚类方法的结果。现在就能看出这两种期刊联系的紧密程度了。这个案例说明，在多维尺度分析环境下直接应用聚类算法时，应注意它的局限性。

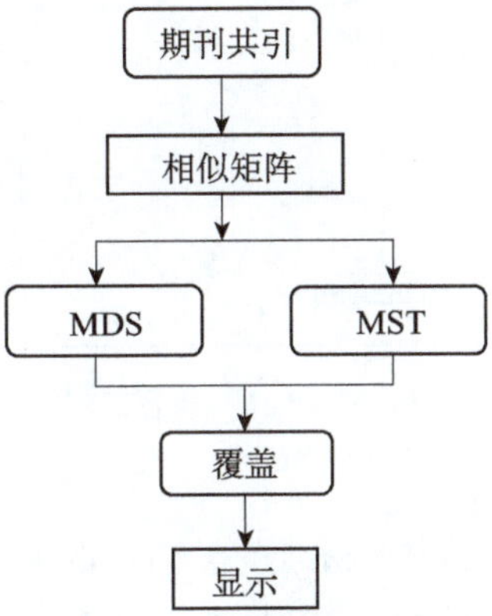

图 3-30 Morris 与 McCain 描述的期刊共被引流程（1998）

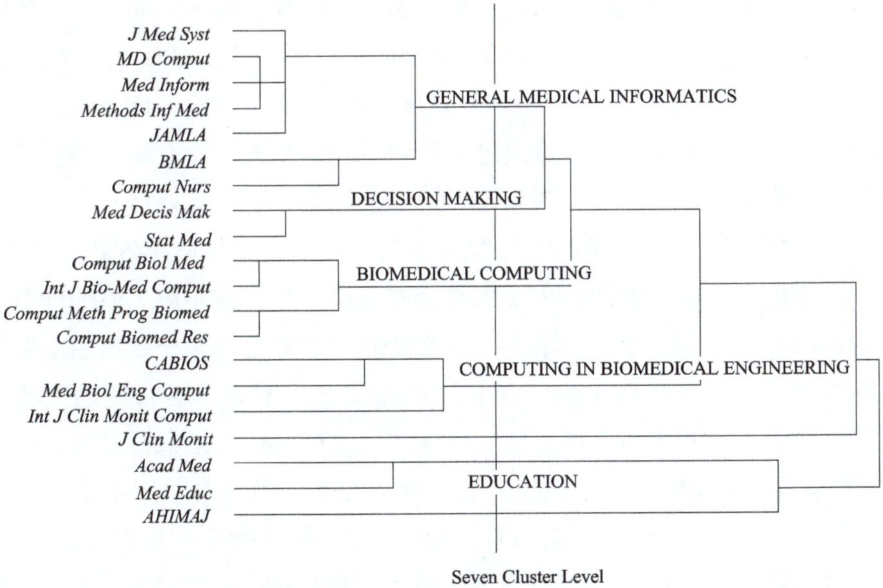

图 3-31 SCI 共引数据的聚类方法（Morris and McCain, 1998）。注意“*Comput Biol Med*”和“*Int J Clin Monit Comput*”隶属于不同的聚类

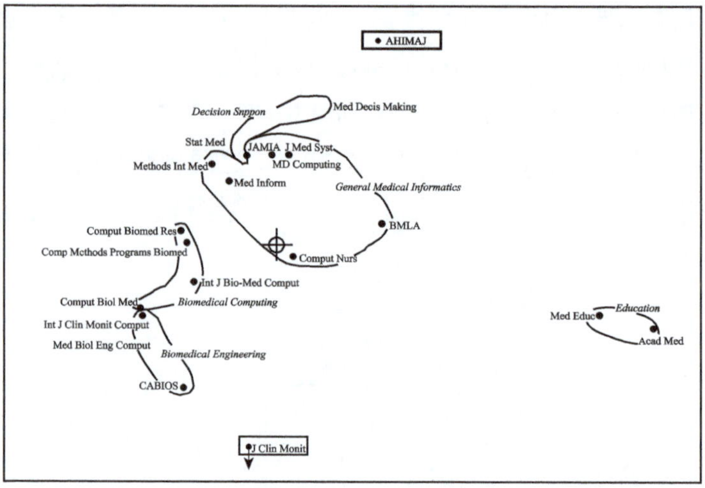

图 3-32　标有聚类边界的 SCI 多维尺度布局图。注意图左侧“*Comput Biol Med*”和“*Int J Clin Monit Comput*”之间的距离

在该案例中，多维尺度分析法和聚类方法都是直接从相似矩阵中获取输入数据。这样做的优点是：当同时使用这两种方式，可能会识别出某些模式和规律，这是单独使用一种方式所做不到的。我们还会列举另一个案例，在这个案例中我们先后使用多维尺度分析法和聚类方法。这样做的结果是，生成结果完全建立在多维尺度分析之上，因为随后使用的聚类方法并没有增加任何新知识。

克鲁斯卡（Kruskal）和威什（Wish）认为，二维的多维尺度分析构型作为基础图比三维的更有效。在多维尺度分析中，相似数据与空间构型的整体协调度根据一个应力值来衡量。一般来说，这个值越小，整体越协调。但这个应力值不是唯一的标准。实际操作上还要观察生成图谱的整体清晰度和简洁程度，从而判定根据当前应力值的输出结果是否够完美。用于减小应力值的计算成本随应力值的减小成指数增长。毕竟，高维度的原始数据并不一定适用于低维空间。例如，围绕某一话题生成 N 个陈述的图谱与生成 N 个城市间距离的图谱相比较，前者要求的应力值更高些。甚至，当城市间距离由某种高维度量方法（如生活品质）度量时，多维尺度分析的吻合度也一样不佳。事实上，托弛姆（Willian Trochim）（1993）提出，33 个概念图谱生成过程的平均应力值是 0.285，由低至高在 0.155 ～ 0.352 之间。总之，使用多维尺度分析图谱不仅是为了降低应力值，更是为了生成有意义、信息量大的图谱，使之能反映原始数据中的隐含结构。

3.3.3 个体差异分析

个体差异分析（INDSCAL）模型是在 20 世纪 70 年代由贝尔实验室的约翰·卡罗尔（Carroll）和 Chang 研发的，其目的是解释当认知一系列刺激时，不同主体或对象细微差别间的关联。对于 N 个主体和 p 个对象，INDSCAL 模型采用 N 个真值表作为输入数据，每一真值表是一个 $p \times p$ 的对称矩阵，其元素是这 p 个对象的相似性测度。INDSCAL 模型通过使用一个距离函数变量解释了不同主体认知间的差异。p 个对象代表空间中一些点，这个空间可以是主空间、共享空间，或是群空间。主体对这个空间的认知是不同的，因为个体对该空间每一维度的关注程度或衡量权重不同。INDSCAL 模型中假定，主体将群空间系统地扭曲后，试图将个体的、隐私的、扭曲了的空间和最终整合的群空间进行重组。相似性测度来源于整合后的群与个体评级。例如，比较两所房子的不同，建筑师主要关注房子的风格和结构，而买家更关注价格差异。

Carroll 和 Chang 举例说明了 INDSCAL 模型，分析了人们如何认知城市中六个区域间的距离。他们让 3 个人估计每两个区域间的距离，这 3 个人共给出了 15 个结果，即（6×5）/2=15，然后用这些结果形成了 3 个三角矩阵。

INDSCAL 模型依据研究主体对某一普通群空间或是主体空间的维度赋予的权重来解释个体间的差异。INDSCAL 模型的主要输出结果是一个群空间，在此群空间中将刺激，也就是对象，描述为点。在此案例中，城市的六个区域在群空间中用点表示。在这个群空间中，对象布局实际上是综合了每一个体布局后的产物，因此可能与每个个体的布局都不太一致。

INDSCAL 模型还能生成主体空间，其中每个点代表一个个体。INDSCAL 模型假定了个体会将群空间进行系统扭曲，那么这个主体空间中每个个体的位置就反映出个体赋予每一维度的权重，正如购房者会赋予价格维度较高的权重。与因子分析和多维尺度分析不同，INDSCAL 模型会生成一个独特的关于群空间维度的定向。不管如何旋转群空间的坐标轴，都不能生成一个含义更丰富的新定向。此外，该主体空间中每一点都代表原始数据生成的向量，且该向量的长度被粗略解释为统计数据间多样性的一个比率结果。权重比率一致的主体，其相应的向量方向一致。向量的夹角则能反映各主体对各维度赋予的权重值的差异。

在海姆（Helm）1964 年的研究中，他用一个带有直角坐标轴的二维彩色（红绿和黄蓝）圆圈图表示具有正常视觉色彩的主体，并用椭圆表示色盲主体：

红绿或是黄蓝并不是主体进行色彩匹配时特别关注的因素。图 3-33 显示了两个红绿色盲主体间的个体差异。

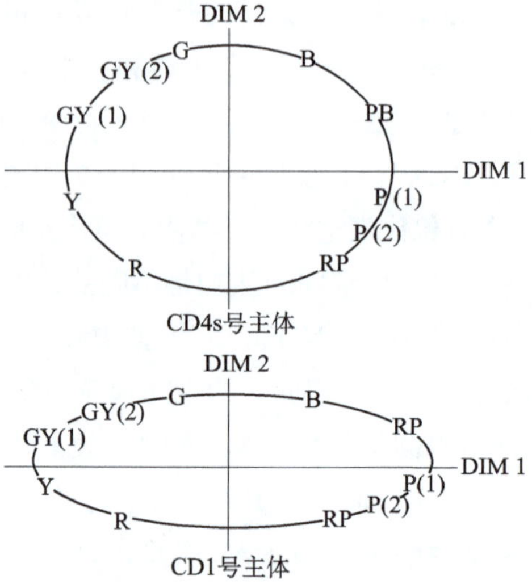

图 3-33 两个红绿色盲主体的差异分析结果。Y 轴坐标未达到正常个体的测量值（Helm，1964）

图3-34和图3-35显示了在INDSCAL模型中SCI和SSCI各自的权重（Morris and McCain，1998）。SCI 和 SSCI 中索引的文章作者在偏好和粒度级别（the level of granularity）方面存在差异。如果期刊只沿一个维度广泛发展，就意味着相应研究领域中的科学家之间在知识复杂程度上差异更大。如果将期刊集中在一个相对较小的范围内，则意味着相应知识领域的延伸也较小。

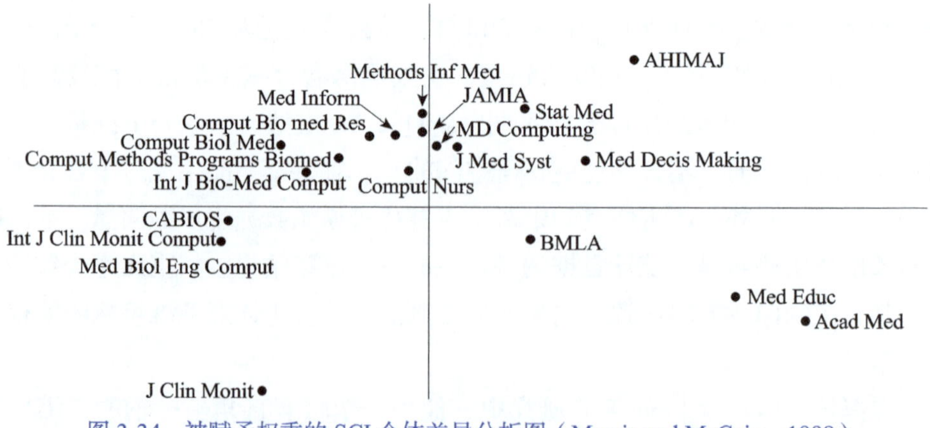

图 3-34 被赋予权重的 SCI 个体差异分析图（Morris and McCain，1998）

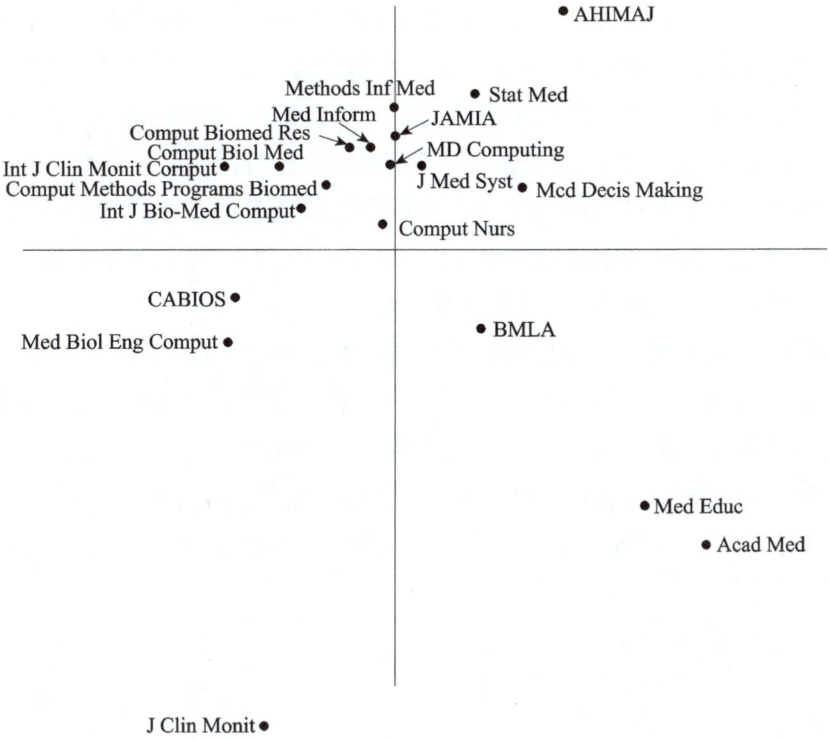

图 3-35 被赋予权重的 SSCI 个体差异分析图（Morris and McCain，1998）

3.3.4 线性近似——等距映射

许多领域的专家都面临着如何使用低维数据结构来处理高维数据的问题。多维尺度分析方法旨在用低维空间绘制特定的高维数据。等距映射算法（Tenenbaum et al.，2000）和局部线性嵌入（LIE）算法（Rowies and Saul，2000）是降维技术的最新进展，二者均曾登上 2000 年 12 月 *Science* 期刊封面。

主成分分析法和多维尺度分析法是常用的降维方法。在高维度空间里，欧式距离提供了一个合理的线性结构测量方法，但是当我们处理非线性结构时，欧氏距离则无法测出实际的数据结构。下面这个例子说明了欧氏距离和测地距离的区别：对于伦敦地铁某条线路上的乘客来说，两站间的测地距离是火车沿着铁路线行驶时的距离，是有弯曲或波浪的一维数据；而对于一个热气球上的乘客来说，两站间的距离是两地间的直线距离，即欧氏距离，它通常比测地距离短。传统的主成分分析法和多维尺度分析法都没有建立区分这两种距离的机制，但人们已设计出许多布局算法（非线性多维尺度分析）来解决这个问题。

如复杂缩放算法不仅与主成分分析法和多维尺度分析法一样普遍，而且比主成分分析法和多维尺度分析法更具通用性，所以它拥有更巨大的潜在用户群。

这些布局算法的基本思想是线性近似。当我们仅看脚下的一段铁路时，它是直线；但如果远眺的话，轨迹在一定距离内是光滑弯曲的。线性近似很重要的一步就是要把非线性数据转换成许多较小的线性数据点，然后以局部线性结构解决方案重新组合成整体解决方案。下面我们以具有 20 000 个数据点的卷筒式非线性数据结构为例来介绍等距映射算法。

等距映射算法是通过沿物体表面测量两数据点间距离来提取有效维数（Tenenbaum et al.，2000）的算法。对那些能展开成平面的物体来说，等距映射是最有效的方法（如圆筒或卷筒夹心蛋糕）。等距映射通过沿物体表面测量任意两点间的距离，然后结合传统的多维尺度分析算法用这些测地距离生成一个低维图示再现。图 3-36 说明了等距映射是如何展开类似卷筒夹心蛋糕式的数据的。

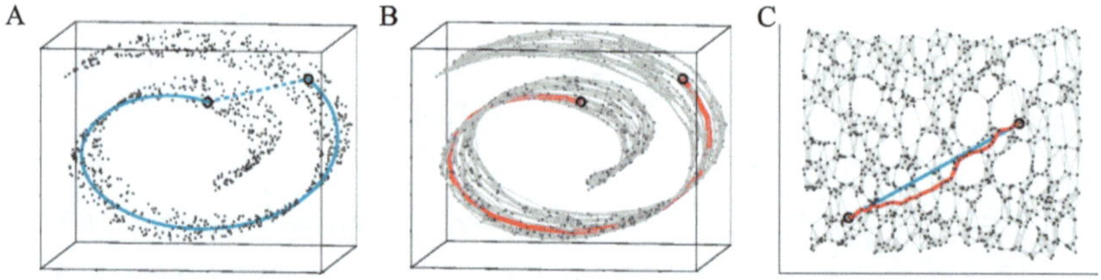

图 3-36　卷筒式数据展开，图示说明非线性降维中如何利用测地距离来进行等距映射的。与相应的图上距离（红色）相比，嵌入路径的直线（蓝色）则代表对测地距离的更简单的近似
资料来源：http://www.sciencemag.org/cgi/content/full/290/5500/2319/F3

在等距映射算法中，局部数值计算的是相邻两点间的距离。对不相邻的两点而言，通过其间的连接数据，尤其是那些必经路径，可以找到这两点间的最短路径。该路径长度近似等于由表面下某一分支路径测得的两点终点间的距离。标准的多维尺度分析方法被用于寻找一组相似成对距离的低维点。等距映射算法适用于几种数据检验，尤其是对有 3 个自由度（分别为上下、左右和光照方向）的脸部图像（图 3-37）和有 2 个自由度（分别为拳头的旋转和手指的伸展）的手的图像（图 3-38）。也就是说，脸部图像数据的实际维数是 3，而手部图像的实际维数是 2。等距映射的剩余方差比主成分分析法和多维尺度分析法下降得快得多，也就是说，相比于等距映射，主成分分析法和多维尺度分析法往往会对维度评估过高（Tenenbaum et al.，2000）。

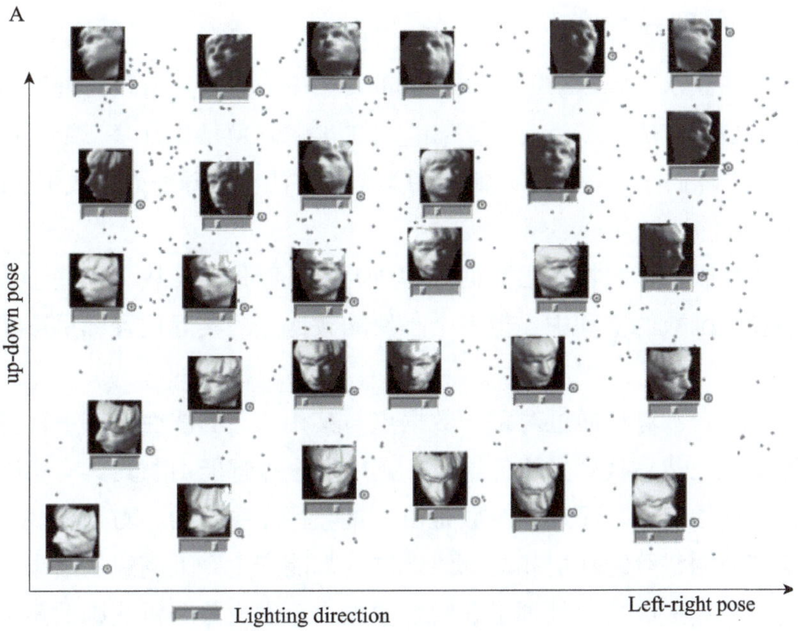

图 3-37 不同的姿势和照明形成的脸部图像多样性（Tenenbaum et al., 2000）

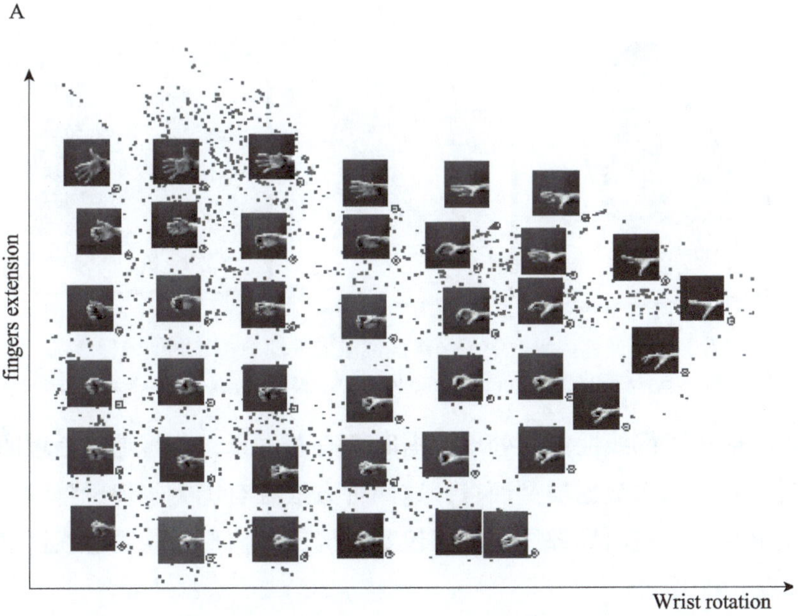

图 3-38 2000 幅不同造型的手部等距映射（k=6）图像（Tenenbaum et al., 2000）

资料来源：http://isomap.stanford.edu/handfig.html

3.3.5 局部线性嵌入

局部线性嵌入（loeally linear embedding, LIE）算法是用线性近似值建立非线性数据模型的方法（Roweis and Saul，2000）。这就像用许多二维平面的小块拼凑一个三维球面一样。地图绘制者用类似的方法将地球表面绘成平面的地图，并保证每部分的地域关系不变。

局部线性嵌入算法将高维数据分解成易于平面化的小块。这些小块虽然类似于处在较低维数的空间中，但每个小块的数据点的实际位置都尽可能地与原来一样。

局部线性嵌入算法通过对每一数据点与其相邻点的线性比较来计算出该点的最佳近似值，然后找到一组低维点，其中每个点都能由与其具有相同系数的相邻点进行线性表示，而这些系数是由高维数据点决定的。对于某些标准人造数据和现实数据，等距映射和局部线性嵌入都能产生令人满意的结果。更重要的是，这两种算法成功地处理了非线性数据，而主成分分析法则做不到，因为主成分分析法没有建立在高维空间中沿非线性结构表面测量测地距离的机制。图 3-39 展示了局部线性嵌入是如何将卷筒类数据展开的。

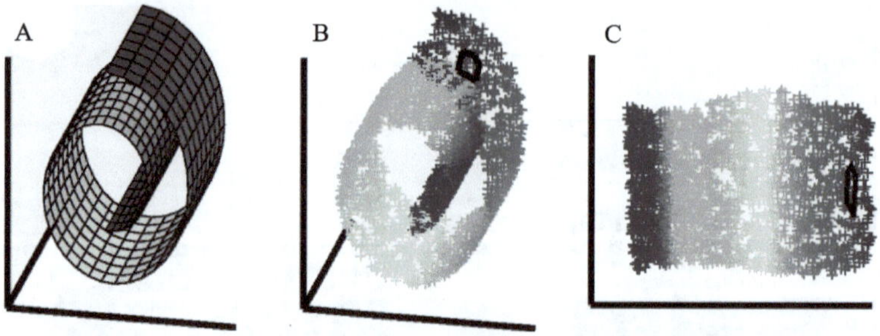

图 3-39 颜色代码说明了局部线性嵌入发现的相邻图像的保存

资料来源：http://www.sciencemag.org/content/vol290/issue5500/images/large/se4909069001.jpeg

等距映射和局部线性嵌入处理数据时都有些失真，尤其是在处理曲面等复杂图形时。对不同的数据类型而言，这两种方法各有优劣。基于整体几何形状的等距映射算法会扭曲局部结构，而仅基于局部几何形状的局部线性嵌入算法会使整体结构失真。

基于概念图谱中传统主成分分析法和多维尺度分析法的作用，未来多维尺度算法的应用将更广泛。我们将在第五章中解释概念绘图中的典型数据结构和其引用结构在本质上是线性的，还是非线性的。另外，尺度放大也是一个需要解决的问题。这两种算法都能很好地处理有 20 000 个数据点的“卷筒夹心蛋糕式”数据，但其在概念绘图及科学绘图数据方面的应用仍有待进一步研究。

3.4　概念图

概念图为知识结构和论证形式提供了可视化手段。在很多学科中，正式的知识表示系统会采用多种形式的概念图，如人工智能中的语义网、机械和电子工程领域中的键合图、通信领域的 Petri 网和数学中的分类图等。这里我们描述的仍是康奈尔大学威廉姆·托弛姆的案例（Trochim, 1989; Trochim, et al., 1994; Trochim and Linton, 1986）。

3.4.1　卡片分类法

卡片分类法是绘制概念图最早使用的方法之一。关于卡片分类法的研究，早期有乔治·米勒（George Miller）的“用心理学方法研究言语概念”（Miller, 1969）和安东尼·比格兰（Anthony Biglan）的“不同学术领域中主题事物特征”的研究（Biglan，1973）。

我们用 Trochim 和 Linton（1986）的案例来阐述概念绘图的过程，该过程与第二章中的绘制主题图的过程相似：以一个基础图为底，用主题图覆盖（图 3-40）。不同的是，该过程使用了多维尺度分析法和聚类算法。

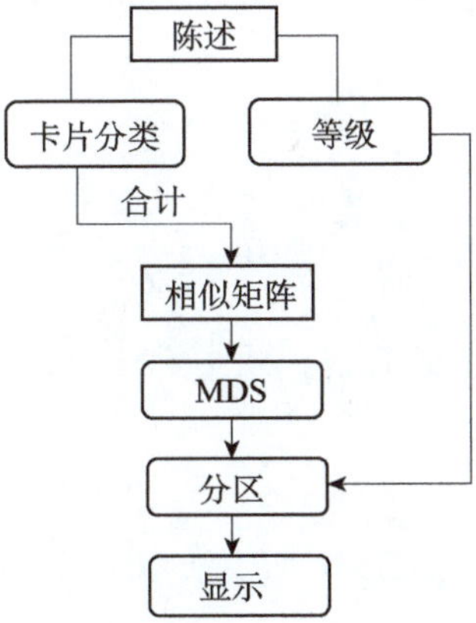

图 3-40　概念绘图流程（Trochim and Linton，1986）注意由于对多维尺度构型应用聚类法而非仅以原始数据呈现，导致结果可能不如“平行排列”那样通用

这一过程以“头脑风暴”开始，其间要求每个参与者将关于某主题的一大堆陈述语句分类。如果他们认为某几个句子相似，就将这几个句子归为同一类。每个参与者分类的结果表示为一个 $N \times N$ 的相似矩阵。对于每个参与者，如果句子 i 和 j 被放入同一类，则相似矩阵中元素 e_{ij} 的值为 1，反之为 0。将所有相似矩阵加和，最终的加和矩阵中元素 e_{ij} 的值即把句子 i 和 j 归于同一类的参与者的人数。因为每个句子总是和它本身被放入同一类，所以该加和矩阵对角线元素的值总等于 N。

相似矩阵的结构是通过二维非度量多维尺度构图而成，该多维尺度依据层次聚类分析，在多维尺度图中分割成几个群区。最后，将参与者引入结构化访谈，来帮助他们理解图谱，并赋予他们有意义的标签。

当参与者把句子归入不同的类中，他们还会给每个句子评级。大多数情况下，句子根据其相关重要性被评为 5 个不同等级，从 1（不重要）到 5（极其重要），每个句子被设定为一个级别。分级的结果会用来作为基础图之上的主题覆盖（图 3-41）。

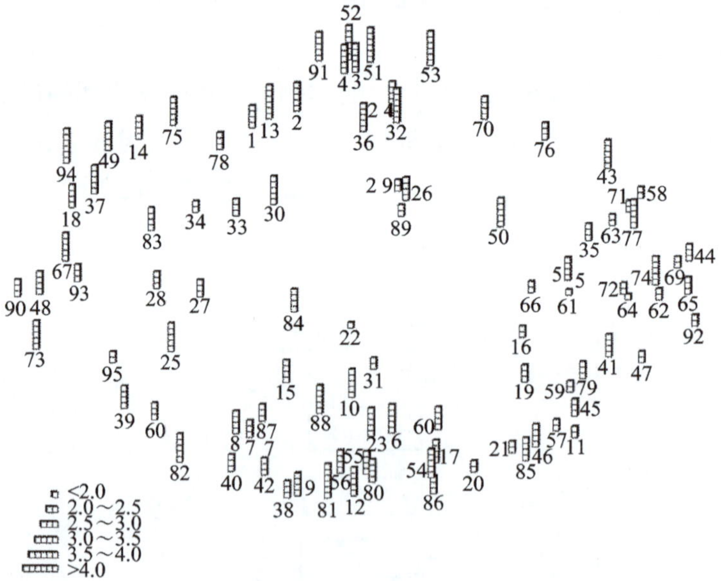

图 3-41　一个多维尺度构型的基础图及其重要性等级柱状图

3.4.2　聚类

层次聚类分析主要采用两种方法：凝聚法和分裂法。凝聚法的过程是，先把每个点作为它自己的分支节点，并决定从哪两个点开始合并。在历次成功的迭代过程中，凝聚法都会决定下次合并哪两点或聚类，直到把所有点放入同一个聚类中。分裂法正相反，开始它把所有的点放在一起，接下来把这些点分为不同的组，直到每个点自成一组为止。基于 Ward 的聚类方法就是采用的凝聚法。

与多维尺度分析密切相关的分析方法有三种，分别是主成分分析、一致性分析和聚类分析。

主成分分析在所观察的 N 个实体的 p 个变量所组成的矩阵 A 中执行。它的目标是查找新的变量，也就是主成分。主成分基于原始变量的线性组合之上，并且它们能够解释原始变量的大多数变化。当变量之间的距离为欧氏距离时，坐标系中的 X 坐标表示主要坐标（主要坐标可以在矩阵 A 上执行主成分分析时获得）。这种方法叫做主坐标分析法，或称传统尺度分析。在埃弗立特（Everitt）和赫斯基思（Rabe-Hesketh）的研究中可以找到更多关于一致性分析的内容（Everitt and Rabe-Hesketh，1997）。

一致性分析最典型的应用是在双向列联表上将行和列的关系进行可视化显示。多维尺度的展开模型就是这样进行的：以主体点和对象点之间距离的排序来可视化主体和对象之间的关系，以此来反映主体的偏好。相关分析中接近性是依据不同剖面的卡方距离来测度的。在博格（Borg）和格罗恩（Groenen）（Borg and Groenen，1997）的研究中对相关分析及其与多维尺度分析的关系进行了简单介绍。

聚类分析同样也适用于相似性数据，包括双向（不对称）方阵或矩阵数据，也同样适合于三向两模数据。与多维尺度分析模型最大的不同是：聚类分析的大多数模型都会导致层级结构。在一些限制条件下路径距离会处理这些差异。

天体绘图学把天空分成 88 个星座便于我们探索星系；学者将城市划分成明晰的区域便于我们旅行。类似地，概念图也通常被分为有意义的区域。概念图使用分类结果和多维尺度分析结果生成基本点图，以此点图作为基础图。正如地理绘图学的映射一样，有时候我们需要更加详细的信息，有时候我们需要较少的信息。通过多维尺度分析生成的点图是一个相当详细的地图。在聚类地图中，通过使用层次聚类分析算法，数据点被放入聚类当中。类聚分析输入的是点图。使用多维尺度构型更有利于聚类分析，并且有助于把多维尺度分析的构型在二维空间中分割为非覆盖的聚类。涉及“分割”这个概念的其他案例我们将在本章的后面部分进行介绍。

在绘制概念图中，分层聚类分析经常使用 Ward 算法。Ward 算法特别适合于多维尺度分析产生的距离类型的数据。层次距离分析采用点图来构建层次图，或称“树图”。在树的根部，仅有一个聚类，所有的点都属于相同的树干——树的叶子与所有数据有相同的聚类，一个聚类包含大量的数据点。图 3-42 是多维尺度分析的聚类图。这些聚类来源于多维尺度坐标系而不是原始数据坐标。

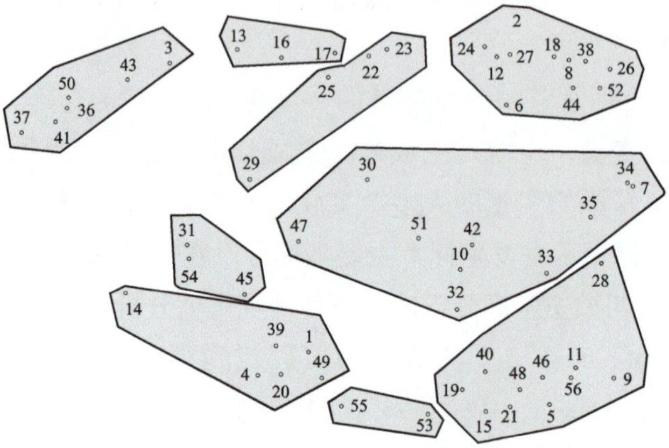

图 3-42　层次聚类分析法将多维尺度坐标系划分为 9 个聚类

正如地图一样，绘图者依据使用地图的目的来决定绘制地图的尺度和详细信息，而没有硬性和快速的规则来确定地图上聚类的最优数量。

在托弛姆概念绘图法中，以二维图为基础图，附加评级数据作为第三维数据，以垂直的形式描绘不同地区的高度。在聚类图中，聚类的层次描绘了聚类中所有句子的平均重要度。

有意义的文本标签对于简单清晰地鉴别群组和聚类的本质是非常重要的。自动生成有意义的文本标签仍然是一个挑战。生成标签最简单的方法是手工标注。如果不同的人给予不同的标签，则应选择最有意义的。

3.5　网络模型

图论是数学的一个分支，以图和网络为研究对象。其中，图由顶点和边构成；网络由节点和连线构成。许多重要的现象可以归为图论问题，如电信网、俱乐部会员网、集成电路和科学网络。以社会网络为例，顶点代表人，边代表人与人之间的相互关系，相应的例子有相识关系图、合著作者图和合作图等。

对数学家来说，这些图本质上是一回事。图论中的关键问题是整张图的连通性问题，即拓扑学，而不是几何学。最早的图论之一可以追溯到1736年，数学家莱昂哈德·欧拉（Leonhard Euler，1707～1783）发表了解决“柯尼斯堡七桥问题”的论文。另外一个图论的经典问题是著名的旅行推销员问题。20世纪，图论更多地融入了统计和算法的知识，部分原因是研究者需要用它来处理大规模的图形，如网络、电话通信图、合作图等。本节将介绍两种我们颇为感兴趣的图：随机图和小世界网络。

3.5.1 六度分离理论

六度分离理论描述了一个小世界现象，在这个小世界中，任意随机的两个人通过六个度的束缚构成一个连接。社会学先驱伊契尔·卜（Ithiel de Sola Pool，1917～1984）开创了触点网络的研究，这项工作以小世界现象而闻名（Kochen, 1989）。有一部电影名字就叫做“六度分离”。

在20世纪50年代和60年代，兰普帕特（Anatol Rapoport）将社会网络视为随机图来研究（Rapoport and Horvath, 1961）。他认为如果边的位置不完全随机，就能产生一种图，这个图的整体连通性更低，直径更大。社会学家马克·格兰诺维特（Mark Granovetter）（1973）则认为，通过泛泛之交或弱连接，我们可以获得新的信息，而不是通过亲密的私人朋友或强连接。跨越不同群组的弱连接是十分重要的，因为它有助于群组的快速动员，并使其成为一个更容易拥有共同目标的组织。在这一点上，罗纳德·伯特（Ronald Burt）（1992）将弱连接争论进行扩展，并指出不需要过多地根据一个连接的强度或缺失确定潜在信息，而是要看某人的社会网络中是否存在一个结构洞。在社会网络中，当一个人在不同聚类间的连接强，而在其自身所处聚类中的连接弱时，结构洞的作用便显现出来。图3-43显示出一个社会网络中两个人之间的连接（Burt, 2001），其中，罗伯特（Robert）和詹姆斯（James）都有6个强连接和1个弱连接。与James相比，Robert处在一个信息度更广的位置，因为有关James的大部分信息是冗余的，而罗伯特是连接A和C聚类的桥梁。因此，社会网络中的连接数固然重

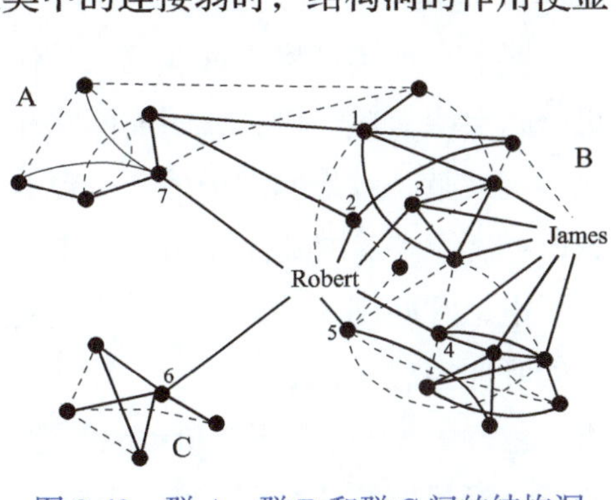

图3-43 群A、群B和群C间的结构洞

要，但每个连接的价值更取决于它在保持社会网络的连通方面的重要性。

每两个成员之间的分离度用他们之间信息传输链的最小长度来定义，这相当于图的直径。你也许听说过你和世界上的任何一个人之间只隔着五个人。通常情况下，我们所知的人类社会是一个封闭的亲朋好友圈，他们中的大多数都是互相认识的。我们认识的亲友的平均数远低于全球人口数。因此，世界上任何人都处于六度分离一说看起来很神秘。

斯坦利·米尔格拉姆（Stanley Milgram）在 1967 年实施了一项研究，来测试小世界现象。他要求来自内布拉斯加州和堪萨斯州的志愿者向波士顿的一个人寄邮包裹，路径是通过他们认识的并且有可能靠近收件人的人。米尔格拉姆保留了信件行踪和送件人的人口学特性。他发现一个核心连接，长度大约为 6，更准确地说是 5.5。然而，三分之二的包裹从未交付，且报告的 5.5 个节点的路径长度为平均值，不是最大值。

在过去的几年中，这个话题重新点燃了数学家、统计学家、物理学家和心理学家的研究兴趣（Watts, 1999; Watts and Strogatz, 1998）。布赖恩·海斯（Brian Hayes）在 *American Scientist* 介绍了关于小世界现象广泛应用的最新研究（Hayes, 2000a, 2000b）。

3.5.2　随机网络模型理论

随机图是研究得最精细的图。匈牙利数学家保罗·厄多斯（Paul Erdös, 1913 ～ 1996 年）和他的同事阿尔弗雷德·雷尼（Alfred Renyi）共同发现一个随机图包含重要的特征：当边的个数超过顶点个数的一半时，“巨大的组分”突然出现，使多数顶点得以通过这一部分连接起来。这就是众所周知的 ER（Erdös-Renyi）随机网络模型理论。

鉴于在现实世界中许多巨大的图不是随机网络，如果图中出现这样的巨大组分将会很有趣。例如，引文网络中的一个巨大的组分会显示某特定学科的一些主流文献。万维网图中的一个巨大的组分能识别网站的核心用户和电子商务的核心客户。美国新泽西州 AT&T 申农（Shannon）实验室的詹姆斯·阿贝罗研究了电话呼叫图的演化，在图中顶点是电话号码，边是由一个号码至另一个号码的呼叫路径（Abello et al.， 1999）。在 20 天中，这张图发展为一个巨大的网络，包含了 2.9 亿个顶点和 4 亿条边。数据大到无法通过目前的计算资源来进行分析。阿贝罗等分析了其中一天的电话呼叫图，图中包含 53 767 087 个顶点和

1.7 亿条边。在 370 万组件中，尽管大多数都很小，他们还是发现了一个巨大的连通图，一共连接着 44 989 297 个顶点，超过总顶点数的 80%。这个巨大的组件直径为 20，这意味着群组中的任何电话号码都可以被含有 20 个以下电话号码连接所组成的链互相连接。这个巨大组分的出现表现出了 ER 随机网络的特征，但电话呼叫图中的连接模式却不是随机的。

团（clique）指的是全面连通的图，或称完备图，其中每个顶点都直接与其他顶点相连。阿贝罗等发现在他们研究的一天电话呼叫图中有超过 14 000 个包含 30 个顶点的团。每个团代表了一个由 30 个人组成的群组，这些组各不相同，这 30 个人中每一个都在那一天跟其他人有至少一次通话。这样，团与团之间的分离度是 1。

万维网是迄今为止规模最大的源自现实世界的图。越来越多的研究人员都将注意力转向网络的结构和演化。物理学家艾伯特 - 拉斯洛 • 巴拉巴西（Albert-László Barabási）和他的同事在美国印第安纳州的圣母院大学研究了网络的拓扑结构，发现了其惊人的特征，即网页具有 19 个分离度（Abello et al.，1999；Barabási et al.，2000）。他们计算了网络中 26 万不同网站之间的超链接，并发现这些链接分布服从幂律分布（Barabási et al.，2000）。这个定律揭示了包含为数不多的链接的网页最常见，但包含数以百计的链接的网页也存在，即使它们很罕见。网站的年龄看起来似乎与其链接数没有多少关系；所有网站之间的地位都是不平等的。事实上，一个网页含有的链接越多，就会吸引更多的新链接，即富者愈富。另外，拥有大量链接的网页在形成网络中的巨大的组件和减少网络间的分离度方面具有重要的意义。康奈尔大学的乔恩 • 克莱因伯格（Jon Kleinberg）和 IBM 阿尔马登（Almaden）研究中心的加菲尔德、普拉巴瓦尔 • 拉哈凡（Prabhakar Raghavan）（Kleinberg，1998）研究了两种特殊类型的多链接网页：Hubs 和 Authorities。Hubs 拥有大量的输出链接，而 Authorities 则含有许多输入链接。

3.5.3 厄多斯数

厄多斯是个多产的数学家，他一生发表了 1000 多篇论文，被誉为图论领域中的数学奇才。1996 年当他去世时，纽约时报这样写道：

“聚焦于整个数学界，他穿梭于各种会议，手里拎着一只半空的手提箱，所到之处都被众多数学家簇拥。他的同事照顾他，借给他钱，给他买吃的，给他买衣服，甚至替他交税。作为回报，他把他的猜想和真知灼见与其他数学家分享，并给他们提出各种难度的问题。”

某一数学家的厄多斯数（Erdös numbers）被定义为在合作网络中厄多斯与该数学家之间的分离度。如果该数学家发表了一篇与厄多斯合著的论文，那么他的厄多斯数就是 1。没有直接与厄多斯合著，却与厄多斯数为 1 的人合著的数学家的厄多斯数是 2，以此类推。这种合作网络图应该有一个连接极好的组分（component），该组分以厄多斯为中心，并连接到几乎所有活跃的科学家。

数学家有他们的厄多斯数，而好莱坞的男女演员则有培根（Bacon）数。“好莱坞图”是一个合作图，其中顶点代表电影明星，边表示明星间的连接，而连接条件是共同主演一部电影。2001 年，好莱坞图的一个版本显示了主演 170 479 部电影的 355 848 个男演员和女演员。在这张图中，焦点是电影业的好莱坞演员培根。这个好莱坞图已广为流传，部分原因是研究者已经发现了一种方法来复制图的一些关键特征（Watts and Strogatz, 1998）。弗吉尼亚大学的加登（Brett Tjaden）和瓦森（Glenn Wasson）建立并维护一个名为 Oracle of Bacon 的网站，该系统会计算出培根数。

小世界网络有三个属性：松散、聚类和小直径（Watts, 1999）。松散意味着图有很少相连通的边；聚类意味着边不均匀地分布在顶点间，在图中存在着丛块；而小直径意味着穿过图的最长路径很小。

1998 年，康奈尔大学的美国网络家邓肯•瓦兹（Duncan Watts）和史蒂夫•斯托加茨（Steven Strogatz）发现好莱坞图和其他几个大型图的特征（Watts and Strogatz，1998）。他们使用重连接策略产生了一种介于随机图和常规图之间的图。重连接的过程始于一个规则的网格，然后根据概率 p 重排一些边，范围是从 0 到 1。如果 p 等于 0，一切不变；如果 p 等于 1，每边将被重新随机排列，这个网格也就成了随机图。他们计算了最短路径长度平均值 L，即所有成对顶点之间连线的平均值。他们发现，只有少数边重排时 L 才大幅度减少。瓦兹和斯托加茨还是用聚类系数测量了混合图中聚类系数 C，并发现当重连接概率很大时，C 系数仍然很高。好莱坞图的结果与他们的模型相符。

3.5.4 语义网络

语义网络是表示语义知识和推理系统的实用工具。从历史上看，语义网络涉及柯林斯（Collins）和奎利安（Quilian）（1969）的经典网络理论，描述了表征一定对象或概念的节点之间具有类属关系，可以把它们组成为一种层次网络。理解大规模语义网络的组织结构是很重要的。应用图论分析，语义网络的大规模结构被规定为变量的分布，如两个词之间的最短路径长度和每个词的关联数。研究者表明，语义网络的大规模组织结构揭示了一种小世界结构，与其他现实网络结构非常相似，如线虫神经网络、电影演员合作网络及万维网。前面已经给出了厄多斯数和培根数的案例。

斯坦福大学的心理学家 Mark Steyvers 和 Josh Tnenbaum 分析了三种不同类型的语义网络：联想网络、词汇网络、罗格同义词词典（Steyvers and Tenenbaum，2001）。他们发现这些语义网络证明了小世界网络结构的一些典型特征：松散、词汇间平均路径短、强局部聚类。在这些语义网络中，还发现了连接数的分布服从指数规律，提出了与万维网相似的枢纽结构。他们建立了一个网络模型，随时间的推移获得新概念，并将它们整合到现有的网络中去。如果网络中的新概念由连接良好的概念和它们的相邻元素发展起来，该网络模型就论证了语义网络的小世界特征和连线的指数分布。有趣的是他们的模型预测，随着时间的推移，那些更早在网络中被学习的概念与那些后来的概念相比，能获得更多的连接。

举一个以最短路径贯穿主要科学学科的案例，详见斯莫尔在科学文献绘图路径方面的著作（Small，2000），尽管他没有把这些路径当做小世界现象来研究。第五章中，我们将介绍另一个选自斯莫尔著作中的（Small, 2000）的开拓性案例。这种语义网络的小世界模型预测，在网络中，某概念越早被学习，其获得的连接将越多。这并不奇怪。社会学家默顿的“马太效应”，或称“富者愈富”理论，促使我们思考科学网络的特点。毕竟小世界现象源于社会。或许小世界网络研究的实际意义在于一个人如何找到强局部聚类，以及建立最短路径与这些聚类之间的连接。这些发现同样会影响我们对引文网络的理解。

3.5.5 网络可视化

3.5.5.1 Pajek

在斯洛文尼亚文中，pajek 表示蜘蛛。计算机设计程序 Pajek 是包含数千个顶点的大型网络的分析工具（Batagelj and Mrvar，1998），非商业用户可以免费使用。通常，一个拥有超过数百个顶点的网络被认为是大型网络。当然我们还有更大的网络，如拥有数十亿网页的互联网形成的超大网络。

艾伯特（Réka Albert），Jeong 和艾伯特 - 拉斯洛 • 巴拉巴西（Albert-László Barabási）研究网络的直径时，用 Pajek 分析误差和复杂网络的附加公差。他们借助 Pajek 程序可视化了一个包含 130 个节点和 215 条连线的网络（Albert et al.，2000），并描述了指数和无标度网络之间的区别。一个指数网络具有同类性，因为连线都在节点间分布，大多数节点有相同的连接数。而一个无标度网络是不同类的，这意味着一些节点有更多的连接而不是与其他节点“公平分享”，其余节点可能只有一个或两个连接。正是这些具有多连接的节点在某一领域支撑着整个网络。Pajek 网络分析功能让研究者们能够展示视觉上的差别。5 个具有多连接的节点是红色的，它们第一个邻元素是绿色的。在指数网络中，5 个连接最多的节点只占全部节点的 27%，而在无标度网络中则超过 60%。

无标度网络的拓扑结构提供了一个有趣的参考。在本书后面的章节中，许多知识网络的可视化与无标度网络的拓扑结构十分相似。在多数情况下，从一个可能是指数网络的更大的网络中提取一个无标度网络是可以实现的。

如果某子集中的每个顶点与同子集中至少 k 个顶点连接，那么该子集的顶点被称为 k 核。如果某子集中的每个顶点与其他每个顶点相连，则称该子集为团。

3.5.5.2 Gephi

Gephi 是一款当前最受欢迎的网络可视化软件。基于丰富的绘图资源和信息可视化联盟，Gephi 提供了一个用于大规模网络可视化和分析的可扩展的用户友好界面。它支持各种网络格式，如 GraphML 和 Pajek 的 *.net 文件。在有些领域，Gephi 已经比其他早期的软件（如 Pajek）的应用更成熟更广泛。它可以很好地处理大型网络。图 3-44 是被 CiteSpace 修饰过的 Gephi 生成图。它显示出 2000 ～ 2011 年每年 4000 篇再生医学文献引用的 18 811 篇参考文献形成的大型网络。其中，不同的颜色表明不同的发表时间：早期的文献呈较暗的颜色，而新近的文献呈黄色和橙色。位于网络的左上角的橙色对应于诱导性多能干细胞聚类，Takahashi 和 Yu 的名字也标注在那里。在这个层面上的可视化网络可以为我们理解演化领域的动态发展提供一个很好的起点。与此同时，“魔鬼隐藏在细节中”，文献和表述中变化的主题、假说和发现对于研究科学进化是非常重要的。

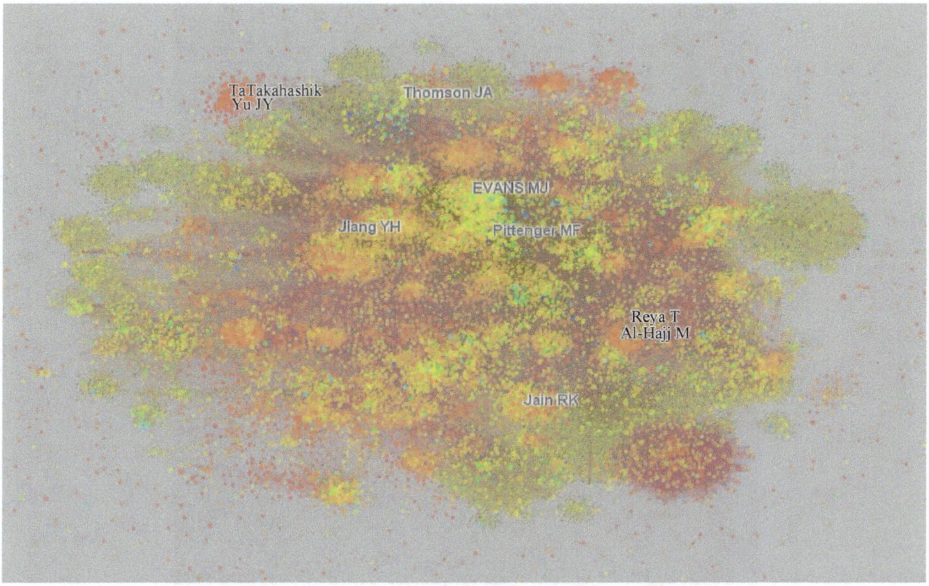

图 3-44 再生医学论文的文献共引网络

3.5.5.3 Large Graph Layout（LGL）

我们利用 LGL 系统生成了流感病毒蛋白质序列展示图。首先要确定由最小生成树生成大图的布局。LGL 是大图可视化的计算机开源程序，程序由 C 语言编写，源代码是公开的。[①] 这种方法主要应用于生物医学研究。我们可以通过网络了解更多，但这个项目已不再继续，要使用它人们还需要自己下载一些文件，如 boost1.33.1。[②]

2003 ～ 2005 年的一些最引人注目 Internet 图谱都是由 LGL 生成的。图 3-45 是 2003 年生成的 Internet 图谱，连线超过 500 万条。北美的连接表示为蓝色，亚太地区表示为红色，拉丁美洲和加勒比海地区用黄色，欧洲则为绿色。更多的例子请见 http://www.opte.org/maps。

---

① http://lgl.sourceforge.net
② http://sourceforge.net/projects/lgl/forums/forum/584294/topic/3507979

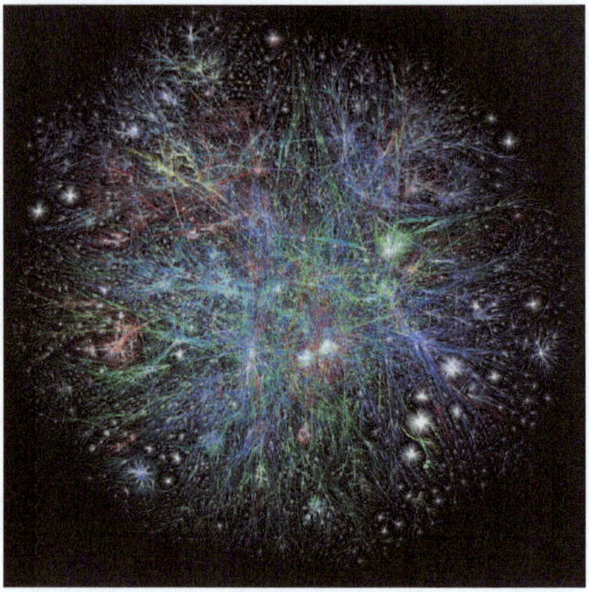

图 3-45　LGL 生成的 Internet 图谱
资料来源：http://www.opte.org/maps/

3.6　小结

综上所述，本章中我们探究了图谱绘制中一些最流行的观点和技术。处理抽象数据的有效策略是将这些技术先应用于具体的或熟悉的数据。这有助于我们理解各种算法的特点，并提高可视化表达信息的能力。在第四章中我们将更多地介绍信息可视化的原理和技术。在后面的章节，我们将解释如何用它们绘制科学前沿图谱。

第四章

探寻轨迹

Science is organized knowledge. Wisdom is organized life

科学是有组织的知识，智慧是有组织的生活。

——Immanuel Kant（1724～1804）

在第三章中，我们介绍了绘制抽象结构的基本原理，它们通常源自于我们的思维，这些图谱分布广泛，从基于卡片分类法的概念图谱，到基于词共现的共词图谱，再到语义网络结构，还有一类有趣的大型图谱，如小世界网络。我们阐述了典型的降维技术，如经典多维尺度和非线性多维尺度技术。

在本章中我们将介绍一种称之为寻径网经的连线选择方法，它是对我们在上一章中进行共词图谱分析中应用的简单方法的扩展。在这一章中，我们还会介绍整合的两条线索，一个是主成分分析和寻径网络的整合；另一个是内容结构可视化与动态的信息觅食过程整合。

4.1 信息空间的足迹

信息可视化过程包括两个阶段：构建和使用。本节着眼于使用，以及如何在使用和反馈过程中收集信息以使虚拟环境变得敏感。

跟随志趣相投的人，往往是我们大多数人的做法。开拓性是 Memex 的一条重要理念。Memex 是由布什于 1945 年设想的用于存储和检索信息的扩展性设备。在 Memex 中，用户通过将其路径加载到信息空间，可以被视为建造者，这些路径为其他用户在庞大的信息空间中探寻他们的路径提供了有价值的指引线索。Memex 的开拓性表现为保存并利用这些有价值的信息，将其作为构成信息空间这一整体必不可少的部分。

布什的观点启发了知识路径可视化的研究。有些开拓性的科学文献中出现过知识路径这一概念（Chen, 1999b; Chen and Carr, 1999; Small, 1986; Small, 1999）。根据用户通过超链接从一个文献访问另一个文献的可能性，研究者可以估测两个文献的关联程度（Pirolli et al., 1996）。在下面的例子中，我们首先介绍现实中的旅行规划，然后探讨虚拟世界中的导航策略。

4.1.1 旅行推销员问题

旅行推销员问题（TSP）是算法中的一个经典例子。当给出一定的城市数目和每两个城市之间的旅行费用，推销员如何能到达所有城市后回到起点，而且消耗成本最低呢？这是一个难以解决的问题。多项式或更复杂的式子尚无算法可以解决。因此，TSP 中的城市总数能够验证 TSP 解决方案的效度。斯赫雷弗（Schrijver）在他的论文《历史的组合优化（截至 1960 年）》中介绍了一个关于此问题的有效的调查（Schrijver，2001）。

在1832年的一本有关成功的推销员手册中，这一问题没有运用数学方法而是被公式化表达，这一手册中提供了五种穿越德国的旅行方案。马丁·格瑞斯格（Martin Groetschel）于1977年出版了一个涉及120个德国城市的TSP解决方案。随后，已解决的TSP实例的规模呈现平稳增长。最大数据的TSP解决方案是关于穿越德国15 112个城市的TSP，它超过了1988年穿越美国13 590个城市的TSP，其计算过程是在一个包括110个处理器的网络中进行的，处理器放置在赖斯大学和普林斯顿大学。最优的路线相当于一个穿越德国的长达66 000km的路程，在2001年4月被证明是最优的解决路线。图4-1显示了三条著名的穿越德国的旅行路线。需要说明的是，图中的显示与城市数据不是很匹配。

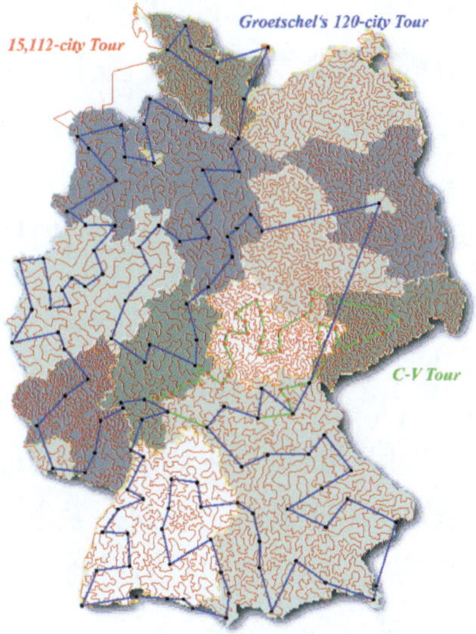

图4-1　穿越德国城市的三条旅行线路：途经45个城市的Alten Commis-Voyageur路线（绿色），途经120个城市的Groetschel路线（蓝色）和最新的途经15 112个城市的旅行路线（红色）

资料来源：http://www.math.princeton.edu/tsp/d15sol/dhistory.html

之所以将TSP列入关于科学前沿中的图谱知识结构书本中，基于以下三个原因：第一，TSP代表了我们作为旅行路线规划者处理地图的最常见的任务之一。在抽象世界中，一个同样的问题就是“连接所有文献著作出版物以帮助理解一个研究主题的最短路径是什么？”ISI的斯莫尔提出这样一种路径：它能够让科学家们通过科学文献中的知识引用开展一次连接所有“知识城市”的虚拟旅行（Small，2000）。接下来讨论的主题就是可视空间环境下电脑用户的搜索模式。第二，除了主题图中的地理位置和主题覆盖层外，还有另外值得注意的维度，即行为和事件。知识结构在这类背景下会具备更丰富的含义。第三则与开拓性的概念有关，这就引出了下面的例子。

通过研究人们如何在虚拟环境中航行，从而完成从现实世界航行到虚拟世界航行的转变，这样的虚拟环境是复制一些在现实世界中常见的行进线索。达肯和西伯特（Darken and Sibert，1996）指出从地图上获得的勘测知识往往是特定方向的。相比之下，长期直接暴露于导航环境下，将更有可能产生自主定向的勘测知识分段。因此，基于现实的虚拟视觉导航技术更有可能增加用户熟知潜在信息结构的机会。Darken 和 Sibert（1996）研究发现，用户经常在没有标志路径或标签的虚拟世界中迷失方向。简单的标准，诸如边界、界限和坐标线能显著提高导航效果。一个组织架构的隐喻，连同标注和导航线索，对在虚拟世界中成功航行最为重要。

4.1.2　虚拟世界中的搜索

"知识花园"（McGrath and Rejman-Greene, 1999）是英国 BT 实验室开发的一个知识管理系统，在这一系统中，文献被可视化成花园中的植物（图 4-2）。尽管不能直接看到用户的行动，但人们可以通过树枝的摇动获知有人正在阅读这篇文献。

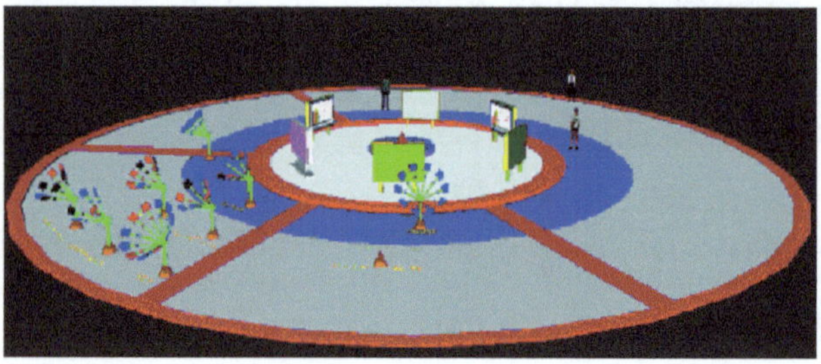

图 4-2　知识花园

图 4-3 是两个用户正在研究虚拟语义空间时由 StarWalker 生成的屏幕截图（Chen, 1999a）。图 4-4 显示的是更多的用户集中于此的状况。

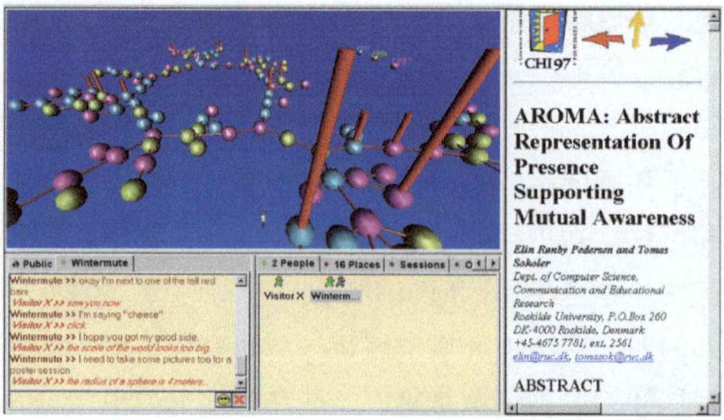

图 4-3　StarWalk 生成的两个用户研究虚拟语义空间的屏幕截图

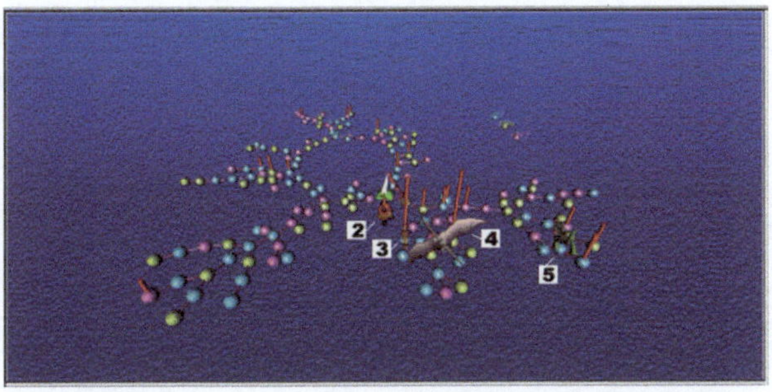

图 4-4 更多用户集中于虚拟语义空间视图

图 4-5 是一张由 SeePower 制作的网站布局图，展示了整个网站的布局，其中不同颜色轮廓代表了一个独立网页获得的点击量。主页是中心的节点，连接到它的线代表搜索路径。在这一图谱中，一些搜索中的问题能够被快速识别，如搜索内容的改变。

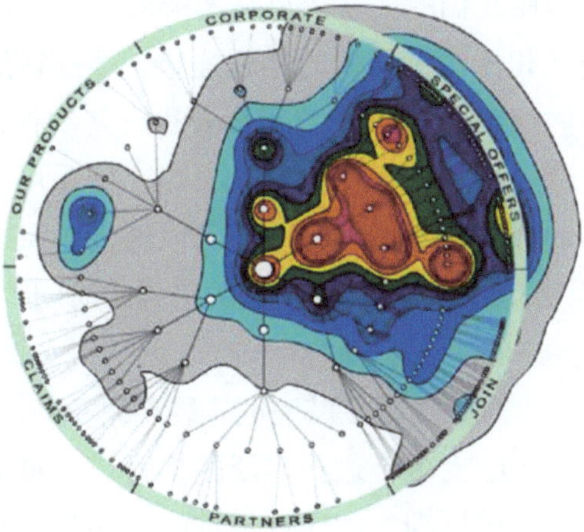

图 4-5 SeePower 生成的网站布局图

资料来源：http://www.compudigm.com/industries/websites/screenshots.html

4.1.3 信息觅食

信息搜索很像人类和动物捕获食物。生物进化和优化觅食研究明确了一些影响我们信息搜索过程的最基本因素。类似地，我们在信息搜索中倾向于能量消耗最小化，同时，我们或许也考虑着削减其他的消耗。我们想要以放弃最少的资源为代价使得收益最大化。感知到的风险和预期的收获将会影响我们搜索的位置和在一个特定区域中搜索信息的时间。最优信息觅食理论（Pirolli and

Card，1995)，一个源于人类学的理论可以解释这类信息有用的原因。

桑德斯特伦（SandStorm）将研究者们搜索信息的行为比作人类学中基于最优觅食理论的猎取食物的行为。她关注作者共被引关系，并以此作为追踪研究者信息觅食的一种途径，她提出一种新颖的思想，即信息觅食者在搜索的过程中连续不断地反复衡量代价与收益。她发现在研究者的思维图谱中有三种“中心 - 边缘”区域，即以该研究者为主的区域、研究者们构成的核心群组及其他。

桑德斯特伦的研究表明，以上三种不同区域的研究者，他们的搜索信息和处理信息的机制是不同的，最优信息觅食理论解释了出现这种差异的原因。例如，常规的阅读、浏览或相对孤立的信息搜索往往会产生居于边缘区域的知识资源。边缘的参考文献往往是首次被引用，而且施引作者对此并不熟悉。然而，核心的参考文献来自于对关键信息条目的常规监测，并且施引作者对此是比较熟悉的。

桑德斯特伦的工作使我们的关注焦点从传统的作者共被引分析的强知识连接转到较弱的文献连接和相对不显著的知识连接。弱连接能够将两个特定对象之间曾被忽视的连接建立起来。这对信息觅食者和研究者来说，都是非常重要的。

为了理解用户在信息觅食过程中的搜索策略，可采用“成本—效益”理论来衡量一个特定文献的收益率。例如，人们可以通过“在某一信息空间领域中相关文献所占的比例 / 阅读该领域所有文献所消耗的时间”来估算这个收益率。皮罗利（Pirolli）和卡德（Card）在散射 / 聚集（scatter/gather）系统的研究中，发现即使是一个相当简单的信息觅食模型也能展现用户的搜索策略如何被影响。例如，用户对于简单的问题大多会进行广泛的搜索，而对于复杂的问题则采取更集中的搜索。根据收益率原理，解决较困难的问题需要付出高成本，这样单位收益率相对较低。总体来看，用户必须决定在基于文献可能收益率原理的搜索过程中，是否继续跟进某一特定的文献。

为了研究用户路径的序列模式，我们决定将用户访问过的文献依次可视化，我们期待的成功信息觅食者的路径应该是通向目标领域，并在那个领域中花费了相当多的时间。一个用户的成功会为另一个用户克服最弱连接问题提供有价值的信息。

4.1.4 觅食过程建模

我们介绍一个适用于优化信息觅食理论和建模及可视化技术的理论框架。

图 4-6 是这个框架的结构。首先，框架包括空间语义接口的设计，很多概览图都是这种形式的。其次，包含了可视化导航的任务模型。此处，我们参考施奈德曼（Shneiderman，1998）的信息可视化分类标准，我们选取了四个主题做一个信息可视化的试验性研究，其中采用了如寻径网络法和最小生成树法。隐马尔可夫模型（hidden Markov model, HMM）能够从每一部分的用户浏览序列记录中得出。就像信息检索的传统做法，每一用户的表现可以以重录和精确度来衡量。在浏览过程中，其他的数据同样被收集。最成功的用户的浏览路径被加入隐马尔可夫模型。最终，合成用户路径由隐马尔可夫模型生成并且在相应的主题空间里以动画形式绘制出来。

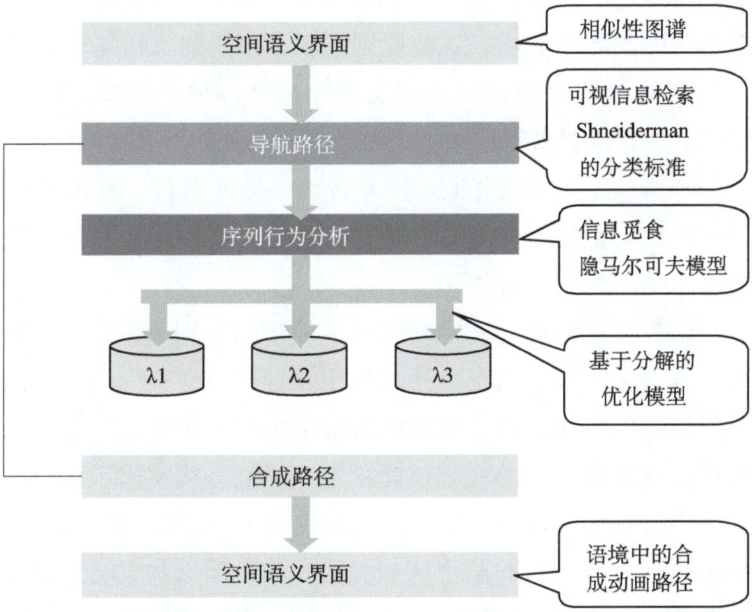

图 4-6 在主题空间中信息觅食者的路径建模

为了研究用户的信息觅食行为，我们从文本检索会议（text retrieval conference, TREC）测试数据中检索到《洛杉矶时报》的新闻文章，并基于此建构了四个主题空间。每个主题空间包括以关键词检索到的前 200 篇文章。四个检索关键词是“alcohol”“endangered”“game”和“storm”，相应的空间分别以这四个词来命名。

我们利用潜在语义索引（LSI）方法将每一主题空间都表达成一个“文献-文献”相似矩阵（Chen and Czerwinski, 1998; Deerwester et al., 1990），进而生成了几种空间语义界面，包括寻径网络和最小生成树。在最小生成树视图中，$N-1$ 条连线将所有的文献连接到一起，用户是能够在显示屏上看到的。在寻径网络视图中，只要满足三角不等式条件，连接就可以显示。在我们研究案例中，与 MST 版本相比，寻径网络视图的连线要少一些。Chen（1999a）详尽描述了这些信息可视化方法。

来自英格兰大学的 16 名用户参加了测试，其中包括 9 位男士和 7 位女士。他们通过空间语义界面在每一个主题空间中完成了一系列任务。在每一个会话中的信息作为数据被输入电脑文档中，这些信息包括事件的发生、时间特征和事件发生的目标文献。

任务的设计是仿效施奈德曼的原则：概观、变焦、筛选和细节查询。在信息可视化检索策略的各个阶段，这些原则强调了用户的认知需求。在任务 A 的顶层，用户需要将与搜索主题相关的文献定位并标记。例如，在以 “alcohol” 为主题的空间，用户被要求定位并标记涉及醉酒驾驶的所有文献，其中 20 ～ 25 篇被 TREC 的专家判定为相关文献。任务 B 比任务 A 具体，任务 C 比任务 B 具体，依次类推。我们希望用户能缩小他们对于任务 A 到任务 D 的搜索范围，而这应该清楚地体现在搜索导航中。

在综合最优信息觅食理论和隐马尔科夫模型的基础上，我们提出一种集成的视觉导航策略研究方法。这个方法是将用户穿越信息空间的导航路径可视化表达出来，导航路径取决于每个文献的收益率指标，信息空间是基于空间语义图谱而形成的，这就使相似的文献彼此接近。显性连线突出了两个文献的相似性。因此，一个文献的收益率取决于此文献所在的周边区域的语义。如果我们知道某个领域中包含有一篇与某主题相关的文献，那么与它临近的文献也很可能与这一主题相关。由此，我们可以将最优信息觅食理论转换成与可以看得见的用户视觉导航策略。接下来，我们提出一个适用于最优信息觅食理论、隐马尔可夫模型、空间语义接口及可视化分类浏览的概念框架，并详细阐释框架中的每个组成部分。我们用一个案例来说明整个方法，在此案例中，可视化浏览数据是通过信息检索实验获取的。最后，为更好地理解用户导航策略，我们探讨了这种方法的应用。

4.1.4.1 隐马尔可夫模型

隐马尔可夫模型被广泛应用于信号处理和语音识别。如果将用户导航概念视为一连串可观察的操作，如点击一个节点或者标记一个节点，那么其导航行为模式很可能取决于潜在认知过程，观察者是可以了解这种认知过程的。例如，隐藏其后的认知过程可能包括对一个文献聚类的收益率估计和对一篇特定文献相关性的评估。HMM 对于这种双重序列建模是一个非常有用的工具。对于一个观察到的操作序列，人们可能想知道潜在的动力机制。对于一个潜在过程模型，人们可能会想什么顺序是最有可能被观察到的。因此，基于 HMM 的方法为我们研究用户的导航策略提供了一种合适的路径。

HMM 是由状态和观察结果定义的。状态是看不到的，而观察结果是可以看到的，它是状态的概率函数。随机过程决定状态转换，这就意味着状态的每一步改变都由概率决定，观察结果也是一个随机过程。HMM 可以定义如下：

N 表示不明显状态的数目；

Q 表示状态集 $Q=\{1,2,\cdots,N\}$；

M 表示特征或者说观察结果的数目；

V 表示特征集 $V=\{1,2,\cdots,M\}$；

A 表示状态转换的概率矩阵。

$$A=\begin{bmatrix} a_{11},\ a_{12},\cdots,a_{1N} \\ \cdots,\ \cdots,\ a_{ij},\cdots, \\ \cdots,\ \cdots,\cdots,\ \cdots \\ a_{N1},a_{N2},\cdots,a_{NN} \end{bmatrix}$$

其中，$a_{ij}=P(q_t=|\,q_{t-1}=i)$，$1\leqslant k\leqslant M$

B 表示观察结果的概率分布：

$B_j(k)=P(o_t=k\,|\,q_t=j)$，$1\leqslant k\leqslant M$

π 表示初始状态分布：

$\pi_i=P(q_1=i)$，$1\leqslant i\leqslant N$

λ 表示整个 HMM，$\lambda=(A,B,\pi)$

$\lambda=(A,B,\pi)$ 定义了一个完整的 HMM，λ 是参数。HMM 通常用于以下情况：

当已知观察值 $O=(o_1,o_2,\cdots,o_T)$ 和模型 $\lambda=(A,B,\pi)$，计算 $P(O|\lambda)$。

当给定两组模型 λ_1 和 λ_2，选择其中较好的一组。

当已知观察值 $O=(o_1,o_2,\cdots,o_T)$ 和模型 λ，找出最优的状态序列 $q=(q_1,q_2,\cdots,q_T)$。

当已知观察值 $O=(o_1,o_2,\cdots,o_T)$，估计使 $P(O|\lambda)$ 最大化的模型参数 $\lambda=(A,B,\pi)$。

一种源自 Viterbi 的著名算法已被广泛用于找到穿越既定 HMM 每个序列的最可能路径，尽管对于一些状态空间（状态个数较少的空间）使用一些笨办法（一一列出每个可能序列）得出结果也是有可能的。

要使 HMM 适用于在每个主题空间中观测到的用户导航序列，转移矩阵和观察概率可以推导如下。

状态空间是由一个主题空间中的所有的文献共同定义的，每篇文献定义了一个独特的状态：

$d_1 \rightarrow S_1, d_2 \rightarrow S_2, \cdots, d_N \rightarrow S_N$

用户的路径是由一系列的文献概率估算值来定义的，这些文献是用户在视觉导航过程中感知到的。由于无法直接看到，我们将这些序列作为一个随机过程。这样，每条路径对应于一个状态转移序列 $S = \{S_{i1}, S_{i2}, S_{i3}, \cdots\}$。这种状态转移概率矩阵来源于用户访问文献的序列。

$$a_{ij}=\frac{d_i \rightarrow d_j}{d_i}$$

观察结果的概率反映出潜在的随机过程：一个文献序列被认可的价值。定义三个观察结果：O_k, k=1, 2, 3。O_1 表示该用户的鼠标光标越过一个文献，O_2 表示用户点击了该文献，O_3 表示用户把该文献标记为有关联的。这一观察结果的序列为 $O = \{1, 1, 1, 2, 1, 1, 2, 3, \cdots\}$。从记录文件中还要估算出观察结果的概率。

$$b_{ik}=\frac{O_k(d_i)}{d_i}$$

之所以选择一个文献空间的收益率函数，并选择三种类型的事件作为观察结果，是考虑到行动的序列，如越过节点、点击节点和标记节点，都是一个随机过程。由于观察者不知道用户下一步移动到哪篇文献，所以这个可以观察的过程是一个潜在的随机过程，即用户在主题空间中估计文献收益率的过程。

HMM 是基于实验中记录的实际路径而建构的，同时具有描述性和规范性，即一个人不仅可以描述信息觅食过程中发生了什么，还可以预测在相似的情况下可能会发生什么。在同一主题空间中，当用户在同类型的结构和导航线索中时，HMM 可以极大地帮助我们预期用户将如何行动。

我们明确了 HMM 的三个基本问题。第一个基本问题：已知一个用户信息觅食行为的序列 $O = (o_1, o_2, \cdots, o_T)$ 和模型 $\lambda = (A, B, \pi)$，计算 $P(O|\lambda)$。已知两组模型 λ_1 和 λ_2，可以用来选出较好的一组模型。我们首先从两个用户日志文件中推

导出一个 HMM，这两个日志文件，一个有最好的表现评分，但是没有任何节点点击事件；另外一个包含所有类型事件。该 HMM 表示为 λ log。已知一个观察序列，我们可以估计出 $P(O|\lambda)$ 最大化的模型参数 $\lambda = (A, B, \pi)$，表示成 λseq。最成功的用户导航序列提供建模过程的输入。

第二个基本问题：已知观察结果 $O = (o_1, o_2, \cdots, o_T)$ 和模型 λ，找出最优状态序列 $q = (q_1, q_2, \cdots, q_T)$。在这种情况下，我们将用户导航序列输入到模型 λlog 中，在主题空间里以动画表示最优状态序列。这样的动画过程将为其他用户提供更多的导航线索。

第三个基本问题：已知观察结果 $O = (o_1, o_2, \cdots, o_T)$，估算 $P(O|\lambda)$ 最大化的模型参数 $\lambda = (A, B, \pi)$。我们将重点集中在一个给定主题空间中最成功的用户身上。如果用户频繁地点击和标记文献，很可能是发现了一个高收益率的文献群。

4.1.4.2 迷失路径的可视化

图 4-7 是一个加有注释的图示界面截图，它可以用于解释用户的导航序列是如何动态表现的。标记为红色的文献与搜索任务不相关，黄色虚线连接是导航路径。TREC 测试数据提供了专家们做出的相关性判断。与初始搜索相关的文献用亮黄色标记在中心位置，用户在搜索过程中标记的相关文献，用蓝色标记。当用户正访问的文献，用黑圈标记。在一篇文献上耗费的时间，用绿环表示，这个绿环会逐渐增厚直到用户离开该文献。如果用户又回到以前访问过的文献，将在黑圈之外再附加一个开始增厚的绿环。圆盘的数量可以通过用户从一个工作进行到下一个工作而增加，同时，红盘的大小显示出用户用了多长时间在以前的工作上。

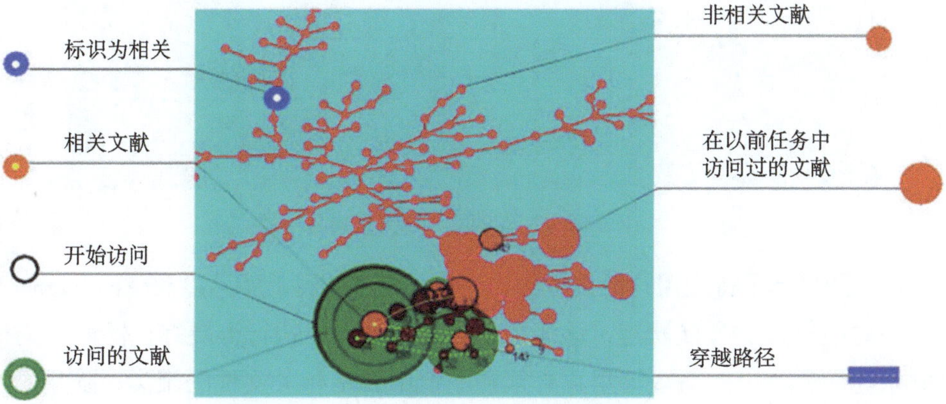

图 4-7 信息觅食路径可视化图示界面截图

我们希望观察到用户导航策略的以下四种模式。

（1）如果空间语义图谱保留潜在的语义结构，那么空间语义模型可以缩减在某个文献群中研究所花费的时间。

（2）如果聚类质量低，空间语义模型可能误导信息提取者高估某个文献群的收益率。

（3）一旦用户在空间语义模型中定位了相关文件，他们往往倾向于转向局部搜索。

（4）如果用圆盘半径来表示在一篇文献上花费的时间，那么大多数圆盘应落在主题空间的目标区域中。后继任务的圆盘很可能嵌入到先前任务的圆盘中。

4.1.5　用户的轨迹

鉴于最小生成树界面的优越性，我们现在只讨论与“alcohol”主题空间MST版本相关的导航策略。图4-8显示了一个“alcohol”主题空间的概览图。与任务A有关的文件标记为亮黄色。除了63号文献和21号文献，所有相关文献都集中在图谱右下角的分支上。在图谱中，另外一个特殊的节点是57号，有四分之三的用户选择这个节点作为导航的起始点。

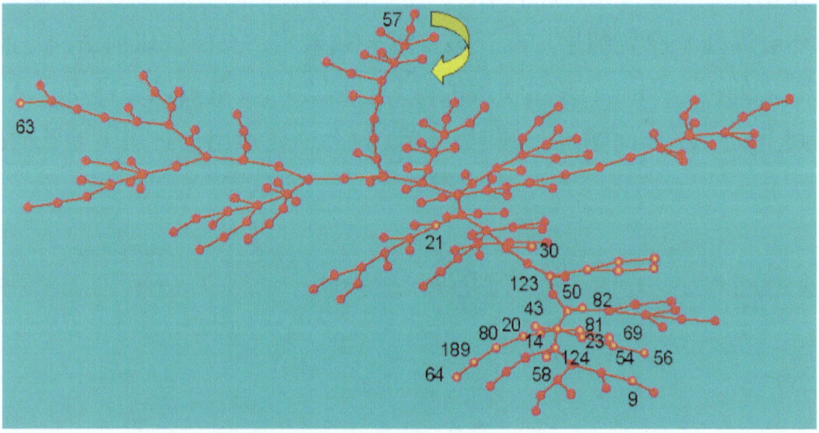

图4-8　“alcohol”主题空间中与任务A相关的文献

轨迹图显示了特定用户的视觉导航历程。图4-9表示了用户jbr在“alcohol”空间中对任务A的导航轨迹，该用户在这一组任务中执行得最好。任务A对应于施奈德曼分类中的概观。用户必须在图谱中找出相关文件的聚类，随后的搜索任务中越发集中。

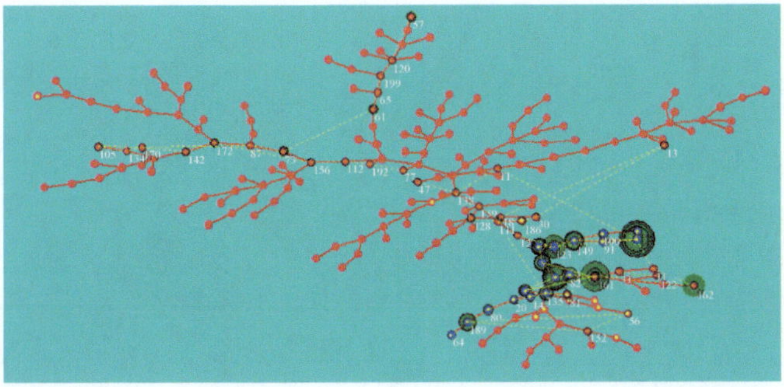

图 4-9 概观：用户 jbr 在“alcohol”空间（任务 A）中的搜索轨迹

如图 4-9 所示，用户 jbr 从节点 57 开始沿着分支向下，然后沿着图中的主干线跳到节点 105。最后，用户到达了相关文献所在的领域。我们发现了一个有趣的轨迹：一旦用户找出一个相关文献，正如先前所预料的一样，他会倾向于探索其直接相邻区域的其他文献。由于用户逐渐熟悉了空间结构，大范围横跨空间跳跃的频率就会减小。最终将在某个区域内进行细致的局部搜索，大部分相关文献都位于其中，随后的浏览再也不会离开这个区域，这也是我们期待的。

在轨迹重放中，用绿盘的半径来动态表现在某个文献上所消耗的时间，该圆盘从该文献所在的位置向外扩展。这种设计让我们知道绿色圆盘是否大多出现在相关文献密集的区域，以及在相关文献不太密集的区域中是否只有零星的联通浏览路径。

我们发现用户能够非常快速地标记某些文献。例如，用户 jbr 显然没花费多少时间就确定了文献 80、文献 20 和文献 64 的相关性，并用蓝色标注出来。看来，一旦用户确定了两个相关文献，那么他们往往也能很快确定它们之间的相关文献。可视化中的显性连接在引导用户导航过程中发挥着重要的作用，用户不仅在导航中跟随这些连接，而且还可以通过显性连接提供的线索来对它们的相关性做出判断。换句话说，用户在很大程度上依赖显性连接来评估文献的收益率。

轨迹图的设计是为了保存以前任务的轨迹线索，并接转到下一个任务。如果用户在任务 A 中的一篇文献上花费很长一段时间，那么累计轨迹图就从这篇文献开始。人们期望，用户将逐渐缩小主动搜索区域的范围。此外，由于用户越来越熟悉潜在主题空间的结构和内容，所以他们就没有必要重新访问收益率低的区域。

图 4-10 显示了搜索的“变焦”阶段，即放大显示。搜索路径再也不会到达先前“初始概观”阶段确定的区域。下一个阶段是细节查询，见图 4-11。

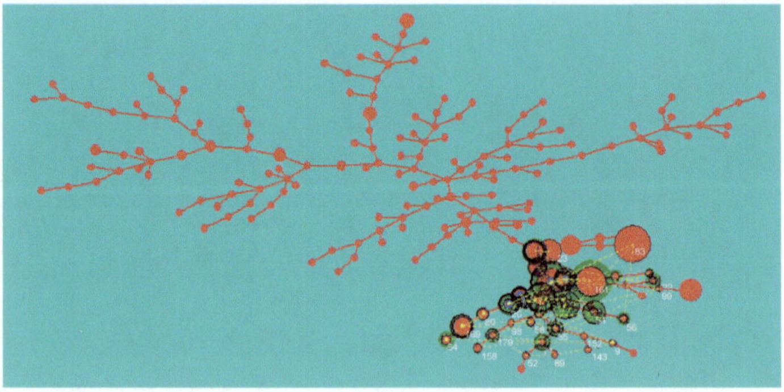

图 4-10　变焦，即放大

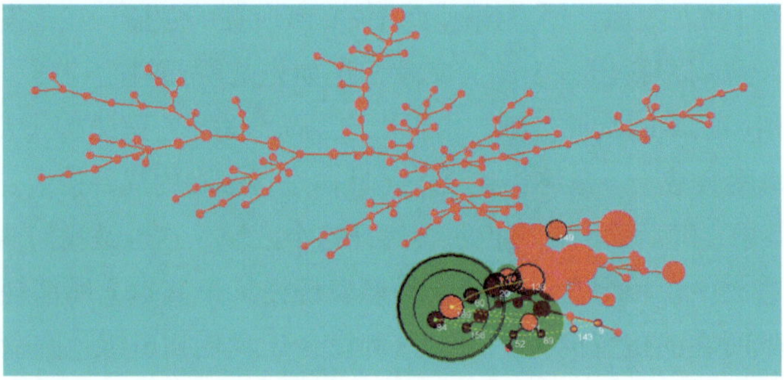

图 4-11　细节查询

图 4-12 显示的还是用户 jbr 的搜索轨迹，共四项任务。这些图谱显示，用户在相关文献区域中花费的时间越来越多。在最后一个任务 D 的轨迹图中，用户开始在新的区域中搜寻信息。

图 4-12　初始概观，放大，过滤，细节。用户 jbr 在任务的四个连续阶段的累积轨迹。每个阶段活跃的部分反映了区域的变化（顺时针方向：从任务 A 到任务 D）

单个用户的搜索轨迹显示出了许多重要的发现。下一步我们将用户组作为一个整体，从中提取行为模式。依社会导航观点，人们不仅要了解单个用户在一个语义空间中的搜索轨迹特征，还要了解个体行为模式中的共性。

HMM 使我们能够描述和预测用户在主题空间中提取信息顺序的行为特征。用户信息提取行为可以分为三种类型：忽略节点、点击节点、标记节点。

当用户将鼠标滑过主题空间的某个文献时，屏幕上就会闪现出标题。当用户点击该文献，那么就可以看到文献的内容。当用户确定当前文献与任务相关时，他就会标记该文献。

首先，我们以用户 jbr 和用户 nol 的路径为例来建立第一个 HMM，即 λ。我们之所以选这两个，是因为一个标记的文献数最多，另一个点击文献的次数最多。

HMM 的第三个参数是初始分布，表示为 π。直观上来看，是指用户用给定文献进行信息觅食的可能性。

除了上面的方法，我们还可以依据动作次序使用 Baum - Welch 算法推导出 HMM。输入用户 jbr 的行动序列，生成 HMM，以及使用从用户 jbr 和用户 nol 的实际动作序列得到的 HMM。对于所获得的 HMM，我们可以通过著名的 Viterbi 算法来验证其内部结构。给定一个 HMM 和观测到的特征序列，Viterbi 算法可用于生成状态序列。人们可以研究这个状态序列，并与从用户那里得到的原始序列进行比较。

表 4-1 显示了由 Viterbi 算法生成的状态序列，这个模型会返回一个最有可能表现出的状态序列，即信息觅食序列。状态序列中的相关文献用粗黑字体突出显示。这个序列与原始序列是相同的。

表 4-1　HMM 生成的用户 jbr 的状态序列（相关文献为粗体）

67 57 120 199 65 61 61 61 73 73 73 87 170 134 105 170 142 172 156 112 192 77 47 138 128 114 186 30 13
13 18 114 135 50 161 50 43 50 66 50 50 66 161 66 66 169 66 66 169 169 123 123 83 149 169 169 123 123
149 149 83 11 138 159 121 123 149 149 100 100 91 91 83 83 119 83 83 119 119 83 41 162 162 82 50 82 82
82 82 161 122 31 43 135 81 161 43 43 135 81 81 135 14 135 135 14 14 20 20 80 80 189 189 152 56 189 189
64 64 158

基于输入观测到的用户 jbr 的信息觅食行为序列，由 Viterbi 算法生成最优态转换路径。图 4-13 显示出由 Viterbi 算法生成的序列路径。这条路径开始于主题空间的左边，沿着水平的主干道穿过整张图谱，到达目标区域。随着对目标区域相关文献的几次持续访问，这条路径在这个区域内结束。该用户的最优路径便绘制在初始轨迹上。我们通过展示同一主题图谱的两种路径来了解二者的

差异之处。由于这是一种显示 HMM 路径的新方法，这种方法的许多特点尚待充分研究。尽管如此，这种综合的方法似乎很有前途，它直接移动到目标区域，同时过滤掉了初始轨迹中的一些偏差。对于社会性导航，最优路径可能会对某个用户群很有帮助。

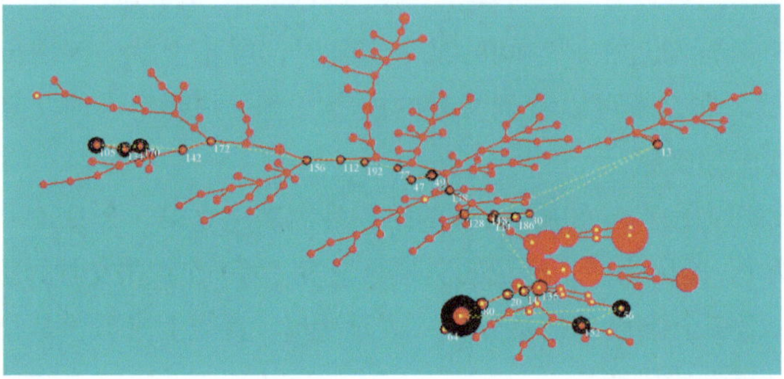

图 4-13 合成路径。在用户 jbr 初始路径上显示的最优路径轨迹

我们对行为语义的研究主要是针对基于 MST 界面中的“alcohol”空间。这一主题空间首先在任务 A 中展示给用户。除了结构模型，没有浏览线索随时提供给用户。用户首先必须在主题空间中定位可以找到相关文献的区域。最优信息觅食理论恰当地描述了这种信息搜索过程。

我们曾对信息搜索做出一个假设，即这是一个信息觅食过程，也是一个随机过程，因为许多的判断和决定是用户在他们的探索和对相关文献的搜寻过程中做出的，同时，这些判断和决定是隐含的，难以表达出来。HMM 的引入使我们能够建立描述性和规范性模型，使得我们可以描述用户在信息搜寻范围内的连续行为。在信息觅食路径的可视化方面的研究成果是令人鼓舞的。利用 HMM 生成的动画轨迹和最优路径已经显现出对“用户是如何处理任务”“当前的特点和规律是什么”这些问题的一些深刻见解。再现和动画显示真实轨迹的 HMM 方法使我们可以对同一主题背景的不同转换模式进行比较。

在这个例子中，我们重点关注任务 A，它实际上实现了一个完整的信息觅食过程。用户随后将转换到局部搜寻。尽管我们曾提到过信息搜索的范围将会缩小，但依据施奈德曼的任务数据类型分类的全面任务研究，我们将对“用户如何与视觉空间界面互动”有更加深入的了解。

就 HMM 结果模型而言，更清楚地了解和解释通过 HMM 选择的路径所表现出来的各种特征当然是可取的。我们只是对我们实验中生成的一小部分数据进行了分析。在12对视觉空间界面和潜在的主题空间的组合中，只对其中的MST界面中的“alcohol”进行了研究。

除了搜索轨迹和HMM路径的动画显示外，人们可以用跟随实际用户模拟穿越主题空间。我们模拟沿着HMM路径，以及实际的路径移动，这将反过来激发其他用户把注意力集中到信息觅食中有收益率的区域。

4.2　小结

总之，我们的许多期望已经在主题空间中信息觅食者的路径动态化和可视化中得到证明。我们的研究本质上是一个全局性的信息觅食过程。最优信息觅食理论和HMM的创新性整合是有前途的，尤其是在主题空间中以动画显示用户路径是极为便利的。

可视化信息觅食过程已经在“用户如何在主题空间中探索和导航”方面提供了有价值的见解。对于这些主题空间中的用户来说，唯一可见的导航线索是由语义空间图谱形成的结构。标识是一个具有挑战性的问题，即如何产生能概括非结构化文献的有意义的标签。用户实际上已经提出了关于主题空间中局部区域标识的问题。但是，由于本研究是以探讨信息觅食行为目的，所以我们决定将不在实验中标识文献聚类。

最优信息觅食理论和HMM的结合在用户导航策略研究中发挥了非常重要的作用。在今后的研究中，有几个可能继续研究的进路。人们可以用大规模用户样本或者依据认知能力及其他标准分类的用户进行重复性研究。然后，人们可以比较穿越不同类型用户的HMM路径，同时在用户的信息提取行为和他们的个体差异之间建立联系。为了涵盖更全面的信息觅食行为，未来的研究应该扩大任务范围。视觉空间界面应为满足今后的研究而设计更加精细，使之可以解决一些基础性问题。

这种方法提供了一个信息可视化技术和用户行为模型技术相结合的方法论。沿着源于某个具有某些共同特点的用户群的虚拟路径，用户的导航路径可以生动地在计算机屏幕上重现。

本章概述了绘制图谱的技术。其中有些已经很好地应用于科学图谱绘制中，但还有一些技术，如追踪行为语义，则还没有得到充分地利用。本章的重点是概述宽泛的背景，在此背景下，可以参照科学图谱进一步地研究行为语义学。

第五章

科学知识的结构和动态

If I have seen further it is by Standing on the shoulders of Giants.

如果说我比别人看得更远些，那是因为我站在了巨人的肩膀上。

——Isaac Newton（1642～1727）

1675年，牛顿（Isaac Newton）在给罗伯特·胡克（Robert Hooke）的一封信中写道："如果说我比别人看得更远些，那是因为我站在了巨人的肩膀上。"这句名言如今经常被用来比喻科学的发展过程。1965年，默顿在他出版的《站在巨人的肩膀上》一书中（Merton，1965），考证了该比喻的出处，发现这一比喻可以追溯12世纪在基督教世界享有盛誉的法国沙特尔宗教学校的校长伯纳德（Bernard）。伯纳德说："我们就是蹲坐在巨人肩膀上的侏儒，我们可以比他们看得更多、更远，不是因为我们有更敏锐的视力，或其他的特异功能，而是因为我们站得高了，超越了巨人的高度。"

1998年，在匹兹堡举办的"科学信息系统历史与遗产"会议上，加菲尔德用"站在巨人的肩膀上"作为演讲题目（Garfield，1998），称赞那些对引文索引和在科学图谱领域做出了巨大贡献的科学家，包括默顿、普赖斯、科肯和斯莫尔等。1999年，斯莫尔在美国社会信息科学和技术优秀奖的获奖致词中也用"站在巨人的肩膀上"为题，他说，如果一次引用被看做是站在一个巨人的肩膀上，那么对两篇文章的共引就是跨立在两个巨人的肩膀之上，形成一个独特的金字塔结构，或者是从一个巨人到另一个巨人的跳跃。斯莫尔特别提到了两位科学巨匠——格里菲斯和普赖斯，他们在运用共被引方法绘制科学图谱上有共同的愿景。格里菲斯提出运用多维尺度分析方法来展示文献之间的空间关系；普赖斯则在研究前沿的建模方面做了大量工作（Price，1965）。斯莫尔说，普赖斯的这一工作对他的思维产生了重要的影响。

本章旨在介绍在科学的定量研究领域，尤其是在科学图谱领域中，提出开创性的理论、技术和应用的"巨人"们的一些标志性成果。斯莫尔高度评价了库恩在科学知识的整体可视化方面的深远影响（Small，1999）。他认为，如果将库恩范式理论中的范式看做科学结构在一个特定时间点的快照，那么观察一组顺次排列的快照就可以揭示科学的增长。库恩（Kuhn，1970）推断，引文关系可能会成为解决这一问题的关键。

在这一章中，我们首先通过科学生产率、作者发文量等指标对科学现状进行整体介绍。我们会追溯一系列关键方法的发展演变，如共词分析方法、共被引分析方法。这些理论和方法已经成为多个学科和一代代研究者的灵感来源。此刻，我们正站在这些巨人的肩膀上。

5.1 马太效应

学术出版的本质特征是什么？互联网技术所推动的电子出版会从根本上改变它吗？麦克·柯尼希（Michael Koenig）先生和托尼·哈瑞尔（Toni Harrell）通过运用洛特卡定律（Lotka's law）的普赖斯罐子模型（Derek Price's urn model）解决了这个问题（Koenig and Harrell，1995）。

1926年，阿尔弗雷德·洛特卡（Alfred Lotka，1880～1949）发现，在化学和物理学领域，作者的发文量的频次分布呈一条斜率为2∶1的直线（Lotka，1926）。也就是说，发表N篇论文的作者数量约是发表$2N$篇论文作者数量的两倍。这一规律后来被称为洛特卡定律。

普赖斯通过下面的罐子模型描述了学术成就的特点（Price，1976）。游戏是这样的：我们有一个袋子（或罐子）和两种球，其中一种标着“S”代表成功，另一种标着“F”代表失败。游戏玩家在游戏中的成绩代表该玩家的学术成就。玩家必须发表一篇论文才能开始此游戏，而当他取出的是一个“F”球的时候游戏结束。游戏开始时袋子里有两个球，一个“S”球和一个“F”球，最先抽中两球的概率比为50∶50。如果抽中的是“S”球，则将此球放回，并再放一个“S”球到袋子里，然后继续抽取一次。显然，随着游戏轮数的增加，成功的概率会逐轮提高。我们发现，这个游戏非常准确地再现了洛特卡通过观察而得到的分布规律。

普赖斯的罐子模型也准确而生动地刻画了学术成就的本质特征。实际上，学者们正是在玩这样一个游戏：发文量和被引量就是学者在这个游戏中的分数（Koenig and Harrell，1995）。为了能够继续游戏，学者必须次次成功。而每多发表一篇文章，学者成功的概率就会增加。成功孕育了成功。因为在互联网上发表的电子期刊能够加快游戏进程，从而更容易提高罐子中的成功率。互联网会提高文章的引用次数吗？斯蒂文·劳伦斯（Steven Lawrence）和他的同事发现文章的被引频次与该文章是否在线存在显著的相关性（Lawrence，2001）。他们分析了DBLP（一个在线计算机科学文献数据库，http://dblp.uni-trier.de）中计算机及相关学科的119 924篇会议论文，用ResearchIndex来计算被引频次和文章是否在线，结论表明，在线论文很有可能获得较多的引用。

默顿是美国社会学家，他促进了社会学和大众传播学的极大变革，是社会学和科学史学领域的先驱。他使人们开始关注科学界中的“马太效应”（Merton，1968）。“马太效应”一词来源于《圣经新约·马太福音》中的一句话：“凡有的，还要加给他叫他多余；没有的，连他所有的也要夺过来”（Bible，Matthew13:12，25:29）。“马太效应”总结了这一现象：富人愈富，穷人愈穷。在科学界，“富人”指的是那些已经成名的、有一定声望的科学家；与之相反，“穷人”则是指那些还没有达到这一水平的科学家。那些有名的科学家就会以那些无名的科学家为代价，获得超出他们实际学术水平的赞誉。默顿这样描述科学奖励系统中的马太效应：

“你通常会注意到你所熟悉的人的名字，即使他的名字出现在最后，也会引起你的注意。在某些情况下，你对所有的名字都不熟悉，那么他们对于你来说实际上相当于匿名。但是你会注意到文章末尾的致谢中资深专家给出的建议和鼓励。因而你会说‘这个人出自格林实验室或者某某实验室’，你只记住了这个人而忘记了冗长的作者名单。”

社会和政治的力量也会限制对科学家的认可程度。默顿描述了法国科学院的“第 41 席”现象：科学院最多只允许有 40 位成员，很多杰出的学者仅仅因为人数限制而不能获得入选资格。

默顿对科学社会学的另一个贡献是“学术公认”概念。他在《站在巨人的肩膀上》一书中第一次论述了这个概念：

“理所当然的，我们大多数人都喜欢把某个著名的观点或者公式归功于第一个将它介绍给我们的人。但经常的情况是，这个作者只是采用或修正了某个公式，而公式其实是由其他作者首先完成的。可能传播者对这个公式的来源太熟悉了，以至于他们误以为这是众所周知的。为了不“侮辱”读者的知识水平，他们没有引用甚至提及它的原始出处。结果，这个完全无心的传播被认为是这个观点的首创，而他们的功绩其实只是保持这个观点的生命力，或者让这个观点重新焕发生命，或者将它进行全新的、富有启发性的应用。”

在科学奖励系统中，当研究人员认为不需要再引用某文章，而且这样做“心安理得”的时候，“学术公认”现象便发生了。以阿基米德常数 π 为例：阿基米德发现圆的直径与周长存在一个比率——π。当知道阿基米德常数的人越来越多，甚至连小学生也耳熟能详的时候，科学家就会逐渐减少对阿基米德原文的引用，直到最后根本没有引用的必要了，这意味着原始论文已经被“公认”了。这被看做是科学共同体对原文作者的最高致意，因为他的贡献是如此基础、如此重要、如此众所周知，以至于后来的科研工作者都能心安理得地不再引用它（Garfield，1975）。

还有两个例子也值得一提。一个是“科学文献的指数增长”概念。1950 年，在阿姆斯特丹召开的第六届国际科学史会议上，普赖斯用公式列出了“科学文献的指数增长定律”。不久以后，这一公式就被各个不同学科的科学家所“公认”了，认为“指数增长”是理所当然的。另外一个是“范式转移”的概念。像“新的范式”和“范式转移”这样的概念频频出现在科学文献中，但都没有直接引用其原始出处，即库恩的重要著作《科学革命的结构》(Kuhn，1962)。

在信息科学领域，受到“学术公认”的标志是美国信息和技术协会颁发的年度最高荣誉奖梅里奖(Award of Merit)。梅里奖奖励那些对信息科学领域做出杰出贡献的科学家。比如，1999 年度该奖获得者——美国科学信息研究所的斯莫尔，他提出了共被引分析方法。我们会在本章中介绍他著作中的一些例子。2000 年度该奖获得者——芝加哥大学荣誉教授唐•斯沃森，他的贡献是在“未被发现的公共知识”方面的重要工作。我们将在第七章中介绍他的这一研究。表 5-1 列出了 1964 年以来该奖的获奖名单。

表 5-1　美国信息和技术协会获奖名单

获奖年份	获奖人	获奖年份	获奖人
2001	Patrick Wilson	1982	Andrew A. Aines
2000	Donald R. Swanson	1981	Herbert S. White
1999	José Marie Griffiths	1980	Claire K. Schultz
1998	Henry Small	1979	Frederick Kilgour
1997	Dagobert Soergel	1978	Calvin N. Mooers
1996	Jean Tague-Sutcliffe	1977	Allen Kent
1995	Tefko Saracevic	1976	Laurence Heilprin
1994	Harold Borko	1975	Eugene Garfield
1993	Robert M.Hayes	1974	Manfred Kochen
1992	Robert S. Taylor	1973	Jesse H. Shera
1991	Roger K. Summit	1972	Phyllis Richmond
1990	P. Atherton Cochrane	1971	Jerold Orne
1989	Gerard Salton	1970	Cyril W. Cleverdon
1988	F. Wilfrid Lancaster	1969	NA
1987	Donald W.King	1968	Carlos A.Cuadra
1986	Bernard M. Fry	1967	Robert Fairthorne
1985	Robert L.Chartrand	1966	Mortimer Taube
1984	Joseph Becker	1965	Charles P. Bourne
1983	Dale B. Baker	1964	Hans Peter Luhn

资料来源：http://www.asis.org/awards/award_of_merit.html

在《巴比伦以来的科学》一书中，普赖斯用“地下学院”一词来强调信息网络在科学交流中的作用。这个术语最早出现在17世纪的伦敦，指由工匠和从业人员组成的非正式俱乐部，那时皇家学会官方组织还未建成。布莱斯·克洛宁（Blaise Cronin）（1972）把这个非正式的学术交流网络视为“物理学和社会科学进步的生命源泉”。

长期以来，科学图谱一直致力于揭示无形学院的动态和知识结构的演化。普赖斯被视为科学学的带头人，科学社会学和科学计量学领域的先驱。科学计量学是对科学传播进行定量研究的一个学科。

在科学图谱中，我们必须考虑到各种各样的基础概念，用来区分各项研究的粒度级别。这些基础概念被称为分析单元，如观点、概念、主题和范式。这些概念通过词、术语、文档和文集的方式，并由传播主体作者、作者群、专家和科学共同体等进行表达和传播。本章中将说明不同类型的分析单元之间的关联性，如文本共词、文献共被引、作者共被引和专利共被引等。

科学图谱揭示了科学文献中隐藏的结构。对关联性的定义决定了这一结构的提取、可视化和最终解释的特征。共词分析（Callon et al.，1986）和共被引分析（Small，1973）是科学图谱中最基本的技术。斯莫尔对这两个技术做了如下描述：“如果把共词链看做是研究问题间的转移，那么共被引链就是对关联概念的陈述。”它们是当代科学定量研究中的基本技术，为揭示科学前沿的结构提供了不同视角。研究发现，共词分析和共被引分析的结合，能够使读者对文献内容有更清楚的认识（Braam et al.，1991a，1991b）。

5.2　词的图谱

从词的共现模式中提取更高层结构的研究最早可以追溯到20世纪80年代的共词分析方法（Callon et al., 1983，1986）。共词分析方法在科学计量学领域已经有很成熟的发展，该领域主要进行与科学技术指标有关的科学定量研究。共词分析的结果一般用概念网络来展示。

5.2.1　共词图谱

共词分析的历史中包含一些非常有趣的哲学和社会学内涵，这些将在后面的章节中提到。第一，共词分析支持者的一个关键性的观点是，科学知识不仅仅产生于专家共同体（specialist communities）内部。专家共同体是指独立地确定研究问题、界定所用的知识和方法的群体。对专家共同体的关注是受到库恩的作品的影响，特别是其《科学革命的结构》第二版的后记。有一些著名的例子采用了这一思路，最典型的是克兰（1972）提出的无形学院。专家共同体的专业领域可以通过科学文献中的引文分析来确定（Garfield et al., 1978），而共被引分析就是在这种情况下发展起来的（Small, 1977；Small and Greenlee，1980）。对专家共同体的社会学批评来自诺尔·塞蒂纳（Knorr Cetina）。瑞普·埃奇（Rip Edge，1979）则不认同这种通过引文分析来确定专业领域的方法。1981 年，《科学的社会研究》期刊的第 11 期就科学论战进行了分析。我们将会在后面的章节中回顾库恩的理论，并论述它在科学前沿可视化中的作用。

1976 年，斯莫尔提出在科学领域中存在社会认知结构的问题，并指出了利用专家知识的困难——专家们都是有偏见的。共词分析则提供了一种“客观”的方法，不需要借助领域专家的帮助。

人们用“Leximappe”一词来定义了这一类概念图谱，这类图谱的具体类型有包容图（inclusion map）和临近图（proximity map）。近来，共词分析进一步发展，已经开始引入人工神经网络技术，如可以展示文本中的模式和趋势的自组织图谱，可参见 Lin（1997）及 Noyons 和 van Raan（1998）的研究。

Leximappe 其实是早期的一款用来表示概念图谱的软件，它研发于 20 世纪 80 年代。它以共词的方法构建关系，形成了概念网络。Leximappe 将共词分析转变成社会科学家的有用工具，并结合著名的行动者网络理论，进行大量实证研究。

Leximappe 中的关键概念包括顶点（poles）和它们在概念图谱中的位置。顶点的位置是由中心性和密度决定的，中心性反映了结构的容量，密度反映了顶点内部的连贯性。

Leximappe 是用来构造概念网络的结构图。在概念网络中，顶点代表概念，两个顶点之间的关联强度反映它们之间的共现强度。在早期，一个重要的步骤是把文章里的所有单词标注为名词、动词或者形容词。用在信息可视化系统中的计算方法，如 ThemeScape（Wise et al.，1995），可以从源文本中过滤出名词短语。

5.2.2 包容指数和包容图谱

包容图和临近图是由共词分析产生的两类概念图谱。共词分析测算科学文献中关键词的包容度或临近度，并用包容图或临近图来绘制科学知识图谱。

共词分析中的计量问题已经得到了充分的研究。假设有一个含有 N 个文档的语料库，利用一组关键词对各文档逐一进行索引，这组关键词可能在多个文档中出现。如果两个关键词 t_i 和 t_j 共同出现在某一个文档里，那么就算作一次共现。用 c_k 表示关键词 t_k 在整个语料库中的出现次数，c_{ij} 表示 t_i 和 t_j 的共现次数，也就是同时索引了这两个关键词的文档数。包容指数 I_{ij} 实质上是一个条件概率，它测量在给定一个关键词的出现频次的情况下，在语料库中出现另一个关键词的可能性：$I_{ij}=c_{ij}/\min(c_i, c_j)$。

例如，罗伯特·史蒂文森（Robert Stevenson）的《金银岛》（*Treasure Island*）总共有 34 个章节。其中单词 map 出现在 5 个章节中，$c_{\text{map}}=5$；单词 treasure 出现在 20 个章节里，$c_{\text{treasure}}=20$。这两个单词同时出现在 4 个章节中，因而 $c_{\text{map, treasure}}=4$，$I_{\text{map, treasure}}=4/5=0.8$。因此，关键词的包容矩阵可以通过它们的共现频次计算出来，该矩阵定义了一个网络。在最早的共词分析方法中有一个特别的步骤，就是从这个网络中去除某些类型的连线。

最早的共词分析中利用条件概率的三角不等式对概念图谱进行修剪。假定在一个共词分析中共有 N 个单词，且 $1 \leqslant i, j, k \leqslant N$，$\omega_{ij}$、$\omega_{ik}$ 和 ω_{kj} 表示网络中连线的权重，并且 w_{ij} 定义为 $1-I_{ij}$。先假定一个很小的阈值 ε，如果存在一个节点 k，使得 $\omega_{ij} < \omega_{ik} \cdot \omega_{kj}+\varepsilon$，那么这个连线 I_{ij} 就应该被剪除。因为 $\omega_{ik} \cdot \omega_{kj}$ 定义为从 t_i 到 t_j 这条路径的权重，所以这个公式意味着如果从 t_i 到 t_j 存在一条比直接路径更短的路径，那么我们选择那条更短的。换句话说，如果一个连线违背三角不等式，那么这个连线一定是无效的。因此，应该剪除这个连线。通过提高或者降低阈值 ε，在这个网络中的无效连线数量也可以减少或增加。该算法实现起来很简单。在共词分析中，通常仅对一步路径和两步路径进行比较。然而，当网络的规模增大时，这个简单的算法就会使得过多的连线存在，导致共词图谱失去原有的清晰性。在第三章中，我们已经引入寻径网络尺度分析法作为三角不等式条件的一般形式。这个方法能够使我们比较连接两点的较长路径，并能探测出数据中存在的微妙联系。

图 5-1 展示了一个基于包容指数的共词图谱。这一共词网络基于在“Web of Science”中检索“大规模灭绝”所得到 1990 年发表的文章而形成。这个共词图

谱的含义将在第六章中给出，其中包括“大规模灭绝”理论研究中的具体背景和关键研究问题。由于它牵涉竞争范式的理论和案例，以及科学前沿的一些具体特征，在此不再过多论述。

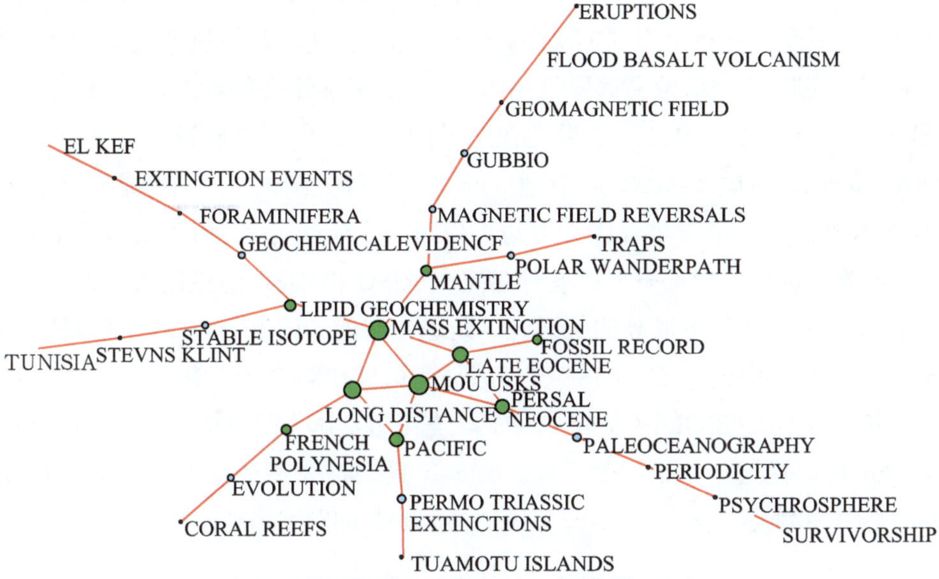

图 5-1　基于 1990 年发表的“大规模灭绝”论文索引词的包容图，节点大小与索引词的总出现次数成比例，违反一步三角不等式的连线被剪除（ε=0.75）

5.2.3　RISC 个体发生学

史蒂夫·斯坦伯格（Steve Steinberg，1994）通过精简指令集计算（reduced instruction set computing，RISC）的方法，提出了几个在现实世界中使用定量方法来识别范式转移的问题。RISC 的原理是，一个由最小单元简单构成的处理器胜过一个进行复杂高级任务的处理器。在某种程度上，RISC 标志着计算机功能结构上的一个巨大转变，这一点已经形成了共识。斯坦伯格试图寻找有利于他进行研究的定量技术，最终，他找到了共词分析技术，该技术可以用来制作该领域的知识图谱，以及机制的效果图和这场争论的形势图。他说：“如果我能看到这场技术争论的动态，也许我就能理解它们。”（Steinberg，1994）。

他搜集了 INSPEC 数据库中 1980～1993 年含有关键词“RISC”的所有摘要，过滤掉其中最常见的 200 个英语单词，并根据词频对剩下的单词进行排序。由三个 RISC 领域专家从最常见的 300 个单词中选出一些属于该领域的中心词。最后，专家们根据同义词关系将这些词分成 45 个关键词组。包容指数用来构造相似矩阵，并通过 ALSCAL 程序构建多维尺度分析图谱。关键词的字体大小和该词出现的频率成正比，关键词之间通过关系较强的连线连接在一起。

图 5-2 显示了 1980～1985 年的图谱结构，展示了这一时期最早明确探讨和定义 RISC 概念的一批文章。RISC 的设计理念与传统的计算机架构范例完全相反，因此，这时每一篇论文都像是在为 RISC 的正确性进行辩护和证明。图 5-2 中显示了两个主要聚类，一个聚类在图谱的左边，包括寄存器（register）、内存（memory）、简单（simple）、管道（pipeline）等关键词——这些是定义 RISC 的基本术语；另一个聚类在图谱右边，以语言（language）和复杂指令集计算（CISC）等关键词为核心——这些都是定义 RISC 和 CISC 争论的关键词。语言（language）是出现频率最高的关键词，斯坦伯格说，语言一词最准确地抓住了 CISC 和 RISC 之争的关键。CISC 支持者认为微处理器的指令集应该与高级语言如 FORTRAN 和 COBOL 语言一致，RISC 支持者则认为简单指令比高级指令好。这场争论可以通过一个由语言（language）、复杂指令集计算（CICS）、编译器（compiler）和编程（programming）等词构成的共词网络展现出来。

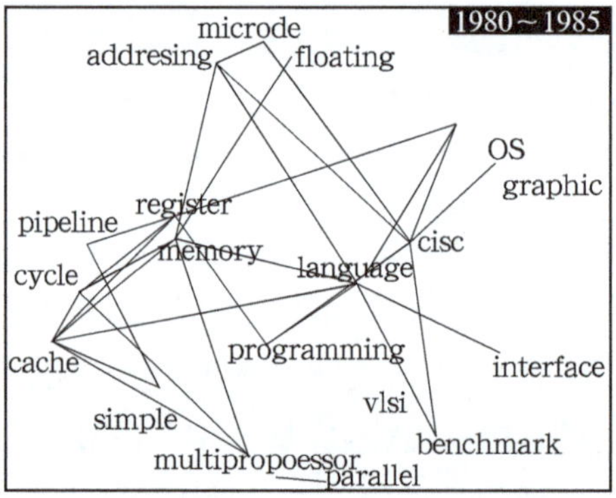

图 5-2　1980～1985 年关于 RISC 争论的共词图谱

为了说明了范式转移，我们再来看另一个时间段，即 1986～1987 年关于 RISC 争论的共词图谱（图 5-3）。在这一时期，SUN 公司引进了首台有重要商业价值的 RISC 微处理器，即 1986 年引进的 SPARC。这时，RISC 已经在投资者的支持下，从纸上谈兵变成了活生生的产品。之前共词图谱上的两极现在已经被 RISC 聚类主宰了。这表示 RISC 的安装技术，即 VLSI（超大规模集成电路）的节点变得更大且更靠近图谱中心。

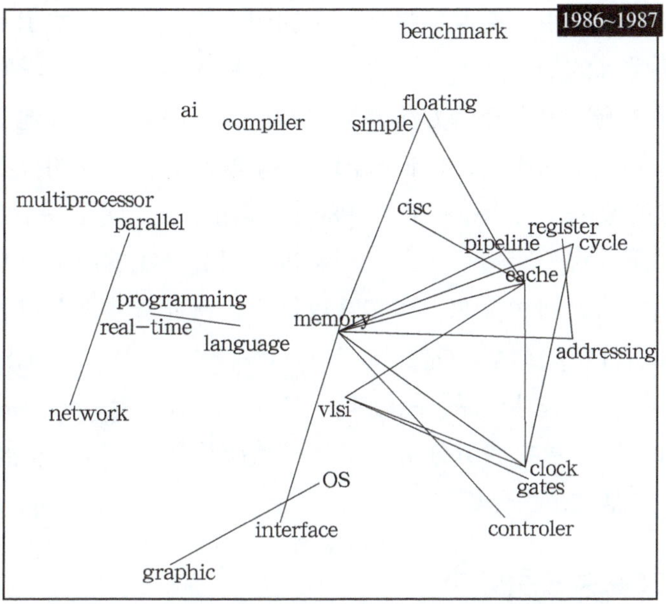

图 5-3　1986～1987 年关于 RISC 争论的共词图谱

一方面，共词图谱从两极到一极的重构过程，意味着关于“语言”的争论已经得到解决；但另一方面，共词图谱无法告诉我们这种重构究竟是如何发生的。在具体层面上缺少可以解释的指标，这在共词图谱中相当普遍，其他类型的文献计量学图谱也大抵如此。为了解读可视化的结构，人们不得不借助于该领域的知识内容本身，或至少读一些该学科领域内的定性综述。其实，阅读经典综述文章来对图谱进行认真的分析是一种非常值得推荐的做法。在上面的案例中，Steinberg 是 RISC 方面的专家，并利用自己的专业知识对生成的共词图谱进行了解读。另外，科学计量学的研究者还建议采用多方法策略，即对同一现象用不同的方法进行分析，以便从不同的角度和部分进行比较、对比和整合。如果说用单一方法来绘制范式转移的图谱是盲人摸象，那么同时采用不同的技术就可能得到更精确的图景。接下来，我们转向绘制科学图谱的另一种主要方法——共被引分析方法。

5.3　共被引分析

引文分析考察的是引用，这是衡量学术影响力的最关键指标之一。引文分析在绘制科学图谱的历史上具有特别重要的位置，多种引文分析的方法都得到了广泛应用，它们被用来提取科学文献中的引文模式，而这些引用模式可以洞察出一个无形学院的知识结构。历史上，科学哲学和科学社会学知识对引文分析产生了重要影响。引文分析方法的批评者认为，该方法过多地受到无形学院和科学共同体等理论的影响，他们指出，科学学研究所涉及的范围远远超过了引文所能覆盖的范围（Callon et al.，1986）。然而，这一问题并不能简单靠理论解决。其实，通过对长期趋势和众多领域进行研究是能够提供可靠结果的，但这需要耗费过多的时间和资源。在实践过程中，研究者一直在寻找一个包括共词分析和共被引分析的综合研究框架（Braam et al.，1991a，1991b）。这些尝试可能为哲学、社会学提供更深入的思考。文献共被引分析（document co-citation analysis, DCA）和作者共被引分析（ACA）是应用最多的主要分析方法。这里我们首先介绍文献共被引分析。

5.3.1 文献共被引分析

引文索引为研究人员提供了一种可以描述科学技术历史发展轨迹的工具。人们可以根据追溯引文网络来揭示与某个特定主题有关的文献的历史和演变。引文分析的目标是让这一网络更容易地识别和生成。过去，由于期刊论文的引文数据便于获得，典型的引文分析方法偏向于对期刊进行研究。随着科学传播介质来源的扩大，如书籍、会议论文集、基金申请书、专利、预印刊及网上的数字资源，新的科学传播介质开始吸引研究者和实践人员的注意力。2002 年，当笔者写本书的第一版时，曾经预测专利分析和基于网络的引文索引技术有望

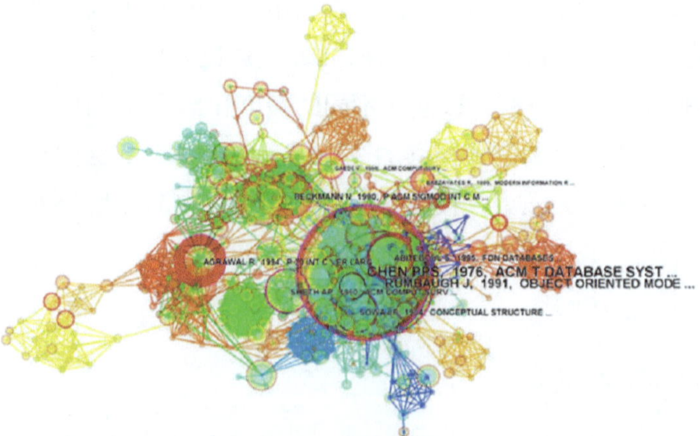

图 5-4 *Data and Knowledge Engineering* 期刊上出版物的文献共被引网络

在未来的 3 ～ 5 年内快速增长，现在，引文分析数据来源除了汤森路透的 Web of Science，还包括 Elsevier 的 Scopus 和 Google Scholar 等。图 5-4 展示了期刊 *Data and Knowledge Engineering* 中的文章所构成的文献共被引图谱。聚类中的颜色表示科学共同体在不同研究阶段内的研究重点。其中，被引频次最高的是 Peter Chen 提出的关于实体关系模型的文章。

5.3.1.1　专业

在信息科学中，“专业”这个术语是指研究共同或密切相关问题的科学家群体的研究专业。有关专业的演变和转换的理论，在 20 世纪 70 年代开始出现（Small and Griffith，1974）。虽然当时研究者们并不使用“可视化”这个术语，但是为了界定和描述研究专业，他们开始研究科学文献的结构。

近年来，借助于一些方兴未艾的可视化视图，如网络视图、全景视图、星系视图，科学图谱绘制技术已经开始用于揭示科学领域的结构。在科学图谱中，追踪科学技术的突破能力尤其重要。我们关注的问题包括：图谱告诉了我们什么，以及如何在宏观和微观上对图谱进行解读。

当今广泛使用的引文索引数据库，如科学引文索引 SCI 和社会科学引文索引 SSCI，创建于 20 世纪 50 年代，详见加菲尔德发表于 *Science* 的开拓性论文（Garfield，1955）。科学图谱的研究最早出现在 20 世纪 60 年代。例如，加菲尔德、舒尔（Sher）和托珀（Torpie）1964 年绘制了 DNA 研究的历史图谱（Garfield et al.，1964）。舒尔和加菲尔德通过对诺贝尔奖获得者引文资料的研究证明了引文分析的重要性（Sher and Garfield，1966）。图 5-5 展示了引文分析如何找到一个重要漏引的过程（Garfield，1996）。

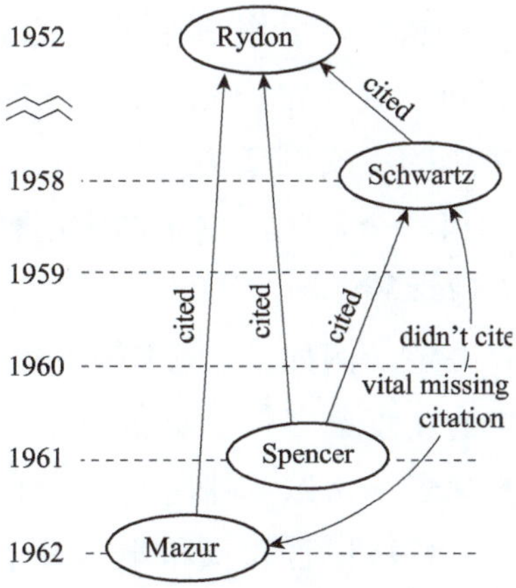

图 5-5　引文分析发现了从 Mazur 的论文（1962）对 Rydon 的论文（1952）的漏引

20 世纪 70 年代，信息科学家们开始关注通过科学文献来反映科学的模式和发展趋势。斯莫尔在绘制艾滋病（AIDS）的研究结构图中，展示了 SCI-Map 的强大功能（Small，1994）。只要用户确定了一个作者、一篇论文或者一个关键词，SCI-Map 就能自动添加与其共被引最强的文献，并制作出一张图谱。这种图谱的生成涉及迭代聚类方法，布局采用的是几何三角测量方法。几何三角测量方法不同于 Small 早期研究中使用的多维尺度方法，但与美国及欧洲的主流研究方法类似。

斯莫尔和格里菲斯最早提出了共被引分析方法，以用来识别和绘制科学文献中的研究专业（Small and Griffith, 1974）。如果有 k 篇文章同时引用了文章 A 和文章 B，那么文章 A 和文章 B 的共被引用次数为 k。文章 A 和文章 B 的共被引强度由共被引次数来定义，较高的共被引强度意味着两篇文章之间存在较强的知识联系。

在对胶原蛋白的一个趋势研究中，斯莫尔（Small，1977）运用一种基于聚类的方法来研究该领域的发展轨迹。他强调系统的、一致的方法框架对于这一研究的基础性作用，并使用共被引频次来测度文章之间的关联强度。在多维尺度图中，他用轮廓线标识了高被引论文的聚类，以便在文章“进出”该聚类时追踪研究热点的迅速转变，并以此作为“科学革命”的指标。

20 世纪 80 年代，美国科学信息研究所出版了《生物化学和分子生物学图集》，该图集确立了 100 多个不同的文章聚类，即作为研究前沿的专业领域，提供了一种别开生面的科学网络图谱。这本图册是以各年中该领域的所有出版物之间的共被引关系为基础构造而成的。1989 年，加菲尔德和斯莫尔介绍了如何利用 SCI-Map 等软件帮助用户在科学文献的海洋中穿行，并通过引用关系对科学前沿进行可视化（Garfield and Small，1989）。斯莫尔详细描述了他对科学进行可视化的引文图谱方法（Small，1999）。图 5-6 展示了 1996 年基于文献共被引的科学全景图。这张图突出显示了经济学、神经系统学、生物医学、化学和物理学等学科之间的主要联系。图中圆的大小由具体领域的科学文献的总量而决定，例如，位于图中间的大圆代表生物医学，它表示生物医学领域所发表的文章最多；计算机科学，在图中它连接了影像学和经济学，以相对较小的圆表示，这意味着在整个科学文献中，计算机领域发表的文章（包括会议集、科技报告和预印本）占了很小的比例。该图谱可以放大以展示其局部研究结构，见图 5-7 和图 5-8。

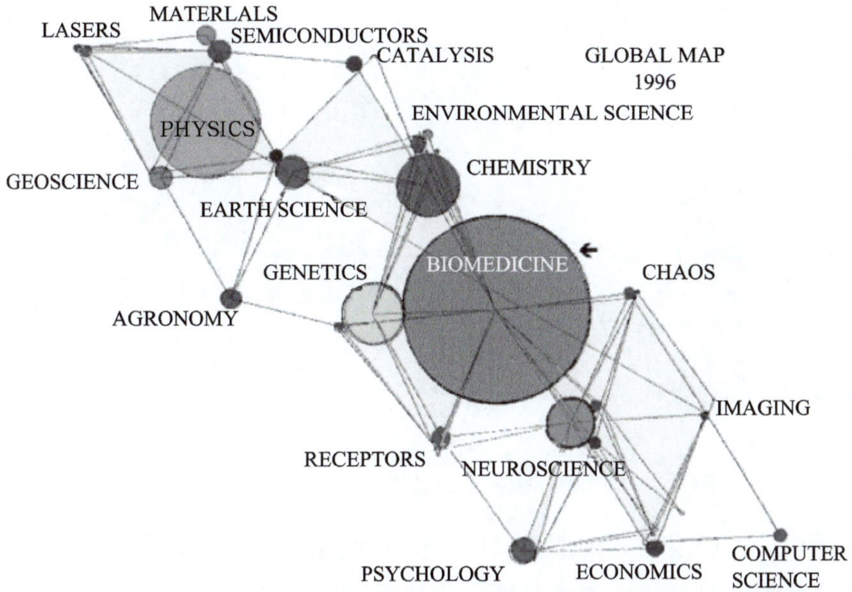

图 5-6　1996 年基于文献共被引的科学全景图，显示了多学科和研究领域的文献聚类结构（Garfield，1998）

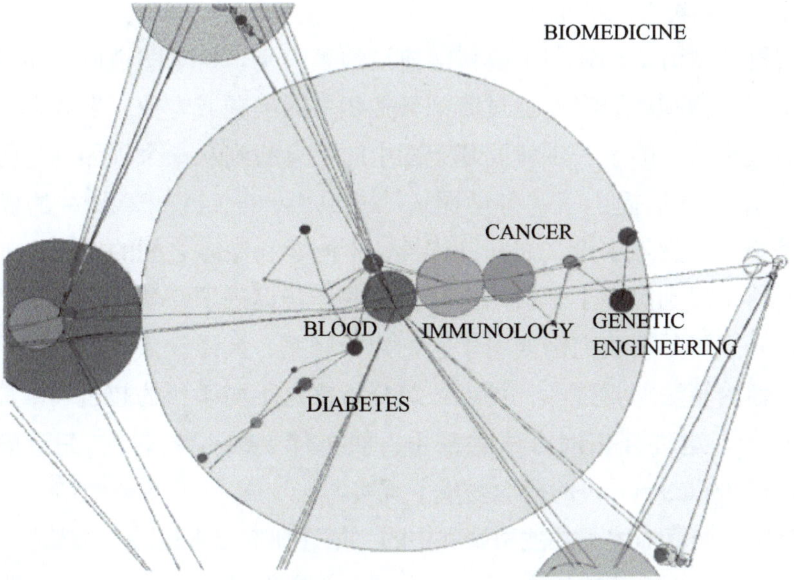

图 5-7　放大显示生物医学的具体结构（Garfield，1998）

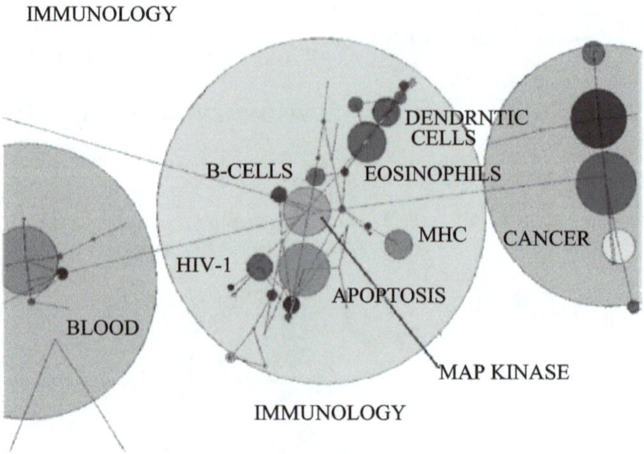

图 5-8 放大显示免疫学的具体结构（Garfield，1998）

共被引分析中经常利用多维尺度分析图和聚类算法来表示共被引结构。现在，研究者们对利用绘图技术来展示共被引分析的结果越来越感兴趣，包括最小生成树和寻径网络。另外一种趋势是对利用信息全景地图的表现手法，即将整个信息结构描绘成地形图的样式。

5.3.1.2 研究专业的描述

绘制科学图谱是探索和了解科学前沿的第一步。科学图谱应当能够引导我们从一个研究问题或研究专业过渡到其他相关的问题或专业。当我们拿到全域图谱之后，逻辑上的下一步就要基于图中的信息找到从一个领域到达另一个领域的路径。斯莫尔提出了“科学通道”（passage through science）的概念。科学通道是指科学文献中论文之间的连接，不同学科文献之间的连接可能包含了从一个学科扩展到另一个学科的方法。这些连接促进了跨学科的发展。而传统意义上，开展跨学科研究需要科学家们建立联系、翻译传播或修改使用。斯莫尔证明，他的算法非常强大，可以跟踪分析来自不同学科的超过 300 篇文献所组成的样本。这种开拓性方法的采用，使布什（Bush，1945）关于信息开拓（information trailblazing）的概念变成了现实。

斯莫尔的一篇描述了共被引聚类中的“描述研究专业的综合方法”（synthesis of specialty narratives）的论文（Small，1986）赢得了 1986 年“JASIS 期刊最佳论文奖”。斯莫尔首先设定被引频次的阈值来筛选出高被引文献，然后，他求得这些高被引文献两两之间的共被引次数，通过 Salton 余弦公式对共被引次数进行归一化。对文献进行聚类的方法采用的是单连接聚类（single-link clustering）

算法，这种方法被认为比全连接聚类（complete-link clustering）算法更为合适，因为共被引连线数量过多，往往多达上万个。单连接聚类方面可以形成内部联系紧密但聚类与聚类之间联系较弱的结构，而相比之下，全连接聚类则容易形成过于稠密和集中的聚类结构。构建全域视图采用的是多维尺度分析的方法。此外，斯莫尔研究了如何在全域视图所表示的知识空间中标记出知识发展路径。他把这种路径称为“研究专业描述”。

斯莫尔研究了如何将共被引网络转化成研究进路的问题。“研究专业描述”建立的目的，正是要在共被引网络中找出一条路径，从而描绘出科学家是如何一步步产生这些想法的。就像旅游线路的销售员，需要他们根据要求，找到一条经过每个城市的最优化线路。建立“研究专业描述”也是一样，描述路径的构建过程，就是沿着共被引链在科学家的研究轨迹中进行跋涉的过程。旅游线路的设计并不简单，但好在遍历网络有一些非常有效的算法，如广度优先搜索算法（BFS）和深度优先搜索算法（DFS），两者都能得到一个最小生成树。斯莫尔在他的研究中考察了几个可能的遍历方法。例如，在考察文献时，从一些发表较早的文献入手，更便于了解历史背景。因此，从共被引网络中发表最早的文章入手是合理的。在图 5-9 中，利用深度优先搜索算法生成了最小生成树，其中最长的路径被选为“研究专业描述”的主要次序。

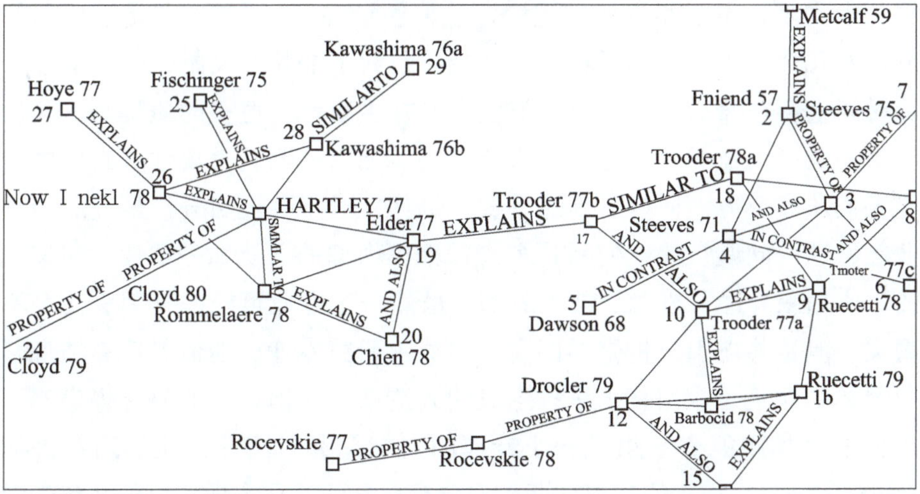

图 5-9 白血病病毒的描述图。连线上的标签是引用语境的类别（Small，1986）

引用语境提供了引用文献性质的第一手信息。只有将引用语境信息充分运用到叙事中，“研究专业描述”才是有意义的。给定文献的引用语境由引用该文献的语句组成，这些语句可能来自不同的施引文献。不同的研究者可能由于不同的原因引用相同的文章，而也有研究者可能在一句话中同时引用几篇文章。这些情况在斯莫尔的研究中都给予了考虑。在可预知的未来，我们仍然将会依靠人工，而不是自动算法来选择引用语句。然而，NEC 研究院的 ResearchIndex（即后来的 CiteSeer，译者注）给我们带来了一丝希望，并且告诉我们从网络上的文章中自动提取引文内容是多么有意义的一件事。在斯莫尔 1986 年的“研究专业描述”中，他还不得不手工检索施引文献中的段落，给它们编码并输入系统中，然后才开始利用程序计算共被引次数。他的“研究专业描述”设计缜密，操作细致，解读全面。斯莫尔的 JASIS 获奖论文富有启发性，并提供了许多技术手段，这些技术手段引发了 20 世纪 90 年代信息可视化的浪潮。在过去的 15 年中，这篇论文是引用分析研究的灵感之源，也许将来还能影响到信息可视化与知识可视化领域。

罗伯特·布拉姆（Robert Braam）、亨克·穆德（Henk Moed）和安东尼·范瑞安（Anthony van Raan）研究了共被引分析是否真正能成为绘制科学研究主题的有用工具（Braam et al.，1991a，1991b）。有意思的是，他们所用的对照方法是共词分析方法。这一工作澄清了一系列与共被引有关的问题。

共被引文献聚类被认为可以表示某个专业的知识基础（Small，1977）。在一篇关于文献计量学指标的综述中，让·金（King，1987）总结了反对共被引分析的几个理由：漏掉了相关的文献、包含了非相关文献、突显了理论文章、时间上存在滞后性，以及阈值设定存在主观性。更多的质疑是，共被引分析聚类是应用技术手段生成的人造产物，无法证明其重要性。布拉姆及其合作者们从多个方面回应了上述怀疑。例如，对于共被引分析聚类能否划分专业领域这一问题，他们使用到了诸如聚类内部的“认知一致性”和聚类之间的“认知差异性”概念。结果表明，虽然一个专业可能被分割成几个不同的聚类，但是共被引分析聚类确实能够显示研究专业。他们最后总结说，共被引聚类绝对不是应用技术手段生成的人造产物。但他们的研究也表明，共被引分析聚类不能表示组成一个专业的文献总和。因此，他们同意穆林斯（Mullins）等（1988）的建议，即应当分析文献的不同方面，以便在科学图谱中发现有价值的结果。

5.3.2　作者共被引分析

20 世纪 80 年代，作者共被引分析方法开始出现，后来这一方法成为引文图谱领域中应用广度仅次于文献共被引分析的一种方法。怀特和格里菲斯在 1981 年最早提出了这一方法，用来描绘知识结构（White and Griffith, 1981）。这类共被引分析中的分析单元是作者以及他们在科学文献中所反映出的知识联系。这种以作者为中心的视角，开创了一种可以与文献共被引方法相提并论的挖掘知识结构的新方法。

5.3.2.1　知识结构

作者共被引网络为文献共被引分析提供了一个非常有用的替代，特别是当文献共被引网络太过复杂时。凯瑟琳·麦凯恩（Katherine McCain）在 1990 年详细回顾了知识地图中绘制作者图谱的技术方法。1998 年，怀特和麦凯恩应用作者共被引方法深入研究了信息科学领域（White and McCain, 1998b）。自此，作者共被引方法从引文分析领域开始扩展到多个领域，并被众多跨学科研究者们所认可。该论文获得了“JASIS 期刊最佳论文奖”。拥有作者共被引分析方法和文献共被引分析方法，就如同拥有了两副观测眼镜，我们可以比较这两种方法所呈现的两类共被引网络中所传达的信息有何不同。

通常，第一步要做的是确定共被引分析方法的研究范围和研究焦点。原始数据要么直接拿来分析，要么首先转换成共被引相关矩阵，而后者更为常见。显示方面，一般将多维尺度分析与聚类分析或最小主成分分析（PCA）联合起来使用。分组方法上，通常运用层次聚类法。图 5-10 说明了标准共被引分析的一般流程。例如，用多维尺度分析用来确定结点的位置；以单联通聚类或全联通聚类（the single or complete link clustering）方法用来进行聚类，有时也用主成分分析方法来代替聚类。具体实践过程中，一些研究者会选择直接分析原始共被引数据，而有些研究者则更愿意使用相关矩阵进行分析。据我所知，还没有人直接比较过这两种方法的聚类效果哪个更好，尽管这种比较有助于了解两种方法各自的优劣。分区（partition）的目的是将全域视图切分成更易于处理的局域视图，同时使得图谱变得更容易理解。最后，在图谱中附加上引用次数和共被引强度等信息，以使图谱的信息更加清晰明确。

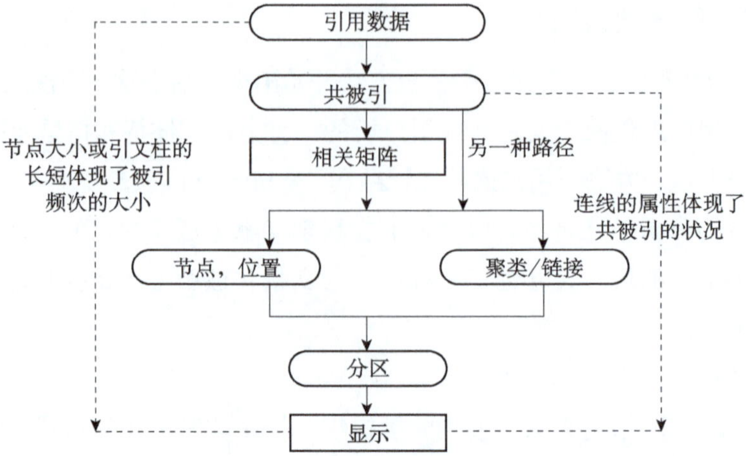

图 5-10　共被引分析一般流程（虚线表示可视化的可选项）

怀特和格里菲斯在 1981 年合作发表的开拓性论文中，利用 SSCI（1972 ～ 1979）数据库，第一次构造了信息科学领域的作者共被引图谱。该图谱显示了信息科学领域中含有的五个主要的作者聚类（图 5-11），即科学传播、文献计量学、集大成者、信息检索、先驱，每个聚类对应一个研究领域。在这幅信息科学领域的作者共被引图谱中，左边是科学传播（scientific communication），右边是信息检索（information retrieval）。从 20 世纪 80 年代起，信息科学领域的研究者绘制了大量关于其母学科的共被引图谱，那些图谱都继承了该图谱的某些结构特点。

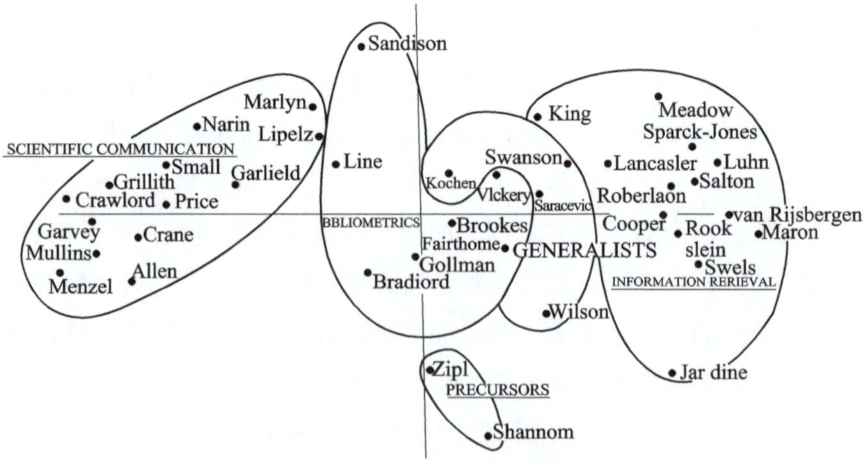

图 5-11　作者共被引分析图谱，展示了信息科学的领域特征（1972 ～ 1979 年）（White and Griffith，1981）

怀特和格里菲斯（White and Griffith，1981）绘制的作者共被引图谱展现了信息科学领域1972～1979年的特点。1998年，也就是17年后，他们又绘制了一幅信息科学领域的新图谱，但把研究区间拓宽到23年（1972～1995）。首先，他们选择了在信息科学领域的12种核心期刊中被引次数最高的120位作者作为研究对象。然后，提取出这120位入选作者在SSCI数据库中的共被引次数。最终，他们得到了含有100位作者的共被引图谱。该领域的主要研究专业通过因子分析的方法进行识别。结果显示，信息科学领域主要由两大几乎不相干的专业构成：信息检索和科学传播。引文分析也被划拨到科学传播的阵营中。另一个重要的发现是，新图谱保留了1981年图谱的一些基本结构，即右边关于科学传播和左边关于信息检索。

怀特和麦凯恩认为，一个作者可以同时从属于几个研究专业。因此，他们没有采用聚类这种排他性的分类方法，而是运用了主成分分析方法，计算各作者在不同成分中的值。首先，原始共被引次数被转化为皮尔逊相关系数矩阵，目的是测量作者两两之间的相似性（White and McCain, 1998b）。图5-12显示了1972～1995年信息科学领域的这100位作者的共被引图谱。从图上很明显得出，信息科学主要由两大阵营构成：右边的信息检索作者群和左边的引文分析作者群。信息检索阵营包括布什、杰拉尔德•索尔顿（Gerald Salton，1964～1988）和斯沃森等，而引文分析阵营包括普赖斯、加菲尔德、斯莫尔和怀特，库恩出现在坐标（-1.3，-0.8）的位置上。

从1997年开始，笔者开始探索如何将寻径网络方法应用到复杂网络的可视化之中（Chen，1997b，1998b），见图5-12～图5-14。寻径网络方法可以过滤到网络中的多余连线，或者更准确地说，保留那些满足三角不等式的连线。1999年，笔者发表了一篇有关作者共被引网络的研究，其中运用了寻径网络方法。结果表明，这种方法比多维尺度分析方法更好，因为寻径网络更加清晰，

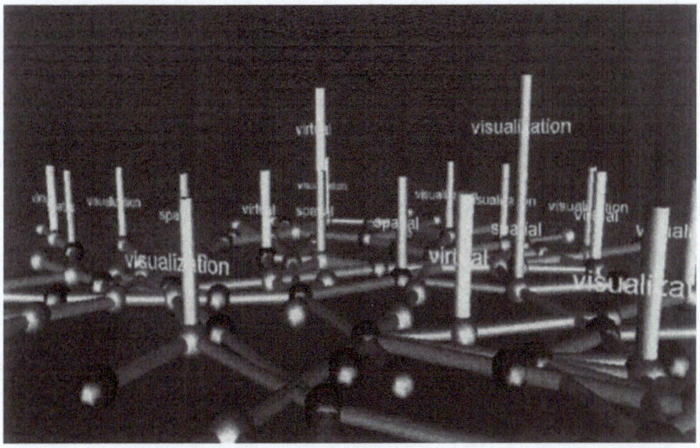

图5-12　三维寻径网络，第三维度是词频（Chen，1998a）

并且在保留关键结构的同时去掉了冗余的连线。

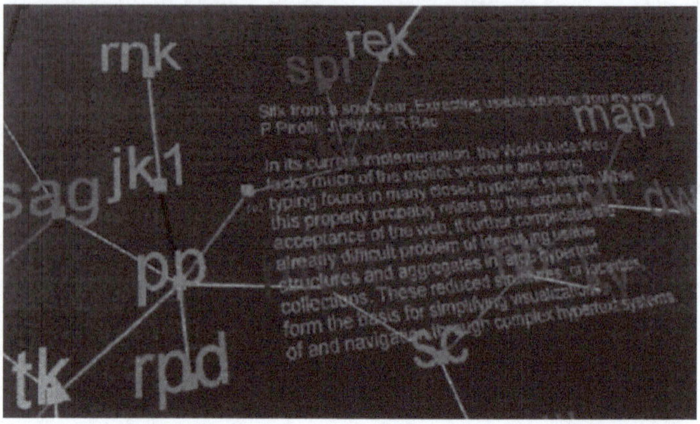

图 5-13　基于内容相似度的寻径网络，用户可以通过交互界面查看摘要（Chen，1998a）

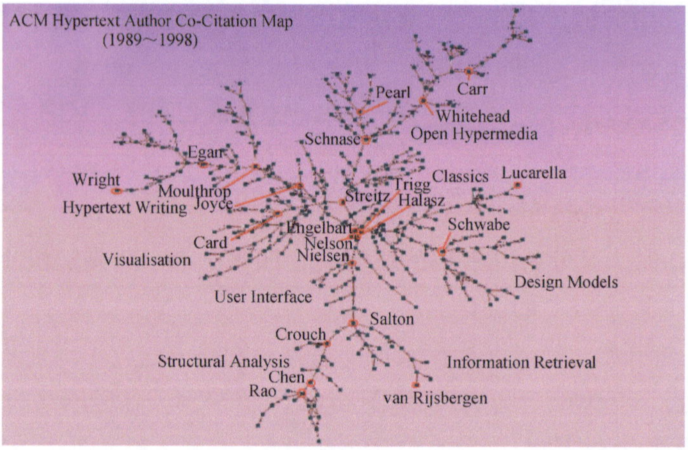

图 5-14　ACM 超文本会议的共被引寻径网络（1989 ～ 1998）（Chen and Carr，1999）

2003 年，怀特重新利用他在 1998 年的文章中使用的数据，利用寻径网络方法来展现作者共被引结构。他得出结论：寻径网络方法要显著优于多维尺度分析方法，因为寻径网络使得图谱更加清晰。图 5-15 展示了信息科学领域的 121 位作者的寻径网络。加菲尔德、兰卡斯特（Lancaster）和索尔顿是该网络中最重要的几个作者，他们各自被大量的共被引作者紧密环绕。

1998 年，怀特和麦凯恩对范式转移的相关问题进行了研究（White and McCain，1998a）。他们利用 INDSCAL 模型比较了三个连续时间段的作者共被引网络。他们的研究为我们把握科学界的动态和跟踪学科发展迈出了重要一步。

图 5-15　基于共被引次数的 121 位信息科学领域作者的寻径网络

5.3.2.2　一般相似性分析

一般相似性分析（GSA）是对分散式超媒体资源进行结构分析和可视化分析（Chen，1997a，1998b）的通用框架基于共被引次数的 121 位信息科学领域作者的寻径网络。一般相似性分析通过寻径网络的改善使得网络更加清晰。德克萨斯农工大学的约翰 • 莱戈特（John Leggett）是美国匹兹堡第 8 届 ACM 超文本会议的一个主讲嘉宾，他谈到了超文本研究中的“阵营”和这些无形阵营中的“竞争者”，他好奇的是他们都是谁，现在在什么地方。受怀特和麦凯恩的作者共被引图谱以及莱戈特富有创见的演讲的启发，我们将 GSA 应用于作者共被引分析之中。南安普顿大学的莱斯利 • 卡尔（Leslie Carr）给我提供了 ACM 超文本会议的引文数据。基于这一数据，我们在 1999 年德国达姆施塔特的第 9 届 ACM 超文本会议上，提出了一种利用寻径网络算法改进了的共被引网络。从那时开始，我们开发了一个系统的、统一的作者共被引和文献共被引分析框架，在传统的降维技术（如多维尺度分析和主成分分析）中融合了寻径网络算法，并致力于信息可视化的技术实现，如动画效果、彩图效果和三维全景效果。到 2001 年，我们已经积累了一套知识可视化的四步式流程（Chen and Paul，2001）。在完成了对学科领域的研究主题的全景图的构建之后，我们将目光转向可视化和绘图的功能上。显然，视角越是集中，该图谱的用处越大。出于这个的原因，我们转而研究库恩的解谜范式（puzzle-solving paradigm），专注于对科学前沿的竞争范式的情景分析（第六章）。斯莫尔的“研究专业描述”，也为我们探索怎样更有效地找到科学前沿的核心提供了一个极佳的范例。

5.3.2.3　多维尺度分析、最小生成树、寻径网络

多维尺度分析图谱是知识分组时使用最多的图谱之一。多维尺度分析图谱符合格式塔原则：生成的分组在很大程度上由邻近性、相似性和连续性所决定。多维尺度分析旨在优化高维空间中两两之间距离的远近。多维尺度分析的原则是，在一个二维或三维的图谱中，相似的对象之间相互临近，而不相似的对象之间相互远离。

大多数统计程序软件如 SPSS、SAS 和 Matlab，都可以很容易地生成多维尺度分析图谱。然而，多维尺度分析方法无法给出清晰的分组结果，必须通过我们仔细观察节点相互之间位置的远近来识别其基本结构。而要识别位置之间的距离并不容易，有时候会出错。例如，一维尺度分析图谱未必能呈现出线性关系；二维尺度分析图谱结构可能与层次聚类的结果相去甚远，即在一个二维尺度分析图谱中相邻的两点可能分属于不同的聚类；而三维尺度分析图谱会在视觉上看起来太复杂，以致如果不是在一个三维空间内通过旋转进行多角度观察的话，就很难弄懂它的含义。由于这些局限性，研究者通常会选择在多维尺度分析中添加附加信息，如绘制明确的聚类边界，从而给出节点的分组。多维尺度分析方法最大的问题，是缺乏局部的细节。如果也把多维尺度分析图谱作为图（graph），就能很容易地看出多维尺度分析图谱与其他图谱之间的不同（连线数 0），见表 5-2。

表 5-2　各类网络中连线数的比较

G=（顶点，边）	顶点	边	如N=367
多维尺度分析	N	0	0
最小生成树	N	$N-1$	366
寻径网络	N	$\leqslant 3N$	398
全矩阵	N	$\leqslant N(N-1)/2$	61，175

图 5-16 是超文本领域中，由 367 位主要作者所构成的最小生成树共被引网络。原始的作者共被引网络中有 61 175 条连线，而一个全连接的对称矩阵更是可能形成多达 66 978 条连线。换句话说，原始共被引图谱的连接数占全连接图

谱连接数的 91%。最小生成树算法选择了其中 366 条最强的连接，从而形成了一个简单得多的图谱样式。

图 5-16 基于 ACM 超文本数据库的作者共被引网络的最小生成树（节点数 367，连线数 366）

最小生成树算法对连线进行修剪，从而可以更好地展示图谱的细节。如果网络包含相等的加权边，那么可以选择各最小生成树结果中的任何一个。然而，任意选择的最小生成树可能会破坏原始网络的语义完整性，因为它不是基于语义进行选择的。寻径网络通过保证原始网络中的语义顺利解决了这一问题。当采用测距时，寻径网络是所有可能的最小生成树的并集。寻径网络通过确保连接不违背三角不等式条件的方法来修剪连线。

图 5-17 是对同一个作者共被引矩阵采用寻径网络方法得到的结果，图中红色的圆圈表示寻径网络比最小生成树图谱中多出的连线。该网络共包含 398 个连接，比最小生成树算法的结果多 32 个连线。多出的这些连线因为是环路而被最小生成树算法剪除掉，但是，最小生成树算法所采用的这种以环路为剪除标准的方法，会漏掉潜在的重要连接。

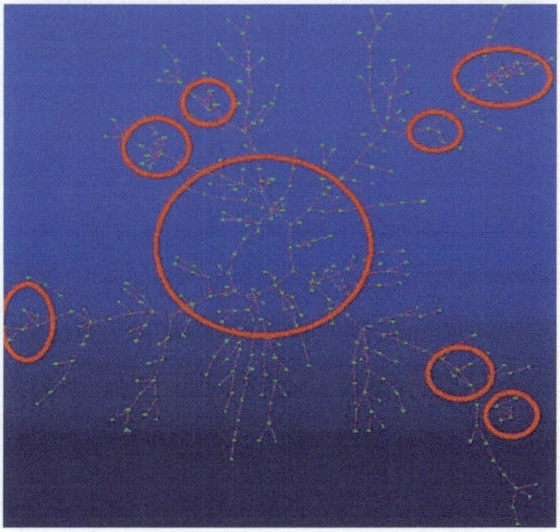

图 5-17 基于 ACM 超文本数据库的作者共被引网络的寻径网络（节点数 367，连线数 398）

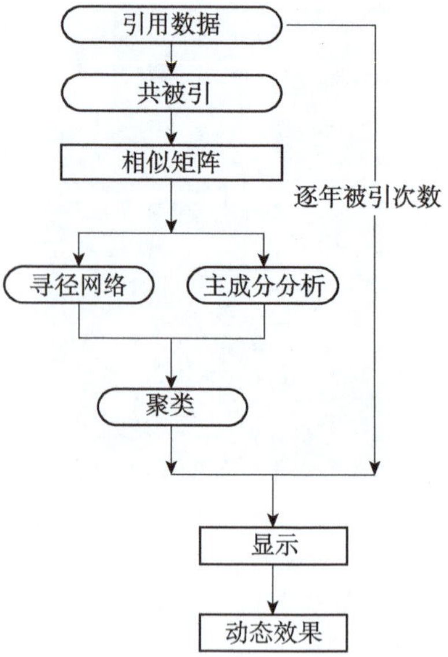

图 5-18　Chen 和 Paul（2001）描述的共被引分析流程

为了展示作者共被引网络的各个不同的方面，我们认为在共被引分析中需要注意（图 5-18）：

- 用寻径网络方法表示作者共被引网络；
- 利用主成分分析方法直接确定研究属于哪个专业领域；
- 用柱状图来展示被引次数，柱长对应于各年引用次数的累加。

利用寻径网络、主成分分析、年被引次数三方面数据，我们得到了最清晰的图谱。图 5-19 显示了用该方法所得到的作者共被引图谱。这是超文本领域（1989～1998）367 位作者构成的作者共被引图谱。主成分分析方法确定了 39 个因子，对应着超文本领域的 39 个研究专业。根据所属的前三个主要因子，对作者进行着色。最主要的研究专业用红色表示，接下来两个主要专业依次用绿色和蓝色表示。最主要的研究专业从树枝结构的顶部向外延伸，而次主要专业似乎主要集中在环形结构的左下角。

图 5-19　超文本研究（1989～1998）的 367 位作者构成的作者共被引寻径网络。节点颜色表示了主成分分析方法所确定的专业属性：红色代表最重要的主成分，绿色代表第二主成分，蓝色代表第三主成分（Chen and Carr，1999）

主成分分析中的颜色层，使得我们可以观察各作者在网络结构中的位置，并比较他们分别所代表的主要研究专业。通过颜色对网络进行分区，相对于传统的通过聚类或人工进行严格分区的方法，不仅新颖而且获取的信息量更大。这种非严格分区的方法，在处理无形学院的问题时更为合适，这类作者的专业身份通常不是那么明晰，这些处于科学前沿的巨人，通常同时属于多个不同的研究专业。

图 5-20 显示的作者共被引网络与图 5-19 相同，只不过添加了每位作者的引用历史。被引用次数最多的作者是图中间的“地标性建筑”。无形学院与研究领域的关系开始呈现。

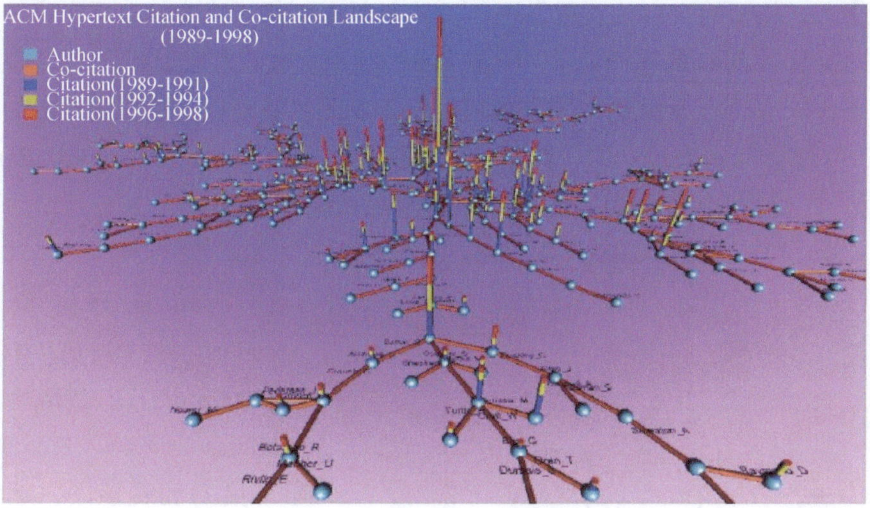

图 5-20　超文本作者共被引网络（1989～1998）。每个竖条的顶点表示了每个作者的期刊引文指数（Chen and Carr，1999）

我们试验了两种动画效果：一种是研究专业的分布；另一种是引用柱体的增长。保持共被引网络不变，作为基础图，观察引用特征的变化。在具体实施上，我们在原来的静态引用图上添加一个新的主题变化图层。

将寻径网络方法应用于共被引网络中，不但丰富了寻径网络的应用，而且增进对寻径网络的深刻理解，已经更好地对这种图谱进行了解读。于是现在我们可以更系统地对共被引网络进行解读。例如，位于图谱中心的文献或作者，或者处于相对稠密区域的文献或作者，倾向于跨学科研究领域；而那些位于寻径网络外围的文献或作者，则倾向于更具体的研究领域。

5.4　HistCite

HistCite 是一个展示“政文历史”的著名工具，由加菲尔德倡导开发。设计 HistCite 的初衷是为了展示引用关系是如何随着时间而延续的。通过从 Web of Science 数据库得到的数据，生成一系列的表或图。在 HistCite 中，在整个 Web of Science 数据库中的被引次数被称为全域被引次数（global citation score，GCS），而在当前下载数据中的被引次数被称为局域被引次数（local citation score，LCS）。运用 HistCite，加菲尔德进行了一系列的案例研究，并放在网络上进行共享。

在引文历史图中，文章按照其发表年份进行排列。发表最早的文章放在图的最上方，越新的文章位置越靠下。如果文章 A 引用了文章 B，那么这种联系就用一条从 A 到 B 的连线表示。一篇文章的被引次数，对应于其节点的大小。

图 5-21 显示了引文历史图是如何展示信息的传播路径。这张图是由加菲尔德在 HistCite 网站上展示的，其基于的数据集是所有含有“cocitation”或“co-citation”，或者引用了下面三篇文章中的至少一篇的文章：

- Small H. 1973. JASIS，24（4）：265-269.
- Small H. 1974. Science Studies，4（1）：17-40.
- Griffith B C. 1974. Science Studies，4（4）：339-365.

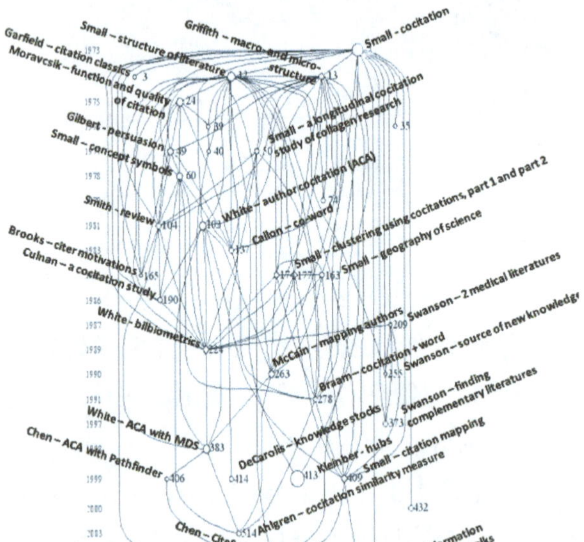

图 5-21　共被引领域的引用编年图

资料来源：http://garfield.library.upenn.edu/histcomp/cocitation_small-griffith/graph/2.html

为了更易理解该图，笔者为该图手动地添加了一些注释，即为重要的节点添加了一个由“文章作者 - 主要贡献”组成的标签。在图中，显然共被引研究领域的开山之作是斯莫尔于 1973 年在 *JASIST* 期刊上发表的文章。这篇文章引用了 20 篇文献，包括加菲尔德于 1955 年在 *Science* 上发表的那篇奠定了引文分析基础的文章，以及凯斯勒（Kessler）在 1996 年发表的首次提出文献耦合的文章。

1974 年，斯莫尔和格里菲斯发表了另一篇文章，进一步总结了共被引分析的概念基础。同年，加菲尔德关于“引用经典”的文章也发表了。三年后，斯莫尔以胶原蛋白（collagen）研究为基础，在共被引研究中加入时间因素，使得共被引分析方法更加深入。与此同时，穆拉维斯基（Moravcsik）和 Murugesan 研究了引文的功能和性质。吉尔伯特（Gilbert）研究了引用在论证中的作用。斯莫尔将引文归结为概念符合（concept symbols）。第一篇共被引分析的研究综述出现在 1981 年，是由斯密斯（Linda Smith）在 *Library Trends* 上发表的。

作者共被引分析最早由怀特和格里菲斯在 1981 年提出。一般说来，正如斯莫尔所说，作者共被引网络不像文献共被引网络那么稀疏。作者共被引可以看做是文献共被引的集成，因为同一作者发表的文章都被集成在该作者名下。一方面，这种集成有助于简化研究领域的结构复杂度；另一方面，集成也可能丢失掉作者作品之间的差异性特征。考虑到作者改变研究方向的现象非常普遍，可能有人会说，应该保留作者发表的文章，而不是将这些不同的文章都集成起来。1983 年，Callon 提出了共词分析方法。1985 年，布鲁克斯（Brooks）探究了引用者的动机。同年，斯莫尔进一步改进了共被引分析方法，着重强调了共被引关系在聚类中的作用。

1987 年，斯沃森发表文章，开创了基于文献发现（literature-based discovery）的研究。在 1990 年和 1997 年，他又跟进了这一研究。同一时期，怀特和麦凯恩讨论了以作者为对象的研究与其他研究的区别，并回顾了该领域的最新进展。1998 年，两人又利用多维尺度分析方法绘制了一幅信息科学领域的共被引图谱。1999 年，笔者将寻径网络尺度分析法引入到作者共被引分析中。2006 年，CiteSpace II 发表，共被引分析平台建立。图 5-21 中最近的一篇共被引领域的重要文献是 Martin Rosvall 在 2008 年发表的关于利用随机游走对信息流的建模。

5.5 专利共被引

专利分析在信息科学研究领域出现已久，但是最近引起了商界的极大兴趣。无数的新兴公司专门瞄准专利分析市场。除了检测知识、技术转移和保持竞争力的历史考虑外，对专利分析兴趣的增长更多是因为专利数据变得更易得到，比较著名的有美国专利商标局（USPTO）的海量专利数据。公众可以通过USPTO的官网 http://www.uspto.gov/ 进行检索，并通过 ftp://ftp.uspto.gov/pub/patdata/ 进行下载。图 5-22 显示的是一个由 1726 篇共被引专利所显示的图谱。

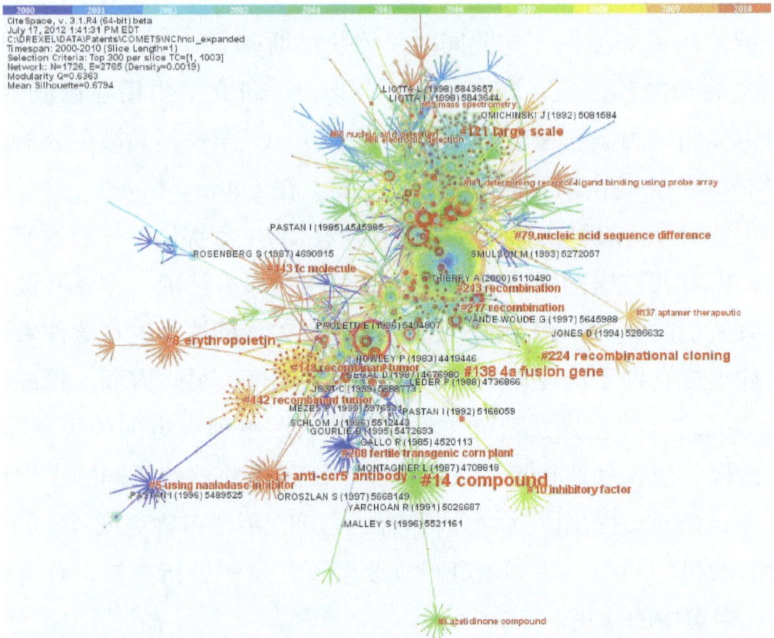

图 5-22　癌症研究相关的 1726 个共被引专利的最小生成树图谱

大量专利数据的可获得性、信息可视化技术的推广、搜索引擎技术的成熟，是导致引文分析增多的主要影响因素。许多专利搜索界面都允许用户根据具体的字段，如专利权限进行专利搜索。统计分析和直观可视化分析已成为专利分析工具的主要卖点。尤其是，可视化技术日益成为专利分析中的一种时髦选择，我们不时看到一些新的可视化分析工具，甚至比标准的统计还要普遍。

一个特别有趣的例子来自桑迪国家实验室。凯文•博雅克（Kevin Boyack）和他的同事们（Boyack et al.，2000）利用类似地形图的可视化工具 VxInsight 分析了 USPTO 的专利数据，试图探究如下几个问题：我们的竞争主要致力于什么方向？谁引用我们的专利？他们主要用来开发什么？在相关领域有没有新的竞争者和合作者？这项分析是基于从 USPTO 数据库的几大主要文献类型中得到的 15 782 篇专利数据而开展的。其中最主要的分类是 Class 360——关于动态磁信息存储或检索（dynamic magnetic information storage or retrieval）技术。他们采用了类似于 1997 年斯莫尔采取过的测量方法，即原始共被引连线。原始共被引连线被赋予权重值，所赋予的权重值为相应文献共被引次数的 5 倍。图 5-23 和图 5-24 给出了地形图样式的专利图谱。

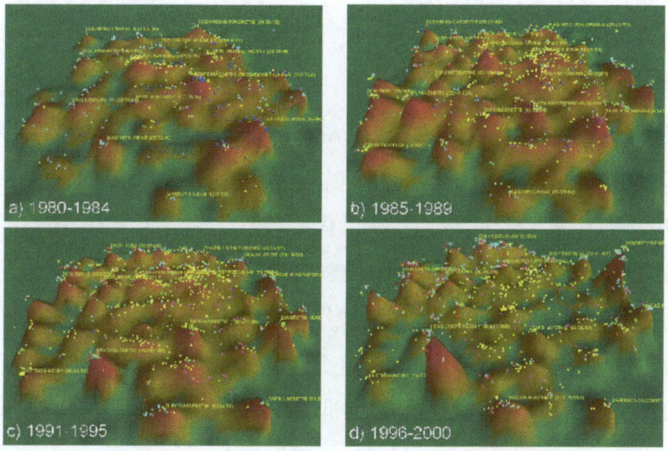

图 5-23　Class 360 的专利地形图。奥林巴斯的专利用蓝色表示，索尼和日立的用绿色表示，飞利浦的用红色表示，IBM 的用青色表示，希捷的用红色表示（Boyack et al.，2000）

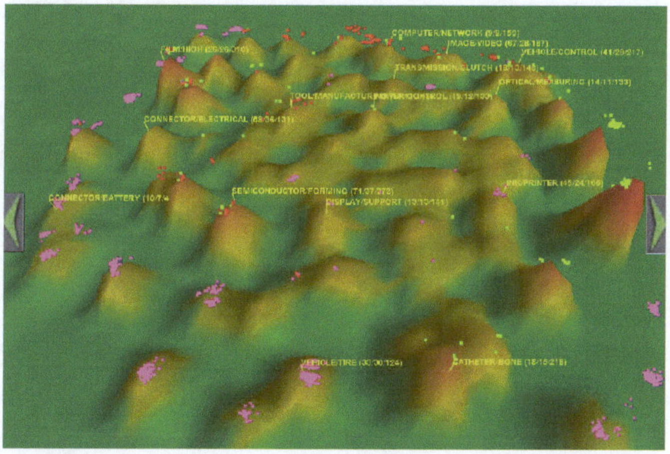

图 5-24　美国专利局 2000 年 1 月所颁布的所有专利的地形图。设计专利用品红色表示，高校的专利用绿色表示，IBM 的专利用红色表示（Boyack et al.，2000）

5.6　小结

在本章中，我们介绍了影响科学文献在认知方面影响力的因素，如马太效应的作用，重点研究了两种绘制科学知识图谱的主要方法——共词分析和共被引分析。在共被引分析中，分别介绍了文献共被引、作者共被引和专利共被引分析方法。虽然我们主要关注方法的基本要求和基本策略，而不是具体的实现，但是也描述了这些方法中所使用的并随这些方法一起发展的关键技术。另外，本章还讨论了更基本的问题，即站在巨人的肩膀上，我们应该何去何从？这一章的中心问题是“站在巨人的肩膀上”，这意味着，最前沿的科学知识，其实掌握着探明人类知识资源富矿的钥匙。斯莫尔的“研究专业描述”，为科学图谱从全域图到细节图的转变提供了一种很好的范例。

我们利用一张可视化图谱对这一章做一个总结。基于在 1973～2011 年引用了斯莫尔和格里菲斯的两篇开创性论文的文献，我们利用 CiteSpace 软件绘制了如图 5-25 所示的文献共被引图谱。共被引连线的颜色表明了图谱中每一部分的时间。最早的文献用冷色调表示，如蓝色；而最新的文献用暖色调表示，如橘色。图中上半部分展现的是最开始的文献，而下半部分偏左的位置则展现的是最新的文献。根据彼此联系的紧密程度，共被引文献被划分成聚类。每个聚类利用形成该聚类的文献的标题自动生成标签。例如，在蓝色区域中，有聚类 86（科学专业，scientific specialty）、聚类 76（共被引指标，co-citation indicator）、聚类 67（作者共被引结构，author co-citation structure）等。中间有不多的一些聚类是联系图中上半部分和下半部分的，包括聚类 21（共被引图谱，cocitation map）和聚类 26（信息科学，information science）。左下部的聚类相对较新，包括聚类 37（跨学科，interdisciplinarity）和聚类 56（可视化，visualization）。在过去的 10 年里，技术的进步让可视化分析方法比之前任何时候都更容易实现。

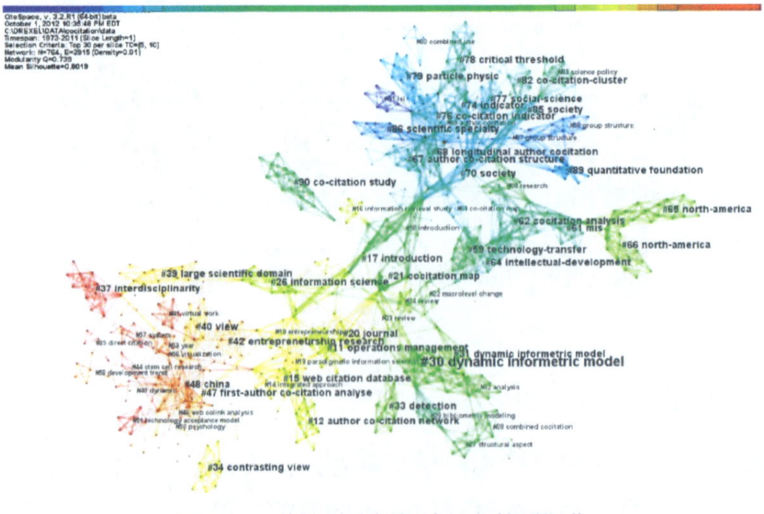

图 5-25　共被引分析领域的文献可视化

研究者们开始意识到，要想捕捉科学研究实践中的动态，科学地图需要采用不同的视角和表现手法。阿姆斯特丹大学的雷迭斯多夫提出，对绘制科学地图来说，演化的视角比历史的视角更合适（Leydesdorff and Wouters, 2000），尽管后者在引文分析中被广泛采用。雷迭斯多夫认为，多维空间的几何映射表示方式，正在逐渐被演变的表现方式所取代。动画、电影和仿真等技术正在取代静态图谱，科学不再被看做是从单一维度理解的一块铁板。将科学在多维尺度上进行展现可能会更好，而且不仅可以在多个尺度上进行发展，甚至还可以创造出新的维度。现在，是时候更近距离地观察图谱了，去寻找那些通往发现的路线，如发现在现代科学中那些最重要、最难解的地方正在发生的事。在下一章，我们将重点介绍库恩的范式转移理论在绘制科学前沿过程中所起的作用。

第六章

跟踪竞争范式

Paradigms are exemplary scientific achievements.

范式是可模仿的科学成就。

——Thomas Kuhn（1922～1996）

文献计量学可以展示出知识发展中的社会趋势，而解释这种趋势则需要更宏观的社会学和科学哲学知识。从知识分析的视角来看，文献计量学不是目的，而只是一种手段，它应该建立在一种更系统的方法论基础之上，这种方法论能够从整个知识领域的高度描述相关的背景和问题（Hjorland and Albrechtsen, 1995）。

本章中，我们将讨论信息可视化如何借助范式转移的哲学框架，帮助科学家追踪竞争范式的发展路径。我们将利用两个案例说明共被引分析和知识可视化技术的用途，一个是地质学中的物种大灭绝问题，另一个是宇宙论中超大黑洞的发现问题。在这两个案例中，我们感兴趣的是科学范式的识别和发展、连续演变的文献群或某特定领域的科学家群体。另外，我们将为有争议的关键事件提供一个基于史实的解释，读者可以通过这种方式对可视化的重要性有一个详细的了解。

6.1 信息科学中的领域分析

赫约兰德（Hjorland）是在信息科学中的领域分析中起到重要推动作用的一个关键人物（Hjorland, 1997; Hjorland and Albrechtsen, 1995）。领域分析的分析单元可以是一个专业、一个学科，或一个主题。与其他的领域分析方法相比，赫约兰德所强调的，不是传统的心理学视角，而是社会学视角在其中所起的关键作用。

赫约兰德称他的方法为活动理论方法（activity-theoretical approach）。传统方法根据人们的认知结构和认知策略，主要研究信息使用的个人。而活动理论方法，则强调宏观背景下信息检索问题的全局观，认为用户的需求应始终放在相关的学科知识背景下进行解释（表 6-1）。从这个意义上来说，信息检索并不是孤立的行动，而是持续过程中的一个阶段。检索条目的相关性与标的物的自身属性才是直接相关的。这种观点与绘制科学前沿图谱的目标相一致，即提供一个有意义的框架，在这个框架下，科学家可以将知识体系作为一个整体进行研究，而不是处理支离破碎的知识。可视化领域突出了科学文献中某一研究主题的发展。

表 6-1　认知论和特定领域观的区别（Hjorland and Albrechtsen, 1995）

认知论	特定领域观
优先理解用户个人的需求和心理分析。生产者和使用者之间的媒介强调理解	从社会角度，以及交易贸易或学科中的信息系统的功能方面优先理解用户的需求
关注用户个人； 通常着眼于将学科背景看做是个体认知结构的一部分	关注一个知识领域或多个知识领域的比较研究； 将单个用户置于学科背景中考虑
主要源于人工智能和认知心理学	主要源于领域中有关信息结构的知识、知识社会学以及知识理论
心理学理论强调认知策略在表现上的重要性	心理学理论强调在认知表现（performance）中，才能、策略和知识之间的相互作用
核心概念（central concept）是个体的知识结构、个体信息处理、短期和长期记忆，以及类别与情境分类（categorical versus situational classification）	核心概念是科学与专业传播、文献（包括参考文献）、学科、主题、信息结构、范式等
方法论以个人主义方法为特征； 个人主义方法论与普遍的个人主义观之间存在关联，但认知论和特定领域观的区别并不是对信息系统作用的政治理念有所不同，而是对于研究和优化信息系统的理论和方法论有所不同	方法论以集体主义方法为特征； 集体主义方法论与普遍意义的集体主义观点之间存在关联，但认知论和特定领域观的区别并不是对信息系统作用的政治理念有所不同，而是对于研究和优化信息系统的理论和方法论有所不同
最佳应用实例：用户界面（信息系统的外围）	最佳应用实例：学科表征、分类（信息系统的内部）
隐性知识论：主要是解释学趋势下的理性主义或实证主义	知识论：解释学趋势下科学实在论或社会建构主义的形式
隐性本体论地位：主观理想主义	本体论地位：现实主义

2001 年，美国社会信息科学和技术优秀奖获得者威尔逊将知识传播的难题归结为专业之间而非个体之间的沟通难题（Wilson,1993）。外界信息作用于本专业的主要方式是被客观联系的群体所认知。总的来说，该群体必须相信该信息合乎逻辑或可证。

萨拉塞维克（Tefko Saracevic）认为，对于所有其他的相关性观点来说，学科知识相关性是最基本的，因为学科知识是知识传播的基础（Saracevic,1975）。学科文献相关性的观点可以围绕学科文献的结构构建。学科知识相关性的观点强调由问题引发的主题下的学科知识的性质、结构和范围。学科知识和学科文献虽然不同，但显著相关。

科学哲学的影响包括库恩的范式转移理论和萨加德的概念变革理论。为了跟踪知识的增长，我们建立了布什协作观和开拓型信息空间（Bush's notions of associations and trailblazing information spaces）。这种方法的关键步骤是寻找到衡量知识和概念实体之间联合强度的具体和定量的测度方法。引文索引是这项工作的另一个基础。有关范式的理论或者新证据被普遍接受，这是衡量这种范式在多大程度上被同行科学家认同的最有力的指标之一。引文索引作为提供这类信息的途径，如今已众所周知。而且，分析者可以通过出版物中出现在文后的引文信息，追踪某一特定文献的来源及涉及该主题的文献的影响力。

6.2　对胶原蛋白研究的纵向研究

在引文模型的历时研究中，斯莫尔描绘了胶原蛋白研究的发展轨迹。高被引文献按照共被引强度的不同被分成不同的聚类。每个聚类由代表一年内被引次数的等高线来描述。图 6-1 展示了每年的情况。

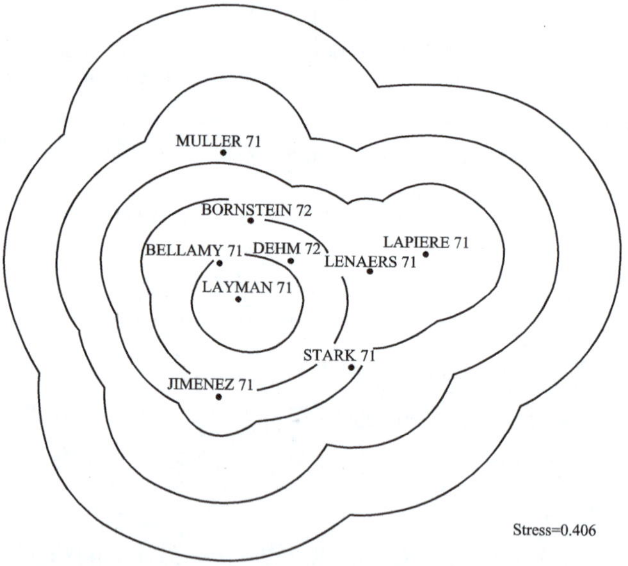

图 6-1　胶原蛋白研究领域的范式转移（Small,1977）

通过查看多年来内圈和外圈内外的文献移动模式，斯莫尔识别出了范式转移的特点。其实，不仅是主题层逐年变化，底层结构（base map），如每个聚类的成员组成，也是如此。只要文献仍出现于这些图谱内，我们就可以看出该文献的轨迹。一旦该文献移动到我们的视野之外，就无法再追踪这篇文献了，也就意味着追踪的结束。范围越大的视野越可以提供更多的背景信息，因此，我们可以追踪一个日益兴起的范式和一个日益衰落的范式的轨迹。

研究人员发现，主题的地理信息视图有助于个体对于事实和推论的记忆（Rittschof et al., 1994）。如果人们首先研究地图然后阅读相关文本，他们就能够记住文本中更多的信息。如果我们将某一学科领域的知识结构可视化，形成的知识图谱可能也会以同样的方式对研究人员有所帮助。

从传统意义上来说，一个地图展示了信息的两种重要类型：结构信息和特征信息。结构信息帮助我们定位地图上的具体目标，并测定它们之间特殊的空间关系。特征信息是指用细节、形状、大小、颜色和其他可见的特征来描述地图上的某个目标。我们可以基于特征信息而不依赖地标之间的结构关系来区分每个目标。当人们研究一幅地图时，首先要建立起地图整体空间框架的思维图像，随后将目标加入图像中（Rittschof et al., 1994）。思维图像一旦形成，就成为检索信息的有力工具。思维图像将单个目标整合成一个相对完整独立的局部，使我们能够快速便捷地获得相关的目标。另外，结构和特征信息越完整，这个图像就越完整。图像越完整，目标信息就越容易定位，越有助于检索更多细节。

这些关于主题图谱的发现，为信息可视化的设计提供了有用的指导方针。在之前关于可视化知识领域的知识结构的研究中（Chen and Paul, 2001），我们开发了一个四步的程序来构建基于引文和共引数据的知识领域全景图。这种方法将结构信息从大量相关测度中抽取出来，如共引、共词，或者共描述（co-descriptor）。结构信息通过寻径网络表示，寻径网络本质上即由连接网络中因子的最短路径组成。可视化中的特征信息与引文影响力和专业籍（specialty memberships）相对应。文献的引文影响力通过引用条（citation bar）的高度来表示。每年的引用条的颜色代表引文的新近性。在这样一个知识背景下识别一个标志性文献变得相对容易：较高的、具有很多明亮颜色片段的引文条，往往代表着该知识领域中的标志性文献。在此方法中，一个研究领域聚类，有时也被称为子领域或主题，要根据因子分析的结果来着色。

在接下来的两个案例中，我们将重点强调与竞争范式间的争论有关的结构和特征信息。我们也想根据整体结构中标志性文献的活动，来重点观察范式的转移过程。焦点集中在将结构和特征信息与已知的相关科学争议相匹配。同专业领域专家的综合验证则是另一个独立的主题。

库恩的科学范式概念提供了一个框架，在这个框架里，可以将视觉空间模式与潜在范式的转移相匹配。如果在某学科内部存在一个主导范式，引文模式就该反映出此现象，同时允许出版周期中出现的常规延误。主导范式至少在某一个时期内，应具有最高的引用次数。引用峰值可能会显现在全景图中。当一个全景图里包含双峰时，即为两个竞争范式出现。此外，这样的聚类应位于领域结构的中心。在常规科学阶段，整个全景图会展示聚类中引文的持续增长。然而，如果某个特殊学科处于危机中，在主导聚类外的一个或者多个聚类将迅速出现在实际全景图的范围内。在新文献引文聚类代替了原始文献引文聚类时，范式转移的现象发生：旧范式的引用峰值下降，而新范式从谷底上升。图 6-2 解释了支配范式和它的引文集合（citation profile）之间的关系。一个范式通常以文献聚类的方式展现，而不是单一的、孤立的一篇文献。在范式转移时，原本存在的文献也可能被忽略。

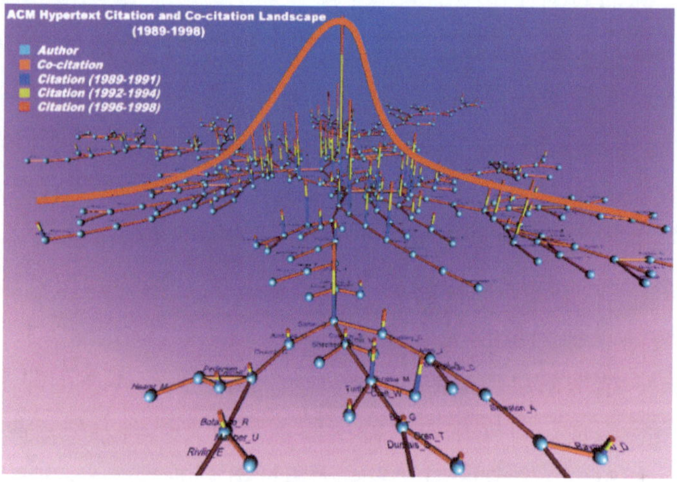

图 6-2　一个主导范式的曲线图

6.3 大灭绝争论

在过去的 5.7 亿年间，地球上发生了五大灭绝事件。地理学家们根据地质尺度将这个大的时间跨度划分为几个不同的时代和时期（表 6-2）。其中，发生在 2.48 亿年前的二叠纪大灭绝是所有大灭绝事件中规模最大的一次。而 6500 万年前的白垩纪—第三纪大灭绝，则使恐龙及其他许多物种在短期内全部灭绝，成为自 20 世纪 80 年代以来关于大灭绝事件中最为神秘、争论最激烈的话题。

表 6-2 大灭绝时间表

时代	时期	百万年前	大灭绝
古生代	寒武纪	543	
	奥陶纪	510	
	志留纪	438	
	泥盆纪	408	
	密西西比纪	360	
	宾夕法尼亚纪	320	
	二叠纪	286	二叠纪大灭绝
中生代	三叠纪	248	
	侏罗纪	208	
	白垩纪	144	白垩纪—第三纪大灭绝
新生代	第三纪	66	
	第四纪	2	

6.3.1 白垩纪—第三纪界线事件

恐龙灭绝发生在中生代末期。同时代的其他生物种类要么灭绝，要么在种类多样性上大幅减少，如飞行爬行动物、海洋爬行动物和鱼龙类爬行动物，它们都在白垩纪—第三纪界线（KT boundary）左右最终灭绝。不过奇怪的是，海龟、鳄鱼类动物、蜥蜴和蛇倒没有受到影响或只受到轻微的影响。不论是由什么因素所导致，总之，在白垩纪末期发生了一次大规模的全球性的生物变迁。恐龙灭绝是迄今最广为人知的一次生物变迁，而且两个世纪以来，对古生物学家、地质学家和生物学家来说恐龙灭绝的原因一直是个谜。为了解释恐龙灭绝现象，科学家提出了许多理论，但只有少数被认真考虑。其中包括疾病、热浪及其引起的绝育、冰冻和食蛋类哺乳动物的出现、附近超新星爆炸所产生的 X 射线等。

关于恐龙灭绝的原因已有超过 80 种理论，被称为 KT 争论。古生物学家、地质学家、物理学家、天文学家、核化学家和许多人都参与了这场争论（Alvarez，1997）。在 20 世纪的整个 80 年代，KT 争论主要在冲撞派和火山派两个阵营之间展开。自从 20 世纪 80 年代早期，美国地理学家阿尔瓦雷斯（Walter Alvarez）和他的父亲 Luis Alvarez 以及他们的团队所提出的冲击理论受到关注，Luis Alvarez 曾获诺贝尔物理学奖。冲撞派认为，KT 灭绝是由于一个巨大的小行星或彗星的冲撞所致，暗示了 KT 灭绝的灾难性。火山派坚持认为大灭绝是由于长时期的大规模火山爆发现象所引起，暗示了 KT 灭绝的渐进性。对于冲撞派，有证据显示了小行星和彗星的影响，如铱元素异常、小球体以及在白垩纪和第三纪交际层受震的石英；而火山派则有德干地盾作为证据，这些德干地盾与6500万年前发生在印度的大规模火山爆发有关。

关于恐龙灭绝事件中小行星理论的最早的解释，可见于阿尔瓦雷斯等（Alvarez et al.，1980）发表在 *Science* 期刊上的《白垩纪—第三纪大灭绝的星际原因》一文，他们也是小行星理论最早的支持者。关于这个问题，被引最多的综述类文章有：Dale A. Russell 的《晚中生代的生物大灭绝》，Steven M. Stanley 的《海洋中的大灭绝》，以及 Rick Gore 的《大灭绝》。

6.3.1.1　灾变说（catastrophism）

在 *Science* 刊载的一篇文章中，阿尔瓦雷斯等（由一位物理学家、一位地理学家和两位核化学家组成）提出了冲撞理论，来解释白垩纪和第三纪大灭绝时期所发生的生物大灭绝事件（Alvarez et al., 1980）。与当时被古生物学家广泛接受的观点相反，冲撞理论认为大灭绝发生在一段很短的时间内，而且它是由一个小行星或彗星引起的。

在20世纪70年代，阿尔瓦雷斯在意大利的古比奥发现了白垩纪和第三纪交界的岩石层中的一层铱元素沉淀物，随后在丹麦和其他地方也有了相似的发现，它们或者来自于陆地上的岩石，或者来自海洋底部钻取的核心样本。在正常情况下，铱元素是地球外壳岩石中一种非常罕见的物质（大约一百亿分之三）。在古比奥，铱的浓度超过正常水平的20倍（大约十亿分之六点三），在其他地方甚至更多。

只有在两个地方能发现如此高浓缩的铱元素：一个是地幔，另一个就是外星体，如流星和彗星。科学家们在白垩纪和第三纪交际的上下层都不能发现其他的铱元素层。铱元素层的发现给冲撞理论提供了关键的证据。然而，冲撞理论在渐进说和灾变说之中引发了激烈的争论，高浓缩的铱元素也不一定就不是地球本身所具有的一种资源。

6.3.1.2　渐进说（gradualism）

渐进派认为大灭绝不是灾难性的结果，而是渐进发生的。火山派是渐进说的重要代表。火山派对白垩纪—第三纪界线中铱元素层的来源有不同的解释，他们认为铱元素层可能是大量火山爆发的结果。6500万年前发生在印度的德干地盾与KT灭绝相符，发生在2.48亿年前的西伯利亚地盾与二叠纪大灭绝相符，当时地球上95%的物种消失。由火山爆发所产生的大量熔岩引起了全球范围内气候和海洋的强烈变化。

另一个研究的主线关注于大灭绝发生的周期性，基于观察资料显示每 2600 万年就会发生一次主要的灭绝事件。周期性假说对冲撞论和火山论的拥护者都提出了质疑，这个理论扩大了解释范围，它不仅能解释 KT 大灭绝事件，也能够解释如二叠纪大灭绝。冲撞派的一些研究者事实上也在寻找理论和证据，以此来解释为什么地球每 2600 万年就会被小行星或彗星撞击一次。

KT 冲撞争论的转折点是 1991 年，当时墨西哥尤卡坦半岛的希克苏鲁伯（Chicxulub）陨石坑被认为是冲撞地点（Hildebrand et al., 1991），模糊效应（signor-lipps effect）是冲撞理论的又一个里程碑。斯科托（Phil Signor）和利普斯（Jere Lipps）在 1982 年论证了即使对于真正的突然大灭绝，由于化石记录的贫乏，看起来也会像一个渐进式的灭绝。这项工作有效地削弱了渐进派的论点。

1994 年，冲撞理论的拥护者们目睹了苏梅克列维（Shoemaker-Levy）9 号彗星撞击木星的壮观景象。对他们来说，这是一件令人振奋的事件，因为这种类型的事件也可能发生在地球上，与此类似的冲撞或许就发生在 6500 万年前的恐龙时代。彗星撞击木星的大气层是壮观且令人激动的。图 6-3 展示了一个艺术家对 KT 冲撞的想象。图 6-4 展示了苏梅克列维 9 号彗星对木星的冲撞景象。

图 6-3　艺术家对冲撞理论的阐释：冲撞前，冲撞发生数秒前，冲撞时刻，冲撞陨石坑，冲撞衰弱时期。由威廉·哈特曼（William Hartmann）所画

图 6-4　1994 年苏梅克列维 9 号彗星与木星相撞。图中可看到 8 个冲撞点。从左到右依次为 E/F 复区（在星球边缘依稀可见），星形的 H 点，小 N、Q1、小 Q2 和 R 冲撞点，在最右侧的 D/G 复区，D/G 复区也展示了地球边缘的延展霾。这些特征随着时间跨度迅速演变。此图像中的最小特征点不足 200 千米的跨度，这张图片是由规格为 9530，5550，4100E 三个过滤器彩色复合而成（美国哈勃太空望远镜彗星队和美国航空航天局编辑）

在有关恐龙灭绝事件的争论中，渐进说和灾难说都无法完全否定另一解释。在对高浓缩铱元素层的解释中，两者产生了相互竞争的范式（图 6-5）。

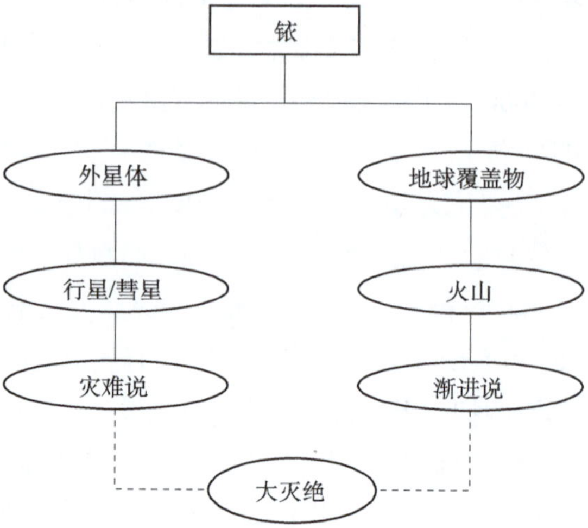

图 6-5　在 KT 争论中竞争范式关键证据的解释

6.3.2　物种大灭绝

本例中我们使用了可视化的方法，来展示基于共被引模型的知识领域结构（Chen and Paul, 2001）。我们将这种方法应用于文献共被引分析，从而将竞争范式的增长过程进行可视化，构建出一幅关于知识增长的宏大图景。

我们通过使用检索词“物种大灭绝”检索 Web of Science 中所有在 1981 ～ 2001 年发表的论文，以此获得了源文件。基于这个文献集合的共被引结构，我们提出了范式变化的可视化的概念。图 6-6 显示了四个范式聚类。每一个都根据在主成分分析中的负载因子进行着色。KT 冲撞（KT impact）聚类用红色表示，表明它在该领域的主导地位。周期

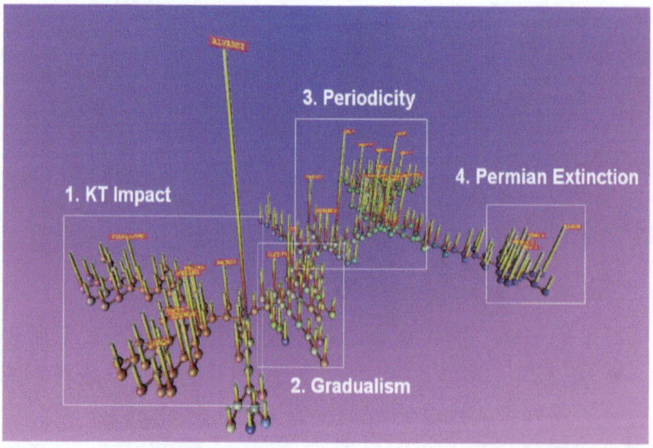

图 6-6　大灭绝争论的范式图（Paradigmatic view）（1981 ～ 2001）

说（periodicity）和渐进说（gradualism）用绿色表示，表明它们在该领域的地位仅次于 KT 冲撞。同样地，二叠纪大灭绝（permian extinction）聚类用蓝色表示，表明它在物种大规模灭绝研究中也比较重要。

6.3.2.1　KT 冲撞范式

KT 冲撞范式是在上述共引图谱所展现的大灭绝研究中占主导地位的研究范式。被引频次最高的文献来自于阿尔瓦雷斯等 1980 年发表在 *Science* 上的一篇论文（Alvarez et al., 1980），这篇论文奠定了 KT 冲撞范式的基础。

阿尔瓦雷斯及其合作者提出，一个小行星撞击了地球，这次撞击是引起大灭绝的直接原因。而且，这个发现为解释铱元素浓缩层的异常提供了重要的证据，这是 KT 冲撞范式的根本。过量的铱元素在意大利、丹麦、新西兰等地区的深海石灰岩中被发现，而它们正是在 KT 大灭绝时期形成的，其含量比地面含量高了 20 ～ 160 倍。

如果冲撞理论是正确的，那么在地球上应该留下一个陨坑。他们估计，冲撞的小行星直径大概在 10km（6 英里），陨坑的直径应该在 150 ～ 200km（90 ～ 120 英里）。当时科学家们仅仅发现了三个直径大于 100km（60 英里）的陨坑，分别是萨德伯里（Sudburg）、Vrdefort 和波皮盖（Popigay）。前两个陨坑的时代是前寒武纪，这个时间对 KT 冲撞来说太早了，第三个陨坑在西伯利亚，它的年龄只有 2.88 亿年，这个时间又太晚了。阿尔瓦雷斯等提出，由于有 2/3 的可能性冲撞地点是发生在海洋中，如果是那样的话，那么那个陨坑一定无法找到，因为过了这么久相关证据早就消失不见了。然而，寻找陨坑已经成为这项研究的重要方向。1991 年，阿兰•希尔德布兰德（Alan Hildebrand）将希克苏鲁伯陨坑与 KT 冲撞联系起来，为研究带来了新的突破。

希克苏鲁伯陨坑直径达 180km（110 英里），位于墨西哥的尤卡坦半岛（图 6-7）。20 世纪 50 年代，希克苏鲁伯陨坑的反常重力吸引了墨西哥国家石油公司去寻找油田，这个陨坑就是在那时发现的。但直到希尔德布兰德的发现之前，大规模物种灭绝的研究中关于陨坑的研究一直未受到较大的关注。

希尔德布兰德的论文是关于物种大规模灭绝的被引频次最高的文章之一。图 6-8 展示了希克苏鲁伯陨坑的重力场和磁力场。

图 6-7 希克苏鲁伯陨坑的位置

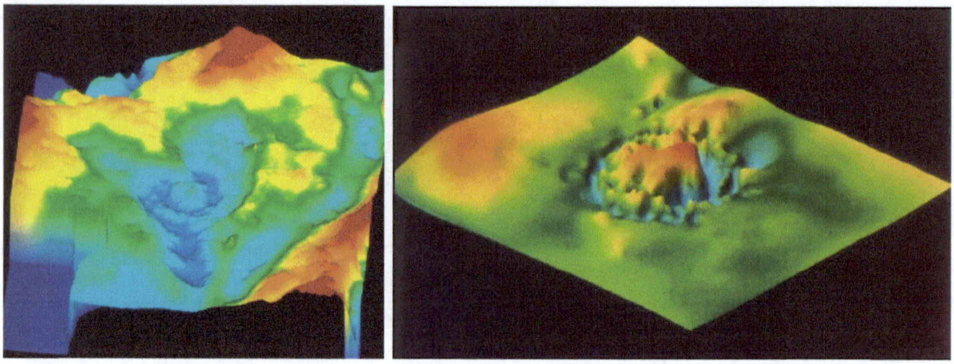

图 6-8 希克苏鲁伯陨坑的重力场（左）和磁力场（右）
（Mark Pilkington，加拿大地质勘测）

冲撞理论的提出，也让灾变论面临着强烈的质疑，这些质疑尤其来自那些持渐进主义观点的古生物学家。关于冲撞理论的证据解释和可信性都受到了密切关注。

在阿尔瓦雷斯的书中，格里塔·凯勒（Gerta Keller）被视为冲撞理论的头号主要反对者（Alvarez, 1997）。凯勒的一些文章出现在 KT 冲撞聚类中，其中包括一篇发表在 1993 年的文章，该文甚至向冲撞形成的海啸沉积这一可靠证据提出了挑战。

位于这个聚类边缘的、主要质疑冲撞理论的文章的存在，为竞争范式的可视化带来了新视角。共被引不仅使支持这一范式的文章归为同一个聚类，而且把质疑这一范式的文章也归为同一个聚类。这是一个非常理想的特征，因为科学家们可以接触到一个相互争论和相互制衡的文献集。的确，证据很大程度上支持了冲撞理论，像希尔德布兰德在1991年发表的有关希克苏鲁伯陨坑的文章，以及凯勒在1993年关于现有证据的总结性文章，都在同一个聚类中。毕竟，当我们为同一个问题争论的时候，很有可能需要分别从争论的双方引用文献。

KT冲撞聚类还包括了一篇标记为斯科托（Phil Signor）的文章。这篇文章来自于斯科托和利普斯，其中提出了后来被大家所熟知的模糊效应（也称斯科托-利普斯效应），即在几乎没有化石保留下来的情况下，突变差异让大灭绝更像是渐进发生的。因为KT事件究竟是渐进性灭绝还是灾难性灭绝在争论中是至关重要的，所以斯科托这篇文章的高被引反映出了它在这场争论中的价值。

表6-3以因子负载的方式向我们展示了在KT灭绝聚类中最具代表性的文献。阿尔瓦雷斯（Alvarez，1997）高度评价了斯密特（Smit）对冲撞理论的贡献：阿尔瓦雷斯在意大利发现了铱元素的异常性，斯密特则在西班牙发现了这种异常。表6-3中第一篇是斯密特于1980年发表在*Nature*上的文章，这篇论文几乎和阿尔瓦雷斯在1980年发表在*Science*上的文章同时发表。两篇文章由一条寻径网络链紧密联系在一起。此外，在表中还包括了格兰（Glen）在1994年出版的名为《大灭绝争辩》的著作。

表6-3　大规模物种灭绝的三个领域标志性文章（被引频次≥50）

因子负载	作者	时间	来源期刊	卷	页码
KT冲撞					
0.964	Smit J	1980	Nature	285	198
0.918	Hildebrand AR	1991	Geology	19	867
0.917	Keller G	1993	Geology	21	776
0.887	Glen W	1994	Mass Extinction Debate		
0.879	Sharpton V L	1992	Nature	359	819
0.877	Alvarez L W	1980	Science	208	1095
周期性					
0.898	Patterson C	1987	Nature	330	248
0.873	Raup D M	1986	Science	231	833
0.859	Raup D M	1984	PROC P NATL ACAD SCI USA–BIOL	81	801

续表

因子负载	作者	时间	来源期刊	卷	页码
0.720	Jablonski D	1986	Dynamics Extinction		183
0.679	Benton M J	1985	Nature	316	811
0.629	Davis M	1984	Nature	308	715
0.608	Jablonski D	1986	Science	231	129
二叠纪灭绝					
0.812	Magaritz M	1989	Geology	17	337
0.444	Renne P R	1995	Science	269	1413
0.436	Stanley S M	1994	Science	266	1340
0.426	Erwin D H	1994	Nature	367	231
0.425	Wignall P B	1996	Science	272	1155

渐进派的文章被放在了 KT 冲撞聚类和周期性聚类的中间，聚类中的标志性文献中包括一篇来自奥菲斯（Chunk Officer）的文献，他是冲撞理论的一个主要反对者。另一位反对者麦克林（Mclean）的文献同样出现在这个聚类中，但它的被引频次低于 50 这个阈值。麦克林认为，来自印度境内德干岩群的长时间火山爆发是引起 KT 物种大灭绝的原因。

1987 年，赫特（Hut）、阿尔瓦雷斯和凯勒在 *Nature* 上共同发表的一篇关于彗星雨的文章，标志了从 KT 冲撞范式到周期性假说的过渡。这篇文章试图在冲撞理论中为大灭绝找到一个解释。

6.3.2.2 大规模灭绝的周期性

可视化图景中的第二大区域突出的是物种大灭绝的周期性的主题。图 6-9 的周期性理论结构向我们展示了两个主要地标，作者都是大卫·劳尔（David Raup）和约翰·赛普科斯基（John Sepkoski）。左边的一个是他们于 1984 年发表在《美国科学院学报·生物科学》上的《地质史上大灭绝的周期性》，文中展示了一幅大灭绝在海上发生概率的按时间排列的折线图，图中的峰值与大部分大灭绝的时间相吻合，同时还表明了大灭绝平均每 2.6 亿年发生一次。右边的一个是他们于 1982 年发表在 *Science* 上的名为《在海洋化石记录中的大灭绝》的文章。

周期性范式无疑为灾变派提供了支持，因为一般认为，只有天文力量才能够产生如此精确的周期循环。也有假说试图将各类灭绝性事件都包括进来，如火山爆发、全球气候变化以及冰河作用。甚至有一种理论认为，每次冲撞都能引起一次火山烟流，但是相关的支持证据却很有限。在周期性范式中，一些主要的文献，想要用冲撞范式来回答引起周期性大灭绝的原因，甚至使用了灾变说中每 2.6 亿年会有一次小行星或彗星撞击地球的假说。

冲撞阵营最初认为周期性假说与冲撞理论是完全矛盾的。是什么让小行星以这样的速度撞击了地球？随后冲撞范式便提出了这样一个假说，一颗无形的死星能够使上述冲撞成为可能，但该假说仍处于理论阶段。在可视化图中标记为阿尔瓦雷斯和戴维斯的文献，提出了冲撞范式中的这种扩展。

周期性假说需要一个理论，使其不仅能够解释一个甚至几个大灭绝的原因，因此，渐进论和灾变论需要扩展它们的理论而不仅局限于 KT 大灭绝的范围。1987 年，帕特森（Patterson）和斯密斯（Smith）在 *Nature* 上发表了一篇文献，质疑了周期性是否真的存在。它的高因子负载（0.898）反映了其在这个领域的独特性。戴维斯等在 *Nature* 上发表的标志性文献也只有 0.629 的因子负载。

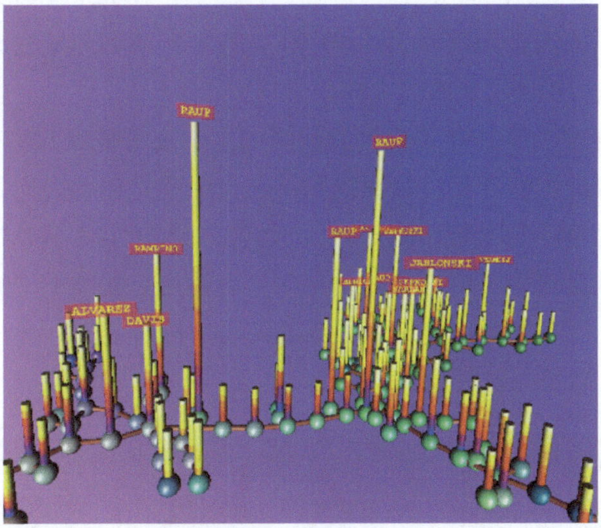

图 6-9 周期性聚类

6.3.2.3 二叠纪大规模物种灭绝

第三个聚类的相关文献主要来自于埃尔文（Erwin）、布兰德尔（Wignall）和小山（Knoll）。埃尔文是二叠纪大灭绝（以下称为 PT 大灭绝）学说的带头人，PT 大灭绝是所有五次主要大灭绝中最为严重的一次，PT 大灭绝要比 KT 大灭绝严重得多，但因为它发生在 2.48 亿年前，所以一般很难能够找到证据，尤其是支持冲撞理论的证据。

在 KT 冲撞理论的争辩中，冲撞理论最终成为了主导范式，正好与那些古生物学家所持有的传统渐变论相反。那些来自于冲撞理论阵营的科学家相信，对 PT 大灭绝的研究，他们应该更认真地研究火山作用。在 KT 大灭绝时期，德干地盾有一次大的火山熔岩倾泻。而在 PT 大灭绝的时间范围内，最大的火山西伯利亚地盾曾经也爆发过。

小山等（Knoll et al.，1996）发表在 *Science* 上的文献提出，在二叠纪末期，深海缺氧区的翻转造成了高浓度的二氧化碳进入表层环境。维格纳尔在 *Science*（1996）上发表的文献谈到了类似的问题，他提出可能是深海缺氧区的翻转引起了二叠纪大灭绝。

在 PT 聚类的可视化中，雷恩等（Renne et al.，1995）在 *Science* 上发表的一篇文献的被引次数略低于阈值 30。该文献认为，西伯利亚烟流改变了环境和气候转而导致了物种大灭绝，人们认为多达 200 万到 300 万立方千米的西伯利亚烟流持续了近百万年。埃尔文（Erwin，1994）在 *Nature* 上发表的一篇文献中列出了其中几项原因，如剧烈的气候变化、板块运动和环境改变。这篇文献是二叠纪聚类中是被引频次最高的文献。

图 6-10 展示了几个按年份排列的截图，这些截图展现了在不同范式中文献影响力（被引频次）的增长。轮廓线显示出火山范式在大灭绝研究中出现的最早，然后 KT 冲撞范式很快成为了最主流的范式。随着被引频次的增长，图中某些标志性文献在更大范围的大灭绝争论中得到认可。共被引网络提供了一个功能强大的背景，以帮助我们更好地理解范式的增长和衰落。图 6-11 显示了三个主要聚类的引文概况。

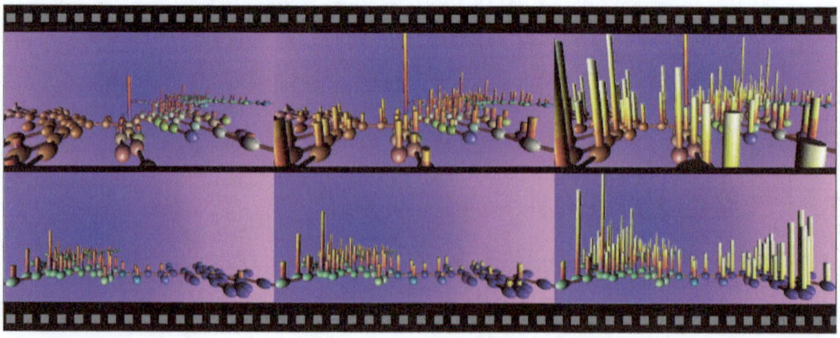

图 6-10 逐年的截图展示了相关范式背景内文献日益增长的影响力。上面一行的截图表示 KT 冲撞聚类（中）；下面一行的截图表示周期性聚类（左）和二叠纪大灭绝聚类（右）

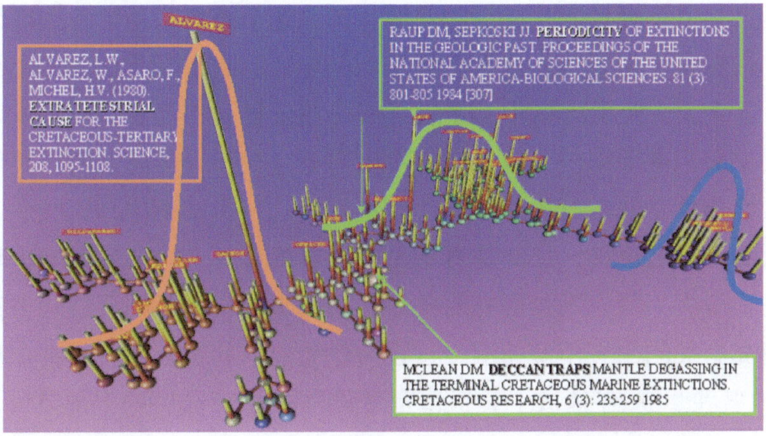

图 6-11　三个主要聚类的引文峰值显示的潜在范式

为了证明可视化及其动画在识别主要范式方面的有效性，我们查阅了冲撞范式中的领军人物阿尔瓦雷斯的一本书，在这本书中，阿尔瓦雷斯描述了冲撞范式的起源、发展，以及该范式是如何从在细节中寻找关键证据开始一步步发展的。我们对比了我们的可视化图谱和书中的相关描述，发现二者有高度的一致性，特别是关于 KT 冲撞范式的部分。

斯莫尔（Small，1997）在他的胶原蛋白纵向研究中，包含一个基于问卷调查的验证过程。他给这个领域的一些研究者发送调查问卷，让他们描述各学科领域中研究热点的主要变化路径。目前，我们也正在用问卷的方式搜集意见，以对由共引模型生成的研究群体进行评估。各领域专家被要求找出自己研究领域中的最亲密的伙伴。我们已经得到了一些有意思的结论，会在下面进行展开。

目前，对大规模物种灭绝中小行星方面的研究有了进一步发展。人们认为，这样的冲撞真的有可能在地球上发生。根据美国航空航天局的估计，在接近地球的小行星中有 80% ～ 90% 不在我们的监视范围内，如果地球恰好处在它们的轨道上，那么就有可能给地球带来灾难性的破坏。更多的望远镜应该对准天空，加入这一搜索。不过下面一个案例研究的主题不是搜索小行星，而是银河系中的更大天体——超大黑洞。

6.4　超大黑洞

很多星系有非常明亮的中心，星系的这些发光核被称为类星体。天文学家和宇宙学家早就怀疑黑洞是能量的来源。黑洞这个概念来源于爱因斯坦的广义相对论。最近有证据表明，在大多数星系的中心存在着超大黑洞（Richstone et al., 1998）。在大灭绝的案例中，通过寻找确凿证据，相互竞争的范式发生了一次次重要交叠，由于那些大灭绝事件发生在至少数千万年前，所以要证实到底发生了什么事情是非常有挑战性的。在我们的这一个案例中，天文学家面临着相似的挑战。顾名思义，黑洞是看不见的，寻找有关支持星系和宇宙形成的理论的证据，就成为超大黑洞研究的核心，我们将应用同样的可视化方法，展示与这一研究有关的引文模型的演变过程。作为这一问题的科普材料，英国广播公司 BBC 曾在 2000 年播放了关于超大黑洞的长达 50 分钟的电视节目，这一视频可以在网上找到①。

6.4.1 活跃星系核范式

天文学中，活跃星系核（active galactic nucleus，AGN）指的是一些特殊的星系，如类星体、西佛星系和射电星系。1943 年，卡尔·赛弗特（Carl Seyfert）曾发表了一个奇特星系的目录，这些星系有特有的光谱并且其中心包含一个发亮的物体。例如，西佛星系有非常明亮的核心，并且它会释放出很强的氢和其他普通元素的发射线，速度可达每秒几百到几千公里。

天文学家关心的最根本的问题是，什么为活跃星系核提供了能量。他们提出了一些理论，包括星爆理论、特大脉冲星理论和超大黑洞理论。1971 年，马丁·里斯（Martin Rees）和唐纳德·林登贝尔（Donald Lynden-Bell）首次提出，在星系中心有一个超大黑洞的理论，其质量一般是太阳质量的 $10^6 \sim 10^9$ 倍，它为活跃星系核提供了能量。这一范式被称为 AGN 范式，而且这一范式通过观测和理论论证得到了确立。

到目前为止，AGN 范式提供了最简单最一致的解释，然而，正如库恩的理论所预言的那样，新证据有可能完全推翻一个旧的范式。可蒙迪（Kormendy）和瑞切斯通（Richstone）等在 1995 年发表的文献中提到，特拉维奇（Terlevich）、菲利潘科（Filippenko）和赫克曼（Heckman）有足够的证据对活跃星系核范式构成挑战。Kormendy 和 Ho（2000）强调，截止到 2000 年，AGN 范式仍存在明显的问题，即没有强有力的证据表明黑洞存在。对 AGN 范

① http://www.bbc.co.uk/science/horizon/massiveb holes shtml

式来说，寻找确凿的证据已经变成了ANG范式的圣杯（圣杯是在公元33年，犹太历尼散月十四日，也就是耶稣受难前的逾越节晚餐上，耶稣遣走加略人犹大后和11个门徒所使用的一个葡萄酒杯子。耶稣曾经拿起这个杯子吩咐门徒喝下里面象征他的血的红葡萄酒，借此创立了受难纪念仪式。后来有些人认为这个杯子因为这个特殊的场合而具有某种神奇的能力。很多传说相信，如果能找到这个圣杯而喝下其盛过的水就将返老还童而且永生）。在可蒙迪和瑞切斯通（Kormendy and Richstone，1995）的文献中，寻找黑洞的过程被分成以下三个阶段。

（1）在星系中心寻找高质光比的中央暗物质，但这只是必要非充分条件。

（2）减少存在于大量已确认的暗物质中的其他可能解释。

（3）导出各种类型的星系中黑洞的质量函数和发生频率。

1995年的综述中指出，寻找黑洞的第一个阶段即将结束（Kormendy and Richstone, 1995）。寻找黑洞的研究正在从改进观察手段变成改进分析手段。1995年的时候，M-31、M-32和NGC-3115还是最重要的黑洞案例；到2000年，最重要的案例就开始变成了银河系（Ho and Kormendy, 2000）。瑞切斯通、可蒙迪和其他12位天文学家全都从事于鉴定超大黑洞的工作，他们称自己为“Nuker team”。

1997年，“Nuker team”宣布在三个普通的星系中发现了三个黑洞，他们认为几乎所有的星系都有超大黑洞，这些超大黑洞曾经给类星体提供能量，但是现在已经停止活动。他们利用美国航空航天局的哈勃空间望远镜和在夏威夷的地面望远镜对27个相邻星系进行勘测，得出了该结论。

虽然由超大黑洞向活跃星系核提供动力的理论很有吸引力，但怀疑者指出，这种质量的浓缩即便没有黑洞这一概念仍然可以解释得通。例如，他们认为，M-87中浓缩质量可能是大约10亿个暗星的集聚，如中子星或者白矮星，而不是超大黑洞。

在这个例子中，只有少部分怀疑者抨击AGN范式，即使这样，人们也期望支持者能够提供更强有力的证据。那么到底是什么构成了证明黑洞存在的确凿证据呢？

6.4.2 AGN范式的发展

我们应用同样的可视化方法，展示过去20年来与AGN范式有关的引文模式的演变，以识别范式演化的某些模式。

在这个案例中，引文数据的收集很简单，因为大部分天文学和天体物理学文献都包含在期刊文献中，而 Web of Science 上的引文数据为这个研究主题的可视化研究提供了很好的数据来源。如表 6-4 所示，使用高级检索得到关于黑洞和星系的所有引文数据，在 SCI 扩展数据库中共检索到 1416 篇英文文献（1981～2000）。这些文献至少在一个字段中，如标题、摘要、关键词，包含了上面的检索式。这些文献总共引用了由 58 148 个作者所撰写的 58 315 篇论著。

表 6-4　黑洞共被引分析论文的检索式

来源：Web of Science	说明（Description）
主题	（blackhole* 或 black hole*） 和 galax*
数据库	SCI扩展
语言	英语
文献类型	研究论文（article）
时间跨度	1981～2000年

应用作者共被引分析和文献共被引分析，我们对主流范式的动态发展进行探测。设定作者共被引分析的被引频次阈值（entry threshold）为 30，文献共被引分析的被引频次阈值为 20。由此，最终确定了 373 个作者和 221 篇文献，产生了 1981～1990 年、1991～1995 年、1996～2000 年三个时间段的图谱，共被引网络是基于 1981～2000 年整个时间段的引文数据，每一个时间段的引文图谱，反映了在该时间段内各文献的被引频次。在此，我们只给出了其中的文献共被引分析的结果。

在文献共被引分析中，我们生成了被引频次最高的 221 篇文献的共被引网络。特别地，我们根据共被引结构的引文轮廓，将被引频次超过 20 的论文放到相对透明的、朝向观察者的面板上。1981～1990 年的全景图显示为一个平面，221 种文献中的大多数尚未出版。在 1991～1995 年的可视化图谱中，我们看到了一个有趣的结构，即在共被引网络的外围区域可以清晰地看到三个截然分开的聚类。其中的一个聚类中，包含了 AGN 范式最重要的作者阿兰•德莱斯勒（Alan Dressler）和可蒙迪合写的一篇文献，证明了 M-31 中存在超大黑洞。而 M-31 被认为是支持 AGN 范式的最有力的实例之一。另一个聚类更具有理论上的导向作用，包括里斯的论文，他是研究在类星体活跃中心的超大黑洞中提供动力这一理论的先驱。此外，在文献共被引网络中距里斯的论文最近的是林登贝尔的论文，他提供了 AGN 范式最令人信服的论据，并且表明仅仅是核反应不足以给类星体提供动力。在最边缘的聚类中包含伊万诺维奇（Shakura Ivanovich）关于双星系统中黑洞的论文。然而，位于共被引网络中心的大部分节点仍然处于低谷。寻径网络的一个优点是，被引最多的论文会出现在中心区域，一旦高被引论文出现，它们就会在整个共被引网络中占主导地位（图 6-12）。

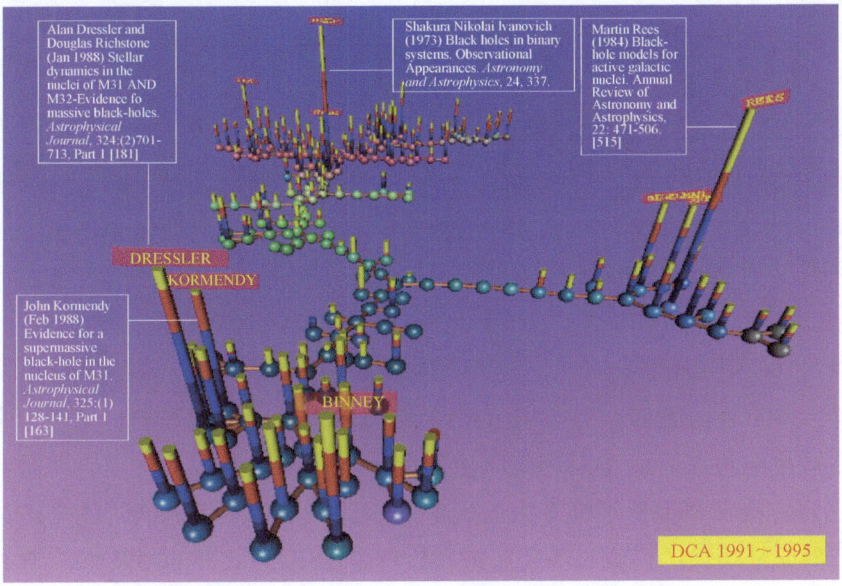

图 6-12　1991 ~ 1995 年超大黑洞的搜寻，文献共被引网络的可视化基于 1981 ~ 2000 年的共被引数据，三个范式的聚类突出了新证据（接近前方的聚类）和 AGN 范式的来源

中心区域的被引频次较低，在一定程度上是因为位于那里的一些文献要么刚刚发表，或者尚未发表。然而，1996 ~ 2000 年的可视化图谱清晰地显示出，在外围区域曾经被引频次很高的聚类大幅度下降，这三个聚类中的两个几乎很少被引用，相反的，网络中间的引文现在处于主导地位（图 6-13）。从科研人员在不同时期的引用情况来看，基于寻径的被引和共被引的可视化图谱可以勾勒出 AGN 范式的活动。

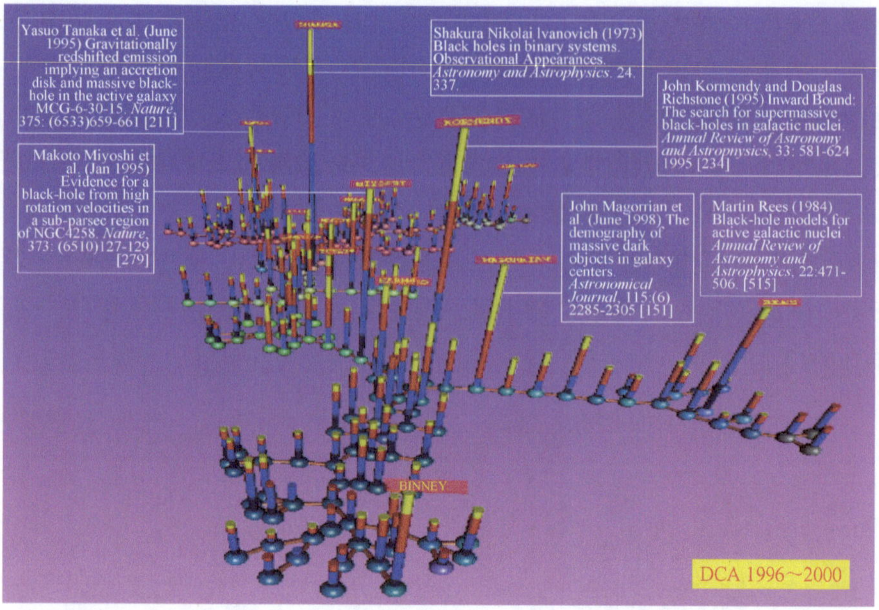

图 6-13 AGN 案例中最后一个时间段的可视化（1996～2000）。靠前的聚类几乎消失，靠右的聚类减少了很多。相反地，共被引网络中心论文的引文像火箭般上升，这是由两篇发表在 *Nature* 上的证据论文所引起的，两篇论文分别涉及 NGC-4258 和 MCG-6-30-15

虽然 AGN 范式很受欢迎，但是确凿的证据仍未找到，一些天文学家开始提出另外一种解释。例如，M-87 中的质量密度可能是十亿左右的暗星诸如中子星或者白矮星的集聚，而不是超大质量黑洞。以特拉维奇等为代表的反对者们已经在他们的论文中提出了强有力的论据证明这一点，然而他们的论文还是处于共被引网络最边缘的位置。为了了解替代理论如何与 AGN 范式竞争，有必要重新聚焦可视化，这样 AGN 范式和它的竞争者就同处于最初的引文数据范围内了。当前的 AGN 范式可视化是帮助我们了解这个范式基本工作的第一步，因为在数据抽样中我们很明确地使用了黑洞和星系这两个术语。在大灭绝的案例中，从撞击说何时第一次被构思出来到希克苏鲁伯陨坑的确认，渐进派和灾变派争论了 10 年之久。在超大黑洞的案例中，AGN 范式很强大，以至于它的反对者很可能在初始的可视化中未显示出来，这个发现凸显了使用这种工具的问题，用户可能会试图从一个简单的可视化开始，了解更多的相关主题，并逐步扩大可视化的覆盖面。

图 6-13 为最近一个时间段（1996～2000）的可视化，在前面聚类中，处于支配地位的两篇 1988 年的论文被 1995 年的两篇论文取代。三好诚（Makoto

Miyoshi）团队在日本国立天文台对附近的星系研究时，发现了支持AGN范式的证据NGC-4258。他们使用被称为甚长基线干涉阵的射电望远镜网络，从夏威夷延伸到波多黎各。在此时间一些高被引论文位于共被引网络的中间，其中包括关于超大黑洞的一篇评论和一篇人口统计学论文，根据可蒙迪和瑞切斯通提出的研究超大黑洞的三阶段理论，人口统计学论文对应于第三阶段（Kormendy and Richstone，1995）。1998年由马格瑞恩（Magorrian）和他人合作的一篇论文处于位于中心的1995年的议程论文和靠右的Ree的论文之间。

从图6-14中可以清晰地看到，引文峰值从一个时间段转移到另一个时间段，第一个时间段1981～1990年没有范式，换句话说，关于此话题的核心文献在最近10年才出现。三组论文（关于超大黑洞的）出现在第二时间段表明理论和证据在此时间段第一次形成。第三时间段两组引文的减少和共被引网络中心的里程碑式论文的增加表明此领域发生了重大变化。科学文献变化的可视化可以为我们了解科学前沿提供新的视角。

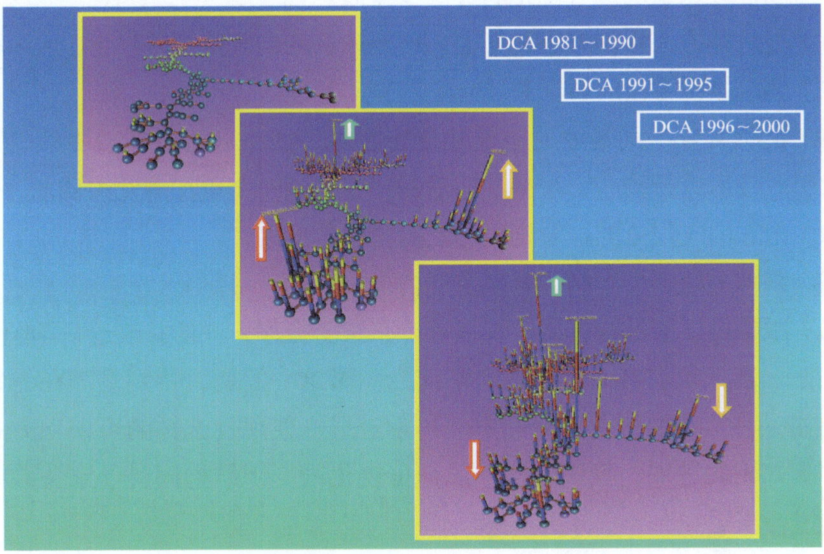

图6-14 AGN范式三个时间段221篇论文引文的涨落

6.5 小结

在本章，我们进行了两个案例研究，可视化技术在基于引文分析的知识发现和科学范式跟踪方面都显示出应用潜力。虽然我们不指望这种可视化完全替代文献综述和领域专家评述。相反，如果这种可视化做得合理，那么它可以产生一种比之前流行的但有点零碎的以检索为导向的方法更明智的文献检索方法。考虑到那些具有领域专长的人的价值标准，我们通用的方法显示出了可视化可以用图片的形式记录下科学前沿的发展潜力。

我们从可蒙迪和瑞切斯通在 1995 年发表的论文中获得了大量有价值的背景信息（Kormendy and Richstone, 1995），这篇论文在最近时间段内的可视化全景图中占据主导地位。不过，在展开新研究的同时，我们也应该保留传统的研究方法。

对超大黑洞的搜寻进展得很快，媒体不断报道最新的发现。2001 年冬，在美国天文学会会议上发布了一则最新消息，哈勃空间望远镜和钱德拉 X 射线天文望远镜发现天鹅座 X-1 上有黑洞边界，这是第一个被确认可能有黑洞的星系。

科学可视化方法在现代科学中渐渐地找到了自己的发展方向。下面一些研究或许可以促进竞争范式可视化的进一步发展。

（1）把这种方法用在库恩和其他人已经确认的传统范式转移上。

（2）精练这种方法的哲学和社会学的基本原理。

（3）把引文分析同其他的建模和分析技术，如将自动引文语境索引、潜在语义索引等技术进行结合，给科学前沿的研究提供一个更加多元的视角。

（4）把它的应用范围扩展到更广泛的学科范围里。

（5）跟踪上面两个案例的未来发展情况并继续开展研究。

（6）跟踪科学前沿的进展，与领域专家紧密合作，评估并改进科学图谱。

在下一章，我们将继续探索科学前沿图谱这一问题，特别是潜在的领域知识。例如，科学家如何发现新的重大科学进展？使用什么样的可视化方式来展示、预测知识的进展？我们怎样才能把可视化的知识结构同科学家头脑中的知识结构进行匹配？

第七章

寻迹潜在知识领域

Knowledge is power.

知识就是力量。

——Francis Bacon (1561～1626)

常规的引文分析往往只关注一门学科中最重要的文献，也就是核心文献，即全景图中突出的高峰，而不是谷地。然而，科学的前沿领域是不断变化的，我们不能简单地无视萌芽状态的知识，即知识结构中的谷地，因为今天的谷地可能是明天的高峰（图 7-1）。

图 7-1 关于 BSE① 和 CJD② 相关研究形成的全景图。下一个热门主题很可能出现在目前的空当位置上

在本章中，我们主要关注潜在知识领域及其挖掘技术。知识发现和数据挖掘一般依赖于从海量数据中找出突出的联系形式。传统的科学文献引文分析侧重于从高被引文献的角度中分析问题。与主流知识领域不同，潜在知识领域通常由高度相关，但被低频引用的科学文献构成。对潜在知识领域的可视化是对知识发现和科学的定量研究中的一个重大挑战。我们将探究基于引文的知识可视化过程，进而开发出一种不仅能从突出和高被引的文献中得到知识结构，还可以通过低频引文链来追踪潜在知识领域的方法。本章有三个案例：

（1）关于斯沃森的未被发现的公开知识；

（2）关于寻径网络跨学科应用的调查；

（3）关于 BSE 和 vCJD 之间可能关联的考察。

① BSE 为 bovine spongiform encephalopathy 的简称，指牛海绵状脑病，俗称疯牛病

② CJD 为 Creutzfeldt-Jacob 的简称，指克雅氏病

7.1　主流知识与潜在知识

有很多原因可能造成研究中某一研究主题游离于主流知识之外，从而使其对于整个知识域来说不易察觉。在这一跨学科的研究中，研究者们面对的是一个个完全陌生的学科，跟踪这些学科的最新发展是极具挑战性的任务。以寻径网络的跨学科应用为例，寻径网络是20世纪80年代由认知心理学家开发的一种结构程序建模方法（Schvaneveldt, 1990; Schvaneveldt et al., 1989）。寻径网络适用于多个研究领域，包括一些与最早应用到的认知领域完全不同的领域。以我们的工作为例，我们改进了寻径网络，并将其作为我们一般结构化和可视化框架的一个组成部分（Chen, 1999a, 1999b; Chen and Paul, 2001）。要理清寻径网络在过去20多年中如何步步应用在一些明显不相关的学科中是非常有挑战性的。

另一种潜在知识领域可以用科学范式来解释，库恩将科学的发展描述成常规科学和科学革命的交替（Kuhn, 1962）。常规科学一般是以既定理论框架为主导，这些框架的基础在很大程度上是不容置疑的，直到新的研究发现开始对一些基本问题产生质疑，科学开始面临危机。为了解决这些危机，就要从根本上开创新的理论。新理论凭借更强的解释能力，以革命的方式替代了之前的有争议的理论。于是，又开始了新的常规科学时期。

库恩认为，科学范式的转移会导致科学文献引用结构的变化，因此，引用结构的改变可以用来测度科学范式的转移。科学家们从20世纪70年代就开始进行这类研究，例如，斯莫尔曾研究了胶原蛋白高被引文献的动向，并将其作为跟踪这一领域重大范式转移的一种方法（Small, 1977）。怀特与麦凯恩用INDSCAL方法描绘出作者共被引图谱在连续多个时期的变化（White and McCain, 1998a）。我们研究了信息可视化是如何帮助我们描绘科学范式的动态变化（Chen et al.，2001，2002）。我们尤其关注的是自然科学界和医学界的难题，如是什么导致了恐龙的灭绝？ BSE和vCJD之间是否有联系？活跃星系核的源动力是超大黑洞，还是其他存在？

本章中，我们介绍一种潜在知识领域可视化的方法，并阐释如何能将潜在知识和主流知识容纳在同一可视化框架中。本章的安排如下：首先概述当前的研究成果，包括引文分析、知识发现，然后，将知识可视化方法扩展到潜在知识领域，这里有两个例子：① 追踪寻径网络的相关应用；② 将疯牛病中一种有争议的理论与其主流知识结构联系起来。

7.2 知识发现

信息可视化的发展，使人们对很多关于知识跟踪的问题又重新产生了兴趣。在这里，我们对比两种研究，基于引文的知识发现范式和未被发现的公开知识挖掘方法。前者的必要条件是目标文献的引文比较丰富，而后者适合的情况恰恰相反，即引文的连线缺失或者很少。因此，将二者结合起来就构成了知识发现和知识管理的一种快捷有效的工具。

知识跟踪和技术监测工具在知识管理中越来越重要。近几年信息可视化的迅速发展早已突显出其在知识发现和数据挖掘上的巨大潜力（Chen, 2002; Chen and Paul, 2001）。

在第六章中，我们研究了一些关于库恩的竞争范式的例子（Kuhn, 1962）。根据库恩的理论，大多数时间里科学家们是在从事常规科学研究，也就是由既定框架主导的科学。这些框架的知识基础在很大程度上是不容争辩的，而一旦新发现开始对基本问题产生质疑，科学就陷入了危机。为了解决这些危机，就要从根本上引进新的、更有解释力的理论。新理论以革命的方式代替了那些有争议的理论，另一段常规科学时期就开始了。科学革命是科学的必要组成部分，这种革命性的变化促进了科学的发展。我们已经研究了信息可视化在揭示科学范式动态变化方面的潜在作用，如关于恐龙灭绝和超大黑洞的科学争论（见第六章）。

7.2.1 未被发现的公开知识

第五章中曾提到，斯沃森凭借他在未被发现的公开知识领域的贡献，获得了 2000 年美国信息科学与技术学会最高成就奖。在他的获奖演讲中，斯沃森指出，客观知识的总量与人类吸收知识的能力之间存在着巨大差距，并且这种差距在不断扩大。他还指出，知识的分化是由缺少跨学科交流造成的。为了应对信息爆炸，学科正日益被分化成越来越狭窄的子学科，以应对爆炸性增长的信息和知识。

1986 年，斯沃森意识到存在着两组生物医学文献，一组是关于食用鱼油的循环效应，另一组是关于外周循环功能障碍——雷诺综合征，这两组文献的规模很大，但它们之间在文献学上互不相关，在斯沃森之前，医学研究者没有发现两者之间存在联系，人们也很难单纯地从两组文献的参考文献中发现关联。于是，他便着手对这两组文献的联系进行研究。

斯沃森范式研究的是某个学科中信息的潜在价值，即一种还没被人们认识到的价值。斯沃森认为，那些没有彼此引用的不同专业的文献之间也有可能存在内容上的联系，而且在科学文献中，潜在的、非意识的和隐性的关系要远远多于显性的关联。

斯沃森和史默海瑟（Swanson and Smalheiser, 1997）将这种没有显著引文连接的两篇文献定义为非相关文献，也就是说，没有任何一方的科学家能够注意到这两篇文献之间存在着某种意义上的联系。在斯沃森的方法中，关键的步骤是确定两个知识关联路径：A → B 和 B → C。作为前提条件在分布辽阔的知识域中，识别这样两个关联路径无异于海底捞针。知识可视化的目的恰恰是通过生成知识领域的结构可视化，增加找到有用信息的机会。在介绍知识领域可视化怎样解决这个问题之前，我们先来看看斯沃森是用什么方法来发现那些被忽视的知识关联的。

斯沃森研究了生物学界的关联路径，这种关联路径可以表示如下：如果已知两个前提 A → B 和 B → C，那么问题 A → C 也成立。在生物学界，这种路径并不总是成立，因此在建立这种转移性时必须非常小心。如果 A → C 是有意义的，那么应交由领域专家来检验这个假设是否是合理的。斯沃森建议，一旦信息学家识别出这种假设，问题就应该交给领域专家进行相应的处理。在获奖演讲中，斯沃森特别给信息学家提出忠告（Swanson, 2001）。

第一，信息学家应该旨在提出新的建议和假设，而不是发现。检验这种假设是实验科学家的工作。真正的发现应该是在实验室里，而不是文献中。

第二，当信息学家撰写论文时，应该只做事实的陈述，或基于从该领域的经典文献中选取的段落进行简单的推演，由领域专家决定这种关联是否合理或者是否值得进行实验验证。

斯沃森成功地发现了鱼油和雷诺综合征之间的联系，后来医学研究人员也予以证实，之后，他进一步开展了类似的研究，尤其是在 1994 年与神经学家史默海瑟进行合作之后。截止到 1998 年，他共做了 7 个这样的研究。比较有名的如偏头痛和镁（Swanson, 1988a）、精氨酸和生长调节素 C（Swanson, 1990a）。从 1994 年，斯沃森与神经学家史默海瑟开始合作，产生了更多的研究成果（Smalheiser and Swanson, 1994, 1996a, 1996b, 1998）。表 7-1 总结了这类案例研究（Swanson, 1999），做出这些发现的 Arrowsmith 软件也在网上公开。

表 7-1 隐藏公开知识的 7 个发现，这些研究成果都发表在生物医学文献上

年份	发表在生物医学文献中的文章	A可能的引发原因	C疾病
1986	(Swanson, 1986a)	鱼油	雷诺综合征
1988	(Swanson, 1988)	镁	偏头痛
1990	(Swanson, 1990)	生长素介质C	精氨酸
1994	(Smalheiser and Swanson, 1994)	酶缺乏	神经性疾病
1996	(Smalheiser and Swanson, 1996a)	消炎药	阿尔茨海默病
1996	(Smalheiser and Swanson, 1996b)	雌性激素	阿尔茨海默病
1998	(Smalheiser and Swanson, 1998)	钙非依赖型磷脂酶A2	精神分裂症

同时，斯沃森也发布了他在图书馆和信息科学领域的研究成果，著名的有 Swanson（1986a, 1986b，1987，1988b，1990b）。图 7-2 的文氏图是根据斯沃森和史默海瑟的研究（Swanson and Smalheiser, 1997）改编的，显示了一系列文献，其中，目标文献集 A 和来源文献集 C 中没有相同的文献，但是它们通过中间文献 B_1、B_2、B_3、B_4 相连，A 和 C 之间隐藏的联系可能通过 B 这个中间文献集找到。或许存在某个中间文献集 B，能够以 $A \rightarrow B_i$ 和 $B_i \rightarrow C$ 两个前提为基础，建立起特定的传递关系。

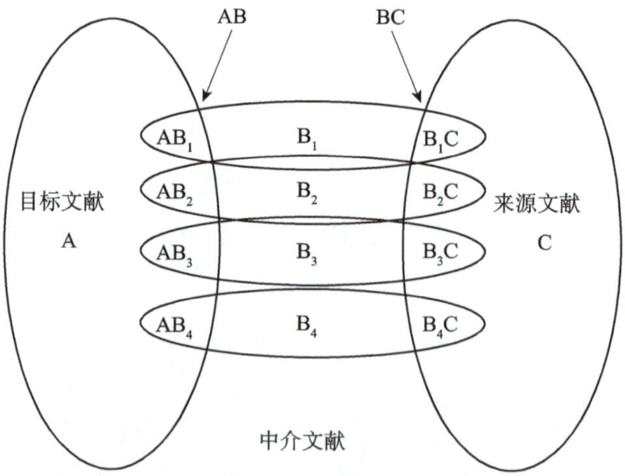

图 7-2 文献学上不相关的文献间潜在连接的文氏图

资料来源：http://kiwi.uchicago.edu/webwork/fig1.xbm

图 7-3 是关于主题词路径的原理示意图：从右侧的源文献词 C 出发，经过作为中介的主题词 B，到达左侧目标文献的主题词 A（Swanson and Smalheiser,

1997）。用 Ranking 算法对 A 中的主题词进行排序，通过 B 的路径越多，排名就越高。词 A_3 “镁”是排名最高的主题词，它有 7 条来自 B 的路径。因此，从偏头痛到镁的路径可能性最大。

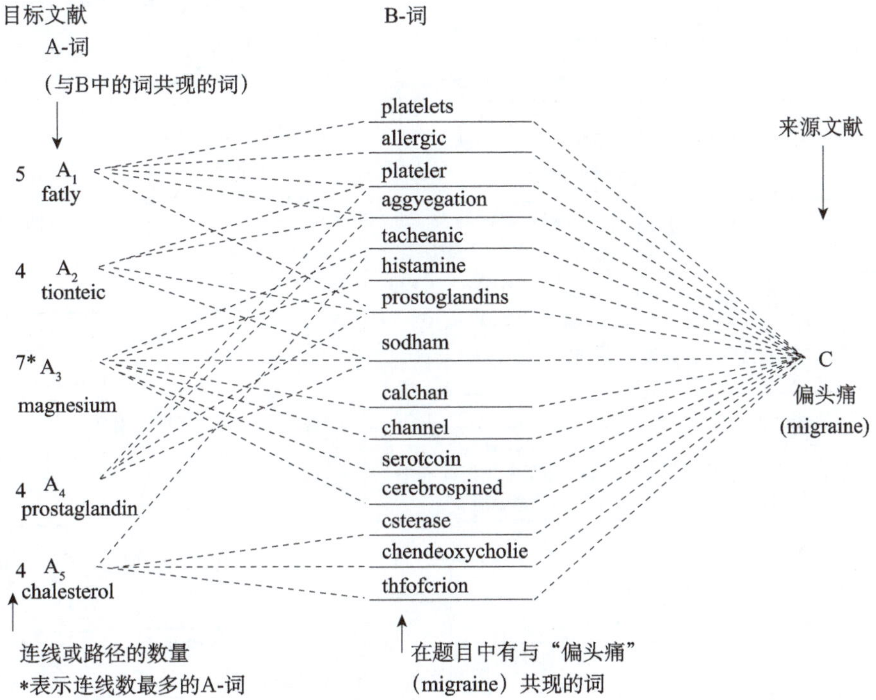

图 7-3　连接来源文献集中“镁”和目标文献集中“偏头痛”（C 到 A_3）的可能路径

资料来源：http://kiwi.uchicago.edu/webwork/fig2.xbm

斯沃森称这种算法为流程 I，他同时还开发了流程 II。在流程 II 中，首先下载文献集 A 和文献集 C，将相同的词和短语组成关联词列表 B，输出显示就可以帮助用户对照着列表 B 中的关联词来比较 A 标题和 C 标题。

图 7-4 显示了运用斯沃森的流程 II 来找寻偏头痛和镁、食用鱼油和雷诺综合征之间的关联词 B，B 词前方的两个数字分别是 B→C 和 A→B 交叉的文章数量，星号标记的是原始研究中识别出的词目（Swanson, 1986a; Swanson, 1988b），表 7-2 列出了流程 II 选出的关联词列表 B。

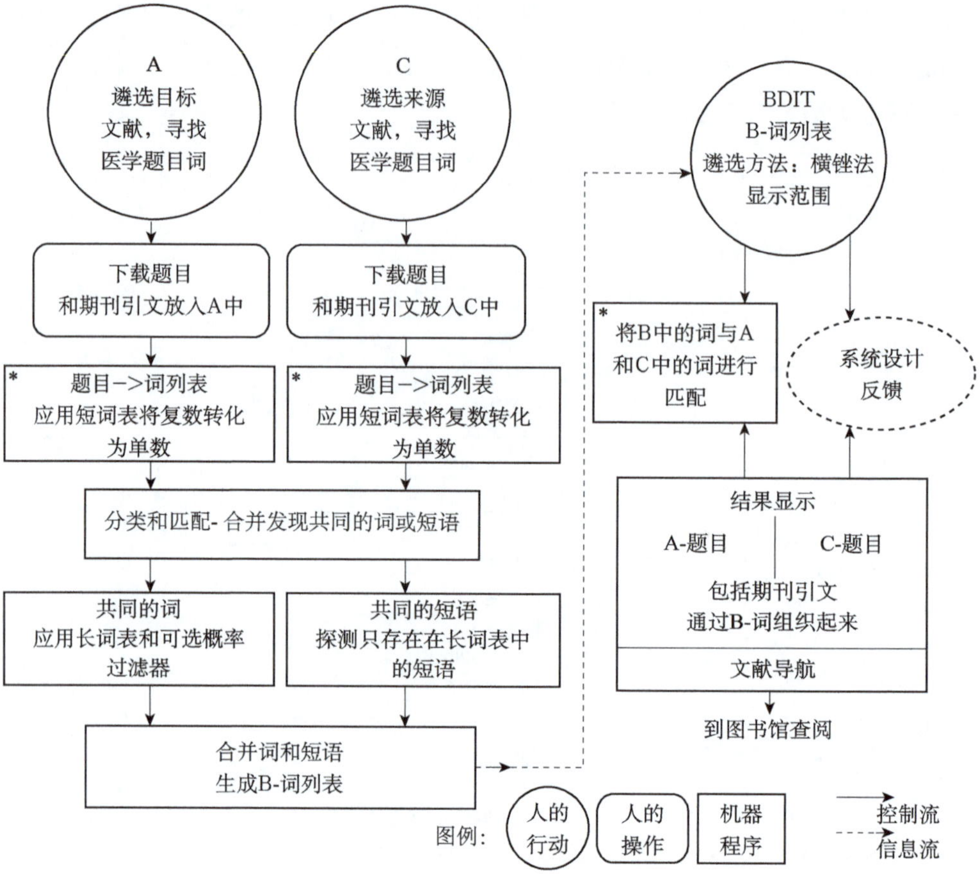

图 7-4　斯沃森的流程 II

资料来源：http://kiwi.uchicago.edu/webwork/fig4.xbm

表 t　流程 II 挑选出的偏头痛和镁（左栏）、食用鱼油和雷诺综合征（右栏）的关联词 B- 词列表

偏头痛-镁 B-词列表（选取）		雷诺综合征-食用鱼油 B-词列表	
B-C A-B B-词		B-C A-B B-词	
5 3 amine		1 1 angina	
3 2 anticonvulsant		2 2 arthritis	
5 2 calcium antagonist	*	2 5 blood pressure	
10 2 calcium channel	*	10 5 blood viscosity	*
4 1 calcium entry	*	6 7 calcium	
5 3 catecholamine		12 1 capillary	

续表

偏头痛-镁 B-词列表（选取）		雷诺综合征-食用鱼油 B-词列表	
5　8 diabetes		2　1 collagen	
3　3 dopamine		4　2 deformability	*
14　2 epilepsy	*	1　5 diabetic	
5　6 epileptic	*	3　1 fibrinolytic	
11 11 hemodynamic		1　1 hemolytic uremic syndrome	
14 13 histamine		9　2 hypertension	
11　3 ht	*	1　4 hypertensive	
15　4 hydroxytryptamine	*	1　1 iga	
3 11 hypertension		3　3 infarction	
3　2 hypoxia	*	1　3 inhibition platelet	*
6　3 immunoglobulin		1　5 ischemic	
3　7 inflammatory	*	8　2 lupus	
2　0 ischaemia		1　1 mediterranean	
12　3 ischemia		2　1 pgi2	
6　1 ischemic		2 13 platelet aggregation	*
9　8 muscle contraction		3 14 platelet function	*
5　4 olfactory		1　1 polymorphonuclear	
14　5 oral contraceptive		10　9 prostacyclin	
10　3 paroxysmal		10 25 prostaglandin	*
14　5 platelet aggregation	*	2　1 prostaglandin i2	
4　2 progesterone		1　1 reactivity	*
14　4 prolactin		1　1 serotonin	*
10　3 prolapse		1　2 thrombotic	
12　5 prostaglandin	*	6 11 thromboxane	*
8　3 reactivity	*	1　2 thyroid	
16　7 relaxation			
10　7 reserpine			
8 14 seizure	*		
11　5 serotonin	*		
4　4 spasm	*		
5　2 spreading depression *	*		
7　5 stress	*		

续表

偏头痛-镁 B-词列表（选取）		雷诺综合征-食用鱼油 B-词列表	
6 7 tryptophan			
4 5 vasospasm	*		
6 4 verapamil	*		

资料来源：Swanson and Smalheiser,1997

7.2.2 潜在知识领域的可视化

我们从相关性和被引频次两个维度来划分主流知识领域和潜在知识领域。根据与主题域的相关性和被引频次，科学文献可以分成四类：主流知识领域，由相关性高（HR）、被引频次高（HC）的文献构成；潜在知识领域，一般由相关性高（HR）、被引频次低（LC）的文献组成；另外还有两类低相关性文献组成的知识。传统的知识发现，如引文分析和知识可视化，关注的都是主流知识领域（HR+HC）。而潜在知识领域的知识发现和可视化，关注的是相关性高（HR）、被引频次低（LC）的一类文献。本部分介绍一种知识领域可视化方法，使得其应用从主流知识领域扩展到潜在知识领域（图 7-5）。

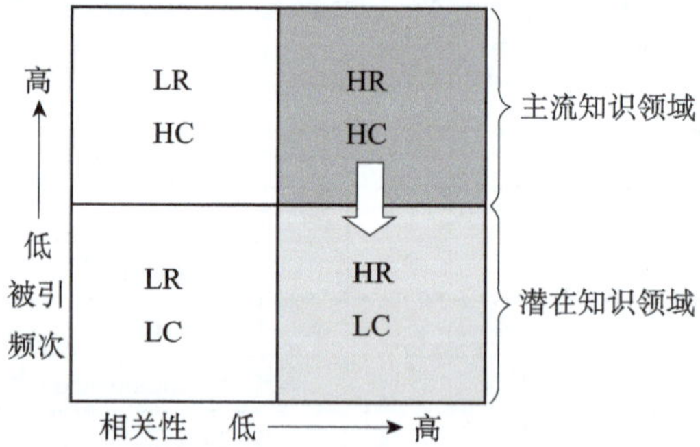

图 7-5 主流知识领域的相关性和被引频次都很高，而潜在知识领域则以高相关和低频被引为特征

在早期的研究中，我们开发了用于主流知识领域可视化的程序（Chen and Paul, 2001），这个程序包括以下四个步骤。

（1）从引文数据库中选取既高度相关又高频被引的文献。

（2）在选取的大量文献基础上生成引文网络，并用寻径算法简化引文网络。

（3）依据由主成分分析识别出的学科划分，对寻径网络进行分解。

（4）在引文网络上添加文献或作者的引文历史。

我们在以上四个步骤基础上实现了潜在知识领域的可视化。这就需要将其纳入到一个能够在高相关并低频被引的文献中进行规律识别的递归过程。图 7-6 阐明了这种方法的总体策略，这个方法有三个子过程。第一步是要为随后的分析和可视化建立一个整体环境，在这个过程中，我们实际应用了之前用于主流知识领域的四个步骤，并生成了引文全景图。第二步是领域扩展，即由主流知识领域扩展到潜在知识领域。在领域扩展过程中，关键是从引文全景图中选出“出口”的路标，这个“出口”路标对跟踪潜在域知识领域起着关键作用，它能将高相关、低被引的文献收入到视图中。这个“出口”路标的选取同时基于结构和主题的特征。在引文全景图中，结构上重要的文献如分支点，从这些分支点出发人们可以沿着网络留有的引用路径到达更多的文献。主题上重要的文献都是与关注的主题密切相关的。一个理想的“出口”应该是某个研究领域中的一篇经典文献，它通过引用关系连接一组密切相关的文献集。我们将会用案例来详细说明如何选择“出口”路标。“出口”路标一旦确定，再次将四步骤程序应用于所有引文链中的文献，直到有两个引文连接。这样得到的引文网络表示潜在知识领域。最后，通过参考全景图中的“出口”路标，我们将这个局部结构嵌回到潜在知识结构中。

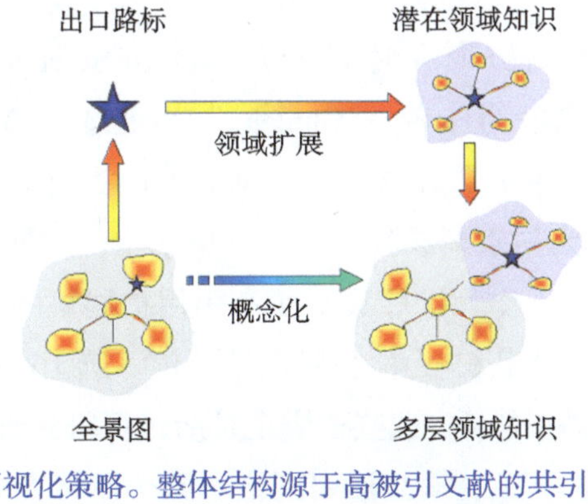

图 7-6 潜在知识领域可视化策略。整体结构源于高被引文献的共引网络，选择“出口”路标作为域扩展过程的种子文章。扩展后的域是由与种子文章相连接的文章构成，潜在知识领域就可以用这些文章构成的引文网络来表示

本章我们将通过三个案例来说明这种方法的应用，即关于斯沃森的未被发现的公开知识的研究，关于寻径网络技术的跨领域应用的研究，以及关于疯牛病与变异型克雅氏病之间联系的研究。数据来自由汤森路透集团编制的

引文数据库 Web of Science。为了生成可视化的全景图，我们首先使用一些宽泛的检索词在 Web of Science 中检索。例如，在寻径案例中，我们选择的检索词 是“knowledge discovery”“knowledge acquisition”“knowledge modeling” 和“pathfinder”。全景图生成之后，要识别出“出口”路标就很简单了。在这个案例中，一篇寻径网络的经典文献被选作“出口”路标，然后以它为种子文献在 Web of Science 中进行检索，得到这篇种子文献的引用空间。其中，包含两类文献，一类直接引用种子文献，另一类间接引用种子文献。

$$C_{One\text{-}Step}(s)=\{c|c\rightarrow s\}$$

$$C_{Two\text{-}Step}(s)=\{c|\exists c'\Rightarrow c\rightarrow c'\wedge c'\rightarrow s\}$$

$$CitingSpace_{Theme}(s)=C_{One\text{-}Step}(s)\cup C_{Two\text{-}Step}(s)$$

这种引文空间包含的一些文献可能是超越主流知识领域边界的。人们可以通过识别其他“出口”路标来重复进行这一步骤。与路标文献间接相连的文献集合构成潜在知识领域。运用不同的方法选择引文，参照对高相关和高被引的知识的可视化方法，我们能够对潜在知识进行结构可视化。在下面的三个案例中，我们运用同样的方法进行研究。

7.3　案例一：斯沃森的影响

下面这个例子基于 2001 年 4 月 17 日从 Web of Science 中检索的引文数据。首先，以“Swanson DR”为作者、“Chicago”为地址，跨库检索 1981 ～ 2001 年的所有数据，目的是在引文数据库中尽可能多地找出斯沃森的所有文章。将检索到的 30 条记录作为初始集或种子文献。第二步，扩展初始集，将引用过种子文献的文献包括进来，作为扩展集。所有引用扩展集的文献一起作为随后文献共被引分析的对象。设定 65 为被引频次的阈值，选出高被引的 246 篇文献绘制出一系列的文献共被引图谱，这些图谱正是斯沃森研究影响力的快照。

图 7-7 显示了其中一张文献共被引图谱。整个网络图分成了三个主要的区域，并依据因子负载表示成不同的颜色。图中最大的区域用红色表示，代表信息科学，包括信息检索和引文索引。第二大区域用绿色表示，包括科学计量学、神经学和人工智能学。第三大区域用蓝色表示，包含了关于“偏头疼”和“镁”的文章。在图 7-7 中，斯沃森的文章用高亮来突出表示，他的大部分文章出现在第二个区域，也有少量文章出现在第一个区域。单纯从这个图谱来看，斯沃森

的著作最有影响力的部分是在人工智能学和神经学这两个领域中。

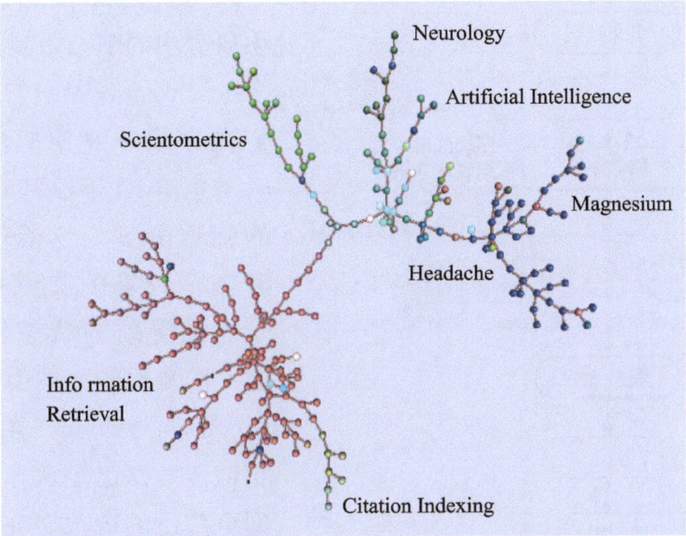

图 7-7　文献共被引图谱。图中的高亮节点显示的是斯沃森发表的文章。斯沃森的四篇论文嵌入在最大的分支中，即信息科学，包括信息检索和引文索引。12 篇论文集中在绿色的第二大学科群中，即从科学计量学、神经科学到人工智能。第三大分支，即“偏头痛”和“镁”，只有斯沃森的一篇论文

如果我们做一个三维的可视化图谱，会对斯沃森 15 年的科研成果影响力有更进一步的了解。在三维可视化中，高被引文章大都是显示在由文献共被引网络形成的结构中。在整个图中，被引频次最高的就是斯沃森于 1988 年发表在 *Perspectives in Biology and Medicine* 上的那篇识别“偏头痛”和“镁”之间被忽略的关联的论文。这篇文章在图中正好位于“临床医学”文献和“人工智能和神经学”文献的交界处。独一无二的位置和高居首位的被引频次，意味着这篇文章是连接两个领域文献的关键中介。斯沃森不但将医学文献中概念间缺失的联系建立起来，还使得信息科学和医学之间建立起较强的关联。

7.4　案例二：寻径网络的影响

在我们早期的研究中，我们在一般相似性分析（GSA）框架中引入了寻径网络的方法（Chen, 1998a, 1998b; Chen, 1999b; Chen and Paul, 2001; Chen et al., 2001）。寻径网络的应用通常依赖于人工判定的相似度。在标准的寻径网

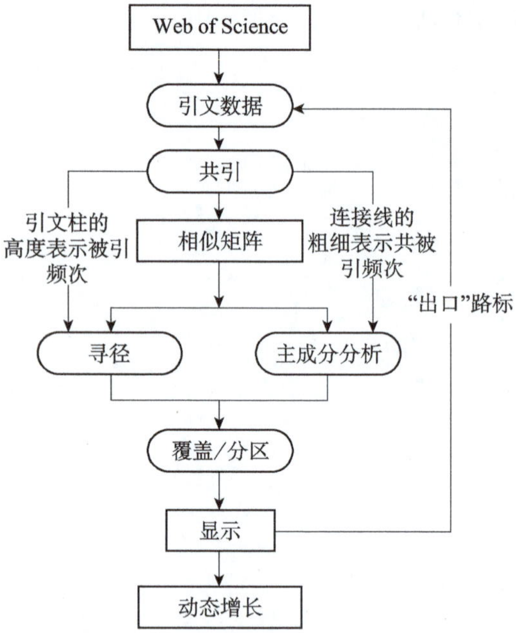

图 7-8　潜在知识领域可视化的程序

络中，节点的数量应该在 30 ～ 50 个，尽管在 20 世纪 80 年代的一项研究中的节点数量达到了 2000 个（Schvaneveldt et al., 1989）。我们在介绍一般相似性分析的同时，也介绍了各种计算机生成的临近测度，包括基于信息检索模型计算的文献相似性，源于网站导航的状态转换的概率值，以及作者共被引和文献共被引（Chen, 1999b）（图 7-8）。这些相似性数据已经从寻径网络扩展到更广泛的现象研究中，数据量已超出了人工可以处理的范畴。这一扩展不仅丰富了寻径网络的拓扑性质，也推动了人们对寻径网络意义的深入研究。在寻径研究的案例中，我们主要研究的问题是：这些扩展是如何帮助寻径网络在传统应用的基础上逐渐发展起来的？

7.4.1　主流知识领域

在寻径的案例中，我们主要关注寻径网络的跨领域应用，尤其是寻径网络在那些可能淹没在主流引文丛林中的非主流知识方面的应用。

图 7-9 显示的是一幅寻径网络图，包括关于"知识发现""知识获取""分类与机器学习""人工智能""专家系统"和"知识领域建模"的文献聚类。"寻径"的相关文章位于图谱的远端，靠近"认知心理学"和"专家系统"区域（图 7-10）。这说明寻径网络的应用是与这两大类紧密相关的。为了跟进与寻径网络相关的潜在知识领域结构研究，Schvaneveldt 在 1985 年发表的论文被选作第一个"出口"路标，因为这篇文章恰好位于"寻径"聚类通向其他区域的关键中介节点上。

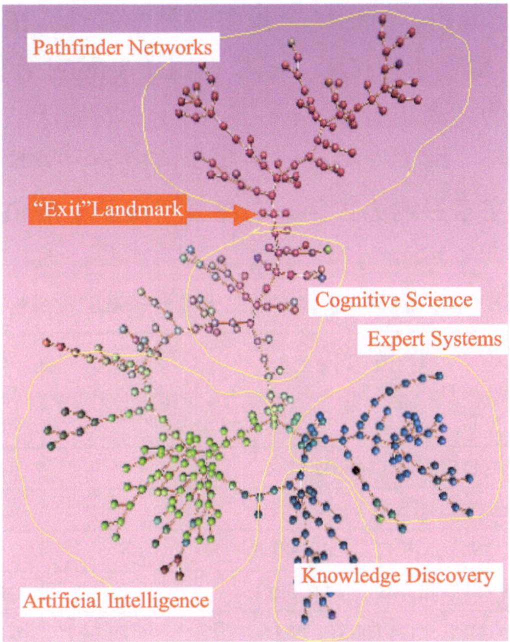

图 7-9　主流知识领域的概览图

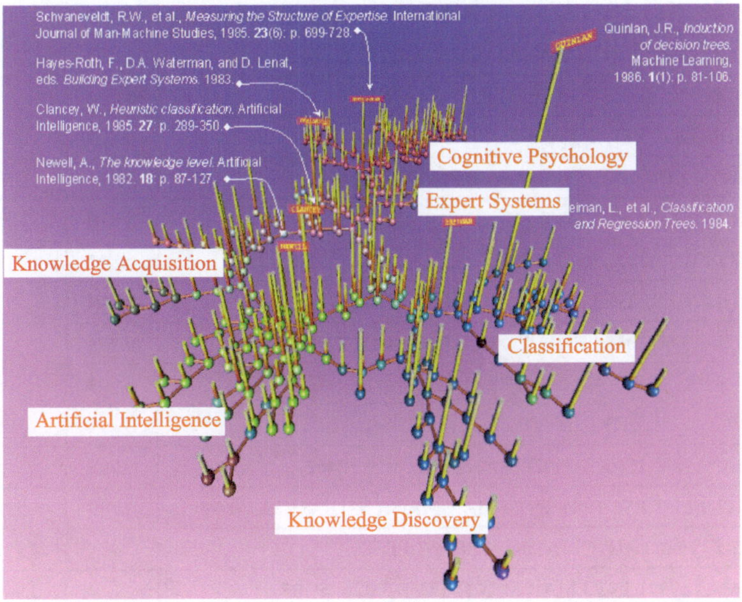

图 7-10　寻径案例的全景图。寻径网络应用于更广泛的知识管理技术领域，如“知识获取”“知识发现”和“人工智能”。大多数寻径网络用户都是认知心理学家

表 7-3 通过因子分析，给出了全景图的更多信息。在三个最大的学科群中分别列出了前 20 篇代表性文献。其中，因子 1 对应于“寻径网络”研究；因子 2 对应于传统的“人工智能”研究；因子 3 对应于“专家系统”和“决策支持系统”研究。一方面，一个因子载荷值越大，越具有学科代表性；另一方面，即使一篇文章影响力广泛，它在某个因子上的负载值可能也不是特别高。

表 7-3 依据因子分析得到的三大专业领域的代表性文献

文献 学科	F1 寻径网络	F2 人工智能	F3 专家系统
ELSTEIN AS, 1978, MED PROBLEM SOLVING	0.872		
CARD SK, 1983, PSYCHOL HUMAN COMPUT	0.872		
JOHNSONLAIRD PN, 1983, MENTAL MODELS	0.858		
NISBETT RE, 1977, PSYCHOL REV, V84, P231	0.855		
GLASER R, 1988, NATURE EXPERTISE, PR15	0.850		
GAMMACK J G, 1985, RES DEV EXPERT SYSTE, P105	0.841		
CHI MTH, 1981, COGNITIVE SCI, V5, P121	0.841		
COOKE N M, 1986, P IEEE, V74, P1422	0.836		
COOKE N M, 1987, INT J MAN MACH STUD, V26, P533	0.830		
ANDERSON J R, 1982, PSYCHOL REV, V89, P369	0.814		
ANDERSON J R, 1987, PSYCHOL REV, V94, P192	0.813		
MCKEITHEN KB, 1981, COGNITIVE PSYCHOL, V13, P307	0.811		
CHI MTH, 1989, COGNITIVE SCI, V13, P145	0.810		
ANDERSON JR, 1983, ARCHITECTURE COGNITI	0.807		
CORDINGLEY ES, 1989, KNOWLEDGE ELICITATIO, P89	0.804		
COOKE NJ, 1994, INT J HUM-COMPUT ST, V41, P801	0.798		
HOFFMAN RR, 1987, AI MAG, V8, P53	0.797		0.528
CHASE WG, 1973, COGNITIVE PSYCHOL, V4, P55	0.794		
KLEIN GA, 1989, IEEE T SYST MAN CYB, V19, P462	0.792		0.508
SCHVANEVELDT RW, 1985, INT J MAN MACH STUD, V23, P699	0.789	−0.532	
MARCUS S, 1988, AUTOMATING KNOWLEDGE		0.951	
MUSEN MA, 1987, INT J MAN MACH STUD, V26, P105		0.949	
BENNETT JS, 1985, J AUTOMATED REASONIN, V1, P49		0.947	
CLANCEY WJ, 1989, MACH LEARN, V4, P285		0.942	

续表

文献 学科	F1 寻径网络	F2 人工智能	F3 专家系统
NEWELL A, 1982, ARTIF INTELL, V18, P87		0.942	
MUSEN MA, 1989, KNOWL ACQUIS, V1, P73		0.941	
CLANCEY WJ, 1985, ARTIF INTELL, V27, P289		0.940	
FORD KM, 1993, INT J INTELL SYST, V8, P9		0.933	
KAHN G, 1985, 9TH P INT JOINT C AR, P581		0.933	
MUSEN MA, 1989, AUTOMATED GENERATION		0.930	
NECHES R, 1991, AI MAG, V12, P36		0.929	
MARCUS S, 1989, ARTIF INTELL, V39, P1		0.926	
CHANDRASEKARAN B, 1986, IEEE EXPERT, V1, P23		0.925	
LENAT DB, 1990, BUILDING LARGE KNOWL		0.923	
CHANDRASEKARAN B, 1983, AI MAG, V4, P9		0.921	
DAVIS R, 1982, KNOWLEDGE BASED SYST		0.920	
DAVIS R, 1979, ARTIF INTELL, V12, P121		0.918	
GRUBER TR, 1987, INT J MAN MACH STUD, V26, P143		0.914	
SHADBOLT N, 1990, CURRENT TRENDS KNOWL, P313		0.912	
DEKLEER J, 1984, ARTIF INTELL, V24, P7		0.910	
HOLLAND JH, 1986, INDUCTION PROCESSES			0.771
OLEARY DE, 1987, DECISION SCI, V18, P468			0.713
WATERMAN DA, 1986, GUIDE EXPERT SYSTEMS	0.526		0.712
MICHALSKI RS, 1980, INT J MAN MACH STUD, V12, P63		0.593	0.674
OLSON JR, 1987, EXPERT SYST, V4, P152	0.668		0.672
MILLER GA, 1956, PSYCHOL REV, V63, P81			0.671
HART A, 1986, KNOWLEDGE ACQUISITIO	0.640		0.664
PRERAU DS, 1990, DEV MANAGING EXPERT			0.657
MESSIER WF, 1988, MANAGE SCI, V34, P1403	−0.611		0.635
QUINLAN JR, 1979, EXPERT SYSTEMS MICRO	−0.644		0.631
JACKSON P, 1990, INTRO EXPERT SYSTEMS	0.530		0.627
JOHNSON PE, 1983, J MED PHILOS, V8, P77	0.510		0.612
BOOSE JH, 1986, EXPERTISE TRANSFER E	0.578		0.601
RUMELHART DE, 1986, PARALLEL DISTRIBUTED	−0.575		0.599
HARMON P, 1985, EXPERT SYSTEMS		0.546	0.597
KIM J, 1988, DECISION SUPPORT SYS, V4, P269	0.654		0.591

续表

文献 学科	F1 寻径网络	F2 人工智能	F3 专家系统
SHAW MLG, 1987, KNOWL ACQUIS, P109	0.580		0.585
QUINLAN JR, 1979, EXPERT SYSTEMS MICRO, P168			0.585
SAATY TL, 1980, ANAL HIERARCHY PROCE		0.508	0.580
MICHALSKI R, 1980, INT J POL ANAL INF S, V4, P125	−0.664		0.571

7.4.2　潜在知识领域

图 7-11 显示的是基于“出口”路标文献的引文空间的潜在知识结构。这种结构没有因为经典的“人工智能”高被引文献的存在而相形见绌，而是通过“出口”路标保留了与整体关联的连接点，“出口”路标是恰好位于分支点右下角的该路径中的最高引文柱。这个详细的局部结构显示了更多与寻径应用相关的文章。

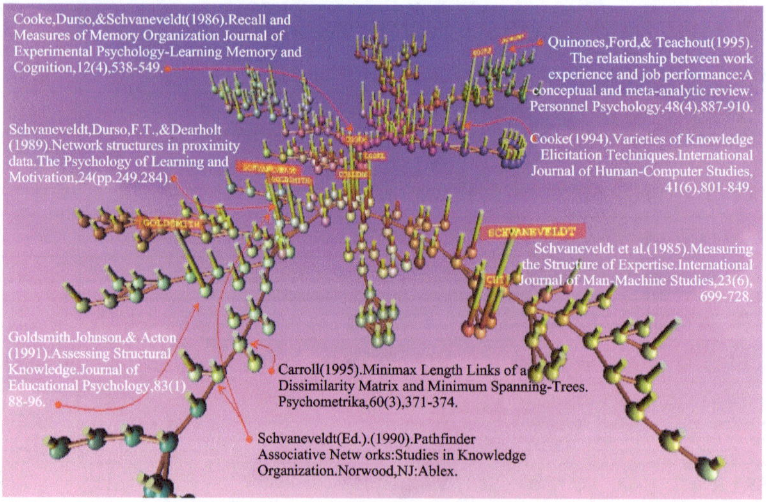

图 7-11　引文图谱展示了寻径网络应用中最高产的主题，包括专门知识和诱导知识结构的测度，记忆组织的测度，以及心智模式的比较。这里没有设置阈值

类似的，表 7-4 显示了潜在知识结构中的代表性文献。比在全景图中的分类更为详细。

表 7-4 依据因子负载值列出三大主导学科中的代表性文献。负载值的绝对值小于 0.05 的文献被筛除。第一篇文献是领域扩展选出的“出口”路标

文献 学科	F1 寻径，认知心理学	F2 教育心理学	F3 知识获得
SCHVANEVELDT RW, 1985, INT J MAN MACH STUD, V23, P699	0.916		
ANDERSON JR, 1983, ARCHITECTURE COGNITI	0.906		
REITMAN JS, 1980, COGNITIVE PSYCHOL, V12, P554	0.874		
FRIENDLY ML, 1977, COGNITIVE PSYCHOL, V9, P188	0.861		
MCKEITHEN KB, 1981, COGNITIVE PSYCHOL, V13, P307	0.848		
ERICSSON KA, 1984, PROTOCOL ANAL	0.845		
COOKE NM, 1987, INT J MAN MACH STUD, V26, P533	0.837		
CHI MTH, 1981, COGNITIVE SCI, V5, P121	0.825		
KRUSKAL JB, 1977, STATISTICAL METHODS	0.822		
COOKE NM, 1986, P IEEE, V74, P1422	0.822		
HAYESROTH F, 1983, BUILDING EXPERT SYST	0.807		
MURPHY GL, 1984, J EXP PSYCHOL LEARN, V10, P144	0.806		
ROSKEHOESTRAND RJ, 1986, ERGONOMICS, V29, P1301	0.803		
ANDERSON JR, 1982, PSYCHOL REV, V89, P369	0.801		
COOKE NJ, 1988, INT J MAN MACH STUD, V29, P407	0.800	0.514	
TVERSKY A, 1977, PSYCHOL REV, V84, P327	0.798		
KELLY GA, 1955, PSYCHOL PERSONAL CON	0.790		
BUTLER KA, 1986, ARTIFICIAL INTELLIGE	0.789		
COLLINS AM, 1969, J VERB LEARN VERB BE, V8, P240	0.784		
SCHVANEVELDT RW, 1985, MCCS859 NEW MEX STAT	0.777		
GOLDSMITH TE, 1991, J EDUC PSYCHOL, V83, P88		0.840	
GONZALVO P, 1994, J EDUC PSYCHOL, V86, P601		0.789	
ACTON WH, 1994, J EDUC PSYCHOL, V86, P303		0.777	
GOMEZ RL, 1996, J EDUC PSYCHOL, V88, P572		0.754	
JOHNSON PJ, 1994, J EDUC PSYCHOL, V86, P617		0.747	
NOVAK JD, 1990, J RES SCI TEACH, V27, P937		0.747	

续表

文献 学科	F1 寻径，认知心理学	F2 教育心理学	F3 知识获得
NOVAK JD, 1984, LEARNING LEARN		0.744	
SCHVANEVELDT RW, 1989, PSYCHOL LEARN MOTIV, P249		0.744	
FENKER RM, 1975, INSTR SCI, V4, P33		0.737	
SCHVANEVELDT RW, 1988, COMPUT MATH APPL, V15, P337		0.734	
SCHVANEVELDT RW, 1990, PATHFINDER ASS NETWO	0.601	0.726	
WILSON JM, 1994, J RES SCI TEACH, V31, P1133		0.734	
ARABIE P, 1993, CONTEMP PSYCHOL, V38, P66		0.720	
PREECE PFW, 1976, J EDUC PSYCHOL, V68, P1		0.716	
ROSCH E, 1975, J EXPT PSYCHOL GENER, V104, P192		0.711	
GOMEZ RL, 1996, J HLTH PSYCHOL, V1, P107		0.710	
GOMEZ RL, 1994, J EXP PSYCHOL LEARN, V20, P396		0.710	
CRAIK KJW, 1943, NATURE EXPLANATION		0.706	
CANAS JJ, 1994, INT J HUM-COMPUT ST, V40, P795		0.698	
SCHVANEVELDT RW, 1989, PSYCHOL LEARN MOTIV, V24, P249		0.696	0.501
SHAW MLG, 1989, KNOWL ACQUIS, V1, P341			0.623
KITTO CM, 1989, INT J MAN MACH STUD, V31, P149			0.618
KITTO CM, 1987, P WESTEX 87 W C EXP, P96			0.571
SANDERSON PM, 1994, HUMAN COMPUTER INTER, V9, P251			0.566
COOKE NJ, 1996, HUM-COMPUT INTERACT, V11, P29			0.560
COOKE NJ, 1992, INT J MAN MACH STUD, V37, P721		−0.551	0.517
WALSH JP, 1988, ORGAN BEHAV HUM DEC, V42, P194			0.511
ROWE AL, 1996, J EXP PSYCHOL-APPL, V2, P31			0.503
WIELINGA BJ, 1992, KNOWL ACQUIS, V4, P5			0.503

图 7-12 显示了寻径网络主体中的一个拓展分支。这一分支代表了寻径网络的一个新的应用领域。实际上，寻径网络已被修改并应用于基于引文的可视化中。

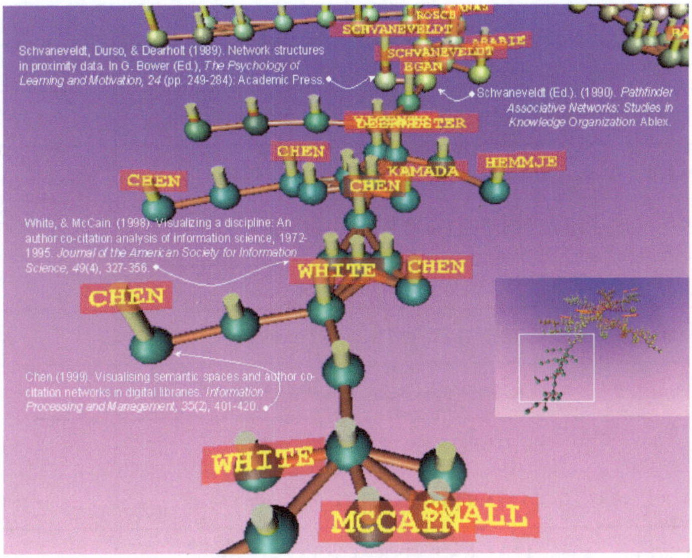

图 7-12　这一分支代表将寻径网络整合入 GSA 的新范式，GSA 是一个结构化和可视化的一般框架，它的应用大大加强了传统的引文分析

表 7-5 表明这一分支领域中的所有文献的因子负载值都是负的，并且也没有出现在其他因子中。这是一个很有趣的现象，一方面，第一个学科提供了一个既可以解释传统的寻径应用，又可以解释新应用的维度；另一方面，因为新分支的文献因子负载值如此一致，也可将其视为子学科。

表 7-5　在因子 1 中，强负载值暗示了一个独特学科的存在。这些文献都运用了寻径网络，但却不同于一般的专门研究寻径的文献

文献	F1
MCCAIN KW, 1995, J AM SOC INFORM SCI, V46, P306	−0.619
BUSH V, 1945, ATLANTIC MONTHLY, V176, P101	−0.631
KAMADA T, 1989, INFORM PROCESS LETT, V31, P7	−0.651
CHEN CM, 1996, HUM-COMPUT INTERACT, V11, P125	−0.652
CONKLIN J, 1987, IEEE COMPUT, V20, P17	−0.657
BRAAM RR, 1991, J AM SOC INFORM SCI, V42, P233	−0.661
MARSHALL C, 1994, P ECHT 94 ED SEPT, P13	−0.661
DILLON A, 1996, INT J HUM-COMPUT ST, V45, P619	−0.664
GREEN SJ, 1998, P 7 INT WORLD WID WE	−0.664
BENYON D, 1997, P HUM COMP INT INTER, P39	−0.664

续表

文献	F1
CAMPAGNONI FR, 1989, ACM T INFORM SYST, V7, P271	−0.666
MCCAIN KW, 1990, J AM SOC INFORM SCI, V41, P433	−0.667
WHITE HD, 1981, J AM SOC INFORM SCI, V32, P163	−0.668
HEMMJE M, 1994, P 17 ANN INT ACM SIG, P249	−0.670
WHITE HD, 1997, ANNU REV INFORM SCI, V32, P99	−0.672
SMALL H, 1973, J AM SOC INFORM SCI, V24, P265	−0.673
CHEN C, 1997, NEW REV HYPERMEDIA M, V3, P67	−0.675
VICENTE KJ, 1988, INT J MAN MACH STUD, V29, P647	−0.680
DEERWESTER S, 1990, J AM SOC INFORM SCI, V41, P391	−0.680
SMALL H, 1999, J AM SOC INFORM SCI, V50, P799	−0.682
CHEN C, 1998, P 9 ACM C HYP HYP HY, P77	−0.684
CHALMERS M, 1992, P 15 ANN INT ACM SIG, P330	−0.688
CHEN CM, 1998, J VISUAL LANG COMPUT, V9, P267	−0.693
CHEN CM, 1998, INTERACT COMPUT, V10, P107	−0.695
SALTON G, 1983, INTRO MODERN INFORMA	−0.697
WHITE HD, 1998, J AM SOC INFORM SCI, V49, P327	−0.724
SMALL H, 1997, SCIENTOMETRICS, V38, P275	−0.724
HETZLER B, 1998, P 5 INT ISKO C STRUC	−0.724
SMALL H, 1994, SCIENTOMETRICS, V30, P229	−0.724
CHEN HC, 1998, J AM SOC INFORM SCI, V49, P582	−0.727
FOX KL, 1999, J AM SOC INFORM SCI, V50, P616	−0.736
CHEN CM, 1999, INFORM PROCESS MANAG, V35, P401	−0.743

图 7-13 展示了一个简单的功能，高亮显示了 Schvaneveldt 的所有文章，他是寻径网络发展中的关键人物。每个高亮显示的论文的位置和主分支的方向都为理解该论文和分支的本质提供了有价值的信息。

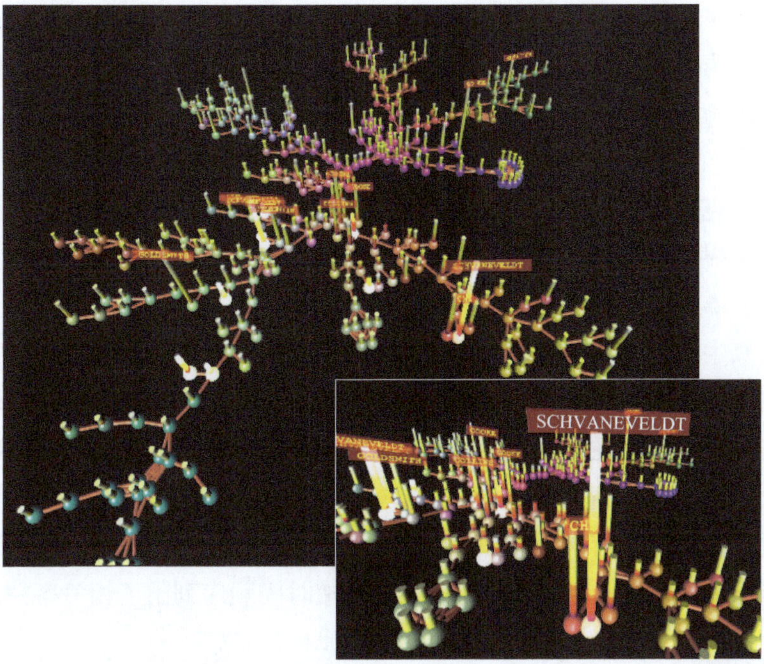

图 7-13　在主题可视化全景图中以“Schvaneveldt”作为“出口”路标

7.5　案例三：疯牛病（BSE）和变异型克雅氏病（VCJD）

加州大学旧金山分校神经学、病毒学和生物化学教授普鲁西纳（Stanley Prusiner）发表在 *Science* 上的一篇论文，首次引入了传染性蛋白质——朊病毒的概念（Prusiner, 1982）。普鲁西纳也因为朊病毒的发现获得了 1997 年的诺贝尔生理学 / 医学奖，他提出异常蛋白形式是导致诸如羊痒病、疯牛病和人类克雅氏病的原因。这些疾病都是我们所知的可遗传的海绵状脑病。

7.5.1　主流知识领域

1986 年，在英格兰地区疯牛病第一次被发现。科学家在一头被感染的牛脑组织中发现了一个海绵状的畸形物质，它是一种新的传染性蛋白病毒，也意味着出现了一种新的传染性海绵状脑病。1992 年，英格兰的疯牛病发病率达到最高峰，之后开始缓慢下降。人类克雅氏病是 19 世纪 20 年代由德国的两位神经学医生首次发现的。这是人类传染性海绵状脑病的主要病种。对于人类而言，传染性蛋白疾病与人类克雅氏病、库鲁病（同类相食传播）、脑软病（GSS）和致死性家族性失眠（FFI）这些疾病一样，都是相关的一类疾病。

克雅氏病的高发人群年龄一般在 55 岁以上，患者通常会在诊断后的 6 个月内死亡。1920 年发现第一个病例，但到目前为止致病的原因尚不清楚。变异型克雅氏病是人类克雅氏病的一个新变种，由苏格兰爱丁堡 CJD 监管协会率先发现。变异型克雅氏病的临床特征是慢性的精神失控，神经病理学显示为整个大脑中出现明显的海绵状改变。从媒体报道来看，越来越多的民众开始关心疯牛病能否从牛传染到人从而感染该病。

虽然疯牛病与人类克雅氏病之间并未证实有确实的联系，但由于二者看起来那么相似，大多科学家们确信感染疯牛病能够导致人类患上克雅氏病。人类克雅氏病通常会出现在大规模爆发的疯牛病之后。疯牛病曾在英国大规模流行，而大多数人类克雅氏病患者也都居住在英国，这更加有力地证明了二者之间的关联。最初，英国政府向公众保证牛肉的安全性，但在 1996 年也宣布疯牛病和人类克雅氏病之间可能存在关联性。表 7-6 按时间顺序列出了相关事件。

表 7-6　英国的疯牛病危机事件简表

时间	事件
20世纪60年代	英国科学家Tikvah Alper和J. S. Griffith提出一种缺乏核酸的传染病病毒可能会导致羊痒病
1982	美国神经病学家Stanley Prusiner发表论文称，朊病毒（prion）是一种致病介质
1986	英国第一例疯牛病（BSE）案例
1988	禁令
1992	疯牛病的案例达到峰值
1996	克雅氏病出现变种
1996	3月，英国宣布疯牛病和克雅氏病之间可能存在联系
1996	欧盟禁止进口英国牛肉和其他牛产品
1997	Stanley Prusiner因为发现了朊病毒而获得诺贝尔生理学/医学奖
1999	欧盟取消了对英国牛肉和其他牛产品的进口禁令

英国政府曾向公众保证牛肉的安全性，但在 1996 年宣布疯牛病和人类克雅氏病之间可能存在关联性。这个案例中我们关心的主要问题是，对于疯牛病和人类克雅氏病之间的关联，科学文献能够提供给我们一些怎样的信息。

首先，在 Web of Science 中以“BSE or CJD”为检索词进行检索，并生成疯牛病和克雅氏病研究的主流知识图谱（图 7-14）。其中，最重要的“朊病毒蛋白

（prion protein）”研究用红色表示；“疯牛病（BSE）”研究用绿色表示；“人类克雅氏病（CJD）”研究用蓝色表示；“脑软病（GSS）”与“朊病毒蛋白（prion protein）”研究相邻，用紫色表示。“人类克雅氏病（CJD）”研究领域颜色很亮，表明这是一个与其他研究相交叠的区域。

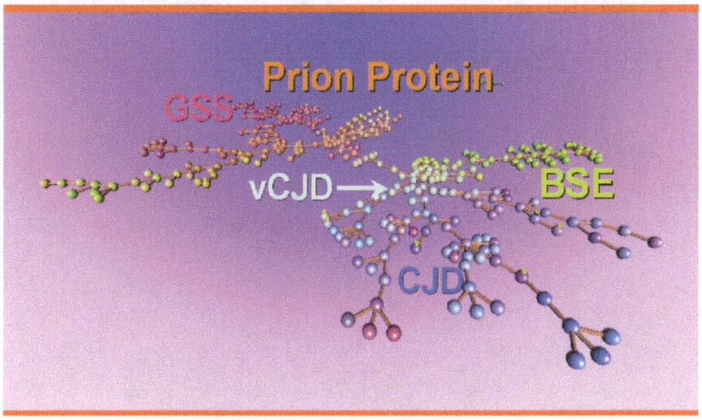

图 7-14 BSE 和 vCJD 研究主流中 379 篇文章的概览

在“朊病毒”研究区域中，普鲁西纳于 1982 年在 *Science* 上发表的文章和加德赛克于 1966 年在 *Nature* 上发表的文章距离较近。加德赛克因在库鲁病方面的卓越贡献而荣获 1976 年的诺贝尔生理学 / 医学奖，库鲁病也是一种与朊病毒相关的脑疾病。这个研究区域还包含放射性生物学家提克瓦•艾珀（Tikvah Alper）于 1967 年在 *Nature* 上发表的一篇文章。在关于羊痒病的研究中，艾珀发现即使接受可能会破坏某些 DNA 或 RNA 的辐射，大脑组织仍然会保持传染性。1969 年，伦敦贝德福德大学的格里菲斯（J.S. Griffith），在一篇发表在 *Nature* 上的文章中提出，缺失核酸的感染体可能导致疾病。在另一篇文章中，格里菲斯提到，偏向折叠结构的蛋白质可能会被折叠成异常的结构，并传染给其他的蛋白质，使其也如此错叠。这项研究很可能威胁着分子生物学的基础，即核酸是代际转移信息的唯一方式。

1982 年，普鲁西纳在他首次提出“自我复制”研究的 15 年之后，进一步研究指出，“蛋白质传染性微粒”是羊和仓鼠患痒病的原因。他提出痒病和其他大脑萎缩疾病，无论是遗传的、传染的、还是突发的，都遵守一个共同的原理，即一个错误折叠的蛋白质繁殖并杀死脑细胞。

普鲁西纳于 1982 年发表在 *Science* 上的文章指出，在患痒病的仓鼠大脑中有一种在健康动物体中不会出现的异常蛋白质。他们的这篇题为“新的蛋白质传染性微粒导致痒病”的文章，截止到 2001 年 3 月被引频次已高达 941

次。一年后，他们认定了这种蛋白质并命名为朊蛋白。普鲁西纳带领团队开展了一系列相关实验，证明朊蛋白实际上也存在于健康的动物体中，但与染病大脑中的形式是不一样的。研究也表明，仓鼠缺乏抵抗感染性蛋白病毒的朊蛋白。综上所述，大量研究让许多科学家相信蛋白质实际上是人类克雅氏病、痒病、疯牛病等疾病的载体。图 7-15 展示了随引文增长而形成 4 个动态图。图 7-16 展示的是在 1995～2000 年的 4 篇高被引论文。

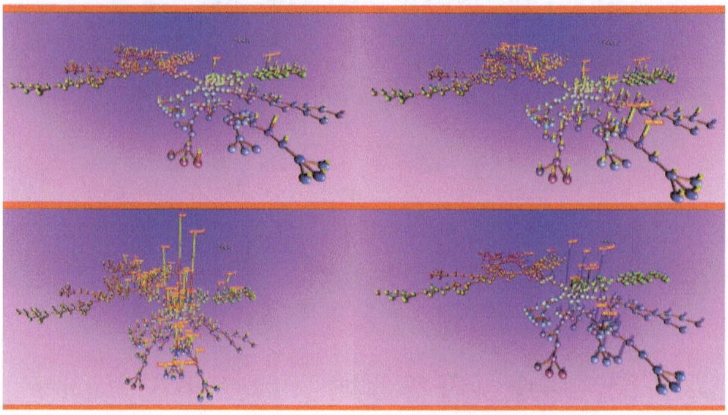

图 7-15 “BSE 和 vCJD 关联”的研究逐年增长的影响力。左上：1991～1993 年；右上：1994～1996 年；左下：1997～1999 年；右下：2000～2001 年

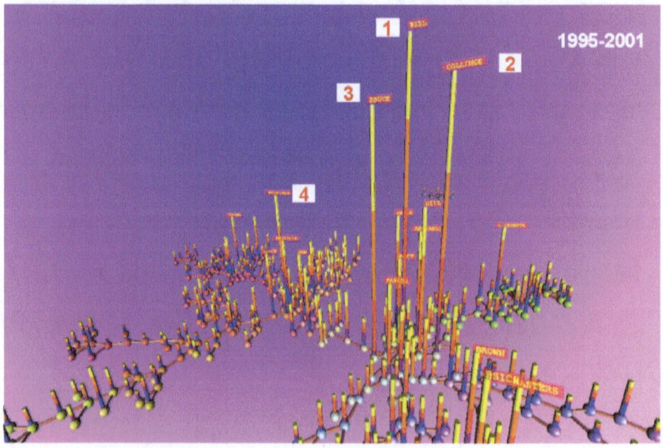

图 7-16 在 1995～2001 年被引频次超过 50 的文章都有标签。标签 1、2、3 的文章都直接提到了疯牛病与人类克雅氏病的关系。标签 4 所指文章是普鲁西纳关于朊病毒的初始文章，这篇文章对发生在羊、牛和人体上的脑疾病有着广泛的影响

- 标签 1 Will R G, Ironside J W, Zeidler M, Cousens S N, Estibeiro K, Alperovitch A, Poser S, Pocchiari M, Hofman A, Smith P G. 1996. A new variant of Creutzfeldt-Jakob disease in the UK. Lancet, 347: 921- 925.

- 标签 2 Collinge J, Sidle K, Meads J, Ironside J, Hill A. 1996. Molecular analysis of prion strain variation and the aetiology of 'new variant' CJD. Nature, 383: 685-691.
- 标签 3 Bruce M E, Will R G, Ironside J W, McConnell I, Drummond D, Suttie A, McCardle L, Chree A, Hope J, Birkett C, Cousens S, Fraser H, Bostock C J. 1997. Transmissions to mice indicate that 'new variant' CJD is caused by the BSE agent. Nature, 389（6650）: 498-501.
- 标签 4 Prusiner S B. 1982. Novel proteinaceous infectious particles cause scrapie. Science, 216（4542）: 136-144.

爱丁堡的神经病理研究小组成员莫伊拉•布鲁斯（Moira Bruce）研究证实，羊可以产生一系列的朊病毒颗粒，但是迄今为止，还未能发现导致疯牛病的那种朊病毒颗粒。目前，没有证据表明人类会因为吃羊肉而直接感染上疯牛病，但与此同时，也没有研究可以排除这种可能性。这些研究结果将会动摇消费者的信心。

布鲁斯等指出，已经有 20 例在临床和病理上符合变异型克雅氏病的典型病例在英国年轻人中被发现，在法国也出现了 1 例。科学家推测疯牛病已经由饮食传染到人类，这一观点极大程度的引起了人们的担心。

7.5.2 锰–铜假说

主流的疯牛病研究主要关注食物链：牛通过食用以患羊痒病的羊制成的饲料而感染上疯牛病，人又通过食用患疯牛病的牛肉而患上克雅氏病。然而，英国一个生产有机乳制品的农民普德莱（Mark Purdey）相信，大脑中锰和铜的不平衡才是导致疯牛病和克雅氏病的真正原因。他研究了曾经发现海绵状组织疾病的地区环境，如美国的科罗拉多、冰岛、意大利、斯洛伐克，发现这些地区都是锰含量很高而铜含量很低的地区。

普德莱的“锰-铜假说”研究表明了潜在知识领域的迹象。他将研究结果发表在科学研究期刊上，但并没有被其他研究者大量引用。我们需要找到一个中间路径，从这个路径我们可以延伸出关于“疯牛病与克雅氏病”研究的主流知识的全景，并将普德莱的研究置于这幅大图之中。回顾我们前面所提到的，我们需要在全景图中找到“出口”路标来构建扩展域，但普德莱的文章并没有在图中的重要位置显示出来。为了解决这个问题，我们需要找到那些在主流知识可视化图谱中对“锰－铜假说”感兴趣的人。

在引用普德莱文章的科学家中，有一位是剑桥大学的生物化学家——大卫·布朗（David R. Brown）。布朗是一个很好的“出口”路标人选。一方面，他因对铜－锰平衡在朊病毒病中的作用很感兴趣（Brown et al., 2000）而引用了普德莱的文章。另一方面，他对普鲁西纳的朊蛋白理论也很感兴趣，发表了 50 篇关于朊病毒病的文章，其中两篇文章位于该案例主流知识可视化视图的重要位置。我们将他于 1997 年在 *Experimental Neurology* 发表的论文视作“出口”路标。由于普德莱的论文被引频次较低，他的论文很可能就不在传统的引文分析的考虑范围中了。而在这个聚类中，重要的文章都有可能将“疯牛病”和“人类克雅氏病”联系起来，这其中包含了将普德莱的文章引入主流知识领域的可能途径。

本部分的意义在于，说明如何让引文网络中包含那些被传统的引文分析方法排除在外的文章，从而使得研究者可以在更加广泛多元的研究成果中探索知识域的发展。这个方法可以发现那些潜在的重要文献之间的弱连接。在这个案例中，普德莱理论通过布朗等的研究与“疯牛病和人类克雅氏病”的主流研究相互关联。

7.6 小结

一般情况下，基于引文的可视化方法关注的是知识域中高被引的文献。因此，可视化的结果必然会倾向于高被引文献。虽然高被引的文献构成了核心知识领域，但单纯从被引频次角度进行考虑会使潜在知识领域被忽略。在本章中，我们使用间接引用关联的方法，可以逐步纳入潜在知识领域，确保这些潜在知识领域与整体图像相适应。

追踪科学范式的发展，需要考虑到潜在知识领域和主流知识领域。通过将原本用于主流知识领域的信息可视化方法整合成递归过程，我们在视图中不仅能看到高度相关且高被引的文献，还能看到高度相关但低被引的文献。

将引文分析和共词分析结合起来，指出引用强度和共词模型之间重要的错误匹配，是这项研究自然而然的拓展。发现潜在知识领域的有效方法还有很多。科学计量学的许多技术能够通过声场与知识的结构表征。通过多种结构表征的比较和对比，我们就可以发现那些被忽略的连接和潜在的联系。例如，共词分析揭示了相关研究之间的强连接。不过，即使在引文网络中没有连接关系或是连接关系较弱，对于科学家而言也很重要，至少它给科学家提了个醒，即是否忽略了一些具有潜在意义的文献。

一方面，知识领域可视化使科学发现和对科学范式转移的定量研究重新焕发了生机，尤其是随着数字图书馆和信息可视化技术的发展。另一方面，知识领域的可视化在新时期的科学技术发展中逐渐确立自己的研究纲领，为科学家、科学哲学家、科学知识社会学家、图书馆管理员和政府机构等把握科学技术的重大发展脉络提供了有效的工具。

这一章讨论了在潜在知识领域可视化中引用关系的作用。这种新的可视化方法不仅可以得到高被引文献的知识结构，也可以发现潜在知识领域与主流知识领域之间的联系。从本章给出案例来看，这种方法可以应用于对知识的追踪和管理。

第八章

绘制科学图谱

弄清楚一个新想法如何与我们已知的事物以及可能成为现实的事物相联系，是科学活动的重要部分。随着新科学文献的大量涌现，它们的出版速度超过我们的阅读、分析和综合科学知识的速度，因此，我们需要高效地利用这些能够引领我们穿越这个快速发展的知识空间的信息，来有效地提高我们自己。在本章中，我们着重于一些基本的问题，如什么信息可以成为潜在有价值的思想的早期标志。我们尤其感兴趣的是常规的信息，这些信息可由科学文献自身直接推导得到，而不必利用科学文献的附加信息，如文献的被使用情况、被引用情况等。

8.1 系统摄动与结构变化

世界上的许多现象都具有一个复杂适应系统（complex adaptive system，CAS）的本质属性。复杂适应系统是一种特殊类型的复杂系统。复杂适应系统的研究着重于系统的复杂性、新兴性和宏观特性。约翰•霍兰德（John H. Holland）将复杂适应系统定义为大量组件之间互相作用、适应或学习的系统。这些组件通常称为主体。复杂适应系统最重要的属性是涉及大量主体、主体间非线性和动态的相互作用、开放的和模糊的边界、维持其组织的不断流动的能量、自主主体，以及自组织机制，如反馈。

在本章中，我们提出科学是一个复杂自适应系统的概念，并提出具有识别科学变革思想早期标志潜能的理论。我们将展示怎样利用复杂适应系统来探测触发系统变化和整体改变的信息。

8.1.1 早期迹象

检测潜在有价值思想的早期迹象具有理论和实践意义。例如，基于维护科学知识的诚实和有限资源优化配置的责任，论文和基金的同行评审面临越来越大的压力（Chubin，1994; Chubin and Hackett，1990; Häyrynen，2007; Hettich and Pazzani，2006）。长期战略的科技政策需要前瞻性的思想和以证据为基础的远见（Cuhls，2001; Martin，2010; Miles，2010）。在以往关于未来技术预测的实践中，事后发现专家的意见往往过于乐观（Tichy，2004）。随着现今科学界的日益专业化，期望一个专家具有涉及一个主题多个关键方面的广泛知识是不切实际的，特别是在跨学科研究领域。

一个想法的价值或其认知价值能用许多方法量化。例如，一个好想法的价值能够通过它救助的人数、创造的就业数量或是增加的收入来测量。在知识领域，一个好想法的价值能够通过它激发的其他想法的数目或是它引起的关注度来测量。在本章中，我们将关注信息模式和属性的识别，这些信息能够告诉我们科学文献所表达和体现出来的研究灵感的潜在价值。一篇科学文献的被引频次就是其他科学文献参考该文献的次数。通过关联方法，利用引文引导搜索相关的科学思想，被称为引文索引，这一方法最早由加菲尔德在 20 世纪 50 年代提出（Garfield，1955）。引用行为有科学的和非科学的之分，这是一个普遍的共识（Bornmann and Daniel，2006）。被引频次被用做对后续研究学术影响力进行衡量的一个指标。对于引用的本质，以及是否应该同等对待正面引用、负面引用和自引用，大家有所争论。然而，即使是负面引用，也不能被简单地忽略。

研究者们找到了其他的一些线索，从这些线索中也许可以看出新发表科学论文的潜在影响力，尤其是有些线索可以从常规信息中很容易地提取出来；而不是需要等待文献发表一段时间之后，文献被人下载和引用之后才能判断出它的影响力。其中有些因素可以在一定程度上为论文质量提供保障，包括最终作者的文章发表记录、作者所在机构的威望、文章所发表期刊的威望（Boyack，et al.，2005; Hirsch，2007; Kostoff，2007; van Dalen and Kenkens，2005; Walters，2006）。在这类方法中常见的假设有：出色的研究者会不断发表出色的论文；发表在一种具有高影响力期刊上的论文更有可能是高质量的论文。一方面，这些方法可以避免对数据的依赖，且这些数据从论文的发表信息中一般无法轻易获得，因此，由于论文下载和引用数据的缺乏，分析受到较多限制；另一方面，这些方法中使用的信息来源与科学文献中报告的新想法可能会有出入。这好比我们根据某人的信用记录来评估其个人信用，而不是直接评估目前交易面临的风险。在这种方法中，我们将无法知道一个想法的新颖性来自哪里，我们也无法知道过去是否提出过类似的想法。

以往的许多研究都提出了一些能够解释，甚至预测科学文献未来被引情况的因素（Aksnes，2003; Hirsch，2007; Levitt and Thelwall，2008; Persson，2010）。例如，一篇论文去年的被引频次能预测今年新的被引频次吗？下载频次能预测被引频次吗？一篇论文引用的参考文献越多就会更多地被引用是真的吗？同样地，学术威望的潜在作用，即罗伯特•默顿提出的“马太效应”，已经被广泛研究，研究范围覆盖了从作者威望到论文所在杂志的权威性等各个方面（Dewett and Denisi，2004）。然而，这些因素的大多数都与重要的潜在主题的概念和语义性质不甚相关。我们称它们为外在因素。相反，内在因素与知识内容、结构有直接和深刻的联系。内在因素的一个例子涉及研究领域的结构变化。一个显著的例子就是斯沃森关于知识的不相关主体的连接的研究，如食用鱼油和雷诺综合征间的联系（Swanson，1986a）。

研究者们进行了各种尝试来探测科学文献的未来被引情况和确定新出现的核心论文（Shibata et al.，2007; Walters，2006）。例如，柴田（Shibata）等研究了氮化镓和复杂网络这两个学科领域的引用网络，发现虽然过去的被引频次对于未来较短时间内的被引情况有很好的预测能力，但是在一个更长的时间中，中介中心性与被引频次具有相关性。

厄珀姆（Upham）、罗森科普夫（Rosenkopf）和温加尔（Ungar）（Upham et al.，2010）研究了紧密凝聚的知识界，即思想流派，在促进和制约知识创造方面所起的作用。他们分析了一些管理方面的文献，得出如下结论：对于新知识来说，成为一个学派的一部分是明显有利的，并且一个学派最有影响的位置是这个学派的半边缘位置。特别是，处于一个流派半边缘位置的跨学科研究能引起其他流派的注意，并且往往能够得到最多的引用。他们的研究利用了零膨胀负二项回归模型（zero-inflated negative binomial models, ZINB）。负二项回归模型被用来预测期望平均专利被引频次（Fleming and Bromiley，2000）。Hsieh（2011）的研究认为发明是各项技术化功能的组合。特别是，功能之间的相似程度起着有趣的作用。太过相关或是不甚相关的功能都不会产生新的发明。当各项功能处于合适的位置时，功能组合的成本将会达到最小化，此时才会产生有用的发明。

竹田（Takeda）和尾川（Kjikawa）（Takeda and Kjikawa，2010）提出了引文网络中聚类的三个阶段。在第一阶段，核心聚类形成；在第二阶段，外围次要聚类形成，核心聚类持续生长；在第三阶段，核心聚类的生长再次成为主导。巴特勒（Buter）、诺永斯（Noyons）和范瑞安（Buter et al.，2011）研究了跨学科研究领域的出现，而这些领域以前没有表现出跨学科联系。他们利用期刊学科分类作为领域的表征，将引用作为跨学科联系的量度。

拉希里（Lahiri）等提出一个网络的结构变化可能会对信息在网络中的扩散产生影响（Lahiri et al.，2008）。虽然他们自身并不是在研究文献网络，但是他们的研究表明，网络结构变化对于信息在网络中的传播是敏感的。这个结果强调了在基于网络的拓扑属性的计量指标发展中，将结构变化考虑在内是非常重要的。

雷迭斯多夫（Leydesdorff，2001）提出的问题与我们在此所要强调的非常相关："新文本是怎样与文献相连接的，它对之前存在的关系网络有什么影响？"他采取了完全不同的办法，并从信息理论的角度分析了科学论文中的共词关系。在他的方法中，一篇论文的发表可能会引发当前知识不确定性的减小。他用图表来描述一篇特别的论文是怎样提高沟通效率的途径。虽然信息理论方法和我们的结构变化方法相比，是用不同的理论基础对不同的分析单元产生作用，但两者有一点是相同的，即都是用新出版的科学论文来研究现存知识主体变化的基本关系。

综上所述，以往许多关于文献的研究提出了可能影响引用的因素。我们研究的价值是提出结构变化范式，以及可计算性计量指标的引入，将二者整合为交互探索系统，来更好地精确理解由一篇新论文引发的单条连线的影响。

8.1.2　结构变化模型

关于创造性的许多不同的研究中，可以找到一个反复出现的主题。创造性工作的一个主要形式就是连接先前没有关联的知识主体。此前的一些引人注目的创造性研究包括罗纳德•伯特（Ronald S. Burt）的社会学研究（Burt，2004），斯沃森关于信息科学的研究，以及将信息混合作为理论框架来探索人类信息集成的研究（Fauconnier and Turner，1998）。基于来自结构和时间属性的准则，我们提出了一种具有可解释性和计算性的变革发现理论。

在科学史上，有许多关于新知识如何彻底改变当前知识结构的范例。2005 年的诺贝尔生理学 / 医学奖授予幽门螺旋杆菌的发现，这种细菌以前被认为不可能出现在人的胃中（Chen et al.，2009）。在以文献为基础的研究中，斯沃森发现了以前被忽视的食用鱼油和雷诺综合征之间的联系（Swanson，1986a）。在恐怖主义相关研究方面，在"9 • 11"恐怖袭击事件之前，人们普遍认为只有那些直接目击了创伤性场面或直接经历创伤的人，才有出现创伤后应激障碍（PTSD）的风险；但是，后来的研究表明，人们甚至仅仅通过在电视上观看创伤性场面就可能发展为创伤后应激障碍综合征（Chen，2006）。在药物发现中，面临的主要挑战之一是在满足大量限制条件的同时，从广袤的化学空间中有效地发现新的复合结构（Lipinski and Hopkins，

2004）。在陈超美2003年的著作《科学前沿图谱：知识可视化探索（第一版）》和普赖斯1965年关于科学学的研究中，对于科学家、基金机构、政策制定者们来说，如果有工具帮助他们根据他们与同时代领域知识的概念距离对新的研究创意进行评估，那将是非常有价值的。在这些场合或者更多其他场合中，应对不断变化环境的一个共同挑战是，网络结构必须变化到什么程度才能响应新的信息，如何才能做出准确的估计呢？

如图8-1所示，结构变化方法的基本假设是，目前知识结构的偏离程度是科学潜在变革理念的必要条件。换句话说，一个潜在变革理念首先需要给现有的知识结构带来变化。为了测量由一篇科学论文引起的结构变化的程度，一个

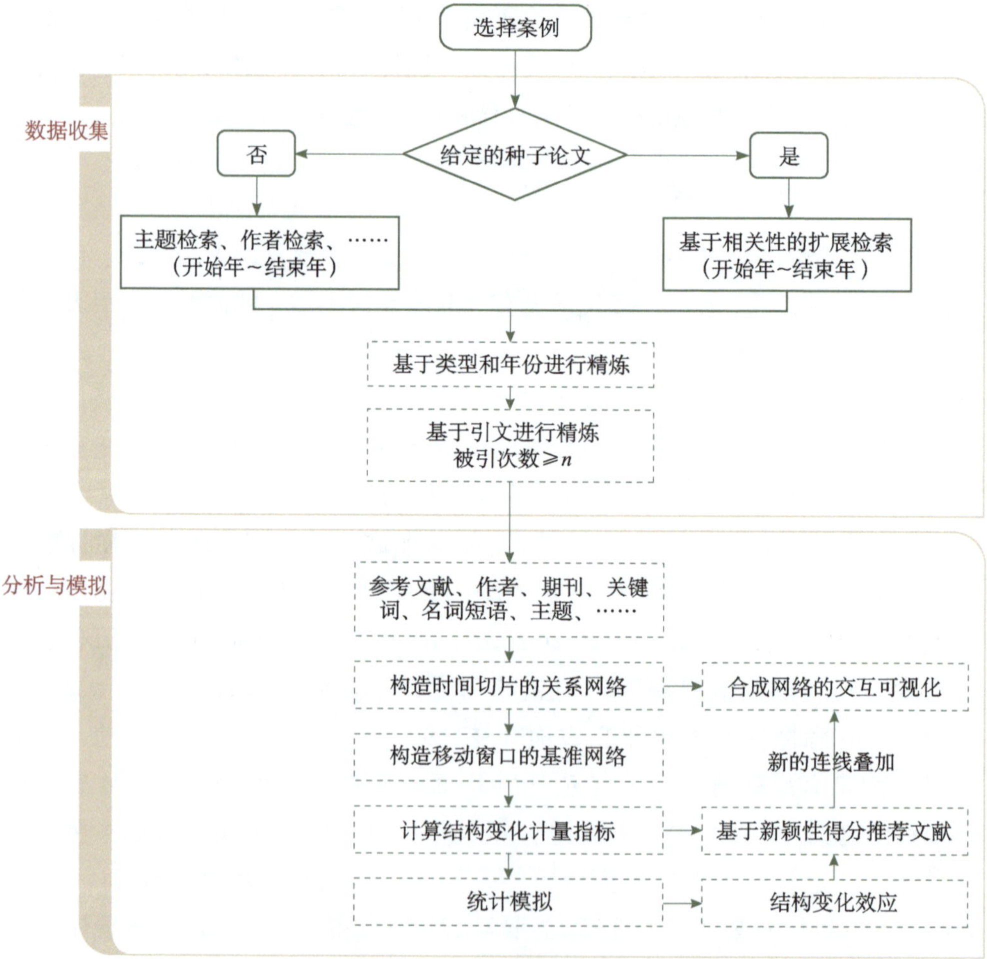

图8-1 结构变化模型概览

特定时间点的知识结构需要用一种方式来表示，即结构变化能够被计算探测到，并能被手工证实。文献网络可以从科学文献中计算得到。科学计量学与引文分析的研究经常使用引用网络和共被引网络作为基本知识结构的表征。在此，我们将使用共被引网络和共现网络作为基准网络的代表。

一个网络代表一组实体是如何连接的。在网络中，实体被表示为节点或顶点。它们间的关系表示为连线或边界。此处我们所谓的实体包括几种类型的信息，这些信息能从一篇科学论文中提取出来，如这篇论文引用的参考文献、作者及单位、发表该论文的期刊和论文中的关键词。在此，我们仅讨论单一类型实体所形成的网络。一旦我们对单一类型实体网络的结构变化有了基本了解，多类型实体网络也值得考虑。

一旦实体类型选定，实体之间相互关联的性质被指定来形成一个网络。实体的共现网络代表不同类型的连接。根据它们是否出现和在彼此周围出现的频率，共现词语的网络代表了词语是如何相关的。实体的共被引网络，如参考文献、作者和期刊，被看做是共现网络的一个特殊情况。例如，参考文献的共被引网络是同时出现在科学论文实体中的参考文献网络——这些参考文献是共被引的。

共被引参考文献网络能够比共被引作者网络表征更具体的信息，因为在共被引作者网络中会合并同一作者不同论文的参考文献。同样，文献共被引网络比期刊共被引网络更详细。我们将这种不同特征归因于网络的“颗粒度”（granularity of networks）。结构变化的测量需要考虑颗粒度因素，因为不同等级颗粒度的网络将导致结构变化的不同度量，这一预期是合理的。

基准网络需要解决的另一个问题是取样问题。以具体的某一年作为观察点来审视过去，我们要考虑追溯到多远才能使基准网络的构造充分代表基本知识结构。是不是我们追溯的时间越往前，网络就会更准确？如果我们限制在真正重要的最近几年里会更有效吗？在一个特定的 Y 年发表的论文，基准网络代表了利用直到 $Y-1$ 年发表的论文的信息。我们在此研究了两类基准网络：一类使用固定时间长度 $[Y-k, Y-1]$ 的移动窗口，另一种使用全部时间 $[Y_0, Y-1]$。其中，Y_0 指的是给定数据集的最早文献发表年份。

8.1.3　结构变化指标

我们预计，因为跨界生成机制，一篇新文章的引入对结构变异的程度能提供前瞻性的信息。如果一篇文章引进了跨越不同主题界限的新连接，那我们预期这标志着它有使知识结构发生新变化的潜力。

给定一个基准网络，基于一篇特别论文提供的信息能够测量结构变化。我们将介绍结构变化的三个指标。每个指标量化了由一篇论文提供的信息引起的基础网络的改变程度。测量中没有涉及使用数据。这三个指标是模块变化率（modularity change rate，MCR）、聚类连接（Cluster Linkage，CL）和中心性分散度。前两个指标的定义依赖于基础网络的划分，而第三个不是。一个网络的划分将网络分解成互不重叠的节点群。例如，谱聚类的聚类算法能够被用来对网络进行划分。

结构变化的理论基础是科学发现，至少是它们中的一个子集能够在一个知识空间根据界限跨越、中介和合成机制来解释（Chen et al.，2009）。这个概念概括了以斯沃森的开创性文献为基础的发现原理（Swanson，1986a，1986b），这个原理假定以前知识的不同主体间的联系具有潜在价值。在斯沃森著名的 ABC 模型中，在文献中已经知道 A → B 和 B → C 的关系，潜在的关系 A → C 成为了进一步深入科学调查研究的候选（Weeber，2003）。我们的概念在某些方面更为通用。第一，在 ABC 模型中，A → C 关系从间接联系变为直接联系，然而我们的结构变化模型没有任何事先关系的假设；第二，在 ABC 模型中，考虑的范围仅限于涉及三个实体的关系。相比之下，我们的结构变化模型考虑了一个更广泛的范围，以及我们关注团体实体和单独实体的连接的新颖性。由于考虑范围的拓展，更有效地搜索候选连接成为可能。换句话说，给定一组实体，如果额外的限制适用于候选连接的选择，潜在连接的搜索空间的大小可以被大大减小。例如，社会网络分析中发展的结构洞理论强调节点的特别潜能，这些点被有策略地放置以形成中介，或生成边界、连接，以及产生好的想法（Burt，2004; Chen et al.，2009）。

8.1.3.1 模块性变化率

给定一个网络分区，如聚类的结构，网络的模块化测量了节点群组之间的相互连接程度，这些节点是通过分解识别出来的。如果各聚类间是松散连接的，那么整体的模块化值会很大。反之，如果聚类相互交织，模块化值则小。我们采用纽曼（Newman）的算法（Newman，2006）来计算模块化，参考由谱聚类产生的聚类结构（Chen et al.，2010；Luxburg，2006）。假设网络 G 被分区 C 划分成 k 个聚类，则 $G= c_1 + c_2 + \cdots + c_k$，$Q$（$G$）定义如下，其中，$m$ 是网络 G 的边界总数，n 是 G 的中节点数目，δ（c_i，c_j）被称为克罗内克函数（Kronecker's delta）。如果节点 n_i 和 n_j 属于相同的聚类，则 Q（G）取值为 1；否则，Q（G）取值为 0。Q（G）的变化范围是 -1 ～ 1。

$$Q(G, C)=\frac{1}{2m}\sum_{i,j=0}^{n}\delta(c_i, c_j)\cdot(A_{ij}-\frac{\deg(n_i)\cdot\deg(n_j)}{2m})$$

网络的模块化值是该网络整体结构的一个度量，它的取值范围是 -1 ～ 1。科学论文中的模块变化率用来测量相对结构的变化，这个变化归因于发表的基础网络论文的信息。对于每一篇论文，以及一个基准网络 G_{baseline}，我们将模块变化率（MCR）定义如下：

$$\text{MCR}(a)=\frac{Q(G_{\text{baseline}}, C)-Q(G_{\text{baseline}}\oplus G_a, C)}{Q(G_{\text{baseline}}, C)}\cdot 100$$

$G_{\text{baseline}}\oplus G_a$ 是由论文 a 信息更新的基准网络。例如，假设参考节点 n_i 和 n_j 在一个文献共被引基准网络中没有连接关系，但它们被论文 a 共同引用，在 n_i 和 n_j 之间会有一个新的连接添加到基准网络中。该论文通过此种方式改变基准网络的结构。

直观地说，在网络的任何地方添加一个新的连接不会增大网络的模块性，而会减少模块性或保持模块性不变。然而，模块值的变化不是我们最初预期的单调函数。事实上，它取决于在何处添加新连接以及网络是如何建构的。在一些聚类中添加连接可能减小模块化比例，但是在网络中的其他聚类添加连接却可能增大。因此，整体的模块性变化不是单调的。

具体来说，假设在某个时间某篇论文添加一个连接到一个给定的基准网络。如果这连接了两个不同的聚类，那么它不会对模块性的变化产生影响，因为根据定义 δ_{ij}=0，那么相应项也是 0。像图 8-2 上端所示的虚线连接。新连接会使节点 i 和 j 的关联程度增加 1，例如，deg（i）会变成 deg（i）+1。边界 m 的全部数量会变为 m+1。图 8–2 底部的简单计算说明显示蓝色连线的模块化公式中的项会减小。然而，如果网络有类似 AC 这样没有节点程度变化的聚类，那么红色线上项的相应值会增大，像分母从 $2m$ 增大到 2（m+1）。总之，更新后的模块性可能增大也可能减小，这取决于网络的结构和新连接添加的位置。有了模块性的特殊定义，根据克罗内克函数，在整个模块值公式中聚类之间的连接总是与一个零值项相联系。我们所看到的模块性的变化是在新添加连接的间接影响下多种情况融合的结果。根据聚类间的直接连接，我们将介绍反映变化的下一个度量标准。

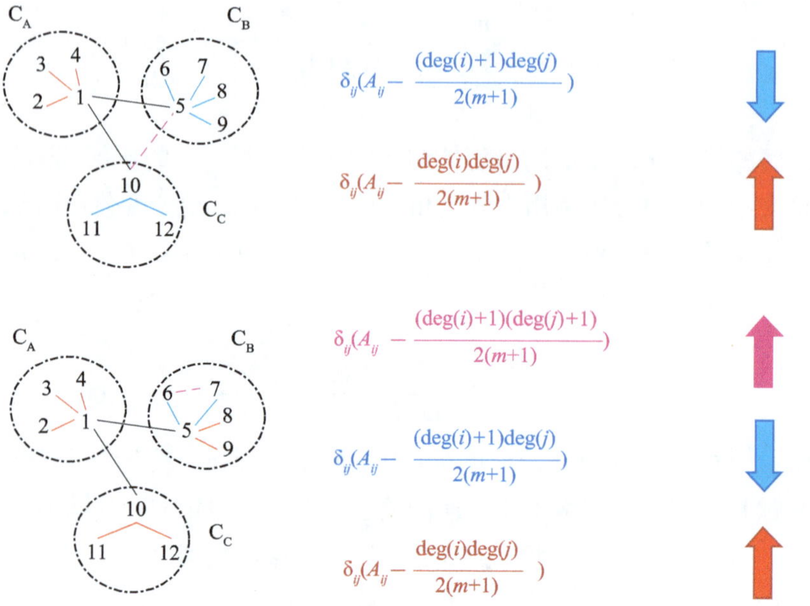

$$\left(A_{ij}-\frac{(\deg(i)+1)\deg(j)}{2(m+1)}\right)<\left(A_{ij}-\frac{\deg(i)\ \deg(j)}{2m}\right)$$

$$\frac{(\deg(i)+1)\deg(j)}{2(m+1)}-\frac{\deg(i)\ \deg(j)}{2m}=\frac{(\deg(i)+1)\deg(j)}{2(m+1)m}=\frac{\deg(j)\ (m-\deg(i))}{2(m+1)m}>0$$

Larger deg(*j*)

Smaller deg(*i*)

图 8-2　模块值度量中可能会增大或减小个体项的情形

8.1.3.2　聚类连接

当聚类中出现一篇新文章 a，也就是聚类之间增加一条新的连线，由此带来的整体结构变化由聚类连接（cluster linkage，CL）进行测度。其定义假设了网络的一个分区。我们在此引入一个边函数 λ（c_i，c_j），它在模块性定义中与 δ_{ij} 是相反的。如果一条边穿过不同聚类 C_i 和 C_j，$\lambda\ i_j$ 的值为 1。对于那些聚类中的边来说，λ_{ij} 的值为 0。λ_{ij} 可以让我们将注意力放在聚类之间的连线上，并且忽视聚类内部的连线，这和模块性的定义刚好相反。“连接”这一新的计量指标是所有聚类间连线 e_{ij} 被 K 等分之后的权重总和，K 是网络的聚类总数。自连是不被考虑在内的，例如，我们假设对所有节点都有 e_{ii} =0。连接权重的使用使得计量结果对两类连线尤为敏感，一类是那些将此前分离聚类连接起来的新连线，另一类是那些强化聚类间链接的连线。

例如，一个选择就是通过 $\sqrt{\text{size}(c_i)\cdot\text{size}(c_j)}/\max(\text{size}(c_k))$ 使每个 e_{ij} 多样化。为了简单起见，在这里我们定义的度量标准没有如此修改。假设 C 是 G 的一部分，连接计量指标定义如下：

$$\text{Linkage}(G,C)=\frac{\sum_{i\neq j}^{n}\lambda_{ij}e_{ij}}{K}$$

$$\lambda_{ij}=\begin{cases}0, n_i\in c_j\\ 1, n_i\notin c_j\end{cases}$$

聚类连接被定义如下：增加论文 a，会有新的聚类间连线产生，将这种状态下的“连接”情况与之前对比，所产生的区别。

$CL(\alpha)=\Delta\,\text{Linkage}(\alpha)=\text{Linkage}(G_{\text{baseline}}\oplus G_a, C)-\text{Linkage}(G_{\text{baseline}}, C)$

Linkage（$G+\Delta G$）总是大于或等于 Linkage（G）。因此，CL 是非负的。

8.1.3.3　中心性分散度

中心性分散度计量指标测度的是，根据基准网络节点 v_i 的中介中心性，Cb（v_i）分布的分散度，由文章 a 所引起的结构变化。这个定义不涉及网络的任何部分。如果 n 是节点的总数。结构变化的程度 C_{KL}（G，a）可以根据 K–L 分散度进行定义。

$$C_{KL}(G_{\text{baseline}}, a)=\sum_{i=0}^{n}p_i\cdot\log\left(\frac{p_i}{q_i}\right)$$

$$p_i=C_B(v_i, G_{\text{baseline}})$$

$$q_i=C_B(v_i, G_{\text{updated}})$$

对于 $p_i=0$ 或 $q_i=0$ 的节点，为了避免出现 log（0），我们将其重置为一个很小的数——10^{-6}。

8.1.4　统计模型

我们构建了负二项分布模型（NB）和零膨胀负二项回归模型（ZINB）来验证结构变化对预测未来科学论文的被引频次所起的作用。负二项分布由一系列独立的伯努利试验产生。每个试验成功的概率为 p，失败的概率为（$1-p$）。这里成功和失败的术语并不代表任何实际偏好。在预定的失败数量 r 之前，随机的

成功次数 X 具有负二项分布：

$$X \sim \mathrm{NB}(r,\ p)$$

人们可以使用这个定义来描述各种不同的计数事件。被引频次属于一种超分散（over-dispersion）的计数类型，也就是方差大于平均值。负二项分布模型在文献中经常被用来研究这种类型的计数类型。此处使用了两种类型的分散度参数，θ 和 α，其中 $\theta \cdot \alpha=1$。

零膨胀计数模型常用来说明过多的零计数（Hilbe，2011; Lambert，1992）。零膨胀计数模型包括两个零引用来源：$I_{\{0\}}(y)$ 零值的质点和有计数分布的计数单元，计数分布 f_{count}（Counts）包括负二项分布或泊松分布（Zeileis et al.，2011）。观察一个零计数的概率被 $\pi = f_{\mathrm{zero}}$（Zero Citations）夸大了。

$$f_{\text{zero-inflated}}(\text{citations})=\pi \times I_{\{0\}}(\text{citations}) + (1-\pi) \times f_{\text{count}}(\text{citations})$$

零膨胀负二项回归模型在文献中越来越多地被用来模拟过量的零引用的出现（Fleming and Bromiley，2000; Upham et al.，2010）。零膨胀负二项回归模型由两部分组成：计数模型和零膨胀模型。测量零膨胀负二项回归模型是否优于负二项分布模型的一个方法为 Vuong 检验。Vuong 检验的目的是检验两种模型无法区分的零假设。赤池弘次信息量准则（AIC）也常用来评估模型的优良度：AIC 值越低，模型越好。

我们利用 Web of Science 记录的科学论文的全域被引频次（global citations）来对模型进行说明。利用对数 log 作为联系函数，负二项分布模型定义如下：

全域被引频次～ 合作作者数量 + 模块变化率 + 聚类连接 + 中心性分散度 + 参考文献数 + 论文页数

全域被引频次是因变量。合作作者（*coauthors*）是一个间接指标，它代表将每个合作作者代表的不同专业领域的观点综合到一篇论文中的程度。合作作者有 1，2，3 三个级别。等级 3 指 3 个或 3 个以上合作作者的论文。

三个结构变化指标被作为协变量包括在全域线性模型中，也就是模块变化率（MCR）、聚类连接（CL）和中心性分散度（CKL）。根据我们的创造性理论，独创想法预期会产生强烈的结构变化。如果全域被引频次提供了一个合理的识别科学界知识贡献的中介指标，我们可以预料，至少部分结构变化指标将对全域被引频次具有统计上的显著主要效应。

在文献中，参考文献数量和论文页数常作为预测未来被引情况的较好指标。为了比较结构变化的影响和常见的科学论文的外在属性，参考文献数量和页数都包含在模型中。我们的理论提供了一个简单的解释，为什么参考文献越多的论文会得到越高的被引频次。由于边界生成合成机制，需要说明论文的多个部分，以及它们是如何创新性地连接的。与一篇涵盖主题范围较窄的论文相比，这个过程将导致引用更多的参考文献。究其本质，综述型文章属于这一类。

一般地，早发表的论文比晚发表的论文获得更多的引用。根据文章发表年份的对数转换，一篇文章的发表时间被包含在负二项分布模型中。

解释负二项分布模型系数的一种直观方式是利用模型估计出来的发生率比值（incidence rate ratios，IRRs）。例如，如果合作者的发生率比值为 1.5，这意味着，在模型中的其他变量保持不变的情况下，如果合作作者的数量增加 1，那么全域被引频次预计会增加 1.5，也就是增加 1.5 倍。在我们的模型中，我们会特别研究结构变化模型中的统计意义显著的发生率比值。

零膨胀负二项模型使用相同的变量集。零膨胀负二项模型的计数模型与上文描述的负二项分布模型完全一样。零膨胀负二项模型的零膨胀模型使用了相同的变量集对过多的零值进行预测。在可比范围内，我们在已有文献中几乎没有发现好的零值预测指标。我们将零膨胀模型中的全部 6 个变量都包括进来，以此对零值的产生过程进行更好的了解。零膨胀负二项模型定义如下：

全域被引频次 ～ 合作作者数量 + 模块变化率 + 聚类连接 + 中心性分散度 + 参考文献数 + 论文页数

零引用～ 合作作者数量 + 模块变化率 + 聚类连接 + 中心性分散度 + 参考文献数 + 论文页数

8.1.5　复杂网络分析（1996～2004）

图 8-3 和图 8-4 说明了系统如何适应瓦兹和斯托加茨在 1998 年发表的突破性论文。网络是依据 1990～2010 年发表的关于小世界网络的 5135 篇论文而得到。205 篇参考文献和 1164 个共被引链接的网络被划分为 12 个聚类，模块性为 0.6537，轮廓值（silhouette）为 0.811。红线由中心性变化率排名前 15 的论文组成。图 8-3 和图 8-4 只展示了主要的聚类。红色虚线是由瓦兹和斯托加茨论文的发表（1998 年）所增加的新链接，该论文有最高的聚类连接和中心性分散度，其值分别为 5.43 和 1.14。图 8-3 从可视化的角度提供了证据，即该论文确实引发了跨边界联系。回想一下，数据集是通过扩大基于前向引用链接的种子论文

而生成的。这些跨边界连接提供的实证证据表明，开创性论文连接了两个聚类。聚类 # 8 复杂网络的出现是影响的后果。

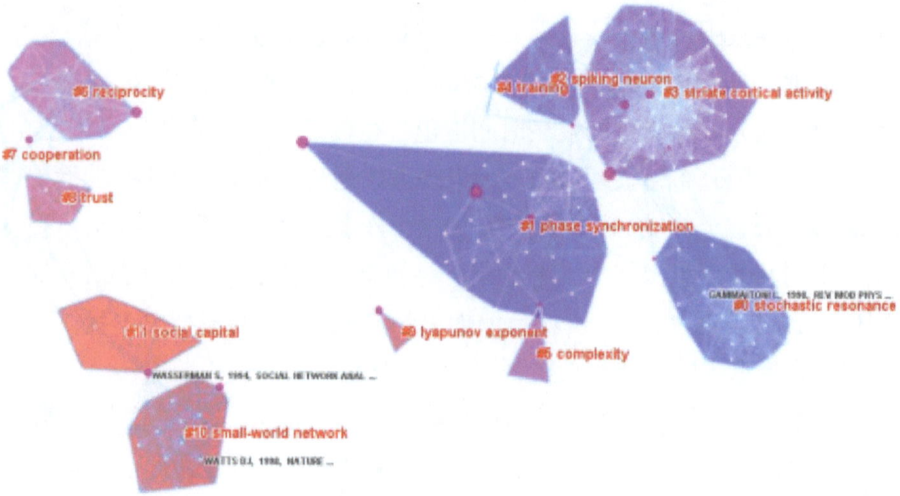

图 8-3　瓦兹的开创性论文发表之前的系统结构

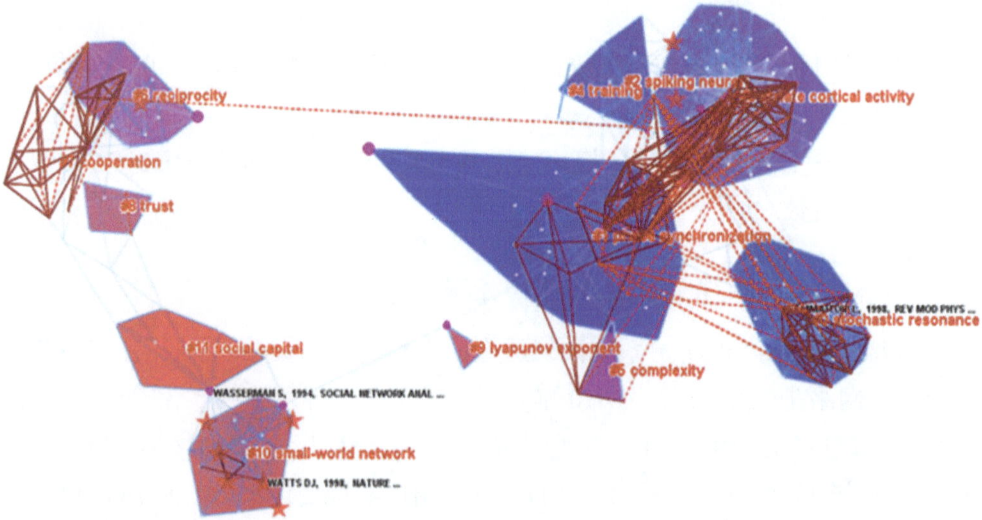

图 8-4　瓦兹的论文（1998 年）发表后系统的结构

表 8-1 总结了不同类型网络的五个负二项回归模型的结果。它们的平均分散度参数（average dispersion parameter）θ 为 0.5270，这相当于 α 取值 1.8975。合

作作者的平均发生率比值为 1.3278，参考文献的平均发生率比值为 1.0126，页数的平均发生率比值为 0.9714。五种类型的网络间，三个变量的效果是一致和稳定的。相反，结构变化的效果较不稳定。另外，与其他更常见的计划测量如合作作者和参考文献相比，结构变化对全域被引频次有更强烈的影响。例如，在文献共被引网络中，聚类连接（CL）的 IRR 取值为 3.160，名词短语网络的 IRR 取值为 1.33×10^8。大于 1.0 的 IRRs 预示着一个全域被引频次的增长。

表 8-1 在 5 种不同层次颗粒度单位分析的复杂网络分析（1996~2004 年）的负二项回归模型（NBS）中，参考文献涉及最少的模糊性与最佳的颗粒度，然而其他四种类型的单位引进了不同等级的不明确性。依据赤池弘次信息量准则（AIC），由更高模糊性建立的模型略有改进

分析单元	参考文献		关键词		名词短语		作者		期刊	
关系	共被引		共现		共现		共被引		共被引	
偏移量（曝光度）	$log_2^{(Year)}$		$log_2^{(Year)}$		$log_2^{(Year)}$		$log_2^{(Year)}$		$log_2^{(Year)}$	
引用文章数量	3 515		3 072		3 254		3 271		3 271	
全域被引频次	NB模型中的发生率比值									
合作作者数量	1.306	0.000	1.298	0.000	1.326	0.000	1.359	0.000	1.350	0.000
模块变化率	1.083	0.025	1.038	0.086	1.047	0.305	1.055	0.276	1.060	0.180
加权聚类连接	3.160	0.000	0.205	0.095	1.33×10^8	0.000	2.897	0.000	1.204	0.049
中心性分散度	0.343	0.184	3.679	0.023	1.534	0.665	23.400	0.000	7.620	0.000
参考文献数量	1.013	0.000	1.013	0.000	1.013	0.000	1.012	0.000	1.012	0.000
论文页数	0.970	0.000	0.971	0.000	0.971	0.000	0.973	0.000	0.972	0.000

续表

分析单元	参考文献	关键词	名词短语	作者	期刊
离差参数（θ）	0.528 4	0.525 8	0.515 0	0.528 2	0.537 5
2倍对数似然函数	−31 771	−28 331	−29 491	−29 506	−29 613
赤池信息准则（AIC）	31 787	28 347	29 508	29 522	29 629

数据来源：复杂网络分析（1996~2004），每一时间切段选取前 100 条记录，2 年滑动窗口

我们已经发现了跨边界生成机制的统计证据。如果某篇论文在共被引文献的聚类间引入了新的链接，那么该论文以后可能会变成高被引论文。此外，我们发现聚类链接的 IRRs 是合作作者和参考文献 IRRs 的两倍多。这一发现与以往许多研究中的发现一样——为什么一篇论文引用的参考文献数目可以预测出它在未来可以达到的被引频次？与以往许多研究中的发现相比，我们的这一发现对这一现象提供了更基本的解释。因此，结构变化范式澄清了许多外在特征似乎与高被引相关的原因。

结构变化范式的一个鲜明特点是，它主要研究当在网络中引入一篇新论文时，所引起的结构变化程度间的潜在联系及其未来影响。这里展示的分析和建模过程可以成为本方向未来研究的典范。更重要的是，对科学活动潜在机制的研究可以为科学家、科学社会学家、科学史学家和科学哲学家提供分析视角和实践指导。

我们会遇到许多新的挑战和机遇。例如，科学发现中的边界生成机制有多普遍？其他的主要机制有哪些，它们与边界生成机制是如何相互影响的？还有其他一些潜在有价值的技术，并没有在我们目前的研究中使用，包括主题建模、引文语境分析、生存分析和突变检测。总之，必须要做大量的工作，这是一个令人鼓舞的开端。

图 8-5 展示出结构变化方法应用于专利潜能的研究。专利 US6537746 的结构变化规模排名非常高，它的位置用一颗星星标记。该专利形成的跨边界链接是聚类 # 88 和聚类 # 83，二者都被标记为“重组”（recombination）。地图上显示多个创新数据流都从旧数据流的路径中迁移走了。

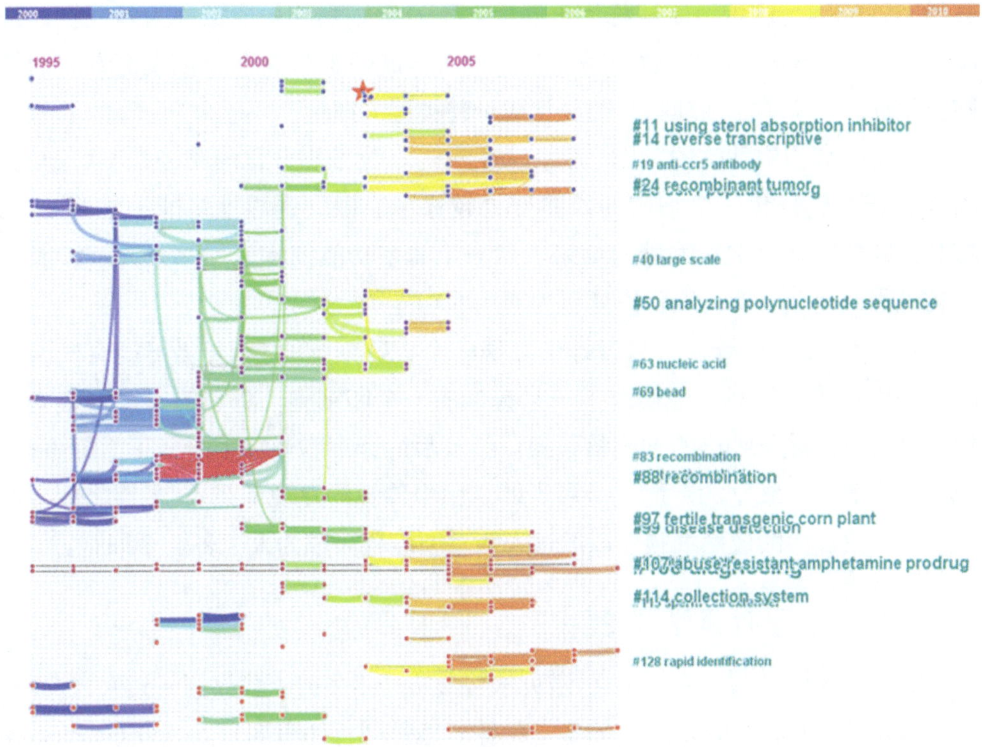

图 8-5　结构变化方法被用于一组有关癌症研究的专利，其中，星星标记了一个专利（US6537746）的位置。红线所示是由该专利形成的跨边界连接。有趣的是，稠密的聚类是名为“重组”的聚类

我们得到结论，结构变化是科学知识发展的一个重要方面，它也许可以解释科学知识增长的潜在机制，知识创造的潜在机制对于结构变化方法的预测作用来说非常关键。这种理论驱动的可解释性和可计算性方法，为探测和跟踪潜在创意以及根据集体智慧洞察挑战和机遇，设置了一个可扩展的框架。

8.2　再生医学

2012 年诺贝尔生理学 / 医学奖于 2012 年 10 月 8 日公布。这个奖项由约翰 • 格登（John B. Gurdon）和山中伸弥（Shinya Yamanaka）共同获得，他们发现成熟细胞能够再次成为干细胞。一个细胞分化成不同类型细胞的能力被称为细胞效能。简单地说，分化过程指的是一个细胞如何分化成新细胞。一般情况下，下一代细胞比母体细胞更专能化。在有机体中，有更宽广潜能的细胞能产生所

有种类的细胞，这种潜能被称为全能性。下一个级别的效能被称为多能性，来源于拉丁语“plurimus”，意思是许多。一个多能性细胞能够分化成更专能的细胞。相反，一个单能性细胞只能分化成一种类型的细胞。

在格登和山中伸弥的工作之前，人们普遍认为细胞分化的路径是不可逆的，因为随着细胞分化一个细胞的效能变得越来越有限。诱导性多能干细胞（iPS cells）是自然分化重新编程的结果。从一个非多功能细胞开始，人为干涉能够逆转进程，使非多功能细胞恢复更为通用的功能。

在 1962 年，格登在一只青蛙中发现一个成熟细胞的 DNA 仍可能有发展为所有细胞所需的信息。他修改了一只青蛙的一个卵细胞，将它的未成熟细胞核用一个来自成熟肠细胞的细胞核替换。修改后的卵细胞长成了一只正常的蝌蚪。他的工作表明，细胞的专能化是可逆的。山中伸弥的发现是在 40 多年之后。他发现了老鼠体内的成熟细胞可以通过人为重新编程而成为人工多能干细胞。

8.2.1　科学计量学评论

2011年8月25日，在2012年诺贝尔奖公布一年多前，我收到一封来自艾玛•佩腾盖尔（Emma Pettengale）的电子邮件。她是同行评审期刊 *Expert Opinion on Biological Therapy*（*EOBT*）的编辑，该杂志提供关于最近新兴生物治疗药物和技术研究的专家评论。她问我是否有兴趣利用 CiteSpace 准备一篇关于再生医学新趋势的综述，然后给了我三个月时间来完成这篇综述。

根据汤森路透 2011 年编辑的期刊引用报告（*JCR*），*EOBT* 的影响因子为 3.505。艾玛的邀请非比寻常，这个期刊是领域专家们发表新趋势意见的论坛，而我根本不是一个再生医学领域的专家。尽管 CiteSpace 已经被用在各种回顾式的案例研究中，包括恐怖主义、大规模物种灭绝、弦理论和复杂网络分析，我们仍然能够根据大多数案例研究的独立评论来验证我们的结果，或者联系领域专家核实一些不太确定的结果。所以艾玛的邀请充满挑战和刺激。我们能够利用 CiteSpace 分析在一个快速发展的领域出现的新趋势吗？最重要的是，我们是否只需要凭借 CiteSpace 识别出的模式就已足够？

再生医学是一个快速增长和快速发展的跨学科研究领域，涉及干细胞研究、组织工程、生物材料、伤口愈合和特异性药物发现（Glotzbach et al., 2011; Polak, 2010; Polykandriotis et al., 2010）。在生物医疗中，利用病人的自身细胞进行重新编程、组织修复和再生是再生医学的关键。人们普遍预期，再生医学将远远超过目前的预期，并彻底改变医学和临床实践。例如，骨髓间充质干细胞（MSCs），可以分化成骨细胞、脂肪细胞和软骨细胞。皮肤细胞可以被重新编程成为人类诱导性多能干细胞（iPSCs）。研究的迅猛发展也挑战了许多以前的假设和预期。即使 iPSCs 在许多方面都与胚胎干细胞类似，但比较研究还是发现了潜在的深远差异（Chin et al., 2009; Feng et al., 2010; Stadtfeld et al., 2010）。

再生医学相关文献近年来呈快速增长趋势。在 2000～2011 年，Web of Science 数据库基于"再生医学"（regenerative medicine）在标题、摘要或索引词的主题搜索中搜出 4295 条记录。如果将与再生医学相关的记录都包括进来，而不是使用"再生医学"精确检索，文献数量可能达到十倍之多。干细胞研究在再生医学中起着重要作用。在谷歌学术上关于干细胞研究有超过 200 万条文献记录。在 Web of Science 上，有 167 353 篇与干细胞研究相关的文献可以被精确检索到。跟上文献快速增长的步伐是非常重要的，不仅因为新发现会出现在各个领域，还因为总体上新发现可能从根本上改变集体知识。

事实上，最近的引文网络分析（Shibata et al., 2011），基于 2008 年年底前发表的 17 824 篇论文所生成的引文网络中的位置，识别了未来关于再生医学的核心论文。在这篇 *EOBT* 的综述中，我们利用科学计量学方法和 CiteSpace 来描绘再生医学研究的结构和动态。CiteSpace 专门设计用于科学文献中新趋势的探测和突变识别。我们的研究有几个独特之处。第一，数据集包括了 2000 ～ 2011 年发表的相关论文。我们预期它会揭示更多过去三年内较新的趋势；第二，我们使用基于引文索引扩展来构建的数据集，这比用一列预先确定的关键词来检索一个快速增长领域的文献更加稳健；第三，基于 CiteSpace 计算的指标来识别新趋势，而无需领域专家的介入，也不需要事先掌握这个领域的相关知识。这种利用新数据的方法使分析可以被重复，且可被不同分析者进行验证。

基于 Web of Science 的检索文献记录，CiteSpace 用于生成和分析共被引文献网络。一个最初的"再生医学"主题检索结果为 2000～2011 年的 4295 条记录。过滤掉没有代表性的记录类型，如会议论文和注释文献（notes），数据集减少为 3875 篇原创性研究论文和综述文章。

如果检索词"再生医学"没有出现在标题、摘要或索引词中，则文献不会出现在这 3875 条记录中。我们通过引文索引扩大了数据集。基于引用一篇再生医学论文使引用论文与主题相关的假设，如果某篇论文引用了 3875 条记录中的至少一条，那么这篇论文就包括在扩展数据集中。基于引文索引扩展得到了 35 963 条记录，由 28 252 篇（78.6%）原创型论文和 7711 篇（21.4%）综述型论文组成。扩展集的时间范围仍然是 2000 ～ 2011 年。因此，分析集中于过去十年再生医学的发展。35 963 条记录的论文数据集用于后续分析。在研究前，对两篇高被引文献的错引进行了修正。这两篇文献是汤姆森（Thomson）等 1998 年的一篇标志性文章（Thomson et al.，1998）和皮滕杰（Pittenger）等 1999 年的论文（Pittenger et al.，1999）。

8.2.2　结构与动态

图 8-6 显示了与再生医学相关的文献的可视化。这个可视化图谱对历史上的一些重要里程碑文献提供了一个概览。颜色的冷暖色调表明了发展的时间顺序。例如，聚类 #12“骨髓间充质干细胞”是较早研究关注之一，然后是聚类 #20“人类胚胎干细胞”，再然后是目前最新的聚类 #32“人工多能干细胞”。聚类 #32 的红色圆环表明这一领域通过大量引用正在快速扩展。

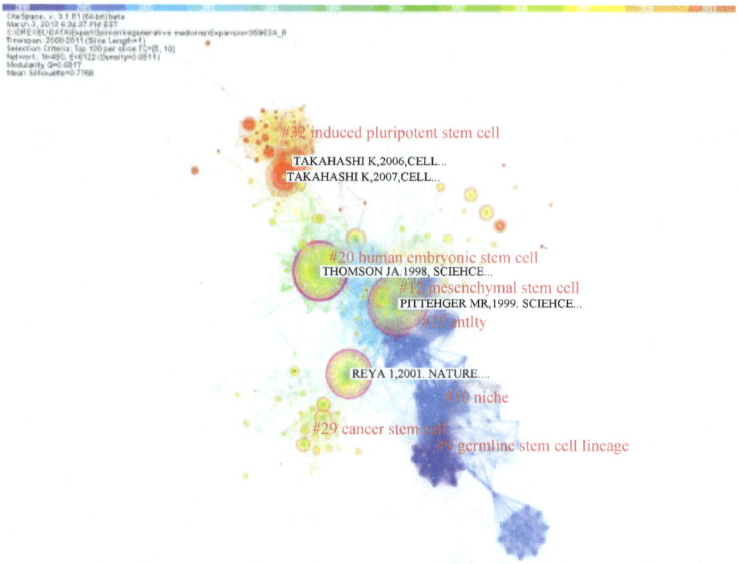

图 8-6　再生医学的主要领域

表 8-2 根据聚类大小，也就是根据每个聚类中元素的数量列出了八个主要聚类。与大的聚类相比较，元素较少的聚类没有代表性，因为小聚类可能由少量文献的引用形成。一个聚类的质量也是由它的轮廓值得分反映，这也是它的同质性或一致性的指标。同质聚类的轮廓值通常接近 1。除了聚类 #19 的轮廓值低

至 0.119 之外，其余大多数聚类高度同质化。对每个聚类进行标注的名词短语都来自该聚类所引用的论文标题（Chen et al., 2010）。

表 8-2　共同引用文献的主要聚类。根据 LLR 所选择的标签词进行聚类标识

聚类 ID	规模	轮廓值	标识词（TFIDF）	标识词（LLR）	标识词（MI）	平均出版年
9	97	0.791	evolving concept	mesenchymal stem cell	cardiac progenitor cell	1999
17	71	0.929	somatic control	drosophila spermatogenesis	drosophila	1994
6	67	0.980	mcf-7 cell	intestinal-type gastric cancer	change	2001
12	62	0.891	midkine	human embry-onic stem cell	dna	2002
5	53	0.952	grid2ip gene	silico	gastric cancer	2002
19	42	0.119	bevacizumab	combination	cartilage	2004
7	40	0.960	monogenic disease treatment	induced plu-ripotent stem cell	clinic	2008
15	25	0.930	tumorigenic melano-ma cell	cancer stem cell	cancer prevention	2003

一个聚类的平均出版年表明了它的新老程度。例如，关于骨髓间充质干细胞（MSCs）的聚类 #9 的平均出版年是 1999 年。最近形成的聚类，关于人类诱导性多能干细胞（iPSCs）的聚类 #7 的平均出版年是 2008 年。

聚类 #7 有大量引用的红色圆环，包括了大量的节点。可视化网络也展示了主要聚类在引用论文的标题和摘要中出现频繁的词条。例如，术语“干细胞再生”（stem-cell-renewal）和“生殖干细胞”（germ-line-stem-cells）不仅出现在聚类 #17 果蝇精子形成论文所引用的参考文献中，而且在一段时间内出现频次快速增长态势。同样，术语“人类诱导性多能干细胞”（induced-pluripotent-stem-cells）是聚类 #7 中的一个突增术语。聚类 #7 同时也被另一种算法，对数似然比检验（the log-likelihood ratio test，LLR），标记为人类诱导性多能干细胞。为了确定再生医学的新趋势，我们将对聚类 #7 重点关注。

聚类 #7 是最近形成的聚类。我们选择了这个聚类中 10 篇最常被引用的参考文献和 10 篇引用论文（表 8-3）。

该聚类中被引频次最高的文献是高桥（Takahashi）等在 2006 年发表的（Takahashi and Yamanaka，2006），该文展示了老鼠体细胞如何通过引入少数几个确定好的因子，从而直接产生多能干细胞，而不是将核物质转移到卵细胞或者母细胞。他们的工作是一个重大的里程碑。被引频次排名第二的参考文献（Takahashi et al.，2007）的作者是同组研究人员。这篇文献使用了与先前工作相同的因素，通过演示不同人类体细胞如何重编为多能干细胞，进一步推动了领域发展。事实也证明，这两篇高被引的文献获得了 2012 年度诺贝尔生理学 / 医学奖。

聚类 #7 由 40 篇共被引文献组成。选定的 10 篇施引文献都发表于 2010 年，它们引用了这些文献中的 65% ～ 95%。引用最高的文献由史岱菲尔德（Stadtfeld）等所著，其引用覆盖率高达 95%。与那些旨在完善和改进产生诱导性多能干细胞方法的工作不同，史岱菲尔德等人主要关心诱导性多能干细胞在分子和功能上是否与囊胚派生的胚胎干细胞相同。史岱菲尔德的论文本身也属于聚类 #7（也就是说，史岱菲尔德的论文在聚类 #7 中，既是被引文献，也是施引文献——译者注）。其他的施引文献似乎也质疑一些基本假设，或是呼吁在更深入的临床发展之前进行更多的再生医学领域的研究。

表 8-3　与诱导性多能干细胞相关的聚类 #7 的参考文献和施引文献

参考文献		施引文献	
被引频次	作者（年），期刊，卷，页码	覆盖率/%	作者（年）题名
1841	Takahashi K（2006）, Cell, V126, P663	95	Stadtfeld, Matthias（2010）Induced pluripotency: history, mechanisms, and applications
1583	Takahashi K（2007）, Cell, V131, P861	80	Kiskinis, Evangelos（2010）Pro-gress toward the clinical application of patient-specific pluripotent stem cells
1273	Yu JY（2007）Science, V318, P1917	77	Masip, Manuel（2010）Reprogram-ming with defined factors: from in-duced pluripotency to induced transdifferentiation
762	Okita K（2007）Nature, V448, P313	77	Sommer, Cesar A.（2010）Experi-mental approaches for the genera-tion of induced pluripotent stem cells

续表

参考文献		施引文献	
被引频次	作者（年），期刊，卷，页码	覆盖率/%	作者（年）题名
640	Wernig M （2007） Nature, V448, P318	73	Lowry, William E. （2010） Roadblocks en route to the clinical appli-cation of induced pluripotent stem cells
615	Park IH （2008） Nature, V451, P141	73	Archacka, Karolina （2010） In-duced pluripotent stem cells - hopes, fears and visions
501	Nakagawa M （2008） Nat Biotechnol, V26, P101	73	Yoshida, Yoshinori （2010） Recent stem cell advances: induced pluripo-tent stem cells for disease modeling and stem cell-based regeneration
445	Okita K （2008） Science, V322, P949	73	Rashid, S. Tamir （2010） Induced pluripotent stem cells - alchemist's tale or clinical reality? rid c-6368-2011
391	Maherali N （2007） Cell Stem Cell, V1, P55	68	Kun, Gabriel （2010） Gene therapy, gene targeting and induced pluripo-tent stem cells: applications in mon-ogenic disease treatment
348	Stadtfeld M （2008） Science, V322, P945	65	Robbins, Reiesha D. （2010） Induc-ible pluripotent stem cells: not quite ready for prime time?

被引频次最高的文献通常因为其开创性贡献而被赋予里程碑式的意义（表 8-4）。在具有里程碑意义的排名前十的文献中，聚类 #7 有 3 篇文献位列其中，而聚类 #9、聚类 #12 和聚类 #15 各有 2 篇。在数据集文献的被引频次排名中，排名第一的是皮滕杰在 1999 年发表的文献，其被引频次为 2468；排名第二的是 Thomson 在 1998 年发表的文献，其被引频次为 2223；排名第三的则是 Reya 在 2001 年发表的一篇综述型文献。排名在第四至第六位的文献都来自于聚类 #7，其作者分别是 Takahashi K、Takahashi K 和 Yu J Y，相应的 3 篇文献也位列于最近发表的文献中，这说明它们在诱导多能干细胞研究领域引发了研究热潮。

表 8-4　高被引文献

被引频次	参考文献	聚类
2486	Pittenger M F. 1999. Science, V284, P143	9
2223	Thomson J A. 1998. Science, V282, P1145	12
2102	Reya T. 2001. Nature, V414, P105 [Review]	15
1841	Takahashi K. 2006. Cell, V126, P663	7
1583	Takahashi K. 2007. Cell, V131, P861	7
1273	Yu J Y. 2007. Science, V318, P1917	7
1145	Jain R K. 2005. Science, V307, P58	19
1061	Jiang Y H. 2002. Nature, V418, P41	9
1030	EVANS M J, 1981, Nature, V292, P154	12
945	Al-Hajj M. 2003. P Natl Acad Sci USA, V100, P3983	15

被引突增有两个属性特征：突发的强度和突发状态持续的时间。表 8-5 列出了 2000 ～ 2011 年整个数据集中被引突增最强的文献。被引突增最强的前四篇文献都来自聚类 #7，是关于诱导性多能干细胞的研究。有趣的是，一篇 2009 年的文献（仍来自聚类 #7）和一篇 2010 年的文献（来自聚类 #8，一个小的聚类）被检测到有相当高的被引突增。该小组内的领导者，也是排名前两篇的论文作者，他们被授予 2012 年度诺贝尔生理学 / 医学奖。

表 8-5　被引突增最高的文献

引文突现	参考文献	聚类
124.73	Takahashi K. 2006. Cell, V126, P663	7
121.36	Takahashi K. 2007. Cell, V131, P861	7
81.37	Yu J Y. 2007. Science, V318, P1917	7
71.24	Okita K. 2008. Science, V322, P949	7
66.23	Meissner A. 2008. Nature, V454, P766	13
63.12	Vierbuchen T. 2010. Nature, V463, P1035	8
62.54	Zhou H Y. 2009. Cell Stem Cell, V4, P381	7

西格玛指标（Sigma metric）同时测度了一篇被引文献的两个指标：结构中心性和被引突增性。相比只在一个指标表现突出的参考文献，如果一篇参考文献的这两个指标都很强，那么后者就有更高的西格玛值。表 8-6 列出了部分在结构中心性和被引突增性上都显著的文献。

表 8-6　结构和时间上都显著的文献

西格玛值	被引突增性	结构中心性	被引次数	文献	聚类
377 340.46	124.73	0.11	1841	Takahashi K. 2006. Cell, V126, P663	7
29 079.18	37.38	0.32	202	Bjornson C R R. 1999. Science, V283, P534	9
195.15	121.36	0.04	1583	Takahashi K. 2007. Cell, V131, P861	7
58.91	81.37	0.05	1273	Yu J Y. 2007. Science, V318, P1917	7
15.97	19.53	0.15	130	Kiger A A. 2000. Nature, V407, P750	17

高桥在 2006 年发表的关于诱导性多能干细胞的开创性文献具有最高的西格玛值（377 340.46），根据它很强的被引突增性，表明它在结构上是至关重要的。西格玛值排名第 2 的是比昂逊（Bjornson）等 1999 年发表在 *Science* 上的论文（Bjornson et al.，1999）。他们进行了一项实验，实验中发现神经干细胞产生了各种各样的血细胞类型，所以神经干细胞具有比之前想象的更广泛的分化潜力，如表 8-6 所示。

8.2.3　系统级指标

网络模块性测度的是网络中的节点可以被划分成多少组，从而使得组内节点比组间节点连接得更紧密。共被引文献的相关网络能表现一个科学领域的知识的集体知识结构，并且该网络会随时间演化。新发表的文献可能会带来深刻的结构性变化，也可能对结构影响很小或根本没有影响。

图 8-7 显示了网络模块性随时间的变化。每个网络都基于 2 年的移动时间窗口而建立。每年出版物的数目都显著增长。值得注意的是，模块性在 2007 年出现下降，随后又恢复到原先的水平，但是在 2009 年又下降到更低水平。基于这一观察，可以合理地推断在 2007 年和 2009 年出现了开创性工作。因此，我们将专门调查这两年的潜在新兴趋势。

2007 年的文献可以解释基于 2007 年之前的文献而形成的网络模块性的显著降低吗？如果 2007 年的文献在后来出现引用突现，那么可以预计该文献对改变整体的知识结构有重要作用。我们发现 2007 年的 11 篇文献都有后续的引用突现（表 8-7）。值得注意的是，高桥（Takahashi，2007）和 Yu 等（2007）的排名都很靠前，代表了人类体细胞到诱导性多能干细胞重组中的开创性探索，这两篇论文从 2009 年开始出现的引用突现。列表中的其他文献叙述了与人类癌症（包括结肠癌和胰腺癌）有关的干细胞的多能性。2007 年发表的与再生医学和组织修复相关的两篇综述型文献从 2010 年开始出现引用突现。这些观察表明，2007 年的模块性变化是人类诱导性多能干细胞研究的新兴趋势的迹象。仅 2007 年这一年的相关文献的被引突增就可以表明这是当时的、活跃的研究趋势。

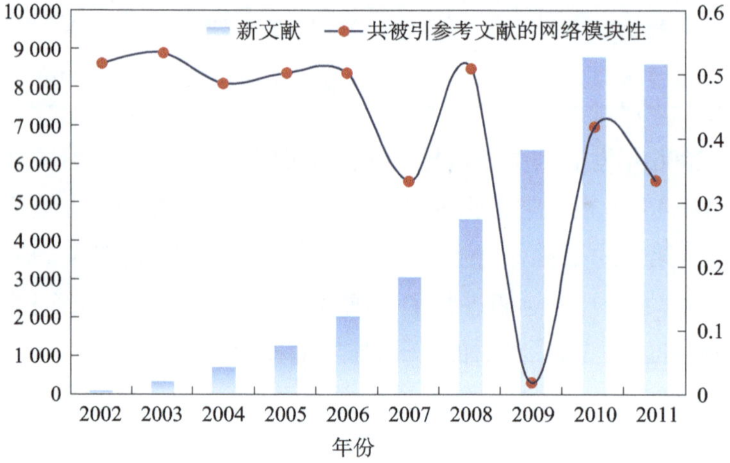

图 8-7　网络模块性在 2007 年大幅下降，在 2009 年降幅更大，表明在这两年发生了一些显著的结构性改变

表 8-7　2007 年发表文献的被引频次突增（按照局域被引频次降序排列）

文献	局域被引频次	题名	突增系数	持续时间	时间范围（2000～2011）
Takahashi et al., 2007	1583	Induction of pluripotent stem cells from adult human fibroblasts by defined factors	121.36	2009～2011	

续表

文献	局域被引频次	题名	突增系数	持续时间	时间范围（2000～2011）
Yu et al., 2007	1273	Induced pluripotent stem cell lines derived from human somatic cells	81.37	2009~2011	
Wernig et al., 2007	640	In vitro reprogramming of fibroblasts into a pluripo-tent ES-cell-like state	26.70	2008~2009	
O'Brien et al., 2007	438	A human colon cancer cell capable of initiating tumour growth in immu-nodeficient mice	18.13	2008~2009	
Ricci-Vitiani et al., 2007	427	Identification and expan-sion of human colon-cancer-initiating cells	8.83	2008~2009	
Li et al., 2007	299	Identification of Pancreatic Cancer Stem Cells	9.78	2008~2008	
Mikkelsen et al., 2007	283	Genome-wide maps of chromatin state in plu-ripotent and lineage-committed cells	19.59	2010~2011	
Laflamme et al., 2007	265	Cardiomyocytes derived from human embryonic stem cells in pro-survival factors enhance function of infarcted rat hearts	16.48	2010~2011	

续表

文献	局域被引频次	题名	突增系数	持续时间	时间范围（2000～2011）
Gimble et al, 2007 [R]	247	Adipose-Derived Stem Cells for Regenerative Medicine	25.19	2010～2011	
Phinney and Prockop, 2007 [R]	229	Concise Review: Mesen-chymal Stem/ Multipotent Stromal Cells: The State of Transdifferentiation and Modes of Tissue Re-pair—Current Views	16.52	2010～2011	
Khang et al., 2007 [In Korean]	90	Recent and future direc-tions of stem cells for the application of regenerative medicine	35.25	2008～2009	

如果 2007 年的模块性变化表明人类诱导多能干细胞研究的新兴趋势，是什么导致了模块性在 2009 年的更深刻变化？聚类 #7 诱导性多能干细胞应该为 2009 年的模块性变化负责。一方面，该聚类包含高桥的两篇文章（Takahashi，2006，2007）的文章，开创了人类诱导性多能干细胞研究的趋势；另一方面，该聚类包含了许多最近的文献，聚类内文献的平均出版年是 2008 年。因此，我们严密地审视聚类内的成员，尤其集中于 2009 年的文献。

高桥的文章（Takahashi，2006，2007）影响如此深刻以至于它们的引文环使聚类 #7 内的其他成员黯然失色。在忽略引文环黯然失色的显示后，显然，该聚类包含许多具有被引突增的文章，这些文章以红色引文环表示。我们标注出 2009 年的文献、2008 年的两篇文献和 2010 年的一篇文献（图 8-8 和表 8-8）。

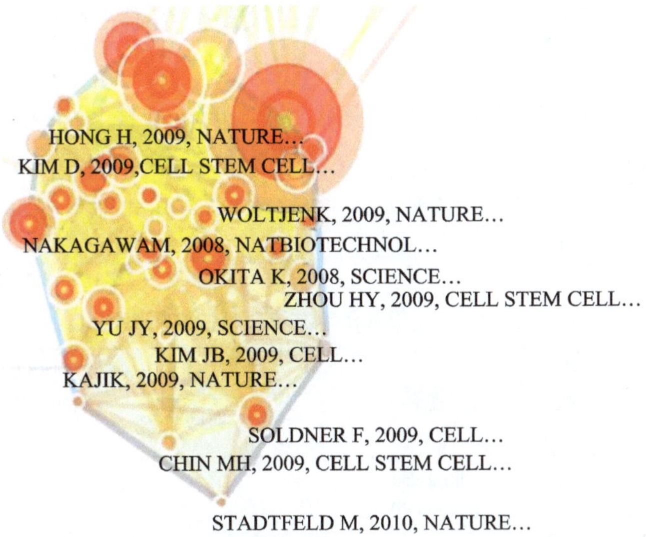

图 8-8　聚类 #7 中的许多成员存在引用突现，引文环用红色表示。Chin（2009）和 Stadtfeld（2010）的文献出现在聚类的底部，表现了与其他聚类不同的主题

高桥（Takahashi，2006，2007）介绍的开创性重组方法对成熟体细胞进行修饰，使用致癌基因 c-Myc 作为其中一个定义好的因素和一个病毒将基因导入靶细胞，从而获得与胚胎干细胞相似的性能。中川（Nakagawa）等（Nakagawa et al，2008）随后表明 c-Myc 并不是必需的。使用病毒作为运载工具引发了对再生医学上临床影响的安全问题的关注，因为病毒集成到靶细胞的染色体组可能会激活或灭活关键宿主基因。搜寻脱毒技术激发了一系列研究，开创性论文（Okita et al.，2008）出现在 2008 年 10 月 9 日。

2009 年发表的文献的有许多共同点，似乎都专注于改善重编人类体细胞的先前技术，目的是重新获得多功能状态。人们认识到，诱导性多能干细胞的原始方法可能有许多缺陷，这些缺陷与使用病毒重组因子相关。随后短时间内发表的文献，研究探索了有更小风险或提高确定性的诱导性多能干细胞的替代方法。例如，Woltjen 在 2009 年证明了一个独立病毒简化了诱导性多能干细胞的生产。2009 年 5 月 26 日，Yu 等的文献证明在无基因集成或仍然存在外源重组因子的情况下可以完成人类体细胞的重组。2009 年 4 月 23 日，Zhou 等的文献，通过把重组细胞穿透编码蛋白质直接传递到靶细胞的过程，展示了如何避免使用外源基因修改的方法。索德奈尔（Soldner）在 2009 年报道了一种不使用病毒重编因子的方法；而凯基（Kaij）则指出了无病毒的多能性诱导方法。

在 2009 年 5 月 28 日，金姆（Kim）等的文献介绍了一种直接传递重组蛋白质的方法。

最近发表的、有引用突现的文献是 Vierbuchen 在 2010 年发表的。2009 年有引用突现的大多数文献都集中在把人类体细胞重编为未分化状态。相反，Vierbuchen（2010）通过证明神经元直接转换成纤维细胞的可能性而扩大了重编的范围。

表 8-8　2009 年发表文献的引用突现

文献	局域被引频次	题名	突增系数	持续时间	时间范围（2000～2011）
Woltjen et al., 2009	320	PiggyBac transposition reprograms fibroblasts to induced pluripotent stem cells	52.65	2009～2011	
Yu et al., 2009	300	Human Induced Pluripotent Stem Cells Free of Vector and Transgene Sequences	59.97	2010～2011	
Zhou et al., 2009	293	Generation of Induced Pluripotent Stem Cells Using Recombinant Proteins	62.54	2010～2011	
Soldner et al., 2009	288	Parkinson's Disease Patient-Derived Induced Pluripotent Stem Cells Free of Viral Reprogramming Factors	53.94	2010～2011	
Kaji et al., 2009	284	Virus-free induction of pluripotency and subsequent excision of reprogramming factors	46.71	2009～2011	

续表

文献	局域被引频次	题名	突增系数	持续时间	时间范围（2000～2011）
Kim et al., 2009	235	Generation of Human Induced Pluripotent Stem Cells by Direct Delivery of Reprogramming Proteins	56.03	2010～2011	
Ebert et al., 2009	211	Induced pluripotent stem cells from a spinal muscular atrophy patient	41.91	2010～2011	
Kim et al., 2009	194	Oct4-Induced Pluripotency in Adult Neural Stem Cells	31.87	2009～2011	
Vierbuchen et al., 2010	193	Direct conversion of fibroblasts to functional neurons by defined factors	63.12	2010～2011	
Lister et al., 2009	161	Human DNA methylomes at base resolution show widespread epigenomic differences	51.93	2010～2011	
Chin, et al., 2009	158	Induced Pluripotent Stem Cells and Embryonic Stem Cells Are Distinguished by Gene Expression Signatures	45.39	2010～2011	
Discher et al., 2009	149	Growth Factors, Matrices, and Forces Combine and Control Stem Cells	43.14	2010～2011	

续表

文献	局域被引频次	题名	突增系数	持续时间	时间范围（2000～2011）
Hong et al., 2009	138	Suppression of induced pluripotent stem cell generation by the p53–p21 pathway	43.71	2010～2011	
Slaughter et al., 2009	97	Hydrogels in Regenerative Medicine	31.68	2010～2011	

8.2.4 新趋势

聚类 #7 的下端部分出现了两篇相当有趣的文献——Chin 等在 2009 发表的（Chin et al., 2009）和史岱菲尔德等在 2010 年发表的。Chin 等的文献在本数据集中被引 158 次。我们从 2010 年开始检测 Chin 的文献的被引突增。Chin 等质疑是否诱导性多能干细胞无法从胚胎干细胞中辨识，他们的探索结果表明诱导性多能干细胞应该是一种独特类型的多能干细胞。

共被引网络分析已经肯定了引用 Chin 等工作的文献。为了确定 Chin 等是否代表了新兴趋势的开始，我们检查了表 8-9 中列出的施引文献。史岱菲尔德在 2010 年发表的文献是被引频次最高的施引文献，被引频次为 134 次。与 Chin 等的工作类似，史岱菲尔德等（Stadtfeld et al., 2010）阐述了诱导性多能干细胞是否在分子结构上和功能上等同于囊胚派生的胚胎干细胞的问题。他们的工作确定了 Dlk1-Dio3 基因簇和诱导多能性水平的作用。换言之，这些研究集中在诱导多能性的管理机制上，这也可以看做是从先前改善重编技术趋势而来的明显趋势。表 8-9 包括两篇被史岱菲尔德等（Stadtfeld et al., 2010）引用的综述型文献。

表 8-9 Chin 等（2009）文献的施引文献和在 2011 年 11 月的被引频次（[R] = 综述型文献）

文献	被引频次	题名
Stadtfeld et al., 2010	134	Aberrant silencing of imprinted genes on chromosome 12qF1 in mouse induced pluripotent stem cells

续表

文献	被引频次	题名
Boland et al., 2009	109	Adult mice generated from induced pluripotent stem cells
Feng et al., 2010	72	Hemangioblastic Derivatives from Human Induced Pluripotent Stem Cells Exhibit Limited Expansion and Early Senescence
Kiskinis and Eggan, 2010 [R]	59	Progress toward the clinical application of patientspecific pluripotent stem cells
Laurent et al., 2011	48	Dynamic Changes in the Copy Number of Pluripotency and Cell Proliferation Genes in Human ESCs and iP-SCs during Reprogramming and Time in Culture
Bock et al., 2011	31	Reference Maps of Human ES and iPS Cell Variation Enable High-Throughput Characterization of Pluripo-tent Cell Lines
Zhao et al., 2011	22	Immunogenicity of induced pluripotent stem cells
Boulting et al., 2011	17	A functionally characterized test set of human induced pluripotent stem cells
Young, 2011 [R] *	16	Control of the Embryonic Stem Cell State
Ben-David and Benvenisty, 2011 [R]*	11	The tumorigenicity of human embryonic and induced pluripotent stem cells

* 表示被 Stadtfeld 等（2010）引用的文献

新兴趋势关注的是和诱导性多能干细胞具有相同功能的物质，以及对应于人类胚胎干细胞短期和长期功能的物质。新趋势对诱导性多能干细胞的治疗潜力有关键影响。除了 Chin 等和史岱菲尔德等的工作，伯兰（Boland）等在 2009 年 8 月 2 日发表的文献中报道了对诱导性多能干细胞衍化而来的老鼠的探索。在 2010 年 1 月 12 日的另一篇文献（Feng et al., 2010）中探索了人类诱导性多能干细胞的反常性，如有限扩张和早衰。我们先前讨论的史岱菲尔德的文献（Stadtfeld et al., 2010）出现在 2010 年 5 月 13 日。

Chin 等的最近的一些施引文献专注于为更严格的评价和诱导性多能干细胞的比较研究提供资源。2011 年 2 月 7 日的一篇文献（Laurent et al., 2011）报道了对基因稳定性和多能干细胞的研究，并呼吁多开展基因监测以确保表型稳定性和临床安全性。在 2011 年 2 月 4 日，博克等（Bock et al., 2011）发表了 DNA 甲基化的基因组参考地图，以及先前衍化的 20 条人类胚胎干细胞线和 12 条人类诱导性多能干细胞线的基因表达。近来的一篇文献（Boulting et al., 2011）发表于 2011 年 2 月 11 日，博尔廷（Boulting）等建立了由 16 条诱导性多能干细胞线和分化能力严格测试组成的稳健资源。

诱导性多能干细胞的特点包括自我再生和多功能化，能分化成多种类型的细胞，这些属性对再生医学非常宝贵。然而，这些属性也会导致诱导性多能干细胞致癌或有致癌倾向。在 2011 年 4 月发表的综述型文献中，本 - 戴维和本万尼斯蒂（Ben-David and Benvenisty，2011）论述了人类胚胎和诱导性多能干细胞的致癌性。Zhao 等（2011）在 2011 年 5 月 13 日的文献中挑战了一个普遍性的假设，对于从患者特异性诱导多能干细胞中提取的有治疗价值的细胞来说，诱导性多能干细胞的免疫原性具有临床价值，如图 8-9 所示。

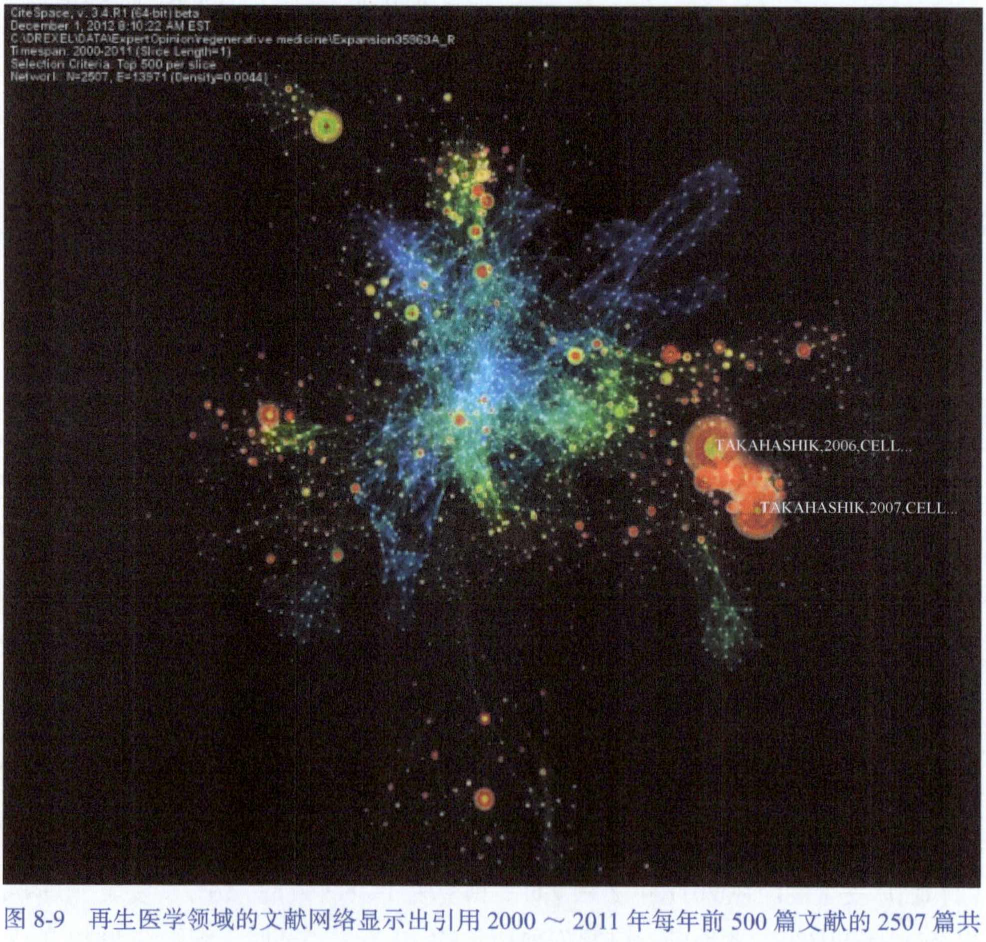

图 8-9　再生医学领域的文献网络显示出引用 2000 ～ 2011 年每年前 500 篇文献的 2507 篇共被引文献，该工作与已标注的、获得 2012 年诺贝尔生理学 / 医学奖的两篇文献相关

总之，最近有一系列文献通过对再生医学的临床和治疗意义进行更深刻的思考，重新审视了诱导性多能干细胞的一些基本假设和属性。

8.2.5　经验教训

通过对再生医学领域的文献和引用突现后的文献进行分析，描绘出过去 10 年中这个领域集体知识的演化轨迹，并指出领域的发展方向。本研究所识别出的新兴研究趋势和发展模式是基于 CiteSpace 的可计算特性，CiteSpace 软件的设计目的就是基于相关知识文献，探索科学前沿。

再生医学是一个有巨大吸引力并且进展快速的学科。作为信息领域的专家，我们利用该领域内专家发表的文献以及信息和计算技术帮助我们在不同的抽取层次上（即被引文献和共被引文献形成的聚类）识别模式和趋势，从而证明了运用科学计量学的方法能够追踪动态的科学共同体集体知识的发展。

基于引文和共被引的结构和时间模式的分析，我们确定了两个主要的新兴趋势。第一个始于 2007 年，是关于人类诱导性多能干细胞的开创性工作，也包括后续的重编码精炼和替代性技术。第二个始于 2009 年，是对再生医学领域治疗和临床医疗方面那些以前没有受到过质疑的假设进行日益广泛的检查和复查，也包括诱导性多能干细胞的致癌性和免疫原性。值得注意的是，专家的意见完全基于 CiteSpace 所揭示的科学计量学模式，而无需参考再生医学领域的先前工作经验。

再生医学领域原始主题检索的扩张检索结果揭示了一个更广泛的知识动态图谱。更广泛领域的可视化分析概括了 2000 ～ 2011 年具有里程碑意义的文献。一些重要指标和意见都集中到聚类 #7 在诱导性多能干细胞方面所起的关键和积极作用。通过追踪引用连接和被引突增的相互关系，科学计量学的可视化分析技术能够引导我们关注最震荡、发展最迅速的研究前沿，还能确定由高度专业化的技术性文献所表述的各种挑战的战略意义。相关主题的综述型文献发展迅速，这也标志着再生医学领域知识的迅速发展。我们期望本研究中使用的可视化分析工具对传统的综述和调查文献起更大的补充作用。可视化分析工具对从大量新发表的研究中找到关键的发展有重要价值。

再生医学领域和相关研究过去十年的主要发现显示，再生医学在许多方面的应用已经越来越可行，它最终会导致革命性的临床医疗实践并改变我们社会生活的方方面面。与此同时，未来的挑战是巨大的。最大的挑战可能与人类是复杂的系统这一事实相关，局部的扰动可能会给系统内其他部分带来不可预知的后果，最终可能会影响整个系统。要在整体方式上处理这么复杂的系统，科学和医学的现有发展水平还有漫长的道路。抑制或激活一个看似孤立的因素可能导致无法预料的后果。

本节中识别出的两个主要趋势有不同的研究议程，以及不同的观点和假设。在我们看来，在新兴趋势的初始阶段，这种趋势的独立性在战略层面上是可取的，目的是最大限度地获取知识，这些知识不是仅靠单独研究就能获得的。从长远来看，预计可能会有越来越多的趋势从最意想不到的观点中出现。现有的趋势可能也会有全新的整合。我们期望安全性和不确定性仍然是再生医学领域关注的焦点。

8.3 论文撤销分析

科学论文中结果的可重复性是科学的重要基石。如果其他的同行专家遵循科学论文中所描述的步骤，会重现初始出版物中相同的结果吗？如果没有，是什么原因呢？科学论文的出版受制于同行专家、作者自身机构和包括病人、医生在内的所有相关人员以及监管机构的指导方针的详细审查。科学论文的撤销是当场从科学文献中清除不值得信赖的文章的正式行动，因此被取消资格的文献是科学知识智力基础的一部分。撤销是科学共同体自我纠正的机制。

科学论文撤销的原因很多，包括自我剽窃、编辑错误，以及捏造、伪造数据和结果等的学术不端行为。不同类型的错误造成的后果是不同的，有些比其他更容易检测到。例如，被捏造的数据或结果污染的临床研究可能直接威胁到病人的安全。然而，同时在多本杂志上发表一系列有效结果是不道德的行为，但却不太可能直接伤害病人。一方面，一些撤销的文章即使在撤销之后可能仍然具有争议。例如，*Lancet* 杂志部分撤销了一篇发表于 1998 年的论文（Wakefield et al., 1998），该文发现疫苗预防麻疹、腮腺炎和风疹联合疫苗与孤独症之间可能存在联系。直到 2010 年，*Lancet* 杂志的这篇论文才被完全撤销。另一方面，其他被撤销的论文可能在撤销之后就不具有影响力了，如黄禹锡（Woo-Suk Hwang）伪造干细胞克隆的论文（Kakuk, 2009）。

科学文献的撤销率似乎有所增长。例如，MEDLINE（美国医学索引）的撤销率自 1980 年开始急剧增长，撤销的原因包括错误或不可重复的结果（40%）、科研不端行为（28%）、重复发表（17%）和未声明的 / 不明确的（ 5%）（Wager and Williams，2011）。我们在 2012 年 3 月 29 日验证了 PubMed 撤销率的增长。PubMed 年度出版物的总数量有轻微的增长，从 2001 年的 543 000 多篇增加到 2011 年的 984 000 多篇。其文献增长是非常稳定的，每年大概新增 45 000 篇文献。撤销文献率是一年最终被撤销的文献数量除以 PubMed 该年发表的文献的总数量。撤销率是每年发行的撤销通知的数量除以 PubMed 在该年发表的文献的总数量。2011 年的撤销率是 0.000 05，在 2003 年、2006 年和 2011 年分别翻番。2011 年的撤销率是 0.000 46。图 8-10 显示每年撤销文献的数量在 2006 年达到峰值。蓝线是撤销率，其增长速度很快。红线是被撤销文献的实际数量。与 2006 年的峰值相比，近两年的文献撤销数量有所减少。但是我们估计这是因为对于新发表论文来说，需要一段时间才能发现论文中的错误，我们将在以下的生存分析中讨论文献撤销的时间延迟程度。

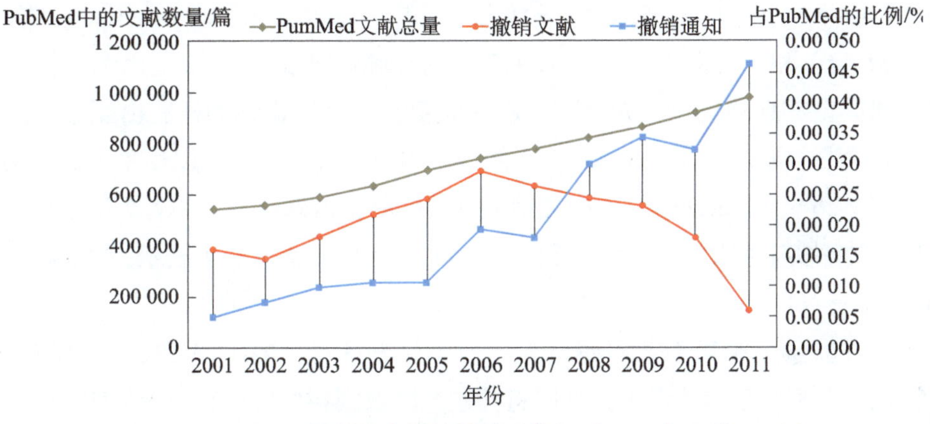

图 8-10　PubMed 的撤销率增长情况（截止到 2012 年 3 月 29 日）

一方面，对科学研究中有可能出现错误的认识在逐渐提高（Naik，2011），尤其是由于公众高度关注的撤销案例和欺诈案例（Kakuk，2009; Service，2002）引发越来越多关于论文撤销的研究；另一方面，对于被撤销论文的研究，这些论文可能会给科学文献带来长期的潜在风险，虽然可以采取行动来减少这类风险，考虑到事态的紧急性、可能产生的后果和政策方面的影响，减少风险的行动是相对被忽视的。我们将解决与撤销论文相关的常见问题。特别是，我们将介绍一个可视化分析框架和一些用于方便从宏观和微观层面进行态势感知的工具。

在宏观层面上，我们将在剩下的科学文献的更广范围内关注与撤销文献相关的问题。给定一篇撤销的文献，科学文献的哪些领域将会受到影响？直接引用撤销文献的论文处于什么位置？可能与撤销文献有间接关系的文献处于什么位置？

在微观层面上，我们将关注与撤销文献被撤销后的引文相关的问题。论文撤销前的引文和撤销后的引文有区别吗？有何定量和定性的区别？

PubMed 是最大的可公开利用的科学文献资源，在医学和相关学科领域的科学出版物中有广泛的覆盖面。每一个 PubMed 记录都有一个特性叫做出版类型（Publication Type [pt].）。论文的撤销在撤销通知中会正式宣布。撤销论文的出版类型是“Retraction of Publication”。被撤销论文的出版类型被更新为撤销出版物（“Retracted Publication”）。PubMed 提供了一系列的特殊查询，其中包括撤销出版物（“Retracted Publication”）。

汤森路透旗下的 Web of Science 数据库有一个字段被称为文献类型（Document Type）。文献类型包括论文（article）、评论（review）、修正（correction）和一些其他类型。修正 2（correction2）的文献类型用于撤销文献和其他类型文献的更正，如补充和勘误表更正。撤销通知的标题由撤销论文的标题和短语“撤销”（Retraction of）组成，这样的标题完全可以用来识别撤销文献。在 Web of Science 数据库中撤销文献的标题也被修改了，并有短语来标记其被撤销的事实。例如，韦克菲尔德（Wakefield）的论文以短语表示为“Retracted article. See vol 375，pg 445，2010”。

在谷歌学术搜索中，撤销论文用一个标题前缀“RETRACTED ARTICLE”来识别。在高级学术搜索中，可以将搜索范围限制在标题中有短语的所有记录。

表 8-10 总结了截止到 2012 年 3 月 29 日科学文献的撤销数量的主要数据库来源。PubMed 上的搜索包含所有年份，反之，Web of Science 数据上的搜索限制于机构购买的权限（1980 年至今）。

表 8-10　科学文献撤销数量的主要数据库来源（截止到 2012 年 3 月 29 日）

Sources（来源）	Items（项数）	Document Type（文献类型）	Search Criteria（检索条件）
PubMed[3]	2073	Retracted Article	Retraction of Publication [pt]
	2187	Retraction Notice	Retraction of Publication [pt]
Web of Science（1980-present）	1775	Retracted Article	Title contains "（Retracted article."
	1734	Retraction Notice	Title contains "（Retraction of vol"
Google Scholar	219	Retracted Article	allintitle: "retracted article"
Elsevier Content Syndication（CONSYN）	659	Retracted Article（Full Text）	Title: Retracted Article

8.3.1　撤销文献的研究

撤销向科学共同体发出了一个强烈的信号，即撤销的文章是不值得信赖的，应该从文献中有效地清除。撤销的研究往往局限于正式撤销的文章。大家都认为有更多的文章应该被撤销（Steen，2011）。与此同时，人们也已经注意到，学术不端行为的文献应该被撤销，而修正对于有技术性错误的撤销文章来说是一个更合适的术语（Sox and Rennle，2006）。下面我们依据撤销文献是如何解决几个常见问题来概括一些代表性的研究。

（1）撤销的时间——科学论文平均被撤销的时间是多久？高级和初级研究人员之间的撤销时间有区别吗？

（2）撤销后的被引——文献的撤销如何从定量和定性影响文献的被引？多久后能监测到撤销后被引的减少？

（3）值得关注的问题——最终被撤销的论文起初是怎么被注意到的？是否有一些早期迹象供人们密切注视并保障科学论文的完整性？

（4）撤销的原因——撤销的普遍原因是什么？这些原因是如何分布的？撤销应该是平等的还是不同的？

（5）故意或无意——科学家们仅是出于好意犯错？或是蓄意不当地欺骗？

表 8-11 列出了关于论文撤销的一些最具代表性的和普遍性的研究，包括个别研究的相应引文。多个研究发现撤销一篇科学论文平均花费两年的时间，但是撤销高级科研人员的论文要花费更长的时间。论文撤销时间的详细研究出现

在生存分析中（Trikalinos et al.，2008）。基于高被引、高影响力期刊的撤销论文，发现最终被撤销论文的生存时间中值是 28 个月。此外，教授、实验室主任或者具有 5 年以上发表记录的研究员等高级研究人员比初级者的论文撤销时间要更长。

表 8-11　撤销的主要方面

撤销的属性特征	结果和参考文献
撤销的时间	28 个月（平均）(Budd et al., 1998)；欺骗—28.41 个月（平均），错误—22.72 个月（平均）；28 个月（中值），牵连的高级研究人员—79 个月，牵连的初级研究人员—22 个月（Trikalinos et al., 2008）；案例研究（Korpela, 2010）
撤销后的引文（延迟时间）	撤销 1 年后（Budd et al.，1998）；3 年后（Neale et al.，2007）；下一年（Pfeifer and Snodgrass, 1990）
关注的原因	非再生性，异常高水平的生产力（Budd et al., 1998; Steen, 2011）
撤销的原因	学术不端行为，非再生性，错误（Wager and Williams, 2011）
错误的类型	方法、数据或样本上的错误；重复出版；文本抄袭（Budd et al., 1998）
不端行为的类型	确定或推断；欺骗、伪造、篡改、剽窃数据（Budd et al., 1998; Neale et al., 2007; Steen, 2011）；
故意或无意	重复率高的罪犯会在欺骗性论文中被发现，而不是错误性论文中（Steen, 2011）

资料来源：PubMed/MEDLINE（Budd et al.，1998; Neale et al.，2007; Steen，2011）

在论文被撤销后的不同时间点研究论文被撤销后的被引情况，从下一个日历年开始，时间点为被撤销后的第 1 年到第 3 年。在一般情况下，引用数量在撤销后趋于减少，但是也有异常值，那是研究者们显然不知道这篇论文在 23 年前已经被撤销了。

不可再现性和异常高的论文产出率是引发初始关注的最常见原因。例如，舍恩（Jan Hendrik Schön）在两年的时间内在 *Science* 和 *Nature* 杂志上共发表了 17 篇论文。在巅峰时期，他每 8 天就创作出一篇新论文。可以从几点原因进一步解释非再现性，包括错误类型和蓄意不当行为。有人认为，从实际来讲，编造数据和结果比抄袭他人的文字语言更加有害。例如，一些研究人员就对数据剽窃和文本抄袭区别对待，认为数据剽窃是学术不端行为。

可以区分故意欺骗行为和无意犯错的标志是，在同一个研究人员身上是否重复发生。重复率高的罪犯会在欺骗性论文中被发现，而不是从错误性论文中（Steen，2011）。

关于撤销的研究几乎全部集中在医学文献，在病人安全方面的比例最高。这些关于论文撤销的研究中使用的主要数据来源是 PubMed 和 Web of Science。在这些研究中的分析方法主要是检索被撤销论文，分析撤销通知的内容，以及其他信息。大多数关于论文撤销的研究主要使用劳动密集型的研究程序，很少依靠可视化分析方法。由于这些限制，导致一些潜在的重要问题没有被发现。

8.3.1.1 撤销后引用路径的 *k* 度

一篇文章可能在没有意识到相应的撤销情况下引用一篇已被撤销的论文。这种类型的施引文献可能会影响科学文献的完整性。迄今为止的撤销研究基本上集中于一度施引文献，即文章直接引用撤销文献。引文数量和引用者是否了解撤销论文的状态是最普遍的研究主题。

给定一篇已发表的文章 a_{t_0}，不管是否撤销，可以依据成对的引用关系来定义随后发表的文章 a_{t_k} 和原始文章之间的引用路径。如下：$a_{t_0} \leftarrow a_{t_1} \leftarrow \cdots \leftarrow a_{t_k}$，其中，"←" 代表直接引用，当 $i<j$ 时有 $t_i < t_j$，且每段路径的长度被最小化。换言之，$a_{t_i} \leftarrow a_{t_i}+1$ 意味着 $a_{t_i}+1$ 没有直接引用 a_{t_i} 路径前的任何文章。引用路径的长度是路径中所包含的直接引用连接的数目。现存的撤销文章的引文研究基本上局限于仅包含一步的引用路径，对于起源于撤销文章的更长引用路径则尚未有研究。显然，第一篇文章的撤销等同于从仍具有增长潜力的路径（例如，$a_{t_0} \leftarrow a_{t_1} \leftarrow \cdots \leftarrow a_{t_k}$）中消除第一篇文章。因为未质疑潜在危险路径的有效性的情况下，新发表的文章可能会在不知不觉中引用最后一篇文章。通过撤销后引文路径的 *k* 度，介绍像在 $a_{t_0} \leftarrow a_{t_1} \leftarrow \cdots \leftarrow a_{t_k}$ 中由 *k* 个直接引用连接形成的路径研究。

8.3.1.2 与撤销文章有关的引用网络

近年来，科学计量学（Boyack and Klavans，2010; Leydesdorff，2001; Shibata et al.，2007; Upham et al.，2010）、科学图谱绘制（Chen，2006; Cobo et al.，2011; Small，1999; van Eck and Waltman，2010）和科技化分析（Pirolli，2007; Thomas and Cook，2005）都取得巨大的进步。现有撤销文章的引文研究并没有包含相对较新的、更强大的技术。与此同时，使用过新一代分析工具的研究人员并没有把这些工具应用到与撤销文章有关的引用网络的分析中。

8.3.1.3 引用语境

找到一篇施引文献的作者在参考撤销文章时对撤销文章的当前状态了解多少，是非常重要的。以往研究对于文本中的情况并不清楚。一篇被撤销的论文也许会被后续几百篇论文所引用。手动检查个别引用实例是耗时费力的。对于分析者来说，要从个别引用实例中合成突变模式，并且根据一篇文献在撤销后的很长一段时间内的被引情况分析来识别变化情况，是很有挑战性的任务。这是因为撤销论文在撤销后的很长一段时间内还是能够被持续地引用。

文章全文的提供使得用计算工具研究撤销文章的引用语境成为可能，也使得研究更高层次的引用模式以及研究关于撤销事件是如何随时间变化的成为可能。

我们解决了这三个问题，并演示如何开发和应用可视化分析方法和工具来研究与撤销文献相关的引用网络和引用环境。重要的研究问题有许多，但是我们决定集中解决相对基础的问题。

8.3.2 撤销的时间

截止到 2012 年 3 月 30 日，在 Web of Science 中检索撤销文章的标题（其中包含后缀“retracted article”），共有 1775 条撤销文章的记录。自 1980 年以来，1775 篇撤销文章的分布显示，在 2007 年时 Web of Science 就有 254 篇撤销文章，达到了撤销的峰值。另外，由于近几年发表论文的时间不长，没有办法排除更多的追溯撤销论文。

计算论文在发表之后到撤销之前的平均持续时间是非常简单的，论文的撤销时间可以很容易地从已经修改的题目中检索到。例如，一篇发表在 2010 年的论文的题目后面有这样一句话：已经被撤销的论文，194 卷，447 页，2011。那么我们就知道了这篇论文是在 2011 年被撤销的。我们将数据下载到 CiteSpace 的内置相关数据库中，在 SQL 中使用截取字符串中的子串（substring）功能从题目的最后四位中提取出论文被撤销的时间，语句是：substring（title，−5，4）（意思是从 title 中截取后四位）。我们调查了 1721 篇已经被撤销的论文，其中有 54 篇没有标明撤销的时间，发现从论文发表到撤销时间的期望值是 2.57 年，也就是 30 个月，中位数是 2 年，也就是 24 个月，如表 8-12 所示。

表 8-12　到撤销时论文存在的时间分析

论文存活时间的期望值和中位数

期望值				中位数			
估计值	标准误差	95%置信区间		估计值	标准误差	95%置信区间	
		下界	上界			下界	上界
2.578	0.066	2.448	2.707	2.000	0.052	1.898	2.102

注：期望值的估计值受到最大存在时间是否被删掉的限制

图 8-11 展示了撤销论文的生存函数，从发表后的第 1 年开始，被撤销论文的存活概率迅速下降。换句话说，就是在开始的几年中大多数的论文已经被撤销了。对一篇发表 4 年被撤销的论文来说，其存活概率低于 0.2。

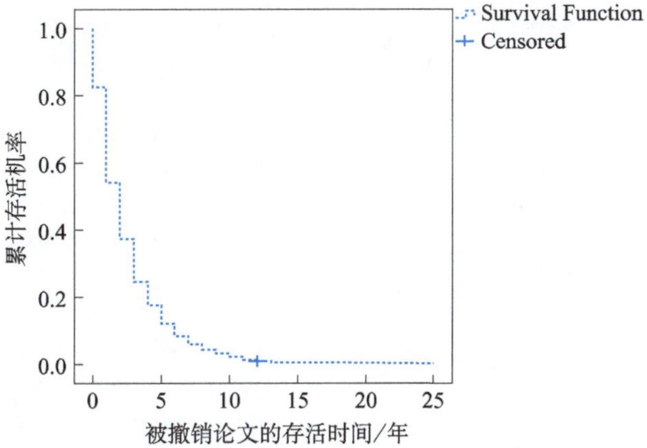

图 8-11　撤销论文的生存函数，存活 4 年及以上的概率低于 0.2

8.3.3　被撤销文章的内容

表 8-13 列出了在 Web of Science 中被引频次最高的 10 篇已被撤销的论文。1998 年韦克菲尔德等在 *Lancet* 期刊上发表的论文被引频次最高，为 740。在这 10 篇论文中被引频次最低的被引用了 366 次。表中列出的论文有 3 篇发表在 *Science* 上，有 2 篇发表在 *Lancet* 上面。在本部分接下来的部分，我们主要从宏观和微观层面，对那些备受瞩目的撤销论文进行引用语境分析。

表 8-13　10 篇被引频次最高的已被撤销的论文

被引频次	领头作者	发表年～撤销年	标题（撤销公告）	期刊
740	Wakefield AJ	1998～2010	Ileal-lymphoid-nodular hyperplasia, non-specific colitis，and pervasive developmental disorder in children（See vol 375，pg 445，2010）	*Lancet*

续表

被引频次	领头作者	发表年～撤销年	标题（撤销公告）	期刊
727	Reyes M	2001～2009	Purification and ex vivo expansion of postnatal human marrow mesodermal progenitor cells（See vol. 113, pg. 2370，2009）	*Blood*
659	Fukuhara A	2005～2007	Visfatin: A protein secreted by visceral fat that mimics the effects of insulin（See vol 318，pg 565，2007）	*Science*
618	Nakao N	2003～2009	Combination treatment of angiotensin-II re-ceptor blocker and angiotensin-converting-enzyme inhibitor in non-diabetic renal disease（COOPERATE）: a randomised controlled trial（See vol. 374, pg. 1226, 2009）	*Lancet*
512	Chang G	2001～2006	Structure of MsbA from E-coli: A homolog of the multidrug resistance ATP binding cassette（ABC）transporters（See vol 314, pg 1875, 2006）	*Science*
492	Kugler A	2000～2003	Regression of human metastatic renal cell car-cinoma after vaccination with tumor cell-dendritic cell hybrids（See vol. 9, p. 1221, 2003）	*Nature Medicine*
433	Rubio D	2005～2010	Spontaneous human adult stem cell transfor-mation（See vol. 70, pg. 6682, 2010）	*Cancer Research*
391	Gowen LC	1998～2003	BRCA1 required for transcription-coupled re-pair of oxidative DNA damage（See vol 300, pg 1657, June 13 2003）	*Science*
375	Hwang WS	2004～2006	Evidence of a pluripotent human embryonic stem cell line derived from a cloned blastocyst（See vol 311, pg 335, 2006）	*Science*
366	Makarova TL	2001～2006	Magnetic carbon（See vol 440, pg 707, 2006）	Nature

收集被撤销论文所在领域的文献和其他相关的文献，进行共被引网络分析，进而在这个网络中研究被撤销论文的语境。首先，我们在 Web of Science 中检索到 29 756 篇论文（1998～2011），这些论文引用了 1584 篇已经被撤销的论文。我们根据这 29 756 篇文献的引用关系，利用 CiteSpace 生成了一个共被引网络。选择每年被引频次最高的前 50% 参考文献（每年最多 3000 篇）进入共被引网络。最终的网络包含 7217 条引文和 155 391 条引用连线。和其他没有被撤销的高被引文献一样，排名前 10 位的已经被撤销的高被引文献被形成的引文网络所覆盖（图 8-12）。图中呈现的每一个点代表被这 29 756 篇论文中的一篇或几篇引用的一个参考文献。其中红色的点是已经被撤销的论文。点与点之间的连线是引用连线。引用连线的颜色表示两篇文章之间的引用形成时间。时间较早是用

蓝色表示，时间较近的用黄色表示，时间更近的用橙色表示。图中点的大小与相关引用论文的引用数量成比例。已经被撤销的文献被引频次排名前 10 位的文献在图中被标记出。当已经被撤销的论文在共被引论文中处于中心位置时，是有破坏性的。相反，独立出来的红色的点相对来说破坏性小。这种类型的可视图在强调一篇已经被撤销的论文怎样如何深入影响科学文献方面是有价值的。

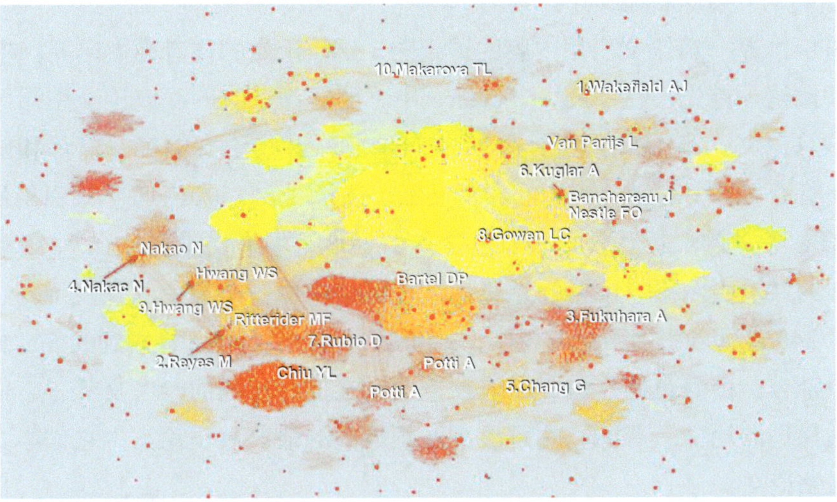

图 8-12　已经被撤销的论文引用网络的概览图。每一个点代表一篇文章的一个参考文献，红色的点说明该文献已将被撤销，标签前面的数代表被引频次排名。在图中的中间位置的已经被撤销的论文破坏性较大，而相对独立的红点破坏性较小

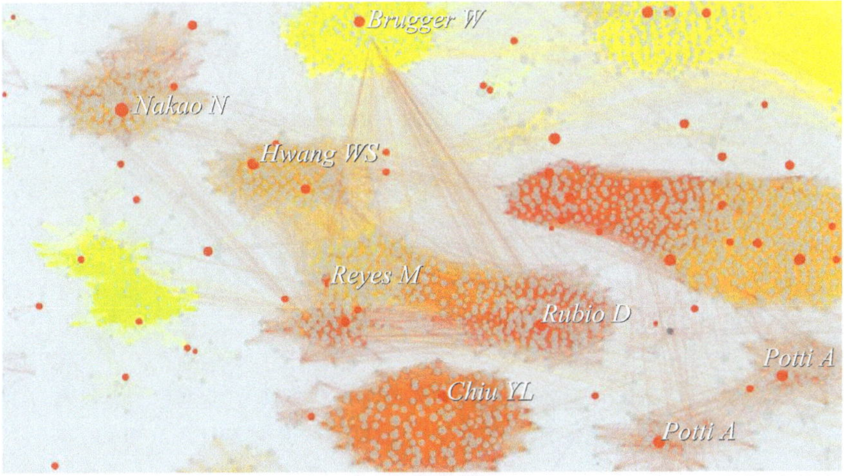

图 8-13　红点是已经被撤销的文献，被标记出来的是高被引的文献，通过引用强度聚集在一起，形成聚类

图 8-13 是图 8-12 的一个部分的近视图。例如，在图 8-13 的左边，中尾（Nakao N）等的文章已经被撤销，在图中是一个相当大的红点，就说明有许多论文都引用了这篇文章。它位于一个稠密的岛屿状聚类中，表明它与一个重要主题相关。稍微向右的黄禹锡的论文和图中右下角的波提（Potti A）的论文有相同的引用语境。在多篇已被撤销论文相互连接的引文语境中，更容易发现这些撤销论文所产生的深刻影响。

图 8-14 是一篇论文引用内容的扩大图，这篇论文的作者为中尾等，在 2003 年已被撤销。首先，在 Web of Science 中，已经确认有 609 篇论文引用了中尾等的这篇论文。接下来，检索到 9656 篇论文，这些论文中每一篇都和前面的那 609 篇论文至少有一篇相同的参考文献。选择 2003～2011 每年被引用最多的 6000 篇参考文献，最后形成一个包含有 27 905 篇参考文献和 2 162 018 条共被引连线的共被引网络。中尾的这篇论文在图谱中以一个黑色的点表示。红色的点表示 340 篇直接引用中尾的论文，这是从 Web of Science 检索到的 609 篇论文中的一部分。蓝绿色的点与 340 篇红色点论文拥有相同的参考文献，它们不一定是被撤销的论文。有标签的是该主题领域内的最高被引论文，它们本身不属于被撤销论文。

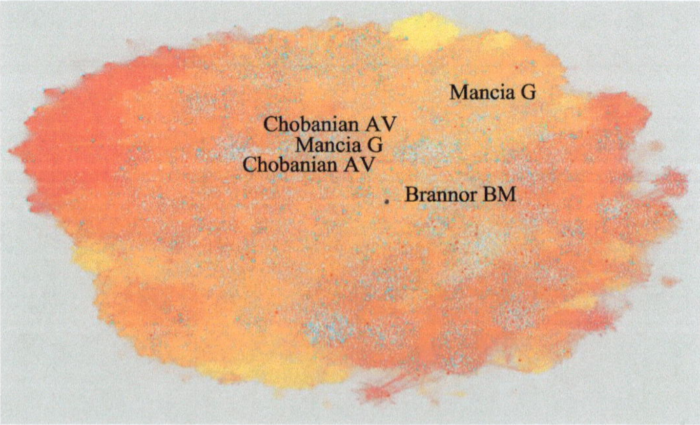

图 8-14 中尾等已经被撤销的论文的引用网络的扩大图。这个共引网络包含 2003 ～ 2011 年的 27 905 篇被引文献，图谱中间黑色的点代表中尾等的论文，红色的点代表直接引用中尾等论文的 340 篇文献（在 Web of Science 中有 609 篇这样的文献）。蓝绿色的点代表与 340 篇直接引用中尾的论文有文献耦合关系的 9 656 篇论文中的 2130 篇

8.3.4 自闭症和疫苗

在 Web of Science 中的所有被撤销的文章中，被引频次最高的文章是 1998 年韦克菲尔德等在 *Lancet* 上发表的论文。我们检测到这篇论文的突增系数是 0.05，这篇文章在 2004 年被撤销了一部分，在 2010 年被全部撤销。*Lancet* 期刊 2010 年 2 月的撤销通告是这样写的：1998 年的这篇论文中有很多的元素是不正确的，与我们早期的调查结果是相反的，这篇论文中声称得到当地伦理委员会“认可”，这是虚假声明。

为了找到研究者引用这篇有争议的论文的准确时间，我们研究了引用语句，就是包含参考韦克菲尔德的论文的句子。在 Elsevier 的 ConSyn 数据库中，我们获得了一个包含了 3359 本学术期刊和 6643 篇论文的全文集合。因为韦克菲尔德的文章声称 MMR 疫苗和自闭症具有因果关系，我们用自闭症和疫苗在 ConSyn 中进行全文检索，共检索到 1250 篇相关的文章。在从 ConSyn 中搜集的 1250 篇文章中，有 156 篇引用了韦克菲尔德的这篇论文。在这 156 篇文献中，共有 700 多条引用语句。Carrot2 是一个用于建造搜索聚类引擎的开放资源框架，我们使用由它所提供的 Lingo 聚类方法来将这些引用语句聚集成 69 个聚类。

引用 1998 年 *Lancet* 上论文中的 706 个语句形成有 69 个聚类的可视化图谱，见图 8-15。这一可视化图谱在 Carrot 中被称为泡沫树（foam tree）。Carrot 的详细信息，请参阅第九章。最大的聚类代表着研究人员引用 1998 年论文的词组使用最突出的聚类。例如，“炎症性肠道疾病”、“腮腺炎和风疹”，以及“麻疹腮腺炎风疹联合疫苗（MMR）和孤独症之间的关联”是引用的中心主题。这些主题实际上描绘了 *Lancet* 撤销论文的特征，即使在这个研究中我们没有区分正面引用和负面引用。从一个引用语境中确定一个引用实例的情况，例如，识别引用语句和其周围的语句，即使对于一个聪明的读者来说都是一个具有挑战性的任务，因为只有当将一个更广泛的范围考虑在内时，例如，在许多情况下是得看完整个段落后，论点才变得清晰。

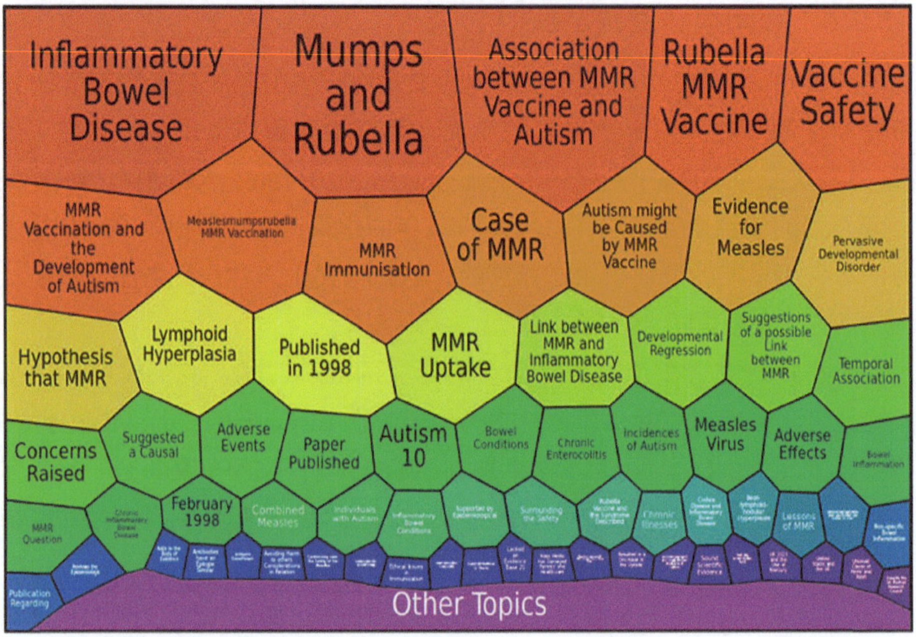

图 8-15　由引用 1988 年韦克菲尔德论文的 706 个语句组成的 69 个聚类

除了基于摘要的更高层次将引用语句聚合到一个聚类中之外，我们进一步开发了时间线可视化图，它能够对逐年流动变化的主题进行描述，从而可以识别与撤销文章的引用相关联的变化情况。主题流可视化图构造如下，首先，我们根据发表年份将引用语句进行分组。每一年份中的引文语句聚类成不同的主题。根据相邻年份主题之间重叠的主题术语情况，计算相邻年份的主题之间的相似性。根据用户定义的相似性阈值，主题流将相邻年份的主题进行连接。

主题流图谱中的每一个主题都可以被定义为收敛主题、发散主题以及稳定主题。在特定某年的一个收敛主题将过去的多个分散主题的元素进行合并。收敛主题将许多之前分开主题的元素总结。1999 年，风疹 MMR 联合疫苗接种的主题用一个明确的标签标记，因为它与 1998 年几个不同的主题相关。2004 年，*Lancet* 部分撤销了韦克菲尔德的论文，占主导的收敛主题是发育障碍。可视化图谱显示 2003 年许多不同主题被融合到 2004 年的收敛主题。我们认为，这种类型的主题流可视化图能够使分析和研究特殊引用中主题转化动态的新方法用于一篇特定的文章中。

表 8-14 列出了一些语句，这些语句都引用了韦克菲尔德等于 1998 年发表

在 *Lancet* 上的论文。例如，早在 1998 年，研究人员认为缺乏坚实的科学证据来支持韦克菲尔德关于 MMR 联合疫苗和炎症性肠道疾病之间的关联。关于 MMR 联合疫苗的不利影响在这些引用语句中也非常明显地能看出来。在多尺度层次上，基于这种类型的文本和模式驱动分析，使得更多的类似研究成为可能。

表 8-14　韦克菲尔德等引用最终撤销的 1998 年 *Lancet* 论文的具体语句

引用率	参考文献	语句
1998	1	The report by Andrew Wakefield and colleagues confirms the clinical observations of several paediatricians, including myself, who have noted an association between the onset of the autistic spectrum and the development of disturbed bowel habit.
1998	1	Looking at the ages of the children in Wakefield's study, it seems that most of them would have been at an age when they could well have been vaccinated with the vaccine that has since been withdrawn.
1998	1	We are concerned about the potential loss of confidence in the mumps, measles, and rubella （MMR） vaccine after publication of Andrew Wakefield and colleagues' report （Feb 28, p 637）, in which these workers postulate adverse effects of measles-containing vaccines.
1998	1	We were surprised and concerned that the Lancet published the paper by Andrew Wakefield and colleagues in which thev alluded to an association between MMR vac cine and a nonspecific syndrome, yet provided no sound scientific evidence.
2001	34	In 1998, Wakefield et al.[34] have published a second paper including two ideas: that autism may be linked to a form of inflammatory bowel disease and that this new syndrome is associated with measles-mumps-rubella （MMR） immunization.
2007	5	Vaccine scares in recent years have linked MMR vaccination with autism and a variety of bowel conditions, and this has had an adverse impact on MMR uptake [5].
2007	5	When comparing MMR uptake rates before （1994-1997） and after （1999-2000） the 1998 Wakefield et al. article [5] it is seen that prior to 1998 Asian children had the highest uptake.
2010	2	This addresses a concern raised by a now-retracted article by Wakefield et al. and adds to the body of evidence that has failed to show a relationship between measles vaccination and autism （1,2）.

利用可视化和科学知识图谱技术，我们展示了许多备受瞩目的被撤销论文属于活跃的研究领域。这种复杂性使得及时恢复科学文献的公信力变得更具挑战性。根据被撤销论文是如何被科学文献具体地引用，我们提出了一系列新颖和直观的工具来帮助人们分析和探索一篇被撤销论文的影响。我们展示了基于引用语句的主题转变可视化可以弥补宏观模式和微观个体实例之间认知和概念的差距。根据收敛和发散主题，刻画出引用语句的主题流。以这个作为概念性的检验标准来探索一篇被撤销论文被人们察觉到之后的主题转换动力学。

8.3.5　小结

由撤销论文单独引发的感知风险只是冰山一角。许多高知名度的撤销论文与科学文献深深交织在一起，在许多情况下，它们已经融入到科学研究快速更新的重要分支当中。必须意识到，由一篇撤销论文导致的许多潜在危害还没有被察觉到。对这篇撤销论文的许多引用都是间接的，这种间接引用可能会在很长一段时间内静静地增加，而不被人察觉。一篇撤销论文无效性的原始含义可能会在后续引用中丢失。我们需要开发出新的工具，使研究人员和分析人员可以很容易地核实一个引用谱系的状态，并且确保谱系源头的当前状态是清楚易懂的。这些工具应该成为期刊编辑和出版商的工作流程中不可或缺的部分。

从视觉分析的角度来看，有必要引进更多的技术和工具来支持对动态、非结构化信息进行分析，并且允许分析人员和研究人员在进行多层次的分析和决策时可以自由地在各个层次来回切换。对于科学知识的创造和维护人类知识库的公信力方面，通过一个演化的知识空间来寻找论点和证据的能力是关键的一步。

8.4　全域科学图谱和叠加图

科学图谱在过去的十年中取得了显著进展。强大的技术已越来越多得被研究和分析人员使用。在本节中，我们将介绍一些最有代表性的科学图谱的生成。我们的最终目标是要确定科学学科之间是如何互相关联的，如医学和物理学存在怎样的联系，化学和地质学共享什么主题，科学基金在所有学科中是如何分配的等。绘制一个学科的边界线是具有挑战性的，绘制一个不断发展学科的边界线更是如此。我们将重点介绍一些近年来的研究进展实例。

8.4.1 科学学科图谱

普赖斯可能是第一个预期科学引文索引（SCI）或许包含揭示科学结构信息的学者。普赖斯认为合适的分析层次是基于期刊或者期刊聚类进行期刊 - 期刊引用分析，这可以揭示出科学的学科结构。Leydesdorff 和 Rafols（2009）提到的一个估算阐明了期刊层次的科学地图密度。在 2006 年 SCI 的 6164 本期刊中，37 994 896 条链接中只有 1 201 562 对期刊引用关系。换言之，全球科学结构的密度为 3.16%。在期刊层次，这样一个结构的稳定性如何？在论文或主题层次，科学结构的不稳定性如何？关于一门学科、一个机构或个人，参考文献主要分布在哪里？

UCSD 图谱是一张科学全景图谱，它描绘了期刊的 554 个聚类，以及这些聚类作为科学的子学科是如何相互关联的（图 8-16）。UCSD 图谱的历史见

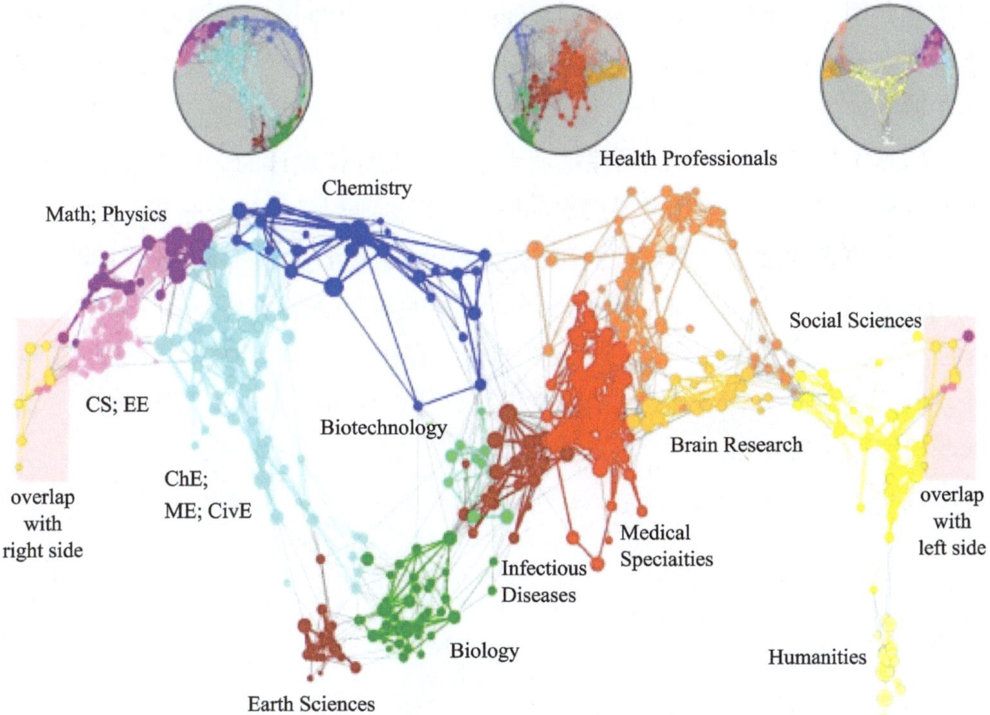

图 8-16 UCSD 科学图谱。在图谱中的每个节点是期刊的一个聚类。聚类是基于期刊间和关键词间的文献耦合组合所形成的。13 个区域是手动标记的

凯蒂·博尔纳等（Borner et al., 2012）的论文。这幅图谱首先由理查德·克拉万斯（Richard Klavans）和凯文·博雅克（Kevin Boyack）于 2007 年为加利福尼亚大学圣迭戈分校（UCSD）创造。图谱上的数据来源于汤森路透的 Web of Science（2001～2004）和 Elsevier 的 Scopus（2001～2005）二者的结合。使用 18 种不同的方法计算期刊间的相似性，形成期刊 - 期刊连接矩阵。然后根据期刊聚类，合并这些矩阵形成一个包含 554 个细分学科的网络。图谱使用 Pajek 中的 3D Fruchterman-Reingold 布局功能生成。利用墨卡托投影方法，将该球形图谱在一个平面上展开成二维图谱。根据聚类中的期刊名称，对每一个聚类进行手工标识。将图谱的二维版本进一步简化成一维的圆圈图（circle map）。利用因子分析对 13 个标识好的区域进行排序。这个圆圈图已被 Elsevier 公司的 SciVal Spotlight 平台所使用。

UCSD 图谱的目标是为研究评价提供一个基础图谱。基于该图谱中的 554 个聚类，它可以比 Web of Science 的主题类别提供更多的学科种类。虽然它最初的目标是用于研究评价，但是这个图谱也被用在其他的系统中，如 Sci2 和 VIVO，用作基础图，在基础图上可以添加其他的信息。UCSD 图谱被创造出来后不久，克拉万斯和博雅克得到结论，相比期刊层次，基于论文层次的聚类图谱更适合用于研究评价。

UCSD 图谱是专门为加利福尼亚大学圣迭戈分校设计的，用于展示该校的研究优势和竞争力。虽然学科层次的图谱可以刻画科学文献的全景结构，但是还需要有更多的细节来对该校的研究优势进行定量化。对照期刊层次图谱，类似的过程被用来生成论文层次的图谱。论文的聚类是基于共被引计算得到的。除了学科层次的圆圈图谱，论文层次的聚类提供了更详细的分类信息。与 554 个期刊聚类相反，共被引文献的论文层次聚类识别出了 84 000 多个聚类，这些聚类可以被称为范式。

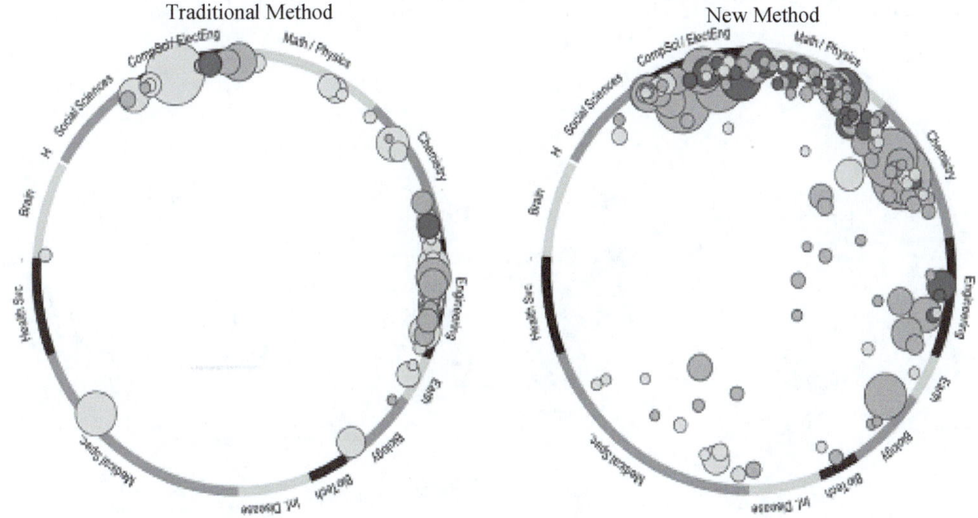

图 8-17　中国的研究领先领域。左图：学科层次的圆圈图。右图：嵌入一个学科圆圈图的论文层次圆圈图。研究领先领域位于相应学科和范式的平均位置。节点密度表示领先节点的数量、相对文献份额（relative publication share，RPS）、相对参考文献份额（relative reference share，RRS）或者当前发展状况（state-of-the art，SOA）的数量

资料来源：Klavans and Boyack，2010

在一篇 2009 年的科学计量学论文中（Boyack，2009），博雅克描述了一个学科层次的图谱被用于合作研的方式。他从 7506 种期刊和 1206 种会议记录中收集了 135 万篇论文。这些论文包含了 2923 万篇参考文献。根据文献耦合来计算参考文献间的相似性，然后合并这些参考文献水平的相似性来获得期刊间的相似性。对于每一种期刊，保留根据文献耦合计算的前 15 种与之最相似的期刊，来生成最终图谱。

地图布局步骤要达到两个目的：一是优化期刊布置使地图上期刊间的距离与它们的相异性成比例；二是基于布局过程生成的距离能够将期刊聚类。

利用 VxOrd 算法做出图谱布局，该算法在布局过程中忽略了距离较远的连接关系。利用一个改进的单联通聚类算法，基于结果图布局中的节点接近度来确定聚类。在单联通中，两聚类间两个最相近元素间的距离被用来计算两个聚类的距离。最后得到的图谱包含了期刊和会议文献的 812 个聚类（图 8-18）。这个图谱被用作多个叠加层的一个基础图谱。特别地，利用这个地图，能看到一个机构的位置。清晰圆圈的聚类只包含了期刊论文。相反，阴影圆圈的聚类包含了会议论文。如图 8-18 所示，会议论文的大多数位于计算机科学（CS）和物

理学之间；而像病毒学这样的学科，期刊论文几乎占主导地位。

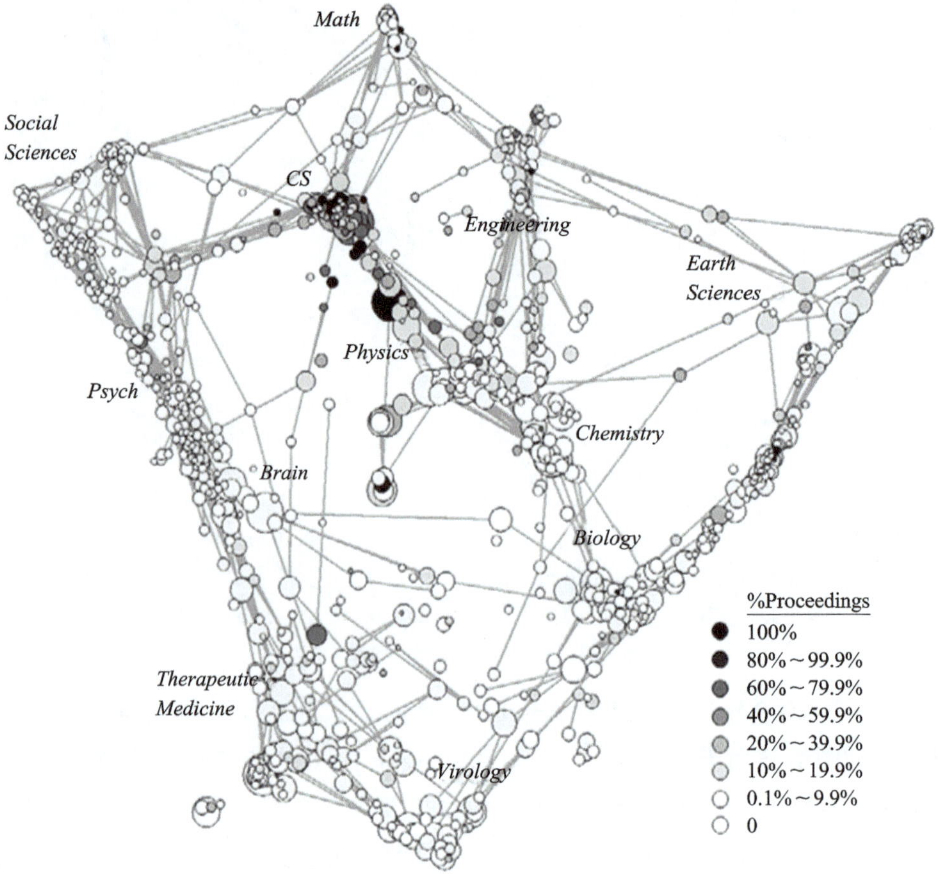

图 8-18　期刊和会议记录的 812 个聚类的学科层次图谱。每个节点都是一个聚类。节点的大小代表聚类中论文的数量

资料来源：Kevin and Boyack，2010

最近，克拉万斯和博雅克基于 Scopus 2010 年的数据创造了一个新的科学全景图谱。新的 Scopus 2010 图谱是论文层次图谱，描绘了 170 万篇论文的 116 000 个聚类（图 8-19）。Scopus 2010 图谱是一个混合图谱，因为其中的聚类是基于引用关系生成的，而布局则是基于文本相似性得到的。基于每个聚类中论文标题和摘要的词语，利用 Okapi BM25（一种算法）文本相似性来计算聚类间的相似性。聚类步骤没有使用同时基于文本和引用的混合相似性。对于每个聚类，只保留 5 ～ 15 个有最强连接关系的聚类。聚类标签则是手动添加。

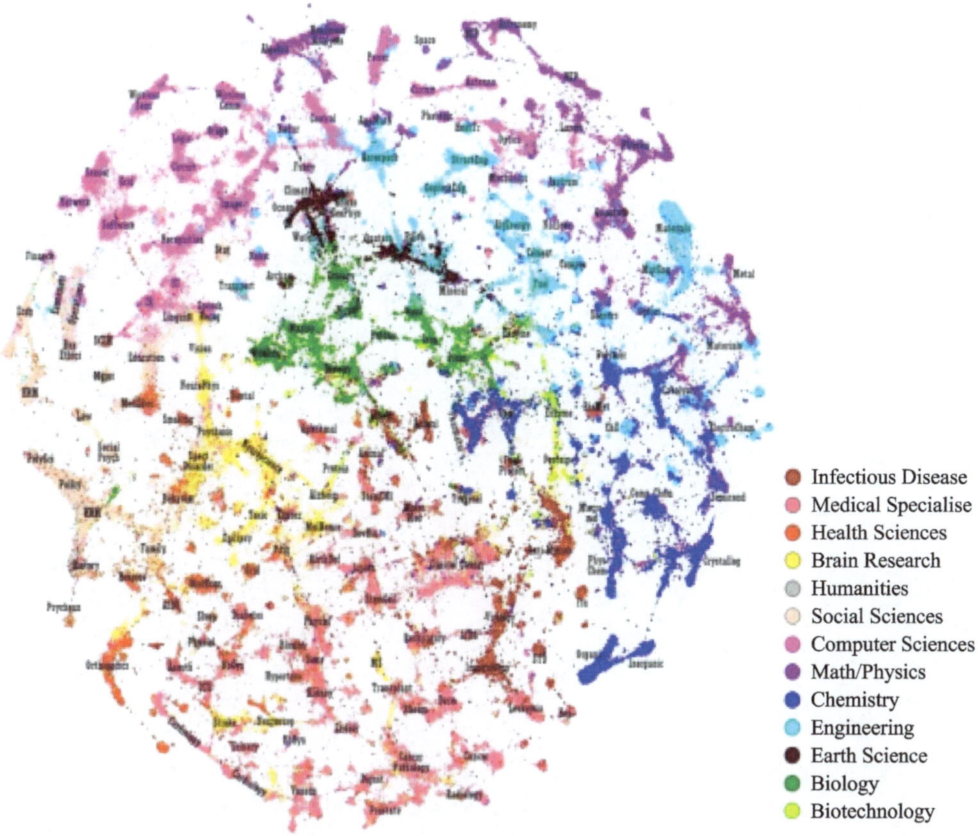

图 8-19　170 万篇论文的 116 000 个聚类的 Scopus 2010 全景图谱
资料来源：Klavans and Boyack，2010

正如本书前面所描述的关于基础图和主题叠加图，科学学科的全景图谱提供了一个方便的基础图谱来描绘更多的主题特征。图 8-20 展示了如何添加一个主题叠加图到 Scopus 2010 基础图谱。在 Scopus 2010 图谱上，叠加图添加了一层橙色圆点到聚类上。橙色圆点标记了那些在论文致谢中提到美国国家癌症研究所（NCI）基金资助的论文。叠加图提供了一个 NCI 基金资助覆盖的研究领域范围的直观概览。

图 8-20　Scopus 2010 全景图谱上展示了致谢 NCI 基金资助的论文的叠加图
资料来源：Klavans and Boyack，2010

8.4.2　跨学科和相互叠加

除了我们前面所介绍的成果，研究人员一直在开发另一种很有前途的方法来生成全景科学图谱，并用它们来执行一个关于学科关系和学科交叉的研究计划。

英国萨塞克斯大学科技政策研究所（SPRU）的研究人员伊斯梅尔·拉佛（Ismael Rafols），美国佐治亚理工学院技术政策和评估中心的艾伦·波特（Alan Porter）教授，以及荷兰阿姆斯特丹大学的阿姆斯特丹传播研究学院（ASCoR）的雷迭斯多夫教授，他们一直在从事跨学科研究，特别是有深远社会意义的主题，如气候变化和糖尿病。解决这些社会挑战，需要不同知识团体的交流和合作，他们来自于学术界的不同领域，同时也是社会利益相关者。

跨学科的研究涉及大量的认知差异。我们怎样衡量和传达这样的认知差异给单一学科的研究和评估人员？拉佛、波特和雷迭斯多夫开发了他们所谓的科学覆盖图谱方法来研究若干涉及跨学科研究的问题（Rafols et al., 2010）。

图 8-21 展示了一个全景科学叠加基础图谱。每个节点代表一个 Web of Science 中的学科门类。雷迭斯多夫提供了一套工具，个人能用这套工具在基础图谱上生成一个叠加层。作为科学叠加图谱的一篇早期论文，2009 年 2 月雷迭 斯多夫和拉佛发表的一篇论文（Leydesdorff and Rafols, 2009）在 2009 年 12 月被汤森路透的《科学观察》（*ScienceWatch*）誉为快速突破论文（fast breaking paper）。快速突破论文指的是以两个月作为统计时间间隔，在这两个月时间中，在其所在的领域中被引频次增长最快的文献。

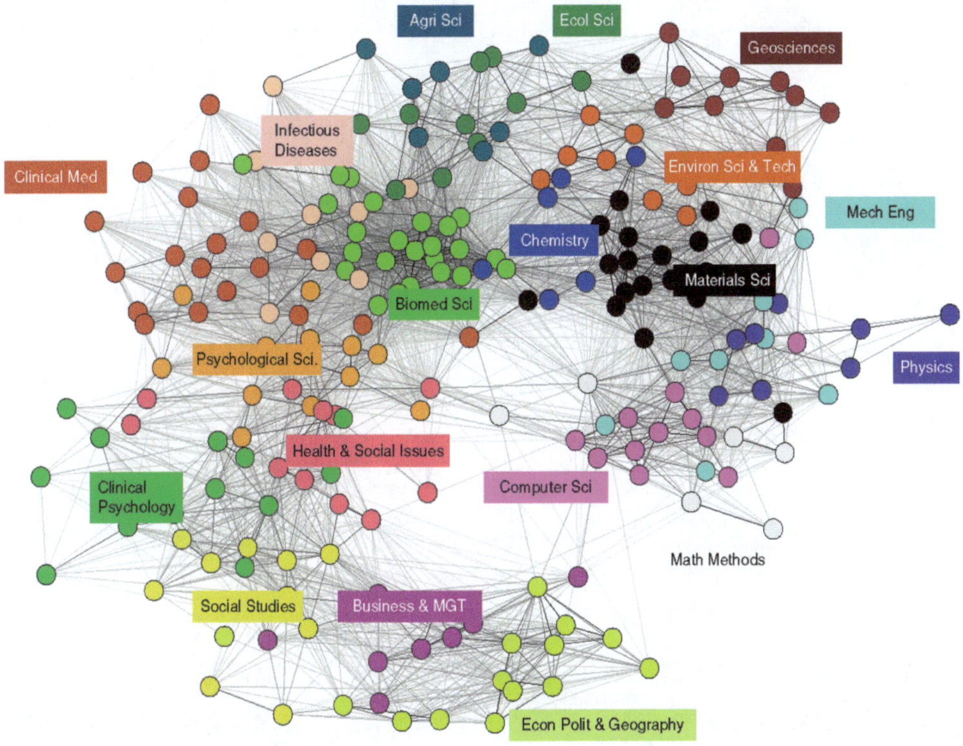

图 8-21　全景科学叠加基础图谱。节点代表 Web of Science 类别。灰色连线代表认知相似程度。
资料来源：Rafols et al., 2010

叠加图谱方法分为两个步骤：① 创建一个全景科学图谱作为基础图；② 叠加一组特定的文献，如来自于某一给定机构或主题的文献。基于这个方法，研究人员已经提出了一套可用的工具，使每个人都可以免费利用他们的工具生成自己的科学叠加图谱。

交互科学叠加图谱被保存在一个网页上。这些交互图谱可以让我们去探索学科是如何相关联的，以及一个机构的文献是如何分布到各个区域的。图 8-22 是一个交互图谱的屏幕截图。鼠标悬停显示了葛兰素史克（GSK）与临床医学学科相关的文献，表示为圆圈中的红色圆点。

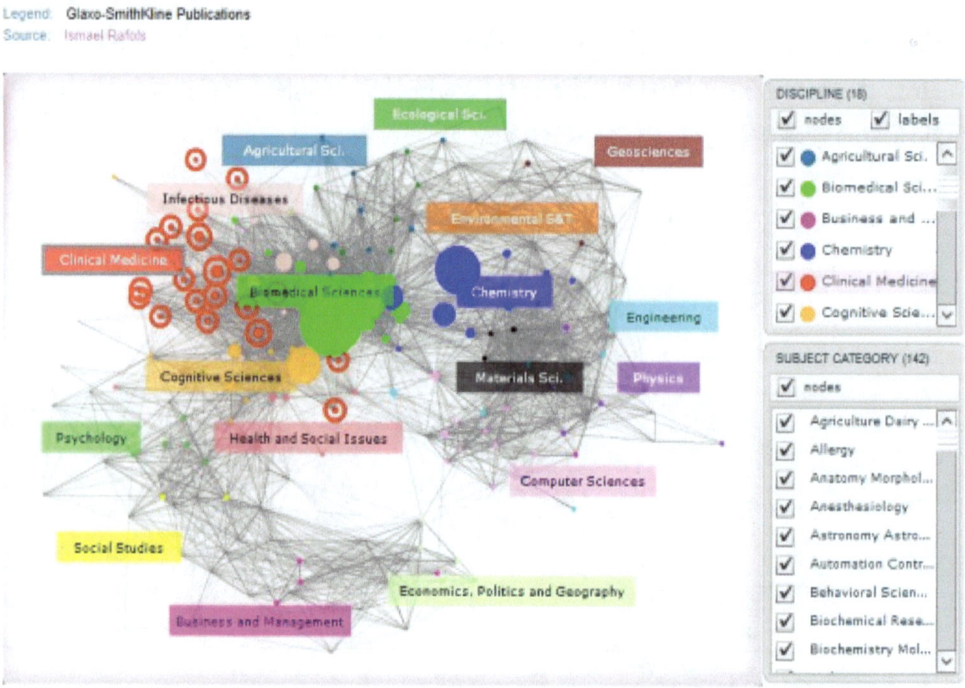

图 8-22 葛兰素史克公司 2000 年和 2009 年间文献的一个交互科学叠加图谱。红色圆圈是葛兰素史克（GSK）关于临床医学的文献（鼠标悬停在临床医学标签上）

资料来源：http://idr.gatech .edu/usermapsdetail.php?id=61

最初，科学叠加图谱仅限于科学引文索引（SCI），随后社会科学引文索引（SSCI）在后来的版本中也加入进来。尽管众所周知，Web of Science 类别对论文学科门类的划分并不准确，但是拉佛和雷迭斯多夫的研究结果说明，在一系列文献中，2006 ～ 2010 年的时间内，利用期刊而不是主题分类的话，Web of Science 学科类别变化和聚合程度对科学图谱的整体结构影响不大。

在叠加步骤中，一幅叠加图被附加到一组给定文献的区域之上。例如，将一个机构或者团队发表的文献附加到全景科学基础图谱之上。人们可以使用从 Web of Science 下载的任何数据集作为叠加层。叠加层方法的优势在于人们可以很容易地识别一个机构的学术活动领域，不管该机构发表文献的参考文献如何广泛分布在各个学科领域，抑或该机构只侧重于发展某个学科。

科学叠加图谱在如下方面表现出了很好的灵活性，包括对知识领域的跨学科性随着时间变化的发展情况进行研究，对系所、大学或者大公司的研发部门进行比较，以及追踪科学研究课题的扩散。图 8-23 展示了由雷迭斯多夫用 VOSViewer 软件制作的较新的基础图谱。

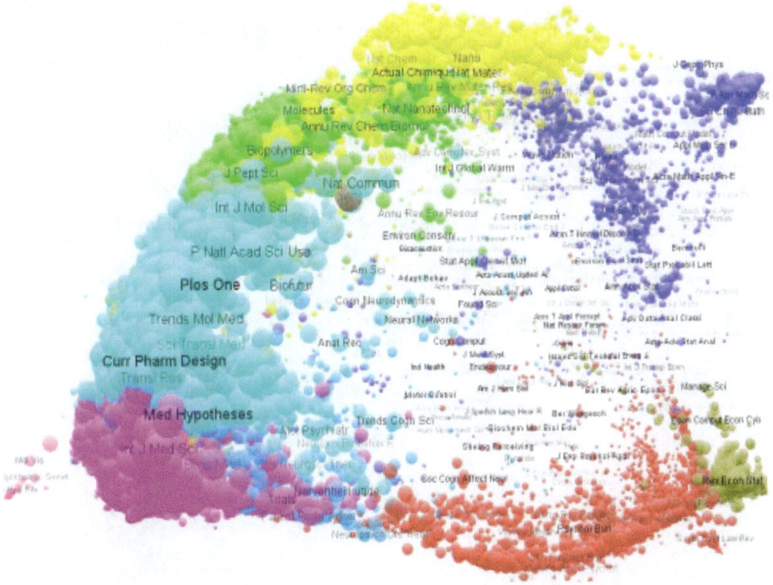

图 8-23 展示在 VOSViewer 上的 JCR 期刊的相似性地图

8.4.3 双图叠加

在单一图谱可视化中，许多引用图谱都被用来展示引用来源和引用目标的其中之一而不是二者同时。主要原因是，引用和被引论文的混合可能大大提高图谱的结构和动态复杂性。如果在一个单一图谱中将引用和被引论文结合在一起，似乎不会带来多大的好处。虽然一个混合结构在某些诸如激烈争论的情况下是符合需要的，但是研究人员在考虑如何将引用和被引结合起来之前，更关心的是如何对不同的论点进行区分。

由乔克·迈肯尼（Jock Mackinlay）及其在施乐公司的同事设计的蝴蝶系统（Butterfly）展示了在同一视图中的两端（引用和被引），但是他们的研究集中在单篇文献层次，而不是几千本期刊的宏观层次（Mackinlay et al., 1995）。加菲尔德的 HistCite 描述了文献中的直接引用关系。然而，随着引用数量的增长，网络趋于杂乱，这对于网络的可视化来说是一个常见的问题。

我们引进了双图叠加设计在同一视图中描绘引用叠加层和被引叠加层图谱。双图覆盖图在单一的叠加图中有几个优点。第一，它完整表现了一个引用实例。我们能够一目了然地看到它的起源和它的指向；第二，它使不同作者群体所形成的引用模式的比较变得容易，如不同机构的作者，或者相同机构但是不同时间点的作者；第三，它开辟了更多的研究问题，可以用新的研究方法加以解决。例如，在来源和目标两方面研究跨学科性成为可能。根据它们在两个基础图谱的足迹使跟踪科学前沿的发展成为可能。

一个双图基础图构造的初始步骤相同，但后面的步骤不同。一旦可以获得期刊的引用和被引矩阵，就能建造一个双图叠加图谱。聚类信息不是必需的，但如果可以获得聚类信息，附加功能就成为可能。在接下来的详细描述中，我们假定至少一个聚类集合对每个矩阵可用。在这个例子中，通过应用勃朗德尔聚类算法来得到聚类。图 8-24 是双图显示的截图，包含引用期刊（左）的一个基础图和被引期刊（右）的一个基础图。

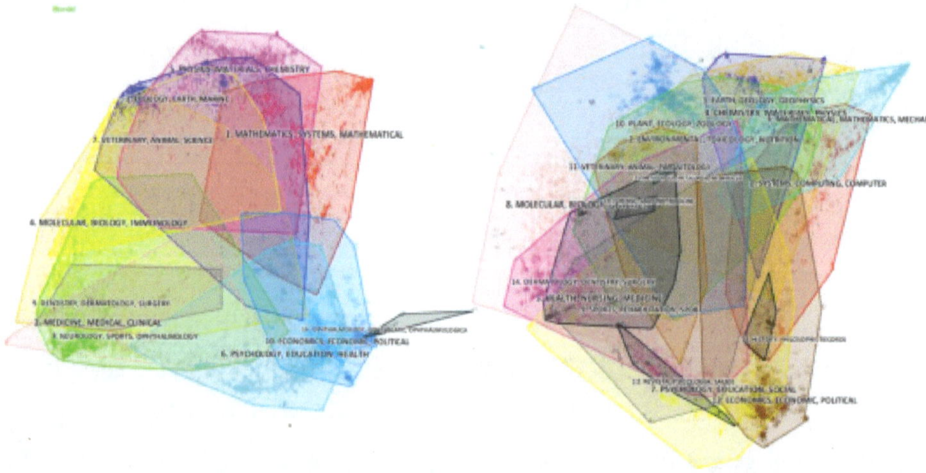

图 8-24　引用期刊图谱（左）和被引期刊图谱（右）中的勃朗德尔聚类。重叠多边形显示出空间布局和聚类仍然包含相当程度的不确定性。基于坐标计算的矩阵将不确定性考虑在内

对于在引用网络中的每种期刊，它的聚类身份与期刊名称及其坐标一起被保存。坐标可以从诸如 VOSViewer、Gephi 或 Pajek 等网络可视化程序中获得。每个聚类成员都用相同颜色画在图谱上。

大量叠加层被添加到双图基础图中。每个叠加层需要包含引用信息的文献

记录，如从 Web of Science 中检索到的记录。最小的集合可能仅包含单一论文，最大集合的大小则没有限制。利用期刊叠加层图谱，每个引用实例用一个圆弧表示，圆弧发端于引用基础论文中的来源期刊，末端为被引基础图谱中的目标期刊。来自于相同集合的圆弧用相同颜色表示，以便来自不同集合的引用模式可以通过它们独特的颜色进行区分。

图 8-25 展示了两所 iSchool 2003～2012 年发表文献的英文双层图谱。Drexel 大学的引用圆弧用蓝色表示，而雪城大学信息学院的引用圆弧则用洋红色表示。乍看之下，图谱上半部分以蓝色圆弧为主，代表了 Drexel 大学研究者的论文发表领域，而雪城大学在这些领域基本上没有发表过论文。双层图谱显示 Drexel 大学的研究人员不仅在数学与系统科学期刊相对应的领域发表论文，在其他领域发表的论文也收到系统、计算与数学期刊的影响。图谱下半部分的重叠圆弧表明，在这些核心期刊，两个机构都有论文发表。

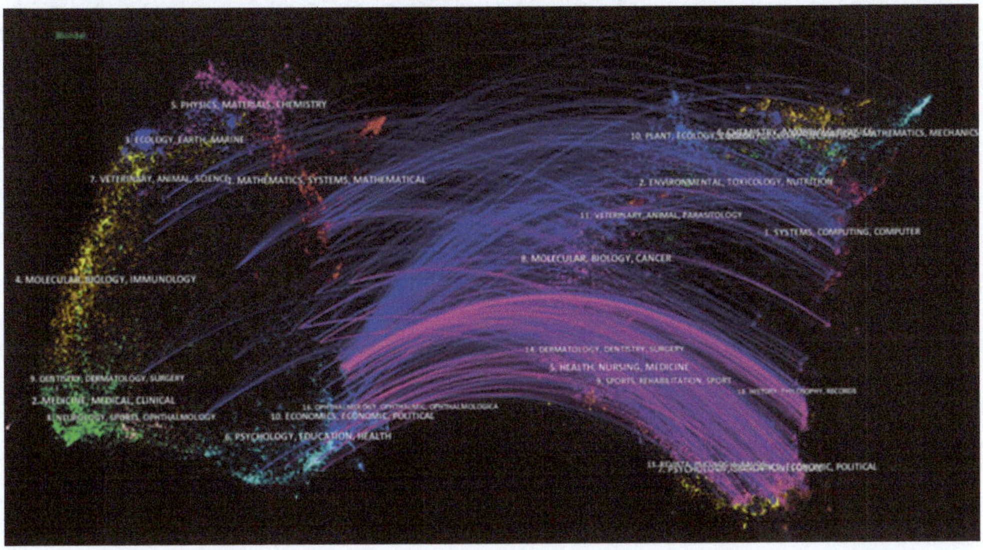

图 8-25 来自 Drexel 大学的 iSchool（蓝色的弧）和雪城大学信息研究学院（洋红色弧）文献的引用圆弧揭示了它们知识基础和研究前沿的不同

还有一个例子，图 8-26 对两组数据进行了比较。一组是关于 h 指数的论文（绿色，大多出现在图谱的上半部分），另外一组是引用 2006 年 JASIST 的关于 CiteSpace II 论文的文献（红色），这些文献的引用圆弧大多发端于引用期刊基础图谱的右下部分。这张图片表明关于 h 指数的研究非常广泛，尤其是在物理学期刊（金色，聚类 #5），引用的期刊也属于同一类别。相反，引用 CiteSpace II 的论文集中在少数几本期刊，但是引用了聚类中的大多数期刊。

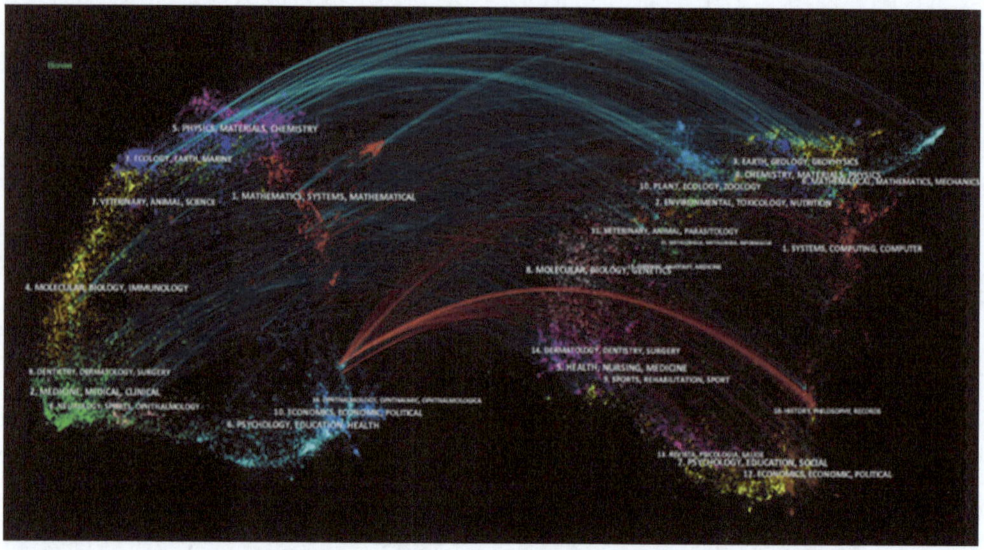

图 8-26　h 指数论文（绿色）和引用 CiteSpace 的论文（红色）

总之，全景科学图谱提供的基础图谱使得交互叠加图谱分析成为可能。双图叠加图谱在同一视图中展示了引用期刊和被引期刊，从而可以更加简单地根据来源期刊和目标期刊比较不同群体的引用行为。

第九章

可视化分析

可视化分析被认为是继信息可视化之后的第二代计算机支持的视觉思维。人们普遍认为，信息可视化的目的是能使我们通过图示信息来获得更深刻的见解。格式塔心理学实际上发挥了重要的作用，因为只有将相关的信息看做一个整体时，那些有意义的模式和属性才会出现。因此，施奈德曼提出的可视化信息检索（Shneiderman’s mantra）起始于概观就不足为奇了。

可视化分析的关键是推理和决策。虽然意义建构是分析过程的一部分，但视觉思维现在显然已产生了更深刻的见解，应该引起人们的重视。可视化分析的基本原则是强调基于不完整的、具有很大潜在不确定性的信息来制定决策。从证据的质量、来源、可信度和新证据的不断出现来看，证据的作用已经成为了我们决策系统中不可或缺的一部分。可视化分析将意义集中在一定的环境中，并驱动视觉思维向在复杂环境下做出可行决策而演进。本章中，我们描述了几个广义上的可视化分析系统，强调怎样才能更好地设计系统，从而能够加速和改善推理和决策制定的过程。图 9-1 呈现了 GeoTime 软件的屏幕截图。这是一个从空间和时间两个维度来探索的可视化分析系统。

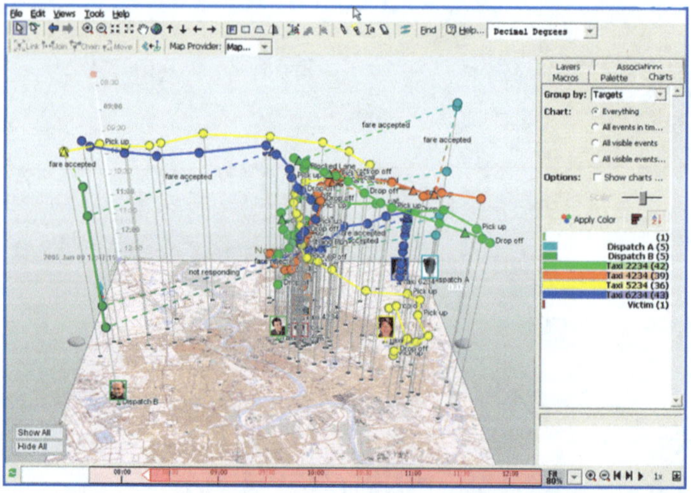

图 9-1　GeoTime 软件的屏幕截图

9.1　CiteSpace 软件

CiteSpace 是应用于 Java 环境下的一款可视化分析科学文献以发现新兴趋势和模式的软件包。它的设计主要有两个目的：一个是提供计算性的替代方法，来补充传统的通过阅读大量文献而进行的文献综述；另一个是为人们提供分析工具，来研究库恩所定义的科学范式的结构和演变。CiteSpace 软件的输入数据源主要是大量的科学文献，也就是 Web of Science 数据库中的文献记录或全文。

我们假设，对于这种输入数据的研究能够帮助我们解决两个基本问题。这两个问题也是系统性综述和研究想要说明的问题：

（1）文献经久不衰的核心是什么？

（2）文献中已经出现或即将出现的瞬态趋势是什么？

大量文献经久不衰的核心是一个研究领域的知识基础，而瞬态趋势则是科学的前沿。换句话说，研究者已经意识到，科学知识其实可以看做科学前沿的持续运动。今天的科技水平也许持续不到明天。只有时间才能检验已存在的理论能否在科学的历史中占据一席之地。

我们以文献共被引作为分析基础。也就是说，我们从局部细节开始，建构整体结构。每一个科学家个体或领域专家在发表论文合同的同时也在提供输入数据源。在他们引用文献的同时也留下了信息足迹，这些信息与他们的偏好、目的、评论、解释等息息相关。这样，引用数据就为我们提供了非常有价值的信息，利用这些信息，我们可以识别和度量科学观点、科学发现和科学理论的价值。

CiteSpace 软件支持将文献数据转化为交互式可视化网络的一系列功能。用户可以选择分析的窗口。CiteSpace 软件将完整的分析窗口分割成一系列连续的时间间隔，也就是“时间段”（time slices）。每一个时间段观察到的引用行为分别被用来建构这个时间段的网络模型。相邻时间段的网络整合后就形成一个较长时期的网络。

整合后的网络可以被分割为由共被引的参考文献形成的聚类。每一个聚类都包含一系列文献。每个聚类都是由一组研究方向相同或相近的科学家的引用行为形成的。因此，每个聚类都可以看做是一个无形学院的足迹。随着这个无形学院研究主题的转变，它的足迹也在科学知识图谱中继续前进。聚类也会随之演进变化，如在规模上增大，增生出小聚类，或与其他聚类融合等。甚至有可能随着无形学院中的研究主题过时而逐渐衰落，聚类也会渐渐消失。

CiteSpace 软件为标识聚类提供三种算法，即传统的 TF-IDF 算法（tf by idf）、对数似然比算法和交互信息算法（mutual information）（图 9-2）。标签词是从引用聚类中文献的标题、关键字或摘要中甄选出来的。如果说聚类中的文献代表了无形学院或范式的足迹，那么标签则反映了这个无形学院或范式目前关注的主题。这些主题也许和这个聚类的方向一致，也许不一致。这些聚类都代表着某种范式的知识基础，而与聚类产生联系的施引文献则代表了研究前沿。同一个知识基础也许能支撑多个研究前沿。

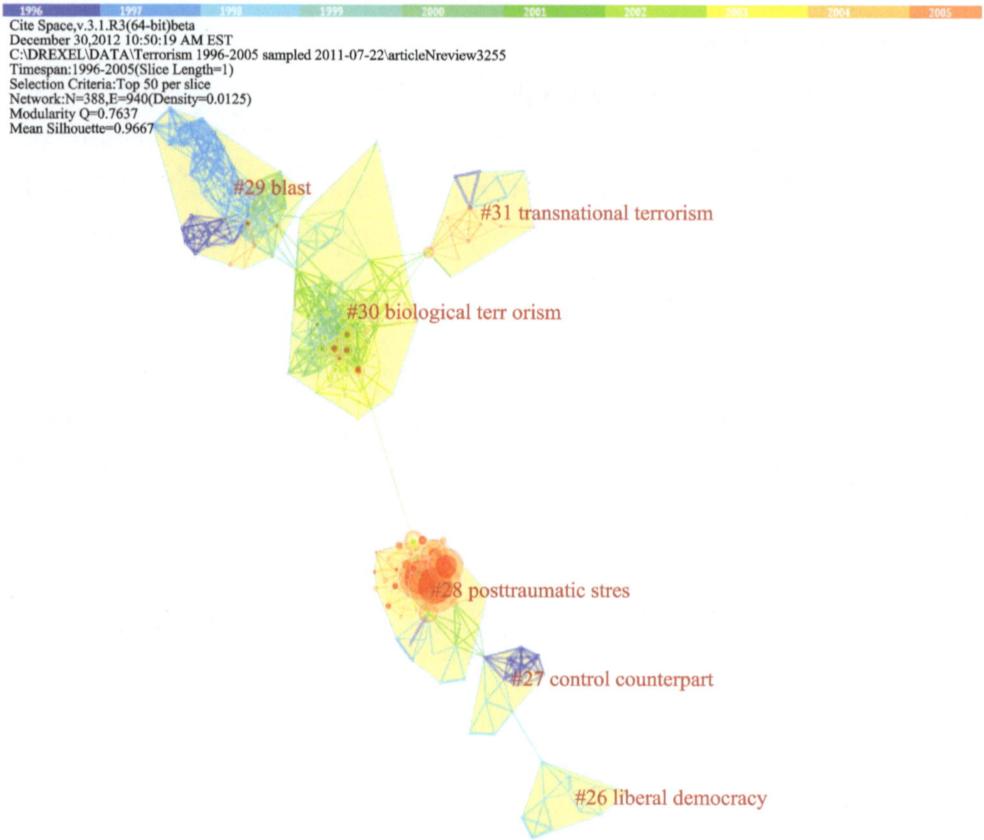

图 9-2　带有标签的 GiteSpace 图谱。标签词是从引用该聚类文献的文章题目中甄选出来的

CiteSpace 软件能够依据结构属性和时间属性识别出值得关注的模式。结构属性包括被引文献的中介中心性。时间属性则包括引用突现，也就是短时间内引用的急剧增加。研究表明，这些指标能够有效捕捉潜在的科学研究热点（Chen，2012; Chen et al.，2010; Small，1973）。

CiteSpace 软件在这种聚类网络中依据多种视觉属性来描绘新兴趋势和新兴模式的变化特征。节点的大小表明相应参考文献被引频次的多少。带有一系列引文树年轮的节点分布在一系列时间分区中。节点的结构属性由紫色圆环表示，紫色圆环的厚度表示其中介中心性的大小，这是用来衡量科学发现发生转移的潜在性可能的指标之一。带有紫色外环的节点更容易将一个科学领域的不同发展阶段连接起来。红色圆环代表引用突现，也就是我们检测到引用骤增的时间段。引用突现为追踪研究热点的演变提供了有效途径。图 9-3 呈现恐怖主义研究中具有很强引用突现的主题领域分布。

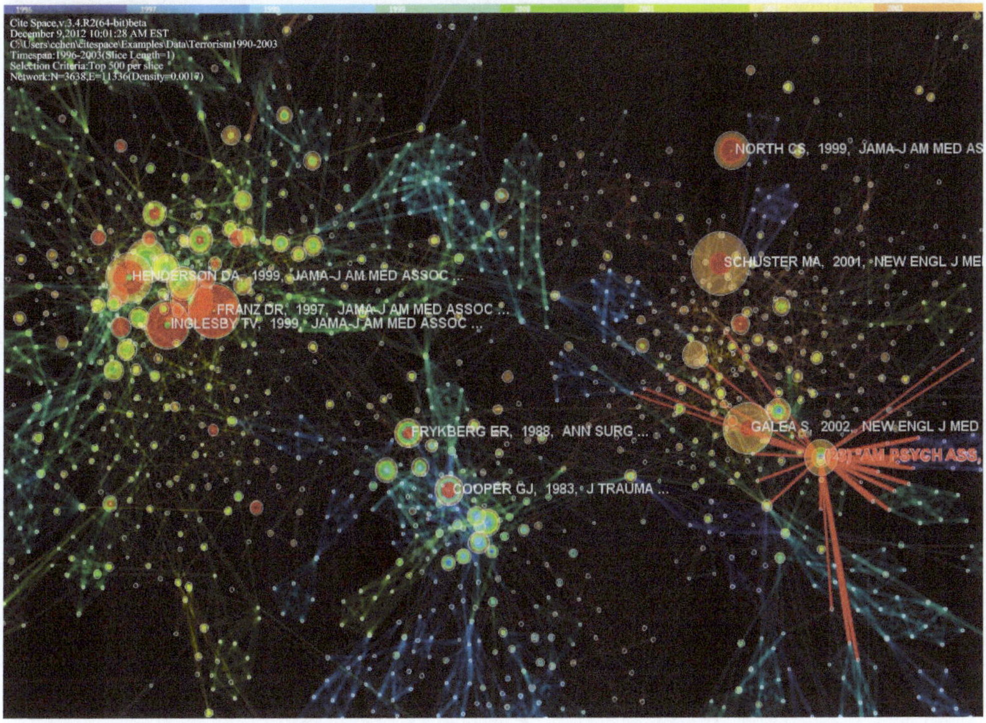

图 9-3　随时间变化的被引频次以树轮的形式表示。红色的引用圆环代表引用突然增加（引用突现），可视化突出显示出三个整合领域

Cite Space 提供了宏观测度指标，依据聚类轮廓值来测度该聚类的质量或效果。轮廓值是衡量同质性和稳定性的一个指标。同质性高的聚类，其轮廓值趋近于 1。一个网络的模块性随时间的变化情况可以用来测量一个系统的结构和稳定性。在再生医学的例子中，我们证明了赢得诺贝尔奖的科学发现都引起了大量的系统扰动。

图 9-4 中是一个由 12 691 篇参考文献形成的共被引网络，该网络是基于每年与恐怖主义主题相关且高被引的前 2000 篇论文的引用行为而形成的。该网络的聚类非常清晰，其中被引频次呈现增长的研究领域是最引人注目的。

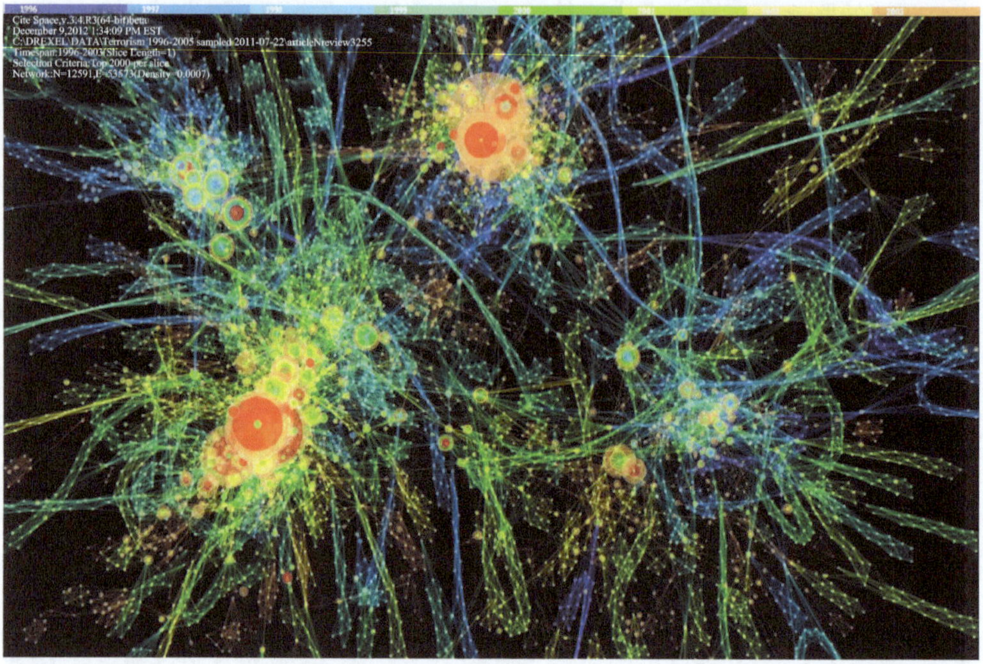

图 9-4　一个由 12 691 篇参考文献形成的共被引网络。该网络由每年高被引的前 2000 篇论文组成。这个由三个聚类组成的结构在各层次中都是稳定的

9.2　Jigsaw 软件

Jigsaw 软件是由佐治亚理工大学的约翰•史塔斯高（John Stasko）带头研发的。史塔斯高在软件可视化、信息可视化和可视化分析领域内非常活跃。Jigsaw 软件整合了多种批量文本研究的成果。该软件在 http://www.cc.gatech.edu/gvu/ii/jigsaw 可以下载。感兴趣的用户，推荐先从教程视频[①]着手。

Jigsaw 软件的设计可以从非结构化的文本中提取实体及其关系，并为用户提供广泛的用来探索识别实体及其关系的交互化视图。例如，提供一组科学出版物，Jigsaw 软件就可以识别出类似作者、概念和关键词等实体。

Jigsaw 软件为潜在数据提供了几种表现形式。图 9-5 呈现了“Document View”下的界面。该视图顶部是一个云标签，其中每一个项目的大小反映其频率。我们可以轻易看出数据是关于机器学习（machine learning）和网络

① http://www.cc.gatech.edu/gvu/ii/jigsaw/tutorial/

（network）的。该视图的下端又可以分为左右两部分。窗口左边是用户所浏览的文件列表，当前文档以黄色加亮。窗口右边则显示了该文档的内容。在内容窗口内，顶部是一个简要的介绍，接着是文本的内容。被识别出的实体高亮显示。例如，在这篇 2011 年的 VAST（“可视化分析科学与技术”会议）论文中，标题中的“对比性分析”和“不确定图谱”高亮显示。这篇文章的作者和其他实体，如概念和文献来源，也一同被识别出来。

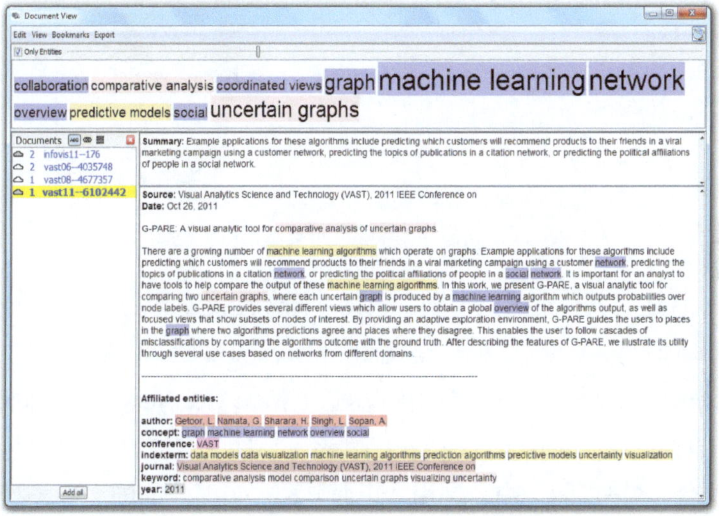

图 9-5　Jigsaw 软件的“Document View”界面

图 9-6 呈现的是 Jigsaw 软件的“List View”界面。它可以同时展现多个实体列表，并突出显示某一个列表中被选中的某一个实体是怎样与其他列表中的实体产生关联的。在图 9-6 的例子中有三个实体列表，包括一个概念列表、一个作者列表和一个索引词列表。文件源是 InfoVis 和 VAST 会议论文集的论文。中间被选中的作者是陈超美在 InfoVis 和 VAST 论文的合作作者，左边高亮显示的概念包括“网络”（network）、“文本”（text）、“动画”（animation）、“可用性”（usability）和“矩阵”（matrix），而右边高亮显示的索引词则更为具体，包括“引文分析”（citation analysis）、“天文调查”（astronomical surveys）、“PFNET”（寻径网络）和“SDSS”（斯隆数字巡天）。在多个列表之间交叉浏览实体和它们之间的关系是非常灵活和方便的。它支持探索数据组的常规任务。

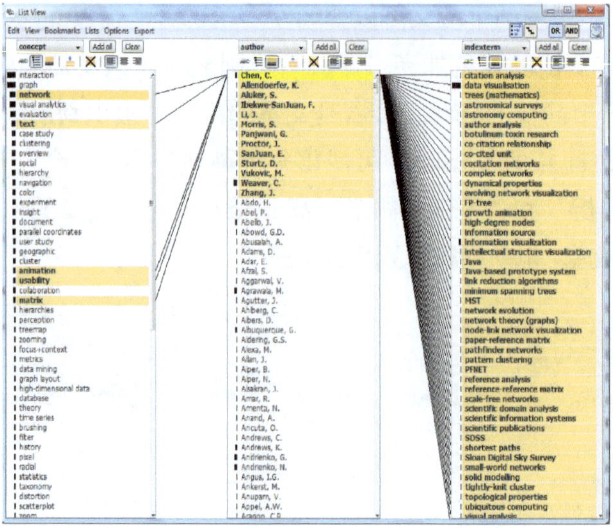

图 9-6　Jigsaw 软件的“List View”界面

Jigsaw 软件还有其他形式的视图，包括“循环图视图”(Circular Graph View)、“日历视图”(Calendar View)、“文档聚类视图”(Document Cluster View)、“文档网格视图”(Document Grid View) 和“单词树视图”(Word Tree View) 等。同时，软件还提供计算文本倾向性 (sentiment of a document，又称文本情感) 的功能，并将其结果展示在“文档网格视图”中。利用“正面”和“负面”的词汇列表，Jigsaw 可以计算它们在每一个文档中的出现频率，然后在“文档网格视图”中用蓝色代表正面词汇，用红色代表负面词汇。图 9-7 是 Jigsaw 的“Word Tree View”界面。

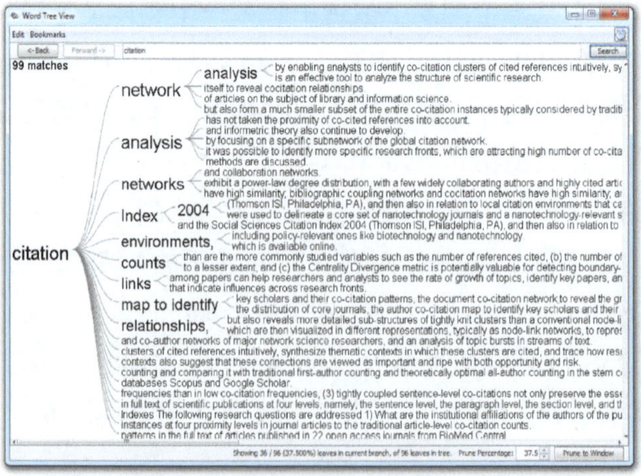

图 9-7　Jigsaw 软件的“Word Tree View”界面

也许最有用的分析功能要数 Jigsaw 软件的“平板视图”（Tablet View），如图 9-8 所示。平板功能类似一个箱子，分析者可以将对同一组数据的不同视图分析并列排放，而且还可以创立一个时间线，并将证据和其他信息根据时间线排放。

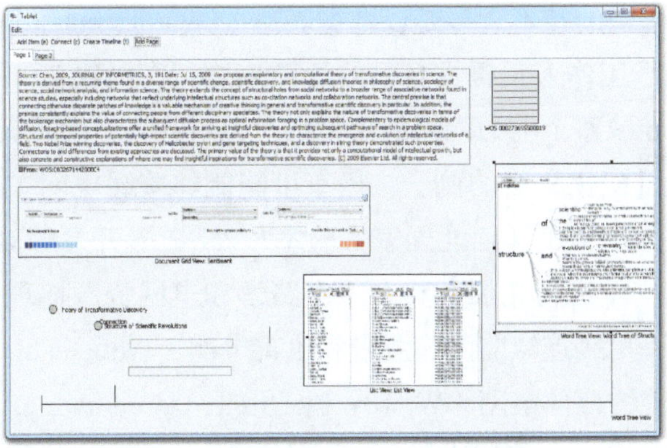

图 9-8　Jigsaw 软件的“Table View”界面。“Table View”提供了一个灵活的工作空间，用来组织证据和信息

9.3　Carrot 软件

Carrot[①] 软件是一个免费的文档聚类工作平台。它可以处理很多类型的输入数据文档，包括因特网、谷歌和 XML 页面。Carrot 提供非常强大的聚类功能，它将聚类的结果可视化成一个树状图，叫做泡沫树，同时也包括其他几种视图（图 9-9）。其中，最突出的聚类就是最主要的聚类。

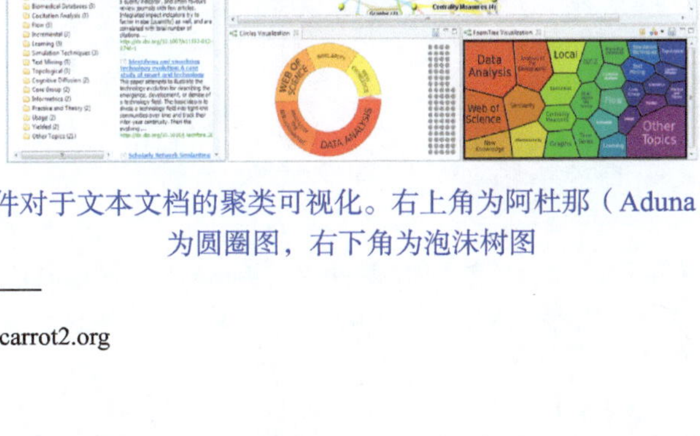

图 9-9　Carrot 软件对于文本文档的聚类可视化。右上角为阿杜那（Aduna）聚类图，中下部为圆圈图，右下角为泡沫树图

① http://project.carrot2.org

9.4　电力网络分析

监测一个国家的电力网络是一项劳动密集型的工作，它需要持续的注意力来获得遥测数据。基于地图或电路图的图像最近非常流行，从它们可以看出，电网行业目前所采用的技术大多是以数据表达（data presentation）为目的的。这类技术非常依赖于工作人员根据自己的经验来进行即时决策。即使是简单的疏忽错误也很容易导致整个电力网络的短暂崩溃，对社会产生重大的扰乱。

这里有一个可视化分析的例子，极有可能能够减缓电网工作人员进行实时监控所面临的压力。太平洋西北国家实验室（PNNL）开发的 GreenGrid 系统将传统的图像布局技术进行拓展，整合了电路学和电网资源地理分布，创造了一种话语分析工具，用来连续监测、测量和改善电网（Wong et al., 2009）。图 9-10 的左部是一个传统的西部电网（Western Electricity Coordinating, Council WECC），它绘制在地理地图之上。使用图 9-10 右图的 WECC 吸引力和排斥力对遥测数据进行建模，工作人员就能够在发现电网连接异常之后第一时间进行事故分析。1996 年 8 月 10 日，西部电网在最后一次北美西部大断电中解构为四个独立岛，即阿尔伯塔（Alberta），北部（Northern），北加州（Northern California）和南部（Southern）。像 GreenGrid（图 9-10 右侧图）这样的个性化可视化分析工具可以表现解构的早期迹象，从而让工作人员能够对情况有所了解，尽早采取措施。

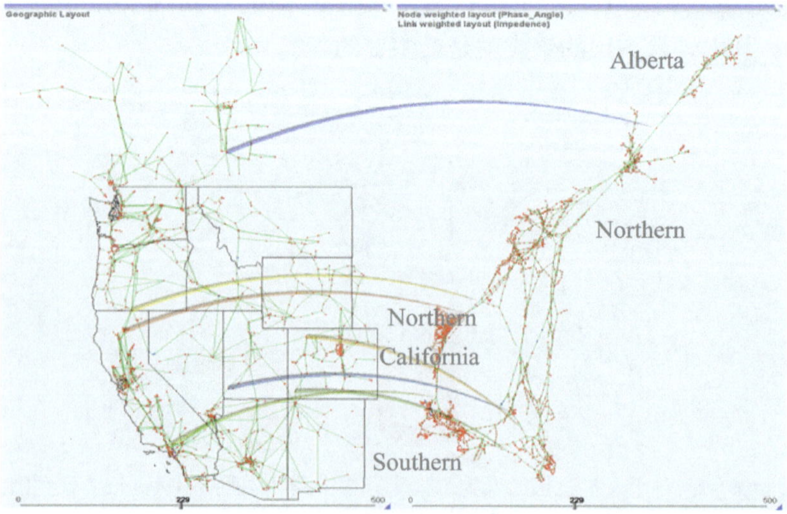

图 9-10　左侧图为电压在 230kV 以上的西部电网（WECC）电网地理分布图。右侧图为 GreenGrid 分布图，依据电压相位角对节点施加权重，依据阻抗对连线施加权重

GreenGrid 工具的技术虽然有效，但是电力网络分析方法面临的多方面挑战仍需要更多的可视化分析技术来解决。例如，多变量网络分析问题，GreenCurve 工具对这个问题的解决有很大帮助（Wong et al., 2012）。GreenGrid 和 GreenCurve 的可视化分析技术经过改进可以解决一些关键的基础设施网络建设问题，尤其是像远程通信、能源、运输网络等需要实施人工监控和响应的工程。

对于可以被固定在地理空间坐标的二维平面网络图，如果除去地理信息，那么其他的信息就很容易被分析建模而形成更为抽象的可视化图谱，从而可能极大地提高用户和数据之间关系的可视化分析质量。我们在第八章中讨论到的双层叠加图中，类似的设计策略就被用来连接两个完全不同视图中的信息，为研究它们之间的关系提供便利。

9.5　Action Science Explorer（iOpener）软件

Action Science Explorer（ASE）是一个由马里兰大学开发的新工具（Dunne et al., 2012）。它的设计可以通过各种不同的形态来表达一个领域内的科学文献，包括文章列表、全文、自动文字概要和对引文网络的结构可视化等。ASE 整合了多种功能，使用户能够快速对科学文献进行理解。利用 ASE，用户能够分析论文引用网络，识别关键的论文和研究聚类，自动概述，提供全文，加注释，写综述，并最终使用多种文献格式输出结果。

ASE 从某种程度上来说整合了现有的两种工具，也就是网络分析工具 SocialAction[①] 和文献管理软件 JabRef[②]。SocialAction 软件的网络分析技术包括引文网络可视化、用统计的方法排列并过滤论文，以及自动聚类探测等。JabRef 则提供管理文献的功能，如用简单的常规表达式进行搜索，自动或手动对文献分类、DOI 和 URL 链接、PDF 全文注释、摘要、用户评论和文本注释，并提供多种输出方式。它整合了 Microsoft Word、OpenOffice.org 以及 LaTeX/BibTeX，从而为写论文时迅速添加参考文献创造了可能。

这些工具如果互相连接，就可以形成数据的多重均整视图。如果点击引文网络中的一个节点，就会同时选择它在文献管理器中所对应的论文，并迅速展

① 社会行动者网络分析工具（SocialAction network analysis tool）
② JabRef 参考文献管理工具（JabRef reference manager）

示出它的摘要、综述和其他数据。而且，当一个聚类的节点被选中时，这个聚类中的论文都会浮动到文献管理器的最顶端。当一个节点或聚类被选中时，“引内文本”（in-cite text）窗口就会显示对它施引的文本（句子）。这些句子在一个超链接的列表中，用户可以方便地选择它们，并在“引外文本”（out-cite text）窗口中查看它们的上下文。在这个“引外文本”窗口中，显示了施引文献的全文，其中施引的超链接句子会高亮显示。最后一种视图就是“概述窗口”（summary window），这个窗口包含了某个聚类的多文档综述。使用自动概要技术，我们可以对引用该聚类中文献的所有文章进行概述。这样，极有可能为学术圈提供一些深刻的见解。

在 ASE 的网站[①]上我们可以看到，该软件目前只对它的一些合作开发者开放，并不对大众开放。图 9-11 展示的是该软件的屏幕截图。

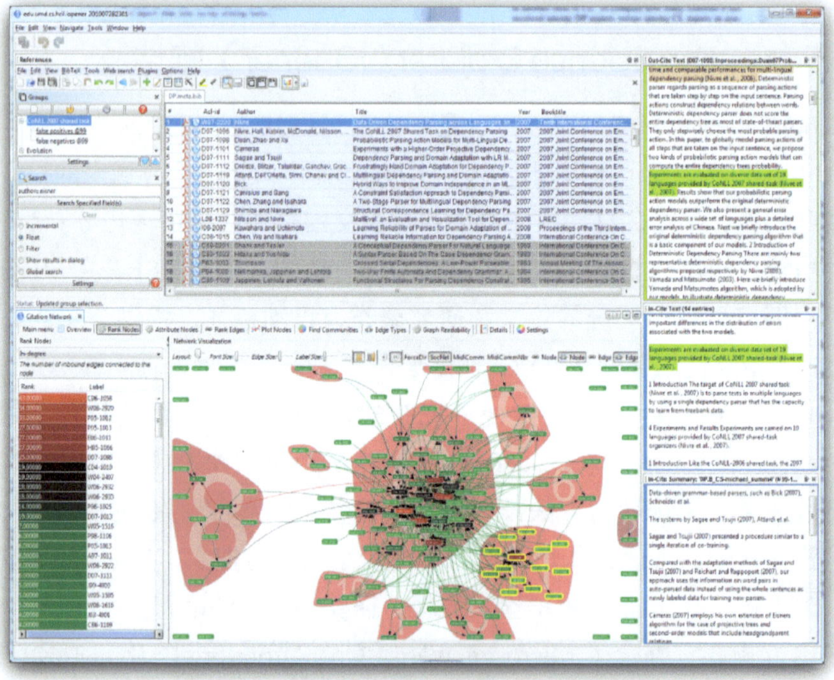

图 9-11 Action Science Explorer 软件屏幕截图

资料来源：http://www.cs.umd.edu/hcil/ase/img/scenario-6-shadow2.png

① http://www.cs.umd.edu/hcil/ase

9.6 对 2002 年“十大挑战”的修改

本书的第一版在 2002 年问世。当时，我提出了这一领域未来发展所面临的十大挑战，并对今后的发展提出了预期。转眼已到 2012 年，我们经历了哪些变化？是否又有新的挑战出现呢？

挑战一：特定域（domain-specific）与独立域（domain-independent）。也就是进行一次分析需要多少特定领域的内部知识。

这仍然是一个问题。关于“自动本体构建”（automatic ontology construction）的研究已经取得了较大的进展，因此我们希望在现有的域结构基础上，未来的系统可以为满足领域内外的需求提供更好的支撑。

挑战二：质量（quality）和时效（timeliness）。质量来源于领域内的专家们学术出版物的集体智慧，而时效则存在一个问题，那就是当论文付梓，科学家们很可能已经开始研究别的课题。然而，科学史的观点可以给予我们有价值的一些见解。如果我们经常进行这种可视化分析，那么它能为科学家预测某种范式的发展轨道是非常有帮助的。这个问题也与科学的输入源有关，它包括传统的科学文献，也包括科技报告和预印本等“灰色”文献，以及科学家和无形学院的交流。

时效性问题在社会媒体环境中得到了缓解。有研究发现，一篇文章发表后在 Twitter（推特）上被推介的频率是一个能够非常好地预示其未来被引数量的非常好的指标。换句话说，社会媒体的影响是过渡性而非永久性的，因为即使是一个写满详尽实验的文本也不足以让那些具有怀疑精神的读者相信它们，简单的一句话推论就更难以改变人们的想法了。在这样的环境中，社会媒体的价值就在于，它们能够将人们的关注快速聚焦在潜在的有趣研究上，而这已经是一个非常好的开始。

挑战三：跨学科的本质（interdisciplinary nature）。要想理解和解释科学界正在发生什么，我们必须考虑相近的领域都在发生什么，尤其是科学史、科学哲学和科学社会学和科学领域本身。这个问题非常具有挑战性，因为它需要一个跨学科的方法来保证我们知道那个学科领域内的最新进展，并合理地整合理论性和方法论的元素。与它相关的问题就是，获取一个有意义且连贯一致的整体结构。

我们现在对于跨学科性有了更好的理解。由跨学科而引起的多样性对于科学知识的进步是至关重要的。在《转折点》（*Turning Points*）（Chen，2011）里，我们证明了将表面上矛盾的观点联系在一起是一种科学创造力的普遍机制。跨学科性更倾向于科学研究的规范，而非例外。我们在第八章中介绍的结构变化模型证明了一种研究科学发现、识别科学发现环境标准的新方法。即使我们只能够用这样的方法捕捉到一小部分科学发现，它的理论和实际意义也是不容忽视的。因此，这个挑战是一个非常有希望的前进方向。

挑战四：有效性（validation）。有效性是不可或缺的一部分。将这种方法应用到更广泛的案例研究中有利也有弊，对这些利弊进行全面的了解是至关重要的。通过保持集中化的可视化和探索过程，这个方法将对信息可视化领域的发展及一些特定的科学辩论都更有益。

有效性的挑战依旧存在。在寻找一个能够增加有效性的方法的同时，我们应该从考虑持续监测一个优化过程着手。就像很多现实中的问题都可以通过建立复杂适应系统模型来解决一样，能够建模度量新信息的潜在价值是非常重要的。

挑战五：设计隐喻（design metaphor）。这个问题是关乎未来发展的一个基本问题。我们在哪里能寻找到合适且有意义的隐喻呢？又怎样能保证已选择的隐喻不会误导我们，不会引起歧义呢？

研究者应继续寻找能为我们提供一个分析推理和决策制定框架的设计隐喻。例如，"适应度景观"（fitness landscape）的概念。这个概念最开始来源于生物进化理论，然后进入到战略管理领域。一个好的隐喻应该具有更宽阔的应用范围。

挑战六：覆盖面（coverage）。也就是将引文索引数据库扩展到其他科学产出形式的必要性。其他的形式包括会议录、专利数据库、电子印刷品、技术报告和书籍等。

这样的扩展正在进行中。汤森路透现已将它的索引服务扩展到了书籍和数据。增加数据引用也是策略举措之一。它将有潜力为 e 科学（e-science）和 e 社会科学（e-social science）的发展提供重要帮助。谷歌学术（Google Scholar）可以实现科学论文和专利的无缝检索，它目前已经变成许多科研评估项目组用来寻找出版物、科研基金、专利和其他信息的普遍选择。

挑战七：等比扩大（scale up）。虽然等比扩大看起来像是一个算法问题，但是它也包含了其他的问题，如设计隐喻和有效性问题。

最近，大数据（big data）的流行使等比扩大的需求和挑战都更加显著。大量的数据正以前所未有的速度出现在我们社会的各方面环境中。云计算、

Hadoop 和更便宜更迅速且更巨大的数据存储工具都大大提高了计算机的能力。换句话说，可扩展性还有很长的路要走。数据出现的速度永远会大于我们正在不断强大的计算机分析结果的速度。即使我们能将尽可能多的慢速算法替换为强大的计算设备，新的应用也永远会对计算能力提出更高的要求。试问，什么样的问题能让 IBM 公司的沃森人工智能程序（Watson）慢下来呢？

> 挑战八：自动标签（automatic labeling）。也就是自动产生信息量大且准确的标签的能力，这种能力可以归结为分类技术。将这种技术传递到算法有可能吗？

这里的挑战就是要选择对目标受众来说最有意义的标签。研究表明，人类更倾向于选择相对更宽泛的标签术语，而不是为了区分不同的共引文献聚类而设计的算法。一种有生命力的策略就是利用“特定领域”的知识，并使其适应于受众的知识水平。

> 挑战九：个体差异（individual differences）。一个用户的白日美梦也许是另一个用户的噩梦。相同的视觉空间构型会向不同的个体发送不同的信息。与此相关的一个问题就是个性化的问题。

这里的情况与挑战八中的情况相近。这个挑战可以归结为怎样在科技和人类的信息和推理需求中间达成有效沟通。有效地将背景知识包含和涉及，是一个人工智能领域长期重视的挑战。

> 挑战十：伦理约束（ethnical constraints）。从信息导向的搜索工具到知识导向的搜索工具的转变，将重点从文本文档转移到了科学家和科学网络上。无形学院的知识一直是一种特权，有时这种知识能够区别一个专家和一个新手。重新思考弗朗西斯·培根（Francis Bacon，1561～1626 年）的名言——“知识就是力量”，我们需要考虑什么样的伦理问题呢？

许多竞争优势的产生是因为各竞争方所拥有知识的不对称性。制造原子弹的技术和克隆人类的技术只是一些简单的例子，在这些例子中，整个社会的决策制定必须保证整个人类都有一个健康的未来。

至于技术能力方面，我在 2002 年曾预测会有以下发展。哪些实现了，哪些又没有实现呢？

“在接下来的三到五年里，也就是 2002 ～ 2005 年，一些研究和发展的路径将逐渐出现和建立。尤其是，对于将引文数据库扩展到包括会议论文集和专利数据在内的新数据库的需求，将引发自动引文索引（automatic citation indexing）和大规模文本分析（large-scale text analysis）的研究。对于实时领域快照（timelier disciplinary snapshot）的需求也将驱动大批这方面的研究。引文文本的自动提取将更加流行。软件代理将开始出现多重引文文本概述（summarizing multiple citation contexts）的功能，这项重要举措将解决各形化（streamlining）定量和定性方法所遇到的瓶颈。最近流行起来的对小世界网络（small-world network）的兴趣也将持续下去。我们将会看到更多、更具体的科学网络研究，因为一些科学网络其实也就是小世界网络，比如说基于网络资源的分析、传统的引文数据库以及专利数据库等。关于小世界网络的研究极有可能带动能够支持大规模科学网络的社会网络分析工具的盛行。截面比较（cross-section comparisons）将会增加。

2005～2010年，知识导向的搜索和探索工具将非常普遍。用户的主要任务将从数据导向的搜索转变为理解和解释任务。智慧型代理软件将逐渐成熟，用于分析引文文本提取和概要。基因组地图（genomic maps）将会在连接科学数据和科学文献中扮演重要角色。对于基因组地图的数据和文献进行数据挖掘的协同作用也将吸引更多的研究兴趣。

2010年之后，绘制科学前沿将达到一个里程碑，从此科学图谱将开始进行预测和模拟。强大的模拟功能将会使科学家看到一项技术的潜在影响力。此外，我们还要继续观望。

许多技术在过去的十年间都逐渐成熟，包括多文档自动概要、本体论自动建构以及相关文献推荐等。研究开始触及预测分析和意外情况处理。科学发展的可预测性可以达到什么程度？我们可以从过去学习什么，来更好地识别潜在重要信息的早期预兆呢？

我的设想是，在未来的绘制科学前沿的进程中，我们还会有两个重要的里程碑。对于第一个里程碑，我们需回顾第一章中讲到的保罗•萨加德提出的概念结构的清晰性。要求如下：任意时刻，输入的第一部分都是人类已知的所有知识，第二部分则是新提出的知识。未来的系统能够很快让我们知道新观点在过去有多么被强调，并且，如果这个新观点是正确的话，我们知识中的哪些领域会受到影响。这个过程从本质上来说就是科学家在搜索中所研究的内容。最重要的问题就是有多少检索（retrieval）、意义建构（sense making）、差异化（differentiation）及其他分析任务在大量的外部帮助下能够被实现。

图 9-12 阐述了加利亚（Galea）等 2002 年一篇论文的发表是怎样改变了我们关于创伤后应激障碍的整个知识系统的。这篇 6 页长的论文引用了 32 篇文献。从一方面来说，我们需要大量的领域知识来理解它的有效性和意义；从另一方面来说，这篇文章的共被引模式表明，它处在领域知识景观的一个特殊位置上。这样的范式表明了这项研究的贡献是怎样能够在同一个概念层次上进行概述，从而使得意义建构任务更加简单高效。

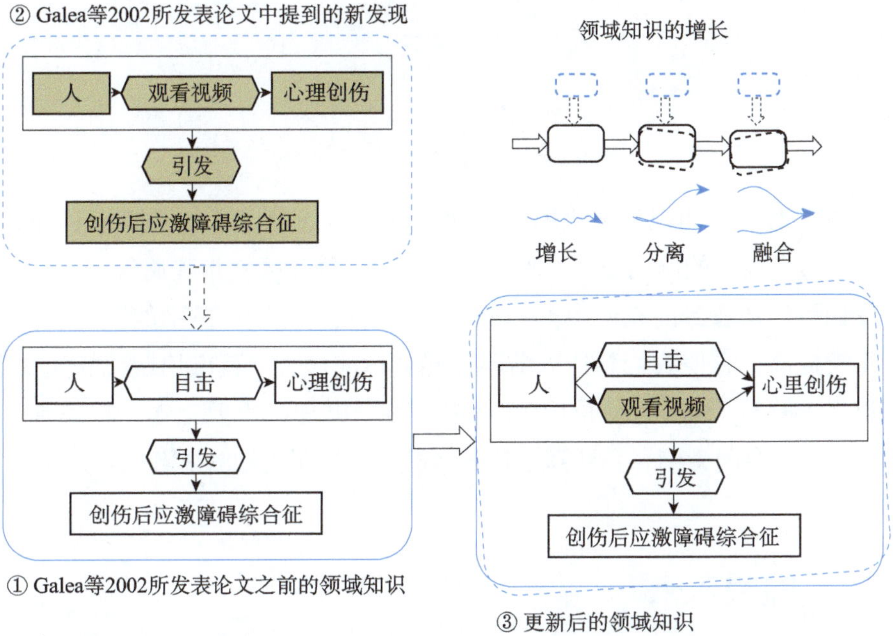

图 9-12　将大量过去的科学知识和新知识缩减为一个概念性框架的清晰而准确地表述

第二个里程碑很大程度上建立在第一个里程碑之上。它以一种形式延伸了所有与科学探索有关的活动，这种形式可以大大整合并使科学家懂得现在的境况以及通向他们目标的路径。图 9-13 是一个科学探索的适应度景观的说明图。景观中的每一个点都代表了其基于景观的适应度。很多科学探索都可以在这样的景观中被概念化为一次探索。在一些领域中，它们可以找到一致的信息；但是在另一些领域中它们会找到矛盾的信息。这个适应度景观可以提供一个宏观的组织结构。一个前沿的运动在这样的适应度景观中的运动可以用“科学准确”（scientific accuracy）来表示。

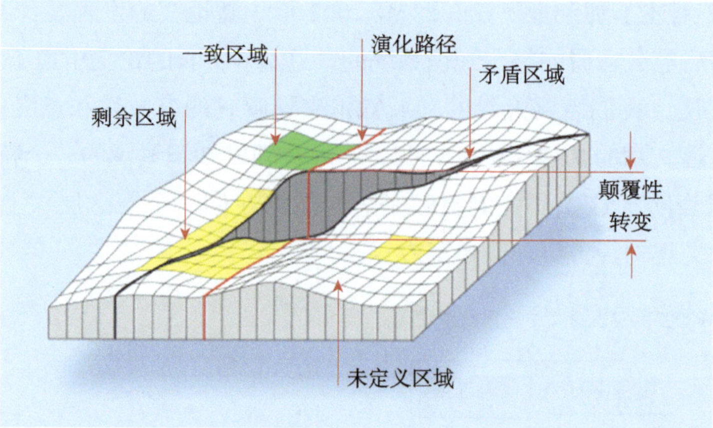

图 9-13　科学探索的适应度景观

总结本书，对知识可视化的追求使得理解科学动力学的重要性更加突出。科学学仍然有很长的路要走。在科学中，视觉思维和视觉推理的作用非常明晰，因为我们可以从看到的东西中得到灵感。我们获得更宽广范围的视觉影像的能力在不断提高，它使我们到达以前不可能到达的地方。就像用现代的天文望远镜可以看得更远一样，我们的思维承担了科学推理的重要工作，将来有一天，我们的思维也会因为信息和计算工具得到扩张，从而我们的视野也将大大拓宽。

9.7　展望未来

我们绘制科学前沿的旅程从地面、天空和思维的绘图学开始，目的是使视觉传播的本质更加明晰，尤其是可以使大图像简化而有效的隐喻本质。随后，我们开始探索能够窥探科学前沿的方法。科学的哲学理论引导我们在科学文献中集中注意那些互相矛盾的范式轨道。我们强调了对科学的量化研究及其方法的历史角色，这些方法包括共词分析、共被引分析以及使用多样的信息可视化工具就可以实现的潜能。另外，我们检验了一系列案例，这些案例都有一个共同的元素，就是科学辩论（scientific debates）。

绘制科学前沿需要许多学科的共同努力，如科学哲学、科学社会学、科学计量学、领域分析、信息可视化、知识发现和数据挖掘等。我们带领读者进入了一个范围非常广的旅程。我们认为，本书能够激励和锻造一些研究的合模线，创造协调的研究议程，从而使不同领域的研究者们能够共同合作。而且，本书也旨在提高科学家利用有效工具和技术的意识，从而能使他们更好地适应日常的科研活动。

在本书中我们强调，应该在战略和主题层级获得知识管理的综合支持，而非仅是句法层级的信息搜索。我们将句法匹配的相关判断区别于对知识主体的显式引用的相关判断。引文分析是一种能够带给我们关于科学前沿的定性洞见的定量方法。从这种意义上来说，每个科学家都在参与知识的社会建构。我们需要解释人们是怎样评估和领会这些智力贡献的。本书中的例子并不是对这些问题的最好解答，它们旨在提供一些具体而有形的标本，希望能够抛砖引玉。

参考文献

Abello, J., Pardalos, P. M., & Resende, M. G. C.（1999）. On maximum clique problems in very large graphs. In J. Abello & J. Vitter（Eds.）, External Memory Algorithms（pp. 119-130）.

Aksnes, D. W.（2003）. Characteristics of highly cited papers. Research Evaluation, 12（3）, 159-170.

Albert, A., Jeong, H., & Barabási, A.L.（1999）. Diameter of the World Wide Web. Nature, 401, 130-131.

Albert, R., Jeong, H., & Barabási, A.L.（2000）. Attack and error tolerance in complex networks. Nature, 406, 378-382.

Alvarez, L. W., Alvarez, W., Asaro, F., & Michel, H. V.（1980）. Extraterrestrial cause for the Cretaceous-Tertiary extinction. Science, 208（4448）, 1095-1098.

Alvarez, W.（1997）. T. rex and the Crater of Doom. New York: Vintage Books.

Barabási, A.L., Albert, R., Jeong, H., & Bianconi, G.（2000）. Power-law distribution of the World Wide Web. Science, 287, 2115a.

Basalaj, W.（2001）. Proximity Visualization of Abstract Data. Retrieved November 5, 2001, 2001, from http://www.pavis.org/essay/index.html.

Batagelj, V., & Mrvar, A.（1998）. Pajek: A program for large network analysis. Connections, 21（2）, 47-57.

Ben-David, U., & Benvenisty, N.（2011）. The tumorigenicity of human embryonic and induced pluripotent stem cells. [10.1038/nrc3034]. Nat Rev Cancer, 11（4）, 268-277.

Bernal, J. D.（1939）. The Social Function of Science. New York: The Macmillan Co.

Biglan, A.（1973）. The characteristics of subject matter in different academic areas. Journal of Applied Psychology : 57, 195-203.

Bjornson, C. R. R., Rietze, R. L., Reynolds, B. A., Magli, M. C., & Vescovi, A. L.（1999）. Turning Brain into Blood: A Hematopoietic Fate Adopted by Adult Neural Stem Cells in Vivo. Science, 283（5401）, 534-537.

Bock, C., Kiskinis, E., Verstappen, G., Gu, H., Boulting, G., Smith, Z. D., et al.（2011）. Reference Maps of Human ES and iPS Cell Variation Enable High-Throughput Characterization of Pluripotent Cell Lines. Cell, 144（3）, 439-452.

Boland, M. J., Hazen, J. L., Nazor, K. L., Rodriguez, A. R., Gifford, W., Martin, G., et al.（2009）. Adult mice generated from induced pluripotent stem cells. [10.1038/nature08310]. Nature, 461（7260）, 91-94.

Borner, K., Klavans, R., Patek, M., Zoss, A. M., Biberstine, J. R., Light, R. P., et al.（2012）. Design and update of a classification system. The UCSD map of science. PLoS one, 7（7）, e39464.

Bornmann, L., & Daniel, H.-D.（2006）. What do citation counts measure? A review of studies on citing behavior. Journal of Documentation, 64（1）, 45-80.

Borg, I., &Groenen, P. (1997). Modern multidimensionalscaling: theory and applications. New York:Springer-Verlag.

Boulting, G. L., Kiskinis, E., Croft, G. F., Amoroso, M. W., Oakley, D. H., Wainger, B. J., et al.（2011）. A functionally characterized test set of human induced pluripotent stem cells. [10.1038/nbt.1783]. Nat Biotech, 29（3）, 279-286.

Boyack, K. W.（2009）. Using detailed maps of science to identify potential collaborations. Scientometrics, 79（1）, 27-44.

Boyack, K. W., & Klavans, R.（2010）. Co-citation analysis, bibliographic coupling, and direct citation: Which citation approach represents the research front most accurately? Journal of the American Society for Information Science and Technology, 61（12）, 2389-2404.

Boyack, K. W., Klavans, R., Ingwersen, P., & Larsen, B.（2005）. Predicting the importance of current papers. Paper presented at the Proceedings of the 10th International Conference of the International Society for Scientometrics and Informetrics. Retrieved from https://cfwebprod.sandia.gov/cfdocs/CCIM/docs/kwb_rk_ISSI05b.pdf.

Boyack, K. W., Wylie, B. N., Davidson, G. S., & Johnson, D. K.（2000）. Analysis of patent databases using Vxinsight（No. SAND2000-2266C）. Albuquerque, NM: Sandia National Laboratories.

Braam, R. R., Moed, H. F., & Raan, A. F. J. v.（1991a）. Mapping of science by combined co-citation and word analysis II: Dynamical aspects. Journal of the American Society for Information Science, 42（4）, 252-266.

Braam, R. R., Moed, H. F., & Raan, A. F. J. v.（1991b）. Mapping of science by combined co-citation and word analysis. I: Structural aspects. Journal of the

American Society for Information Science, 42（4）, 233-251.

Brown, D. R., Hafiz, F., Glasssmith, L. L., Wong, B. S., Jones, I. M., Clive, C., et al.（2000）. Consequences of manganese replacement of copper for prion protein function and proteinase resistance. Embo Journal, 19（6）, 1180-1186.

Budd, J. M., Sievert, M., & Schultz, T. R.（1998）. Phenomena of retraction: Reasons for retraction and citations to the publications. JAMA, 280, 296-297.

Burt, R. S.（1992）. Structural Holes: The Social Structure of Competition. Cambridge, Massachusetts: Harvard University Press.

Burt, R. S.（2001）. The social capital of structural holes. In N. F. Guillen, R. Collins, P. England & M. Meyer（Eds.）, New Directions in Economic Sociology. New York: Russell Sage Foundation.

Burt, R. S.（2004）. Structural holes and good ideas. American Journal of Sociology, 110（2）, 349-399.

Burt,S., Ronald Structural(2001). Holes Versus Network Closure as Social Cap ital, in Nan Lin, Karen Cook, and Ronald Burt Eds. Social Capital: Theory and Research, Aldine De Gruyter, 2001, 31-56.

Bush, V.（1945）. As we may think. The Atlantic Monthly, 176（1）, 101-108.

Buter, R., Noyons, E., & Van Raan, A.（2011）. Searching for converging research using field to field citations. Scientometrics, 86（2）, 325-338.

Callon, M., Courtial, J. P., Turner, W. A., & Bauin, S.（1983）. From Translations to Problematic Networks - an Introduction to Co-Word Analysis. Social Science Information Sur Les Sciences Sociales, 22（2）, 191-235.

Callon, M., Law, J., & Rip, A.（Eds.）.（1986）. Mapping the Dynamics of Science and Technology: Sociology of Science in the Real World. London: Macmillan Press.

Canter, D., Rivers, R., & Storrs, G.（1985）. Characterizing user navigation through complex data structures. Behaviour & Information Technology, 4（2）, 93-102.

Card, S., Mackinlay, J., & Shneiderman, B.（Eds.）.（1999）. Readings in Information Visualization: Using Vision to Think. San Francisco, CA: Morgan Kaufmann.

Card, S. K.（1996）. Visualizing retrieved information: A survey. IEEE Computer Graphics and Applications, 16（2）, 63-67.

Chalmers, M.（1992, June 1992）. BEAD: Explorations in information visualisation.

Paper presented at the SIGIR '92, Copenhagen, Denmark.

Chen, C. (1997a, April) . Structuring and visualising the WWW with Generalised Similarity Analysis. Paper presented at the the 8th ACM Conference on Hypertext (Hypertext '97) , Southampton, UK.

Chen, C. (1997b) . Tracking latent domain structures: An integration of Pathfinder and Latent Semantic Analysis. AI & Society, 11 (1-2) , 48-62.

Chen, C. (1998a) . Bridging the gap: The use of Pathfinder networks in visual navigation. Journal of Visual Languages and Computing, 9 (3) , 267-286.

Chen, C. (1998b) . Generalised Similarity Analysis and Pathfinder Network Scaling. Interacting with Computers, 10 (2) , 107-128.

Chen, C. (1999a) . Information Visualisation and Virtual Environments. London: Springer.

Chen, C. (1999b) . Visualising semantic spaces and author co-citation networks in digital libraries. Information Processing and Management, 35 (2) , 401-420.

Chen, C. (2002) . Visualization of knowledge structures. In S. K. Chang (Ed.) , Handbook of Software Engineering and Knowledge Engineering (Vol. 2, pp. 700) . River Edge, NJ: World Scientific Publishing Co.

Chen, C. (2003) . Mapping Scientific Frontiers: The Quest for Knowledge Visualization. London: Springer-Verlag.

Chen, C. (2006) . CiteSpace II: Detecting and visualizing emerging trends and transient patterns in scientific literature. Journal of the American Society for Information Science and Technology, 57 (3) , 359-377.

Chen, C. (2010) . Information visualization. Wiley Interdisciplinary Review: Computational Statistics, 2 (4) , 387-403.

Chen, C. (2011) . Turning Points: The Nature of Creativity: Springer.

Chen, C. (2012) . Predictive effects of structural variation on citation counts. Journal of the American Society for Information Science and Technology, 63 (3) , 431-449.

Chen, C., & Carr, L. (1999, February 1999) . Trailblazing the literature of hypertext: Author co-citation analysis (1989-1998) . Paper presented at the the 10th ACM Conference on Hypertext (Hypertext '99) , Darmstadt, Germany.

Chen, C., & Carr, L.（1999, October 24-29, 1999）. Visualizing the evolution of a subject domain: A case study. Paper presented at the IEEE Visualization '99, San Francisco, CA.

Chen, C., Chen, Y., Horowitz, M., Hou, H., Liu, Z., & Pellegrino, D.（2009）. Towards an explanatory and computational theory of scientific discovery. Journal of Informetrics, 3（3）, 191-209.

Chen, C., Cribbin, T., Macredie, R., & Morar, S.（2001）. Visualizing and tracking the growth of competing paradigms: Two case studies. Sumitted for Publication.

Chen, C., & Czerwinski, M.（1998, June 1998）. From latent semantics to spatial hypertext: An integrated approach. Paper presented at the the 9th ACM Conference on Hypertext and Hypermedia（Hypertext '98）, Pittsburgh, PA.

Chen, C., McCain, K., Boyack, K. W., Lin, X., Morris, S. A. (2002)Mapping the knowledge. Sponsored by SIG MET, SIG VIS. Proceedings of the American Society for Information Science and Technology, 39(1), 511-512.

Chen, C., Gagaudakis, G., & Rosin, P.（2000, July 19-21, 2000）. Content-based image visualisation. Paper presented at the IEEE International Conference on Information Visualisation（IV 2000）, London, UK.

Chen, C., Ibekwe-SanJuan, F., & Hou, J.（2010）. The Structure and Dynamics of Co-Citation Clusters: A Multiple-Perspective Co-Citation Analysis. Journal of the American Society for Information Science and Technology, 61（7）, 1386-1409.

Chen, C., & Paul, R. J.（2001）. Visualizing a knowledge domain's intellectual structure. Computer, 34（3）, 65-71.

Chen, C., Paul, R. J., & O'Keefe, B.（2001）. Fitting the jigsaw of citation: Information visualization in domain analysis. Journal of the American Society for Information Science, 52（4）, 315-330.

Chen, C. M.（2006）. CiteSpace II: Detecting and visualizing emerging trends and transient patterns in scientific literature. [Article]. Journal of the American Society for Information Science and Technology, 57（3）, 359-377.

Chen, H., Houston, A. L., Sewell, R. R., & Schatz, B. R.（1998）. Internet browsing and searching: User evaluations of category map and concept space techniques. Journal of the American Society for Information Science, 49（7）, 582-608.

Chin, M. H., Mason, M. J., Xie, W., Volinia, S., Singer, M., Peterson, C., et al.（2009）. Induced Pluripotent Stem Cells and Embryonic Stem Cells Are Distinguished by Gene Expression Signatures. Cell stem cell, 5（1）, 111-123.

Chubin, D. E.（1994）. Grants peer-review in theory and practice. Evaluation Review, 18（1）, 20-30.

Chubin, D. E., & Hackett, E. J.（1990）. Paperless science: peer review and U.S. science policy.

Cobo, M. J., Lopez-Herrera, A. G., Herrera-Viedma, E., & Herrera, F.（2011）. Science Mapping Software Tools: Review, Analysis, and Cooperative Study Among Tools. [Review]. Journal of the American Society for Information Science and Technology, 62（7）, 1382-1402.

Collins, A. M., & Quillian, M. R.（1969）. Retrieval time from semanticmemory. Journal of Verbal Learning and Verbal Behavior, 8, 240-248.

Conklin, J.（1987）. Hypertext: An introduction and survey. Computer, 20（9）, 17-41.

Crane, D.（1972）. Invisible Colleges: Diffusion of Knowledge in Scientific Communities. Chicago, Illinois: University of Chicago Press.

Crossley, M., Davies, J., McGrath, A., & Rejman-Greene, M.（1999）. The knowledge garden. BT Technology Journal, 17（1）, 76-84.

Cuhls, K.（2001）. Foresight with Delphi surveys in Japan. [Article]. Technology Analysis & Strategic Management, 13（4）, 555-569.

Cui, W., Liu, S., Tan, L., Shi, C., Song, Y., Gao, Z., et al.（2011）. TextFlow: Towards better understanding of evolving topics in text. IEEE Transactions on Visualization and Computer Graphics, 17（12）, 2412-2421.

Darken, R. P., Allard, T., & Achille, L. B.（1998）. Spatial orientation and wayfinding in large-scale virtual spaces: An introduction. Presence, 7（2）, 101-107.

Darken, R. P., & Sibert, J. L.（1996）. Wayfinding strategies and behaviors in large virtual worlds. Paper presented at the CHI '96, Vancouver, BC.

Deerwester, S., Dumais, S. T., Landauer, T. K., Furnas, G. W., & Harshman, R. A.（1990）. Indexing by Latent Semantic Analysis. Journal of the American Society for Information Science, 41（6）, 391-407.

Dewett, T., & Denisi, A. S.（2004）. Exploring scholarly reputation: It's more than just productivity. [Article]. Scientometrics, 60（2）, 249-272.

Discher, D. E., Mooney, D. J., & Zandstra, P. W.（2009）. Growth Factors, Matrices, and Forces Combine and Control Stem Cells. Science, 324（5935）, 1673-1677.

Dumais, S. T.（1995）, Latent Semantic Indexing（LSI）: TREC-3 Report, in D.Harman, ed., 'NIST Special Publication 500-226: Proceedings of the Third Text REtrieval Conference（TREC 3）', Gaithersburg, MD, USA, pp. 219-230.

Donoho, D., & Ramos, E.（1982）. PRIMDATA: Data sets for use with PRIM-H. Retrieved November 5, 2001, 2001, from http://lib.stat.cmu.edu/data-expo/1983.html

Dunne, C., Shneiderman, B., Gove, R., Klavans, J., & Dorr, B.（2012）. Rapid understanding of scientific paper collections: integrating statistics, text analytics, and visualization. Journal of the American Society for Information Science and Technology.

Everitt B. S. and Rabe-Hesketh. S. The Analysis of Proximity Data. Arnold, London, 1997.

Ebert, A. D., Yu, J., Rose, F. F., Mattis, V. B., Lorson, C. L., Thomson, J. A., et al.（2009）. Induced pluripotent stem cells from a spinal muscular atrophy patient. [10.1038/nature07677]. Nature, 457（7227）, 277-280.

Erwin, D. H.（1994）. The Permo-Triassic extinction. Nature, 367, 231-236.

Fauconnier, G., & Turner, M.（1998）. Conceptual integration networks. Cognitive Science, 22（2）, 133-187.

Feng, Q., Lu, S.-J., Klimanskaya, I., Gomes, I., Kim, D., Chung, Y., et al.（2010）. Hemangioblastic Derivatives from Human Induced Pluripotent Stem Cells Exhibit Limited Expansion and Early Senescence. STEM CELLS, 28（4）, 704-712.

Fimmel, R. O., Allen, J. V., & Burgess, E.（1980）. Pioneer: First to Jupiter, Saturn, and Beyond（U.S. Government Printing Office No. NASA SP-446）. Washington, D. C.: Scientific and Technical Information Office, NASA.

Fleming, L., & Bromiley, P.（2000）. A variable risk propensity model of technological risk taking. Paper presented at the Applied Statistics Workshop. Retrieved from http://courses.gov.harvard.edu/gov3009/fall00/fleming.pdf.

Flickner, M., Sawhney, H., Niblack, W., Sahley, J., Huang, Q., Dom, B., et al. (1995). Query by image and video content: The QBIC system. IEEE Computer, 28 (9), 23-32.

Garfield, E. (1955). Citation indexes for science: A new dimension in documentation through association of ideas. Science, 122 (108-111).

Garfield, E. (1975). The "Obliteration Phenomenon" in science and the advantage of being obliterated! Current Contents, 51/52, 5-7.

Garfield, E. (1996). When to cite. Library Quarterly, 66 (4), 449-458.

Garfield, E. (1998, October 24, 1998). On the shoulders of giants. Paper presented at the the Conference on the History and Heritage of Science Information Systems, Pittsburgh, PA.

Garfield, E., H., S. I., & Torpie, R. J. (1964). The use of citation data in writing the history of science. Philadelphia: Institute for Scientific Information.

Garfield, E., Malin, M. V., & Small, H. (1978). Citation data as science indicators. In Y. Elkana (Ed.), Toward a Metric of Science. New York: Wiley.

Garfield, E., & Small, H. (1989). Identifying the changing frontiers of science. Paper presented at the Innovation: At the Crossroads between Science & Technology.

Geller, M. J., & Huchra, J. P. (1989). Mapping the Universe. Science, 246, 897.

Gimble, J. M., Katz, A. J., & Bunnell, B. A. (2007). Adipose-Derived Stem Cells for Regenerative Medicine. Circulation Research, 100 (9), 1249-1260.

Glotzbach, J. P., Wong, V. W., Gurtner, G. C., & Longaker, M. T. (2011). Regenerative medicine. Current Problems in Surgery, 48 (3), 148-212.

Granovetter, M. (1973). Strength of weak ties. American Journal of Sociology, 8, 1360-1380.

Greenacre, M. J. (1993). Correspondence Analysis in Practice. San Diego, CA: Academic Press.

Groetschel, M. (1977). Polyedrische Charakterisierungen kombinatorischer Optimierungsprobleme. Mathematical Systems in Economics, 36.

Hayes, B. (2000a). Graph theory in practice: Part I. American Scientist, 88 (1), 9-13.

Hayes, B. (2000b). Graph theory in practice: Part II. American Scientist, 88 (2),

104-109.

Häyrynen, M. (2007) . Breakthrough research: funding for high-risk research at the Academy of Finland. Helsinki: The Academy of Finland.

He, D. C., & Wang, L. (1990) . Texture unit, texture spectrum, and texture analysis. IEEE Transactions on Geoscience and Remote Sensing, 28 (4) .

Hearnshaw, H. M., & Unwin., D. J. (1994) . Visualization in Geographical Information Systems: John Wiley & Sons.

Hearst, M. A. (1999) . User interfaces and visualization. In R. Baeza-Yates & B. Ribeiro-Neto (Eds.) , Modern Information Retrieval (pp. 257-224) : Addison-Wesley.

Helm, C. E. (1964) . Multidimensional ratio scaling analysis of perceived color relations. J Optical Soc Am, 54, 256-262.

Herman, I., Melançon, G., & Marshall, M. S. (2000) . Graph visualization and navigation in information visualization: A survey. IEEE Transactions on Visualization and Computer Graphics, 6 (1) , 24-44.

Hettich, S., & Pazzani, M. J. (2006) . Mining for proposal reviewers: Lessons learned at the National Science Foundation. Paper presented at the KDD'06.

Hetzler, B., Whitney, P., Martucci, L., & Thomas, J. (1998, Oct 19-20, 1998) . Multi-faceted insight through interoperable visual information analysis paradigms. Paper presented at the IEEE Information Visualization '98, Los Alamitos, CA.

Hilbe, J. M. (2011) . Negative Binomial Regression (2nd ed.) : Cambridge University Press.

Hildebrand, A. R., Penfield, G. T., Kring, D. A., Pilkington, M., Carmargo, Z. A., Jacobsen, S. B., et al. (1991) . Chicxulub crater: A possible Cretaceous-Tertiary boundary impact crater on the Yucatan Peninsula, Mexico. Geology, 19 (9) , 867-871.

Hirsch, J. E. (2007) . Does the h index have predictive power? Proceedings of the National Academy of Sciences, 104 (49) , 19193-19198.

Hjorland, B. (1997) . Information Seeking and Subject Representation: An Activity-Theoretical Approach to Information Science. Westport: Greenwood Press.

Hjorland, B., & Albrechtsen, H. (1995) . Toward a new horizon in information science: Domain analysis. Journal of the American Society for Information Science, 46（6）, 400-425.

Ho, L. C., & Kormendy, J.（2000）. Supermassive black holes in active galactic nuclei Encyclopedia of Astronomy and Astrophysics.

Hollan, J. D., Bederson, B. B., & Helfman, J.（1997）. Information visualization. In M. G. Helenader, T. K. Landauer & P. Prabhu（Eds.）, The Handbook of Human Computer Interaction（pp. 33-48）. The Netherlands: Elsevier Science.

Hong, H., Takahashi, K., Ichisaka, T., Aoi, T., Kanagawa, O., Nakagawa, M., et al.（2009）. Suppression of induced pluripotent stem cell generation by the p53–p21 pathway. [10.1038/nature08235]. Nature, 460（7259）, 1132-1135.

Hsieh, C.（2011）. Explicitly searching for useful inventions: dynamic relatedness and the costs of connecting versus synthesizing. Scientometrics, 86（2）, 381-404.

Ihde, D.（1998）. Expanding Hermeneutics: Visualism in Science. Evanston, Illinois: Northwester University Press.

Ingram, R., & Benford, S.（1995, Oct. 1995）. Legibility enhancement for information visualisation. Paper presented at the the 6th Annual IEEE Computer Society Conference on Visualization, Atlanta, GA.

Inselberg, A.（1997, October 1997）. Multidimensional detective. Paper presented at the IEEE InfoVis'97, Phoenix, AZ.

Kaji, K., Norrby, K., Paca, A., Mileikovsky, M., Mohseni, P., & Woltjen, K.（2009）. Virus-free induction of pluripotency and subsequent excision of reprogramming factors. [10.1038/nature07864]. Nature, 458（7239）, 771-775.

Kakuk, P.（2009）. The legacy of the Hwang case: research misconduct in biosciences. Sci Eng Ethics, 15, 545-562.

Kamada, T. &Kawai, S. (1989) An algorithm for drawing general undirected graphs, INFORMATION PROCESSING LETTERS, 31(1), 7-15.

Keim, D., Mansmann, F., Schneidewind, J., Thomas, J., & Ziegler, H.（2008）. Visual analytics: Scope and challenges. Visual Data Mining, 76-90.

Keller, G.（1993）. Is there evidence for Cretaceous-Tertiary boundary age deep-water deposits in the Caribbean and Gulf of Mexico. geology, 21（9）, 776-780.

Khang, G., Kim, S. H., Kim, M. S., Rhee, J. M., & B., L. H.（2007）. Recent and future directions of stem cells for the application of regenerative medicine. Tissue Engineering and Regenerative Medicine, 4（4）, 441-470.

Kim, D., Kim, C.H., Moon, J.I., Chung, Y.G., Chang, M. Y., Han, B. S., et al.（2009）. Generation of Human Induced Pluripotent Stem Cells by Direct Delivery of Reprogramming Proteins. Cell stem cell, 4（6）, 472-476.

Kim, J. B., Sebastiano, V., Wu, G., Araúzo-Bravo, M. J., Sasse, P., Gentile, L., et al.（2009）. Oct4-Induced Pluripotency in Adult Neural Stem Cells. Cell, 136（3）, 411-419.

Kim, S., Lund, J., Kiraly, M., Duke, K., Jiang, M., Stuart, J., et al.（2001）. A gene expression map for caenorhabditis elegans. Science, 293, 2087-2092.

King, J.（1987）. A Review of Bibliometric and Other Science Indicators and Their Role in Research Evaluation. Journal of Information Science, 13（5）, 261-276.

Kiskinis, E., & Eggan, K.（2010）. Progress toward the clinical application of patient-specific pluripotent stem cells. The Journal of Clinical Investigation, 120（1）, 51-59.

Klavans, R., & Boyack, K. W.（2010）. Toward an objective, reliable and accurate method for measuring research leadership. Scientometrics, 82, 539-553.

Kleinberg, J.（1998）. Authoritative sources in a hyperlinked environment. Journal of the ACM, 46（5）, 604-632.

Knoll, A. H., Bambach, R. K., Canfield, D. E., & Grotzinger, J. P.（1996）. Comparative earth history and Late Permian mass extinction. Science, 273（5274）, 452-457.

Kochen, M.（1984）. Toward a paradigm for information science: The influence of Derek de Solla Price. Journal of the American Society for Information Science and Technology, 35（3）, 147-148.

Kochen, M.（Ed.）.（1989）. The Small World: A Volume of Recent Research Advances Commemorating Ithiel de Sola Pool, Stanley Milgram, Theodore Newcomb. Norwood, NJ.: Ablex Pub.

Koenig, M., & Harrell, T.（1995）. Lotka's law, Price's urn, and electronic publishing. Journal of the American Society for Information Science, 46（5）, 386-388.

Kohonen, T.（1989）. Self-organization and associate memory（3rd ed.）. New York:

Springer-Verlag.

Kormendy, J., & Ho, L. C.（2000）. Supermassive black holes in inactive galaxies Encyclopedia of Astronomy and Astrophysics.

Kormendy, J., & Richstone, D.（1995）. Inward bound: The search for supermassive black-holes in galactic nuclei. Annual Review of Astronomy and Astrophysics, 33, 581-624.

Korpela, K. M.（2010）. How long does it take for scientific literature to purge itself of fraudulent material? The Breuning case revisited. Curr Med Res Opin, 26, 843-847.

Kostoff, R.（2007）. The difference between highly and poorly cited medical articles in the journal <i>Lancet</i>. Scientometrics, 72, 513-520.

Kou, L., & Kou, Y.-H.（1976）. Chinese Folktales（pp. 83-85）. 231 Adrian Road, Millbrae, CA 94030: Celestial Arts.

Krumhansl, C. L.（1978）. Concerning the applicability of geometric models to similar data: The interrelationship between similarity and spatial density. Psychological Review, 85（5）, 445-463.

Kruskal, J. B.（1977）. The relationship between multidimensional scaling and clustering. In J. van Ryzin（Ed.）, Classification and Clustering（pp. 17-44）. New York: Academic Press.

Kuhn, T. S.（1962）. The Structure of Scientific Revolutions. Chicago: University of Chicago Press.

Kuhn, T. S. 1970. The Structure of Scientific Revolutions. 2nd ed. Chicago: University of Chicago Press.

Laflamme, M. A., Chen, K. Y., Naumova, A. V., Muskheli, V., Fugate, J. A., Dupras, S. K., et al.（2007）. Cardiomyocytes derived from human embryonic stem cells in pro-survival factors enhance function of infarcted rat hearts. [10.1038/nbt1327]. Nat Biotech, 25（9）, 1015-1024.

Lahiri, M., Maiya, A. S., Sulo, R., Habiba, & Wolf, T. Y. B.（2008）. The impact of structural changes on predictions of diffusion in networks. Paper presented at the The 2008 IEEE International Conference on Data Mining Workshops（ICDMW' 08）. Retrieved from http://compbio.cs.uic.edu/ ～ mayank/papers/

LahiriMaiyaSuloHabibaBergerWolf_ImpactOfStructuralChanges08.pdf.

Lambert, D.（1992）. Zero-infated Poisson regression, with an application to defects in manufacturing. Technometrics, 34, 1-14.

Landy, S. D.（1999）. Mapping the Universe. Scientific American, 280（6）, 38-45.

Latour, Bruno. Reassembling the social. An introduction to actor-network-theory. Oxford: Oxford University Press, 2005.

Laurent, L. C., Ulitsky, I., Slavin, I., Tran, H., Schork, A., Morey, R., et al.（2011）. Dynamic Changes in the Copy Number of Pluripotency and Cell Proliferation Genes in Human ESCs and iPSCs during Reprogramming and Time in Culture. Cell stem cell, 8（1）, 106-118.

Lawrence, S.（2001）. Online or invisible? Nature, 411（6837）, 521.

Levine, M., Jankovic, I. N., & Palij, M.（1982）. Principles of spatial problem solving. Journal of Experimental Psychology: General, 111（2）, 157-175.

Levine, M., Marchon, I., & Hanley, G.（1984）. The placement and misplacement of You-Are-Here maps. Environment and Behavior, 16（2）, 139-157.

Levitt, J., & Thelwall, M.（2008）. Patterns of annual citation of highly cited articles and the prediction of their citation ranking: A comparison across subjects. Scientometrics, 77（1）, 41-60.

Le ydesdorff, L.（2001）. The Challenge of Scientometrics: The Development, Measurement, and Self-Organization of Scientific Communications. Boca Raton, FL: Universal-Publishers.

Leydesdorff, L., & Rafols, I.（2009）. A global map of science based on the ISI subject categories. Journal of the American Society for Information Science and Technology, 60（2）, 348-362.

Leydesdorff, L., & Rafols, I.（2011）. Local Emergence and Global Diffusion of Research Technologies: An Exploration of Patterns of Network Formation Journal of the American Society for Information Science and Technology, 62（5）, 846-860.

Leydesdorff, L., & Wouters, P.（2000）. Between texts and contexts: Advances in theories of citation. Retrieved June 26, 2000, 2000, from http://www.chem.uva.nl/sts/loet/citation/rejoin.htm?

Li, C., Heidt, D. G., Dalerba, P., Burant, C. F., Zhang, L., Adsay, V., et al. (2007) . Identification of Pancreatic Cancer Stem Cells. Cancer Research, 67 (3) , 1030-1037.

Lin, X. (1997) . Map displays for information retrieval. Journal of the American Society for Information Science, 48 (1) , 40-54.

Lipinski, C., & Hopkins, A. (2004) . Navigating chemical space for biology and medicine. [Article]. Nature, 432 (7019) , 855-861.

Lister, R., Pelizzola, M., Dowen, R. H., Hawkins, R. D., Hon, G., Tonti-Filippini, J., et al. (2009) . Human DNA methylomes at base resolution show widespread epigenomic differences. [10.1038/nature08514]. Nature, 462 (7271) , 315-322.

Lotka, A. J. (1926) . The frequency distribution of scientific productivity. Journal of the Washington Academy of Sciences, 16, 317-323.

Luxburg, U. v. (2006) . A tutorial on spectral clustering. from http://www.kyb.mpg.de/fileadmin/user_upload/files/publications/attachments/Luxburg07_tutorial_4488%5b0%5d.pdf.

Lynch, K. (1960) . The Image of the City: The MIT Press.

Mackinlay, J. D., Rao, R., & Card, S. K. (1995) . An organic user interface for searching citation links. Paper presented at the SIGCHI' 95.

Martin, B. R. (2010) . The origins of the concept of 'foresight' in science and technology: An insider's perspective. Technological Forecasting and Social Change, 77 (9) , 1438-1447.

Masterman, Margaret. 1970. " The Nature of a Paradigm." in Imre Lakatos and Alan Musgrave. eds. Criticism and the Growth of Knowledge:59-89. London: Cambridge University Press.

McCallum, R. C. (1974) . Relations between factor analysis and multidimensional scaling. Psychological Bulletin, 81 (8) , 505-516.

McGrath, J. E., & Altman, I. (1966). Small Group Research: A Synthesis and Critique of the Field. New York: Holt, Rinehart & Winston.

McKim, R. H. (1980) . Experiences in Visual Thinking (2nd ed.) . Boston: PWS Publishing Company.

Merton, R. K. (1965) . On the shoulders of giants: A Shandean postscript. Chicago:

University of Chicago Press.

Merton, R. K.（1968）. The Mathew Effect in science. Science, 159（3810）, 56-63.

Mikkelsen, T. S., Ku, M., Jaffe, D. B., Issac, B., Lieberman, E., Giannoukos, G., et al.（2007）. Genome-wide maps of chromatin state in pluripotent and lineage-committed cells. [10.1038/nature06008]. Nature, 448（7153）, 553-560.

Miles, I.（2010）. The development of technology foresight: A review. Technological Forecasting and Social Change, 77（9）, 1448-1456.

Milgram, S.（1967）. The small world problem. Psychology Today, 2, 60-67.

Miller, G. A.（1969）. A psychological method to investigate verbal concepts. Journal of Mathematical Psychology, 6, 169-191.

Morris, T. A., & McCain, K.（1998）. The structure of medical informatics journal literature. Journal of the American Medical Informatics Association, 5（5）, 448-466.

Mukherjea, S.（1999）. Information visualization for hypermedia systems. ACM Computing Surveys.

Mullins, N., Snizek, W., & Oehler, K.（1988）. The structural analysis of a scientific paper. In A. F. J. v. Raan（Ed.）, Handbook of Quantitative Studies of Science & Technology（pp. 85-101）. Amsterdam: Elsevier Science Publishers.

Naik, G.（2011, August 10, 2011）. Mistakes in scientific studies surge. The Wall Street Journal Retrieved 3/16/2012, 2012, from http://online.wsj.com/article/SB10001424052702303627104576411850666582080.html

Nakagawa, M., Koyanagi, M., Tanabe, K., Takahashi, K., Ichisaka, T., Aoi, T., et al.（2008）. Generation of induced pluripotent stem cells without Myc from mouse and human fibroblasts. [10.1038/nbt1374]. Nat Biotech, 26（1）, 101-106.

Neale, A. V., Northrup, J., Dailey, R., Marks, E., & Abrams, J.（2007）. Correction and use of biomedical literature affected by scientific misconduct. Sci Eng Ethics, 13, 5-24.

Newman, M. E. J.（2006）. Modularity and community structure in networks. Proceedings of the National Academy of Sciences of the United States of America, 103（23）, 8577-8582.

Noyons, E. C. M., & van Raan, A. F. J.（1998）. Monitoring scientific developments from a dynamic perspective: Self-organized structuring to map neural network research. Journal of the American Society for Information Science, 49（1）, 68-81.

O'Brien, C. A., Pollett, A., Gallinger, S., & Dick, J. E.（2007）. A human colon cancer cell capable of initiating tumour growth in immunodeficient mice. [10.1038/nature05372]. Nature, 445（7123）, 106-110.

Okita, K., Nakagawa, M., Hyenjong, H., Ichisaka, T., & Yamanaka, S.（2008）. Generation of Mouse Induced Pluripotent Stem Cells Without Viral Vectors. Science, 322（5903）, 949-953.

Patterson, C., & Smith, A. B.（1987）. Is the periodicity of extinctions a taxonomic artifact? Nature, 330（6145）, 248-251.

Patterson, M., Chan, D. N., Ha, I., Case, D., Cui, Y., Handel, B. V., et al.（2011）. Defining the nature of human pluripotent stem cell progeny. Cell Res.

Pellegrino, D. A., & Chen, C.（2011）. Data repository mapping for influenza protein sequence analysis. Paper presented at the 2011 Visualization and Data Analysis（VDA）.

Persson, O.（2010）. Are highly cited papers more international? Scientometrics, 83（2）, 397-401.

Pfeifer, M. P., & Snodgrass, G. L.（1990）. The continued use of retracted, invalid scientific literature. Journal of the American Medical Association, 263, 1420-1423.

Phinney, D. G., & Prockop, D. J.（2007）. Concise Review: Mesenchymal Stem/Multipotent Stromal Cells: The State of Transdifferentiation and Modes of Tissue Repair—Current Views. STEM CELLS, 25（11）, 2896-2902.

Pirolli, P.（2007）. Information Foraging Theory: Adaptive Interaction with Information. Oxford, England: Oxford University Press.

Pirolli, P., & Card., S. K.（1995）. Information foraging in information access environments. Paper presented at the CHI '95, Denver, CO.

Pirolli, P., Pitkow, J., & Rao, R.（1996）. Silk from a sow's ear: Extracting usable structures from the web. Paper presented at the CHI '96, Vancouver, BC.

Pittenger, M. F., Mackay, A. M., Beck, S. C., Jaiswal, R. K., Douglas, R., Mosca, J. D., et al.（1999）. Multilineage Potential of Adult Human Mesenchymal Stem Cells. Science, 284（5411）, 143-147.

Polak, D. J.（2010）. Regenerative medicine. Opportunities and challenges: a brief overview. Journal of the Royal Society Interface, 7, S777-S781.

Polykandriotis, E., Popescu, L. M., & Horch, R. E.（2010）. Regenerative medicine: then and now - an update of recent history into future possibilities. J. Cell. Mol. Med., 14（10）, 2350-2358.

Porter, A. L., & Rafols, I.（2009）. Is Science Becoming More Interdisciplinary? Measuring and Mapping Six Research Fields over Time. Scientometrics 81（3）, 719-745.

Price, D.（1976）. A general theory of bibliometric and other cumulative advantage processes. Journal of the American Society for Information Science, 27, 292-306.

Price, D. D.（1963）. Little Science, Big Science. New York: Columbia University Press.

Price, D. D.（1965）. Networks of scientific papers. Science, 149, 510-515.

Prusiner, S. B.（1982）. Novel Proteinaceous Infectious Particles Cause Scrapie. Science, 216（4542）, 136-144.

Rafols, I., Porter, A. L., & Leydesdorff, L.（2010）. Science overlay maps: A new tool for research policy and library management. Journal of the American Society for Information Science and Technology, 61（9）, 1871-1887.

Rapoport, A., & Horvath, W. J.（1961）. A Study of a large sociogram. Behavioural Science, 6（4）, 279-291.

Renne, P., Zhang, Z., Richards, M. A., Black, M. T., & Basu, A.（1995）. Synchrony and causal relations between Permian-Triassic boundary crises and Siberian flood volcanism. Science, 269, 1413-1416.

Ricci-Vitiani, L., Lombardi, D. G., Pilozzi, E., Biffoni, M., Todaro, M., Peschle, C., et al.（2007）. Identification and expansion of human colon-cancer-initiating cells. [10.1038/nature05384]. Nature, 445（7123）, 111-115.

Richstone, D., Ajhar, E. A., Bender, R., Bower, G., Dressler, A., Faber, S. M., et al.（1998）. Supermassive black holes and the evolution of galaxies. Nature, 395（6701）, A14-A19.

Rittschof, K. A., Stock, W. A., Kulhavy, R. W., Verdi, M. P., & Doran, J. M.（1994）. Thematic maps improve memory for facts and inferences: A test of the stimulus order hypothesis. Contemporary Educational Psychology, 19, 129-142.

Rosvall, M., & Bergstrom, C. T. (2010) . Mapping change in large networks. PLoS ONE, 5 (1) , e8694.

Roweis, S. T., & Saul, L. K. (2000) . Nonlinear dimensionality reduction by locally linear embedding. Science, 290 (5500) , 2323-2326.

Saracevic, T. (1975) . Relevance: A review of and a framework for the thinking on the notion in information science. Journal of the American Society for Information Science, 26, 321-343.

Schrijver, A. (2001) . On the history of combinatorial optimization (till 1960) . Retrieved November 6th 2001, 2001, from http://www.cwi.nl/ ~ lex/files/histco.ps

Schvaneveldt, R. W. (Ed.) . (1990) . Pathfinder Associative Networks: Studies in Knowledge Organization. Norwood, New Jersey: Ablex Publishing Corporations.

Schvaneveldt, R. W., Durso, F. T., & Dearholt, D. W. (1989) . Network structures in proximity data. In G. Bower (Ed.) , The Psychology of Learning and Motivation, 24 (pp. 249-284) . New York: Academic Press.

Service, R. F. (2002) . Bell Labs fires star physicist found guilty of forging data. Science, 298, 30-31.

Sher, I., & Garfield, E. (1966, July 27-29, 1965) . New tools for improving and evaluating the effectiveness of research. Paper presented at the Research Program Effectiveness, Washington, D.C.

Shibata, N., Kajikawa, Y., & Matsushima, K. (2007) . Topological analysis of citation networks to discover the future core articles. Journal of the American Society for Information Science and Technology, 58 (6) , 872-882.

Shibata, N., Kajikawa, Y., Takeda, Y., Sakata, I., & Matsushima, K. (2011) . Detecting emerging research fronts in regenerative medicine by the citation network analysis of scientific publications. Technological Forecasting & Social Change, 78, 274-282.

Shneiderman, B. (1996, Sept 3-6, 1996) . The eyes have it: A task by data type taxonomy for information visualization. Paper presented at the IEEE Workshop on Visual Language, Boulder, CO.

Shneiderman, B. (1998) . Codex, memex, genex: The pursuit of transformational technologies. International Journal of Human-Computer Interaction, 10 (2) , 87-

106.

Signor, P. W., & Lipps, J. H. (1982) . Sampling bias, gradual extinction patterns, and catastrophes in the fossil record. Geological Society of America Special Paper, 190, 291-296.

Skupin, A. (2009) . Discrete and continuous conceptualizations of science: implications for knowledge domain visualization. Journal of Informetrics, 3 (3) , 233-245.

Slaughter, B. V., Khurshid, S. S., Fisher, O. Z., Khademhosseini, A., & Peppas, N. A. (2009) . Hydrogels in Regenerative Medicine. Advanced Materials, 21 (32-33) , 3307-3329.

Smalheiser, N. R., & Swanson, D. R. (1994) . Assessing a Gap in the Biomedical Literature - Magnesium- Deficiency and Neurologic Disease. Neuroscience Research Communications, 15 (1) , 1-9.

Smalheiser, N. R., & Swanson, D. R. (1996) . Indomethacin and Alzheimer's disease. Neurology, 46 (2) , 583.

Small, H. (1973) . Co-citation in scientific literature: A new measure of the relationship between publications. Journal of the American Society for Information Science, 24, 265-269.

Small, H. (1977) . A co-citation model of a scientific specialty: A longitudinal study of collagen research. Scoial Studies of Science, 7, 139-166.

Small, H. (1986) . The synthesis of specialty narratives from co-citation clusters. Journal of the American Society for Information Science, 37 (3) , 97-110.

Small, H. (1994) . A SCI-MAP case study: Building a map of AIDS research. Scientometrics, 30 (1) , 229-241.

Small, H. (1999) . On the shoulders of giants. Bulletin of the American Society for Information Science, 25 (2) .

Small, H. (1999) . Visualizing science by citation mapping. Journal of the American Society for Information Science, 50 (9) , 799-813.

Small, H. (2000) . Charting pathways through science: Exploring Garfield's vision of a unified index to science Web of Knowledge - a Festschrift in Honor of Eugene Garfield (pp. 449-473) . New York: Information Today Inc.

Small, H., & Greenlee, E.（1980）. Citation context analysis and the structure of paradigms. Journal of Documentation, 36（Sept）, 183-196.

Small, H. G.（1977）. A co-citation model of a scientific specialty: A longitudinal study of collagen research. Scoial Studies of Science, 7, 139-166.

Small, H. G., & Griffith, B. C.（1974）. The structure of scientific literatures I: Identifying and graphing specialties. Science Studies, 4, 17-40.

Small, H. S.（1988）. Book review of Callon et al. Scientometrics, 14（1-2）, 165-168.

Soldner, F., Hockemeyer, D., Beard, C., Gao, Q., Bell, G. W., Cook, E. G., et al.（2009）. Parkinson's Disease Patient-Derived Induced Pluripotent Stem Cells Free of Viral Reprogramming Factors. Cell, 136（5）, 964-977.

Sox, H. C., & Rennle, D.（2006）. Research misconduct, retraction, and cleansing the medical literature: lessons from the Poehlman case. Annals of Internal Medicine, 144, 609-613.

Spence, B.（2000）. Information Visualization. New York: Addison-Wesley.

Stadtfeld, M., Apostolou, E., Akutsu, H., Fukuda, A., Follett, P., Natesan, S., et al.（2010）. Aberrant silencing of imprinted genes on chromosome 12qF1 in mouse induced pluripotent stem cells. [10.1038/nature09017]. Nature, 465（7295）, 175-181.

Steen, R. G.（2011）. Retractions in the scientific literature: Do authors deliberately commit research fraud? J Med Ethics, 37, 113-117.

Steinberg, S. G.（1994）. The ontogeny of RISC. Intertek, 3（5）, 1-10.

Steyvers, M.（2000）. Multidimensional scaling Encyclopedia of Cognitive Science: Macmillan Reference Ltd.

Steyvers, M., & Tenenbaum, J.（2001）. Small worlds in semantic networks. Retrieved December 2001, 2001, from http://www-psych.stanford.edu/msteyver/small_worlds.htm.

Stourton, E.（Writer）.（2001）. Mad cows and an Englishman [TV]. In L. Telling（Producer）. London: BBC2.

Swain, M., & Ballard, H.（1991）. Color indexing. International Journal of Computer Vision, 7, 11-32.

Swanson, D. R.（1986a）. Fish oil, Raynaud's syndrome, and undiscovered public knowledge. Perspectives in Biology and Medicine,30（1), 7-18.

Swanson, D. R.（1986b）. Undiscovered public knowledge. Library Quarterly, 56（2）, 103-118.

Swanson, D. R.（1987）. Two medical literatures that are logically but not bibliographically connected. Journal of the American Society for Information Science, 38, 228-233.

Swanson, D. R.（1988a）. Migraine and Magnesium-11 Neglected Connections.
Perspectives in Bioloy and Medicine, 31（4）, 526-557.

Swanson, D. R.（1990）. Somatomedin C and arginine: Implicit connections between mutually-isolated literatures. Perspectives in Biology and Medicine, 33, 157-186.

Swanson, D. R.（1999）. Computer-assisted search for novel implicit connections in text databases. Abstracts of Papers of the American Chemical Society, 217, 010-CINF.

Swanson, D. R.（2001）. On the fragmentation of knowledge, the connection explosion, and assembling other people's ideas. Bulletin of the American Society for Information Science and Technology, 27（3）, 12-14.

Swanson, D. R., & Smalheiser, N. R.（1997）. An interactive system for finding complementary literatures: A stimulus to scientific discovery. Artificial Intelligence, 91（2）, 183-203.

Takahashi, K., Tanabe, K., Ohnuki, M., Narita, M., Ichisaka, T., Tomoda, K., et al.（2007）. Induction of Pluripotent Stem Cells from Adult Human Fibroblasts by Defined Factors. Cell, 131（5）, 861-872.

Takahashi, K., & Yamanaka, S.（2006）. Induction of Pluripotent Stem Cells from Mouse Embryonic and Adult Fibroblast Cultures by Defined Factors. Cell, 126（4）, 663-676.

Takeda, Y., & Kajikawa, Y.（2010）. Tracking modularity in citation networks. Scientometrics, 83（3）, 783.

Tenenbaum, J. B., Silva, V. d., & Langford, J. C.（2000）. A global geometric framework for nonlinear dimensionality reduction. Science, 290（5500）, 2319-2323.

Thagard, P.（1992）. Conceptual Revolutions. Princeton, New Jersey: Princeton University Press.

Thomas, J., & Cook, K. (2005) . Illuminating the Path, the Research and Development Agenda for Visual Analytics: IEEE CS Press.

Thomson, J. A., Itskovitz-Eldor, J., Shapiro, S. S., Waknitz, M. A., Swiergiel, J. J., Marshall, V. S., et al. (1998) . Embryonic Stem Cell Lines Derived from Human Blastocysts. Science, 282 (5391) , 1145-1147.

Thorndyke, P., & Hayes-Roth, B. (1982) . Differences in spatial knowledge acquired from maps and navigation. Cognitive Psychology, 14, 560-589.

Tichy, G. (2004) . The over-optimism among experts in assessment and foresight. [Article]. Technological Forecasting and Social Change, 71 (4) , 341-363.

Tolman, E. C. (1948) . Cognitive maps in rats and men. Psychological Review, 55, 189-208.

Trikalinos, N. A., Evangelou, E., & Ioannidis, J. P. A. (2008) . Falsified papers in high-impact journals were slow to retract and indistinguishable from nonfraudulent papers. Journal of Clinical Epidemiology, 61, 464-470.

Trochim, W. (1989) . Concept mapping: Soft science or hard art? Evaluation and Program Planning, 12, 87-110.

Trochim, W., Cook, J., & Setze, R. (1994) . Using concept mapping to develop a conceptual framework of staff's views of a supported employment program for persons with severe mental illness. Consulting and Clinical Psychology, 62 (4) , 766-775.

Trochim, W., & Linton, R. (1986) . Conceptualization for evaluation and planning. Evaluation and Program Planning, 9, 289-308.

Tufte, E. R. (1983) . The Visual Display of Quantitative Information. Cheshire, CT: Graphics Press.

Tufte, E. R. (1990) . Envisioning Information. Cheshire, CT: Graphics Press.

Tufte, E. R. (1997) . Visual Explanations. Cheshire, CT: Graphics Press.

Upham, S. P., Rosenkopf, L., & Ungar, L. H. (2010) . Positioning knowledge: schools of thought and new knowledge creation. Scientometrics, 83, 555-581.

van Dalen, H. P., & Kenkens, K. (2005) . Signals in science: On the importance of signaling in gaining attention in science. Scientometrics, 64 (2) , 209-233.

van Eck, N. J., & Waltman, L. (2010) . Software survey: VOSviewer, a computer program for bibliometric mapping. [Article]. Scientometrics, 84（2）, 523-538.

Vierbuchen, T., Ostermeier, A., Pang, Z. P., Kokubu, Y., Südhof, T. C., & Wernig, M.（2010）. Direct conversion of fibroblasts to functional neurons by defined factors. [10.1038/nature08797]. Nature, 463（7284）, 1035-1041.

Wager, E., & Williams, P.（2011）. Why and how do journals retract articles? An analysis of Medline retractions 1988-2008. J Med Ethics, 37, 567-570.

Wakefield, A. J., Murch, S. H., Anthony, A., Linnell, J., Casson, D. M., Malik, M., et al.（1998）. Ileal-lymphoid-nodular hyperplasia, non-specific colitis, and pervasive developmental disorder in children（Retracted article. See vol 375, pg 445, 2010）. The Lancet, 351（9103）, 637-641.

Walters, G. D.（2006）. Predicting subsequent citations to articles published in twelve crime-psychology journals: Author impact versus journal impact. Scientometrics, 69（3）, 499-510.

Ware, C.（2000）. Information Visualization: Perception for Design. San Francisco: Morgan Kaufmann Publishers.

Watson, J.（1991）. The Double Helix : A Personal Account of the Discovery of the Structure of DNA: Mass Market Paperback.

Watson, J. D., & Crick, F. H. C.（1953）. A structure for deoxyribose nucleic acid. Nature, 171, 737-738.

Watts, D. J.（1999）. Small Worlds: The Dynamics of Networks between Order and Randomness. Princeton: Princeton University Press.

Watts, D. J., & Strogatz, S. H.（1998）. Collective dynamics of 'small-world' networks. Nature, 393（6684）, 440-442.

Weeber, M.（2003）. Advances in literature-based discovery. Journal of the American Society for Information Science and Technology, 54（10）, 913-925.

Wernig, M., Meissner, A., Foreman, R., Brambrink, T., Ku, M., Hochedlinger, K., et al.（2007）. In vitro reprogramming of fibroblasts into a pluripotent ES-cell-like state. [10.1038/nature05944]. Nature, 448（7151）, 318-324.

White, H. D.（2003）. Pathfinder networks and author cocitation analysis: A remapping of paradigmatic information scientists. Journal of the American Society for Information Science and Technology, 54（5）, 423-434.

White, H. D., & Griffith, B. C.（1981）. Author co-citation: A literature measure of intellectual structure. Journal of the American Society for Information Science, 32, 163-172.

White, H. D., & McCain, K. W.（1998）. Visualizing a discipline: An author co-citation analysis of information science, 1972-1995. Journal of the American Society for Information Science, 49（4）, 327-356.

Whitfield, P.（1999）. The topography of the sky: Celestial maps gave order to the Universe: Mercator' s World.

Wignall, P. B., & Twitchett, R. J.（1996）. Oceanic anoxia and the end Permian mass extinction. Science, 272, 1155-1158.

Wilson, P.（1993）. Communication efficiency in research and development. Journal of the American Society for Information Science, 44, 376-372.

Wise, J. A.（1999）. The ecological approach to text visualization. Journal of the American Society for Information Science, 50（13）, 1224-1233.

Wise, J. A., Thomas, J. J., Pennock, K., Lantrip, D., Pottier, M., Schur, A., et al.（1995, October 30-31, 1995）. Visualizing the non-visual: Spatial analysis and interaction with information from text documents. Paper presented at the IEEE Symposium on Information Visualization 95, Atlanta, Georgia, USA.

Woltjen, K., Michael, I. P., Mohseni, P., Desai, R., Mileikovsky, M., Hamalainen, R., et al.（2009）. piggyBac transposition reprograms fibroblasts to induced pluripotent stem cells. [10.1038/nature07863]. Nature, 458（7239）, 766-770.

Wong, P., & Thomas, J.（2004）. Visual Analytics. IEEE Computer Graphics and Applications, 24（5）, 20-21.

Wong, P. C.（2010）. The Four Roads Less Traveled – A Tribute to Jim Thomas（1946—2010）. from http://vgtc.org/JimThomas.html.

Wong, P. C., Foote, H., Mackey, P., Jr., G. C., Huang, Z., & Thomas, J.（2012）. A Space-Filling Visualization Technique for Multivariate Small World Graphs. IEEE Transactions on Visualization and Computer Graphics, 18（5）, 797-809.

Wong, P. C., Schneider, K., Mackey, P., Foote, H., Jr., G. C., Guttromson, R., et al.（2009）. A Novel Visualization Technique for Electric Power Analytics. IEEE Transactions on Visualization and Computer Graphics, 15（3）, 410-423.

Young, R. A.（2011）. Control of the Embryonic Stem Cell State. Cell, 144（6）, 940-954.

Yu, J., Hu, K., Smuga-Otto, K., Tian, S., Stewart, R., Slukvin, I. I., et al.（2009）. Human Induced Pluripotent Stem Cells Free of Vector and Transgene Sequences. Science, 324（5928）, 797-801.

Yu, J., Vodyanik, M. A., Smuga-Otto, K., Antosiewicz-Bourget, J., Frane, J. L., Tian, S., et al.（2007）. Induced Pluripotent Stem Cell Lines Derived from Human Somatic Cells. Science, 318（5858）, 1917-1920.

Zahn, C. T.（1917）. Graph-theoretical methods for detecting and describing Gestalt clusters. IEEE Transactions on Computers, C 20, 68-86.

Zeileis, A., Kleiber, C., & Jackman, S.（2011）. Regression models for count data in R. from http://cran.r-project.org/web/packages/pscl/vignettes/countreg.pdf.

Zhao, T., Zhang, Z.-N., Rong, Z., & Xu, Y.（2011）. Immunogenicity of induced pluripotent stem cells. [10.1038/nature10135]. Nature, 474（7350）, 212-215.

Zhou, H., Wu, S., Joo, J. Y., Zhu, S., Han, D. W., Lin, T., et al.（2009）. Generation of Induced Pluripotent Stem Cells Using Recombinant Proteins. Cell stem cell, 4（5）, 381-384.

致谢

没有人比我更清楚，这本译作的诞生有多么不容易，它完全是团队努力的结果，在此难以一一致谢，也难以充分表达我对这本著作曾经做出贡献的人们的感激之情。

2004 年，《参考消息》上的一则消息引发了刘则渊教授的极大兴趣，他以特有的学术敏锐性带领着我们懵懵懂懂地进入了在当时还不为国内学术界所了解的“科学知识图谱”研究领域。2005 年，在著名科学计量学家克里奇默（Hildrun Kretschmer）博士的帮助下，我们创建了大连理工大学 WISELab，同年，我们发表了国内第一篇关于“科学知识图谱”的论文。接下来的几年，我们以“初生牛犊不怕虎”的精神在国内外发表了一系列“科学知识图谱”研究成果。2008 年，我们有幸邀请到信息可视化领域的世界领军人物陈超美（Chaomei Chen）教授担任长江学者讲座教授，并组建了以刘则渊教授和陈超美教授为核心的大连理工大学长江学者研究团队。几年来，在不断的学习和交流过程中，我们对科学知识图谱基本原理、理论体系、主要方法、技术手段和应用的理解日趋深刻。国内学者也日益关注“科学知识图谱”的发展，我们觉得有必要将一些科学知识图谱的经典理论文献推介给国内学者。陈超美教授的《科学前沿图谱：知识可视化探索》正是一本关于科学知识图谱基本概念、理论、方法及工具的著作，对于对科学知识图谱充满热情的学习者来说是一本很好的入门书。

这本著作的第一版早在 2002 年就已出版。实际上，我们在 2009 年就开始了这本书的翻译工作，当时我们将这本书作为科学学与科技管理研究所硕士研究生专业英语课的教学用书，目的是让大家了解国际上对于科学知识图谱相关理论的理解，由此，在学习和讨论中，最初的译稿渐渐成形。在此非常感谢科学学与科技管理研究所的两届硕士生，商慧子、李苗苗、陶亮、周磊、潘存海、张静、唐悦、郭文娟、刘宇、陈玉光、刘银莲、路春婷、于霜、刘倩楠、张帆、黄明、张曦、姜朝妮、王威、李名子、王和平、王小晓、胡晓玮、沈露威、张玲、齐雪芹、张捷、陈禹、李瑛、刘迪、王文苑、梁帅、许建武、赵冰晴、刘佳、肖剑杰、邢黎黎、徐申萌、李佳、李鑫，在与他们共同的学习和探索中，我们对科学知识图谱的概念和思想的理解逐步加深。2013 年，《科学前沿图谱：知识可视化探索》的第二版由施普林格（Springer）出版社正式出版，这一版较前一版内容有所更新，理论更为丰富和充实，经过多年对科学知识图谱的研究，我们对这本书的理解更为深刻。于是，我们决定重新组织人员在原有的基础上对新版著作进行翻译，主要译者为陈悦（第一、二、三、四、七章）、王贤文（第八、九章）、胡志刚（第五章）、侯海燕（第六章）。在这次翻译过程中，我们特别要感谢原著的作者陈超美教授，他不仅用自己的聪明才智完成了这本科学知识图谱领域的经典入门之作，而且对我们的译文提出了详尽的修改意见，并参与了书稿的校对工作。同时，我们对王传丽、苏立新、徐申萌、毛文莉等几位硕士生也深表谢意，他们对文字的翻译、校对也做了大量的工作。此外，还要感谢我们敬爱的刘则渊教授，正是在他的不断鼓励和支持下，本书的翻译才能最终完稿。感谢科学出版社及细致耐心的邹聪编辑和王茜艳编辑，每次看到画满了各种符号标记的校稿纸版本，我们内心都充满了感激，你们是这本重要译作的优秀催产士。

最后，我们要向读者坦诚相告，我们实际上是在诚惶诚恐当中完成了这本译作，因为我们时刻担心由于我们的翻译而遮掩了原著本有的华彩，但又非常急切地希望能将这本书的内容介绍给国内的学者，尤其是那些对绘制科学知识图谱充满期待和兴趣的人们。因而，我们在此真诚地感谢所有读者对我们翻译不足之处的包涵，并欢迎能就此书与我们沟通和交流。

陈　悦

2014 年 6 月 10 日于 WISELab